KB234461

유비쿼터스 이해

유비쿼터스 이해

오창환 지음

한국학술정보(주)

　1946년도에 세계 최초로 컴퓨터가 개발된 이래 반도체 기술과 소프트웨어 기술의 발달에 힘입어 1960년대부터 대형 컴퓨터가 등장하여 기업이나 공공기관에서 여러 가지 전산작업 활동에 많은 도움을 주게 되었다. 1980년대에 들어와서는 마이크로프로세서 기술의 발달로 각 개인이 소유할 수 있는 PC 시대가 열려서 사무자동화 기술개발과 함께 여러 가지 게임 프로그램들이 출시되기 시작하였다.

　종전에는 대형컴퓨터 한 대로 여러 사용자가 컴퓨터 자원을 서로 공유하며 사용하였으나 PC가 널리 보급되면서부터는 각자의 자원들을 서로 공유하기 위한 통신기술 개발을 필요로 하게 되었다. 이러한 통신기술의 발달은 인터넷으로 발전하게 되었고 오늘날에는 유선 인터넷뿐만 아니라 무선 인터넷으로까지 서비스가 확장되어 그야말로 언제 어느 곳에서나 세계 여러 나라 사람들과 정보를 교환할 수 있는 세상이 되었다.

　반도체 기술과 함께 각종 디바이스 기술의 발달에 힘입어 컴퓨터 크기는 점점 작아지고 기능과 성능은 일취월장하여 이제 사람, 동물, 사물, 장소 등에 컴퓨터들이 장착되고 이들 사이를 네트워크로 연결시켜 주는 유비쿼터스 시대로 접어들고 있다. 유비쿼터스는 사용자가 컴퓨터 앞에 접근하는 방식이 아니라 그 반대로 컴퓨터가 사람 주위에 늘 존재하게 함으로써 언제든지, 어느 곳에서나, 누구라도, 어떠한 서비스든지 제공받을 수 있도록 해 준다.

　유비쿼터스 시대에는 컴퓨터 개수가 점점 증가하고 네트워크가 복잡해지며 다양한 새로운 서비스가 등장함에 따라 IT 기술 수요는 기하급수적으로 증가할 것이다. 그러나 유비쿼터스 기술을 쉽게 이해할 수 있도록 기술되어 있는 전문서적은 아직 부족한 실정에 놓여 있다고 생각된다. 우리나라가 지금까지 쌓아 오고 있는 선진 IT 기술력을 계속적으로 이어 가기 위해서는 유비쿼터스 시대에 적용할 수 있는 시스템 기술, 네트워크 기술, 하드웨어 기술, 소프트웨어 기술 등에 관한 우수한 전문인력이 양성되어야 한다. 이를 위해 우선적으로 필요로 하는 것이 바로 보다 쉽게 이해할 수 있는 유비쿼터스 관련 전문서적일 것이다.

이 책의 특징은 대학교에서 한 학기 강의 동안 마칠 수 있는 분량으로 적절히 조정되어 있으며 IT 기술인이 아닌 비전문가도 스스로 학습할 수 있도록 그림과 표를 활용하여 이해하기 용이하게 서술되어 있다. 또한 이 책은 미래지향적인 기술들을 소개함으로써 현재의 기술들뿐만 아니라 차세대 기술의 발전방향을 예측할 수 있도록 함으로써 유비쿼터스의 첨단기술에 관심을 고취시킬 수 있도록 구성되어 있다.

이 책의 구성은 다음과 같다.

제1장에서는 유비쿼터스 환경에 대해 서술한다. 인류역사 속에서 유비쿼터스가 탄생하게 된 역사적 배경을 기술하고 물리공간과 전자공간의 차이점에 대해 설명한다. 또한 유비쿼터스 환경 모델을 정립한다.

제2장에서는 유비쿼터스 개념을 정립하고 유비쿼터스 발전 역사에 대해 서술한다. 유비쿼터스가 등장하기 이전부터 사용되어온 트론(TRON) 프로젝트에 대해 설명한다. 유비쿼터스 컴퓨팅에 관한 개념 정립에 있어서 다른 측면에서 서술된 컴퓨팅 환경을 기술한다. 또한 유비쿼터스 네트워크의 사회적 변혁에 대해 설명한다.

제3장에서는 유비쿼터스를 가능하게 한 디바이스 기술을 기술한다. 이러한 디바이스 기술들 중에서 SoC(System on Chip) 기술을 설명한다. 각종 센서장치에 활용되고 있는 MEMS(Micro Electro Mechanical System) 기술을 서술한다. 미래에는 IT 및 BT와 함께 각광받을 것으로 예상되고 있는 나노 기술에 대해 설명한다. 유비쿼터스 환경에서는 사람과 멀리 떨어져 장착된다든지 사람이 가지고 이동할 수 있는 컴퓨터장치들이 많을 것인바 차세대 전지의 중요성에 대해 서술한다.

제4장에서는 RFID 기술을 설명한다. 사람, 동물, 사물, 장소 등에 장착되어 컴퓨터 시스템으로부터 인식될 수 있는 유비쿼터스의 대표적인 디바이스인 RFID에 관한 개념, 분류, 시스템 구성 등에 관하여 서술한다. 또한 모바일 RFID 기술과 함께 RFID 표준화에 대해 서술한다.

제5장에서는 유비쿼터스 센서 네트워크를 서술함에 있어서 USN(Ubiquitous Sensor Network) 개요를 설명한다. 온도, 습도, 압력, 오염도, 각종 주변상황 등을 센싱할

수 있는 센서들에 대해 서술한다. 센서들을 서로 연결하고 이들로부터 보내지는 각종 센싱 데이터를 수신하면서 또한 중압집중장치로부터 센서 측으로 명령을 보낼 수 있도록 구성되는 센서 네트워크의 프로토콜에 대해 기술한다. 센서 네트워크의 응용서비스를 보다 원활히 제공하기 위한 미들웨어를 서술하고 RFID/USN 응용분야를 소개한다.

제6장에서는 유비쿼터스 시대에서 가정의 여러 가지 응용서비스들을 제공할 수 있는 홈 네트워크에 대해 서술한다. 유선 기반 홈 네트워킹 기술과 무선기반 홈 네트워킹 기술에 대해 설명한다. 또한 홈 네트워킹 응용 서비스 제공을 위한 미들웨어 기술을 서술하고 홈 네트워크의 예를 소개한다.

제7장에서는 유비쿼터스 환경의 이동통신에 대해 기술한다. 우선 이동통신의 개요를 설명하고 셀룰러 이동통신의 개념을 서술한다. 2세대 이동통신 서비스로 각광받은 디지털 셀룰러 이동통신을 설명하고 3세대 이동통신을 기술한다. 또한 미래 이동통신 기술인 4세대 이동통신 기술을 소개한다.

제8장에서는 유비쿼터스 시대의 백본(Back bone)망인 BcN(Broadband convergence Network) 개념을 소개한다. BcN의 구조와 함께 BcN의 요구기술 및 특성에 대해 설명한다. BcN 서비스 예를 소개하고 BcN 서비스의 품질에 대해 서술한다. 차세대 네트워크의 세계 표준화 기술인 NGN(Next Generation Network) 기술을 설명하고 BcN에서 요구되는 각종 신기술에 대해 기술한다.

제9장에서는 유비쿼터스 기술에서 요구되는 여러 가지 무선 네트워크에 대해 설명한다. 우선 무선 네트워크의 개요를 서술하고 무선 LAN을 설명한다. 또한 무선 네트워크 기술들 중에서 블루투스, UWB, ZigBee, 이동 IP 기술 등에 관하여 기술한다.

제10장에서는 지능형 로봇을 서술한다. 로봇의 정의와 함께 로봇의 종류를 서술한다. 유비쿼터스 시대에 널리 퍼지게 될 지능형 로봇의 이해에 관하여 기술하고 인간과 로봇의 상호작용에 대해 설명한다. 또한 인간으로부터 명령받은 작업을 원

활하게 수행하기 위한 로봇의 상황인식을 서술한다. 로봇의 지능과 감성 등이 인간의 그것들과 어떠한 차이점을 보이는지에 대해 설명한다. 상황정보의 정의와 표현, 로봇과 내비게이션의 차이점 등에 관하여 서술한다. 지능형 로봇 개발을 위해서는 로봇 시스템 설계 및 하드웨어 구조 기술 못지않게 로봇을 효율적으로 제어할 수 있는 각종 소프트웨어 기술이 요구된다. 이 장에는 로봇 제어를 위한 소프트웨어 기술에 관한 설명도 포함된다.

제11장에서는 임베디드 시스템을 서술함에 있어서 임베디드 시스템 이해, 임베디드 시스템 개발 과정, 임베디드 하드웨어, 임베디드 소프트웨어 등을 설명한다. 또한 임베디드 시스템의 응용분야를 서술한다.

제12장에서는 유비쿼터스 보안 기술에 관하여 설명한다. 보안의 역사적 배경, 컴퓨터 보안 및 해킹, 유비쿼터스 보안의 필요성 등을 기술한다. 유비쿼터스 보안 기술의 예로서 RFID/USN 보안 기술, 홈 네트워크 보안 기술, 무선 LAN 보안 기술, 웹 서비스 보안 기술, IPv6 보안기술 등을 서술한다.

제13장에서는 유비쿼터스 응용 서비스를 서술한다. 이러한 응용 서비스를 가정, 회사, 공공장소 등에서 제공되는 서비스로 분류하여 각 서비스별로 제공될 수 있는 응용 분야들을 소개한다.

이 책을 통해서 많은 독자들이 유비쿼터스에 대해 보다 폭넓고 보다 알기 쉽게 이해하여 각자의 전공학습에 커다란 보탬이 되기 바란다. 이 책에 부족한 점이 많아 독자의 기대에 못 미칠 우려도 있다고 생각하며 앞으로 많은 조언과 충고를 받아들여 그야말로 훌륭한 유비쿼터스 관련 서적으로 오래도록 활용되기를 바란다.

2012. 1.

오창환

차 례

머리말 / 4

1 유비쿼터스 환경 13

2 유비쿼터스 컴퓨팅 43

3 디바이스 기술 65

4 RFID 기술 89

1. 유비쿼터스 환경

1.1. 인류역사와 4대 혁명

1.1.1. 공간혁명

인류는 원시시대부터 시간과 공간 속에서 살아오고 있다. 원시인들이 수렵생활을 할 때에 어떻게 하면 빠른 시간 내에 먹을 것을 획득할 수 있을까, 그리고 멀리 떨어져 있는 공간을 어떻게 하면 가깝게 이동할 수 있을까에 대해 많은 고민을 했을 것이다. 원시인들은 먹을 것을 보다 손쉽게 구하기 위해 여러 가지 도구를 만들었으며 공간의 불편함을 극복하기 위해 서로 모여서 살았던 것이다. 인류역사의 발전은 '공간'이라는 개념에서 출발하였다. 공간은 인간의 다양한 삶을 담아내는 그릇이며, 물질과 정보 흐름의 토대가 되는 보편적 자원이라고 말할 수 있다. 공간은 기하학적이거나 고정되어 있지 않으며, 물질적이면서도 권력과 가치를 내포한다. 공간은 누구에게 있어서나 경쟁력의 원천이며 시간적 연속성과 공간적 동시성이 서로 공명하여 발전하기도 하고 쇠퇴하기도 한다. 공간은 실체로서 존재하기도 하지만 보이지 않을 수도 있다.

공간은 크게 물리공간과 전자공간으로 양분된다. 물리공간이란 거리, 면적, 위치, 밀도 등이 중요한 차원을 가지는 공간이다. 역사적으로 국토가 광대하다든가 세계의 중심에 위치하는 것 등이 국력의 척도이자 경제활동의 성패를 좌우하게 되었다. 운하와 도로를 구축하여 도시를 연결하는 것은 물리공간의 확장이고 도시에 건축물과 기반시설을 갖추는 것 등은 집적화이다.

한편 20세기 후반부터 인간이 발명한 가장 위대한 과학적 소산이라고 일컬어지는 인터넷이 등장하면서 인류 발전과 국가 발전의 무게중심이 또 하나의 새로운 생존공간, 즉 전자공간으로 이동하게 되었다. 1960년대부터 우리나라는 고도 경제성장 과정에서 물리국토에 대한 장기적이고 체계적인 국가 정책으로 '국토종합개발계획'을 수립하였다. 1990년대 중반 이후 정부는 전자공간을 또 하나의 국토라는 인식하에 사이버 공간상에서 '21세기판 국토종합개발계획'을 세워 강력히 추진하여 왔다.

육체가 없는 정신은 공허하고, 정신이 없는 육체는 무의미하듯이 물리공간의 기반 없는 전자공간은 불완전한 공간일 뿐이다. 물리공간을 종횡으로 누비는 택배회사가 없다면, 전자상거래는 실물경제의 활력과 단절될 수밖에 없는 것이다. 따라서 물리공간과 전자공간이 서로 융합되는 새로운 공간이 대두될 필요성이 제기되었다. 이러한 새로운 공간은 제3공간으로 불린다. 제3공간은 전자공간의 창조성과 무제한성을 활용하는 동시에 물질공간의 실체성에 기반을 두려고 한다. 제3공간은 초공간이 지니고 있는 경제적 기회를 포착하고 정치사회적 이슈를 이해하는 데 유용한 관점을 제공할 것이다. 제3공간론은 '보이지 않는 전자공간'과 '보이는 물리공간'의 최적 연결을 통해 모든 국가, 기업, 개인들의 경영전략의 핵심을 이루게 된다. <그림 1-1>은 공간혁명의 과정을 나타내고 있다.

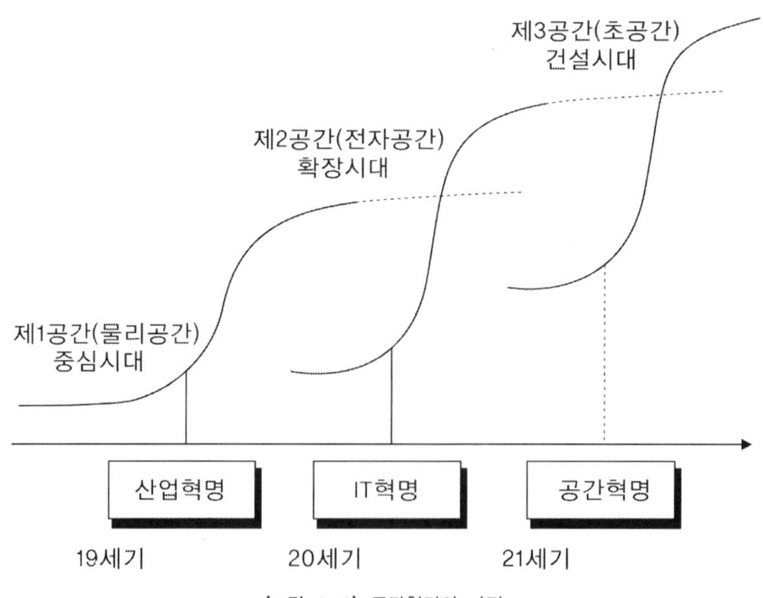

〈그림 1-1〉 공간혁명의 과정
(참고문헌: 유비쿼터스 IT혁명과 제3공간, 하원규 외 저, 전자신문사)

인류역사의 4대 공간혁명은 도시혁명, 산업혁명, 정보혁명, 유비쿼터스 혁명으로 이어지고 있다. 이들 4대 공간혁명은 물리공간, 전자공간, 물리와 전자 사이의 상호작용 공간 등으로 구분된다.

도시혁명은 인류의 활동공간인 물리공간을 원시적 평면에서 도시공간으로 창조한 1차 공산혁넝이다. 나무열매와 농물을 사냥하며 생활해 왔던 원시인들은 식물을 스스로 재배하고 동물을 키우기 위해 서로 모여 살게 됨으로써 농업혁명을 이룩할 수 있었다. 농지를 중심으로 함께 생활해 오던 인류는 문명의 발달과 더불어 보다 많은 사람들이 주거공간을 이루는 도시혁명을 가져오게 되었다. 증기기관의 발명으로 인해 제조업이 급격히 발전되면서 이룩된 산업혁명은 도시공간을 중심으로 물리공간의 생산성이 상상할 수 없을 수준으로 고도화된 2차 공간혁명이라고 말할 수 있다.

정보혁명은 인류의 활동 기반이 물리공간이 아닌 전자공간을 창조한 3차 공간혁명이다. 컴퓨터와 통신 기술의 발달로 인해 세계 곳곳을 연결시켜 주는 인터넷 서비스로 꽃을 피운 정보혁명은 이제 유비쿼터스 혁명으로 이어지고 있다. 유비쿼터스 혁명은 물리공간에 전자공간을 연결하여 물리공간과 전자공간이 하나로 통합되어 공진화할 수 있게 하는 4차 공간혁명이라고 말할 수 있다.

인류 역사에서 상기와 같은 공간혁명이 전개된 이유는 인간이 사회경제적 활동을 수행하기 위해서는 반드시 물질의 흐름과 정보의 흐름이 수반되어야 하기 때문이다. 인간이 추구해 온 일의 성과는 물질의 흐름과 정보의 흐름을 얼마나 효과적으로 달성하느냐에 따라 달려 있다고 여겨졌다. 인간은 유사 이래로 지금까지 이 두 가지 흐름이 일어나는 공간(물리공간과 전자공간)을 끊임없이 개척, 확장, 압축, 이동, 연결, 지능화하기 위한 방법을 개발하고 활용하기 위한 노력을 기울여 왔다.

1.1.2. 도시혁명, 산업혁명, 정보혁명

차일드(Childe G.) 같은 도시사학자들은 인류역사에서 최초로 새로운 세계가 출현한 것을 일컬어 도시혁명이라고 부른다. 고대 도시국가의 역사는 기원전 3300년경까지 거슬러 올라가지만 운하와 시장까지 있었다. 이집트인들은 기원전 3000년경 피라미드를 건설하기 위해 카훈(Kahun)이라는 계획도시를 건설했다. 인간이 도시를 건설하면서부터 자연에 대한 도전, 정치와 전쟁 등 모든 방향에서 확대되는 시발점을 맞이하게 되었다. 대규모 토목공사, 관료제의 출현, 상품이 교환되는 시장, 전문적인 직업의 발달 등은 밀집된 도시공간에서 시작되었던 것이다.

첫 번째 공간혁명인 도시혁명의 의미는 식량수송 등과 같은 물질의 흐름과 집회를 알리는 것과 같은 정보의 흐름에 존재하는 시간 제약을 극복하기 위해 시작되었다. 인간은 이와 같은 시간 제약을 극복하는 데 가장 큰 장애가 되는 공간을 축소하기 위하여 도시를 건설하였다. 축소된 물리공간에 다양한 기능이 집적된 도시를 건설하는 것은 이전에 광활한 자연에서 수백 일 걸릴 일들을 한 장소에서 며칠 만에 끝낼 수 있는 엄청난 시간 단축 효과를 가져왔다. 도시혁명에서는 촌락들이 서로 모여 있게 되어 인구가 집중되었고 주민들 사이의 정보흐름을 위해 광장이 필요하였으며 잉여 식량을 저장할 수 있는 창고와 함께 도시국가의 궁전이 건설되었다. <그림 1-2>는 도시혁명을 나타내고 있다.

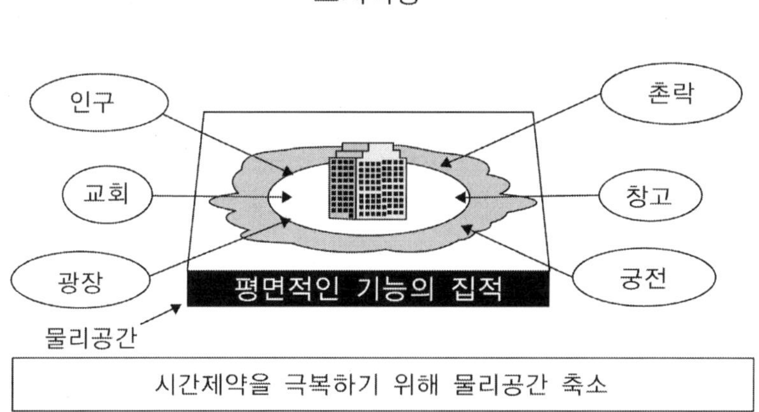

〈그림 1-2〉 도시혁명

2차 공간혁명인 산업혁명은 도시공간에 기계와 에너지를 공급함으로써 시작되었다. 산업혁명은 기존의 도시공간에 새로운 기능들을 출현시키고, 도시 간의 물자와 인구이동, 정보교류, 대량생산 체제 등을 가능하게 한 혁명이었다. 증기기관의 발명으로 인해 그 이전까지 가내공업 수준의 산업들을 공장에서 제조하는 대량생산의 산업으로 이끌었으며 자동차와 비행기가 등장할 수 있게 하였다. 이러한 교통수단의 발달로 공간에 따른 시간 제약이 크게 축소되었으나 여전히 공간적인 거리의 한계가 해결되지는 못했고, 근본적으로 사람의 노동에 의존해야 하는 생산은 수확체감의 법칙으로부터 벗어날 수 없었다.

증기기관 발명으로 이룩된 산업혁명은 철도의 개발로 그 꽃을 활짝 피울 수 있었나. 공상에서 생산된 제조 불품늘을 다른 도시로 이동시킬 때에 철도 네트워크가 커다란 도움을 줄 수 있었다. 비록 개별 생산 체제들은 개발되었다고 해도 이들을 서로 연결하는 네트워크가 구축됨으로써 산업혁명의 효과가 발휘될 수 있었던 것은 마치 개인컴퓨터와 인터넷의 관계에 비유될 수 있다. 컴퓨터 자체 기능을 최대한으로 활용할 수 있었던 것은 무엇보다도 이들 컴퓨터를 서로 연결할 수 있게 된 인터넷의 구축 효과였던 것이다.

산업혁명에서 야기된 산업도시화의 부작용은 그 이점만큼이나 더욱더 심각한 교통혼잡, 공해 등과 같은 문제를 초래하기 시작했다. 또한 탄소 에너지 사용으로 인하여 각종 환경문제가 대두되기 시작하였다. <그림 1-3>은 산업혁명을 나타내고 있다.

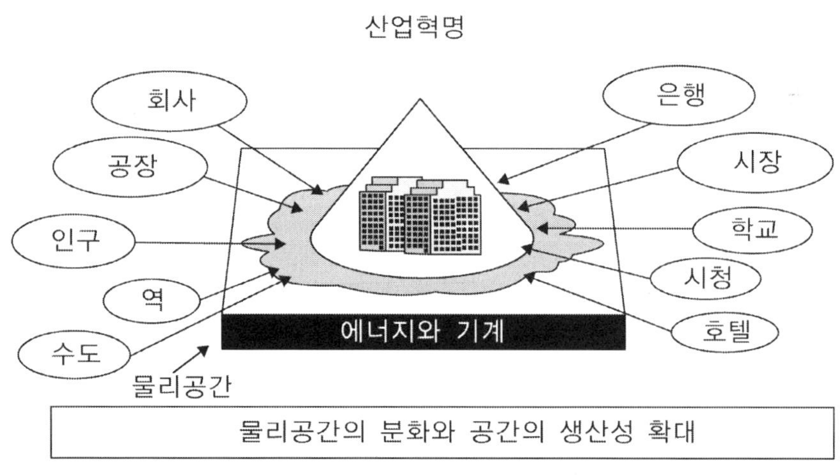

〈그림 1-3〉 산업혁명

3차 공간혁명인 정보혁명은 물리공간에만 고착되어 있던 공간 개념에서 벗어나 만질 수도 없으며 보이지도 않는 전자공간을 탄생시킨 탈공간혁명이라고 말할 수 있다. 컴퓨터의 발명으로 이룩된 정보혁명은 전 세계 컴퓨터를 하나로 연결하는 인터넷의 등장과 월드와이드웹(WWW) 서비스가 널리 퍼지면서 본격화되었다. 정보혁명으로 등장한 전자공간은 코페르니쿠스적 전환에 해당될 수 있을 정도이다.

　정보혁명에 의해 역사 발전의 주무대는 물리공간에서 전자공간으로 옮겨 왔으며, 사회경제적 관심과 패러다임들도 원자(atom)에서 비트(bit)로, 유형자산에서 무형자산으로, 소유에서 접속으로 전환되었다. 정보혁명을 통하여 시간 제약이 없어진 전자공간에서 인류는 빛의 속도로 정보를 송수신할 수 있게 되었고, 정보 흐름에 관해서는 처음으로 시간과 공간을 초월하는 자유를 얻게 되었다.

　정보혁명이 가지는 공간혁명적 의미는 도시혁명과 비교하면 경이롭기까지 하다. 정보혁명은 도시공간과 비교할 수 없을 정도로 축소되고, 거리와 시간까지 소멸된 컴퓨터 공간 속에 도시보다도 더 큰 공간과 다양한 기능을 집어넣었다. 시청, 도서관, 박물관, 교실, 학원, 백화점, 서점, 은행, 주식매장, 신문, 영화관, 게임장 등이 컴퓨터 공간 속으로 들어가게 되었다. 우리 아이들은 전자공간에서 프랑스 루브르 박물관과 미국의 스미소니언 박물관을 단 한 번의 클릭으로 옮겨 다니며 구경할 수 있게 되었고, 쇼핑몰을 여기저기 돌아다니지 않고도 안방에서 편안하게 합리적인 쇼핑을 할 수 있게 되었다. 생산지에서 생산되는 각종 생산품이나 농산물 등도 중간 거래를 거치지 않고 인터넷을 통해 직접적으로 구매할 수 있게 되었다. 이처럼 도시의 물리공간에서 존재하던 수많은 기능들이 컴퓨터 속으로 빨려 들어가는 것을 보고 윌리엄 미첼(William J. Mitchell)은 정보혁명으로 등장한 비트가 공간혁명의 상징인 물리적 도시를 죽였다고까지 말했다. <그림 1-4>는 정보혁명을 나타내고 있다.

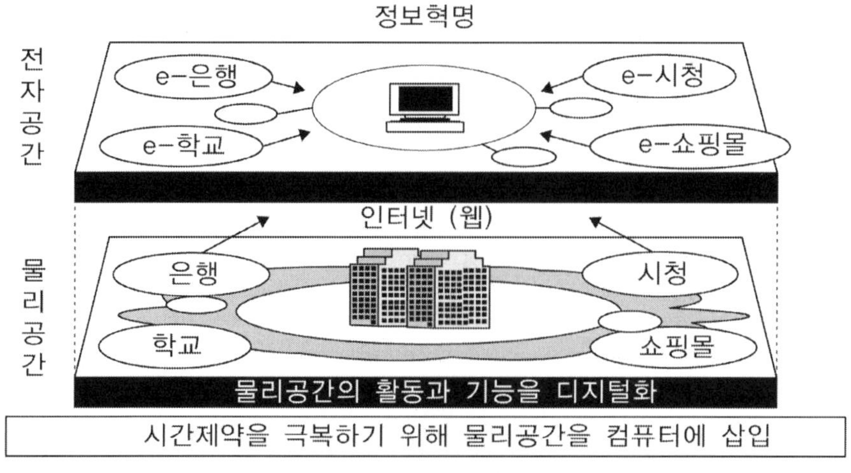

〈그림 1-4〉 정보혁명

1.1.3. 유비쿼터스 혁명

4차 공간혁명인 유비쿼터스 혁명은 정보혁명으로 죽은 물리적 도시를 부활시키기 위한 공간혁명이다. 정보혁명은 전자공간을 창조하고 그 공간 속에 전자 도서관과 쇼핑몰 능을 넣음으로써 어느 정도 시간과 공간을 초월할 수 있었다. 그러나 우리가 살고 있는 주변에는 컴퓨터 속으로 들어올 수 없는 대상(물리적 환경과 사물)들이 더 많이 존재하고 있다. 인간이 그러한 대상 속으로 들어가기 전에는 그것들 안에서 어떠한 변화가 일어나고 있으며, 무엇이 잘못되고 있는지, 어떠한 조치가 필요한지 알 수 없다. 비록 인터넷이 세계의 컴퓨터들을 하나로 연결한다고 해도 컴퓨터의 전자공간에 접속하는 것이 때와 장소의 제약을 받을 수밖에 없으며, 그렇다고 컴퓨터를 들고 다니는 것도 거추장스러운 일이다. 유비쿼터스 혁명에서는 언제, 어디서나 물질의 흐름과 정보의 흐름을 통합할 수 있는 새로운 공간을 구상하고 있으며 그것을 실현하기 위한 기술 개발과 실용화에 도전하고 있다.

유비쿼터스 혁명은 전자공간과 물리공간이 통합된 유비쿼터스 공간(ubiquitous space)의 창조와 더불어 두 공간에 대하여 언제, 어디서나 제한 없는 접속(ubiquitous access)을 목표로 하고 있다. 유비쿼터스 혁명은 정보혁명의 연장선상에 놓여 있으나 그 공간혁명의 발상은 정반대이다. 즉 정보혁명은 물리공간을 컴퓨터 속에 집어넣은 혁명이지만, 유비쿼터스 혁명은 그 반대로 물리공간에 컴퓨터를 집어넣는 혁명이다. 유비쿼터스 공간에서는 물리적 환경과 사물들 간에도 전자공간과 같이 정보가 흘러다니며, 이들 속에 마치 사람이 들어가 있는 것처럼 지능화되어 정보를 송수신하고 사람들이 원하는 활동을 수행하게 된다. 유비쿼터스 혁명은 물리공간과 전자공간의 한계를 동시에 극복하고 사람, 컴퓨터, 사물 등이 하나로 연결되어 기능적으로는 세상에서 가장 최적화된 살아 있는 공간(living space)으로 가는 마지막 공간혁명의 단계라고 말할 수 있다.

유비쿼터스 혁명에서는 도로, 다리, 터널, 빌딩, 천정, 화분, 냉장고, 구두, 간판, 컵, 종이, 자동차 등과 같이 도시공간을 구성하는 수많은 환경과 사물들에 보이지 않는 컴퓨터가 심어져 있어서 지능화되고 이들 컴퓨터들이 서로 연결되어 서로 간에 정보를 주고받는 유비쿼터스 공간이 창조된다. 이러한 유비쿼터스 공간에서는 물리공간과 전자공간 간의 단절과 시간 지체가 없어지고, 서로 공진화하여 우리가 살고 있는 공간의 합리성과 생산성이 그 어느 때보다 고도화될 것으로 예상된다.

<그림 1-5>는 유비쿼터스 혁명을 나타낸다.

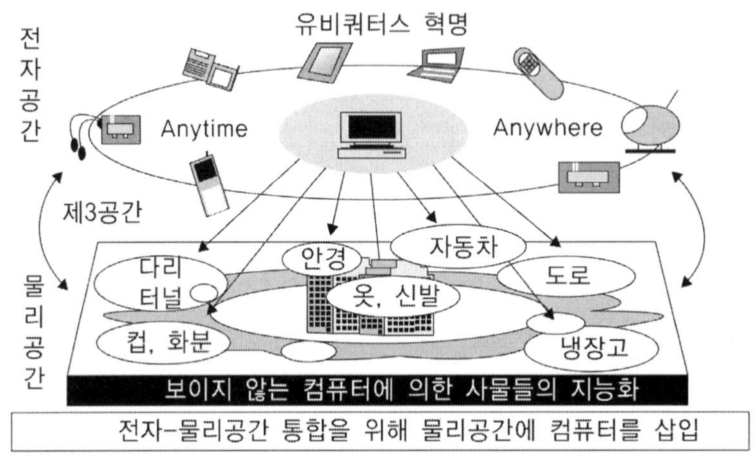

〈그림 1-5〉 유비쿼터스 혁명

1.2. 물리공간과 전자공간

MIT 미디어연구소의 소장인 네그로폰테는 '정보화 사회가 고도로 발달할수록 지리적 한계가 없어질 것'이라고 지적한 바 있다. 지리적 한계가 없어짐에 따라 물리공간은 더 이상 문명의 특성을 결정짓는 인자 역할을 하지 못한다. 전자공간이 확대되면서 물리공간의 위상은 급속도로 위축되고 있다.

인터넷의 발달에 힘입어 물리공간에 존재하던 각종 기능들이 전자공간으로 대체되면서 물리공간과 전자공간 사이에는 팽팽한 긴장관계가 형성되고 있다. 물리공간에 존재하던 상품과 소비자, 막대한 경제적 가치가 전자공간으로 이동하고 있다.

1.2.1. 전자공간의 허구성

전자공간은 근본적으로 허구의 세계이다. 전자공간은 실체가 없는 허구이기 때문에 모방하기가 쉽다. 지적 재산권이라는 제도적인 장치가 있다고 해도 여전히 전자공간에서 새로운 아이디어는 다른 사람들로부터 쉽게 모방된다. 따라서 무의미한 정보들이 대량생산되는 정보 스모그 현상이 발생된다.

전자공간상의 소비자들은 쉽게 변화한다. 예를 들어서 단골 사이버 쇼핑몰에 싫증이 난 소비자는 아무런 비용과 시간을 들이지 않고서 수천 마일이나 떨어져 있는 나른 사이버 쇼핑몰로 옮길 수 있다. 전자공간상에서 이룩된 성공은 반짝 성공인 경우가 많다. 전자공간의 현실 결핍성은 전자공간의 효율성을 거품으로 만든다. 무제한의 정보 속에서 초스피드로 작업이 이루어지지만 궁극적으로 창조되거나 생산되고 제조되는 것은 없다.

사이버 공간은 사이비 공간으로 조롱받으며 '거품 공간(Bubble Space)'으로 폄하된다. 전자공간은 도미노 효과가 지배되는 공간이다. 단 하루 만에 바이러스가 전 세계의 서버와 가정으로 전염되며, 전자공간에서의 부도는 전 세계로 파급된다. 어느 사용자가 올린 글은 도미노처럼 순식간에 온 세상으로 퍼져 나가게 된다.

1.2.2. 물리공간의 제약성

전자공간이 허구적이고 불안전한 공간이라고 해도 이제 와서 다시 물리공간으로 되돌아갈 수는 없다. 이미 사람들은 전자공간의 단맛을 보았기 때문이다. 물리공간에는 거리적 제약이 존재한다. 물리공간에서의 여행은 막대한 노력과 비용이 수반된다. 전자공간상에서 1볼트의 에너지로 얻을 수 있는 정보를 물리공간에서 구하려면 수만 볼트의 에너지를 사용해야 한다.

물리공간은 동시성의 제약에서 자유롭지 못하다. 대화를 나누고 협상을 수행하기 위해서는 아무리 멀리 떨어져 있는 사람들이라고 해도 동일한 시간, 동일한 장소에서 서로 만나야만 한다. 또한 물리공간은 상품의 무게와 부피로 인해 저장과 유통에 비용이 많이 발생한다. 물리공간의 진열장은 제한되어 있기 때문에 엄선된 상품만이 전시될 수 있다. 물리공간에서는 사람이건 상품이건 간에 존재하는 것 자체가 비용을 발생시킨다. 물리공간은 태생적으로 비효율성을 안고 있다.

1.2.3. 전자공간과 물리공간의 장점

전자공간과 물리공간의 단점이 각각 허구성과 제약성이지만 전자공간과 물리공간은 각기 고유한 장점과 매력을 제공한다. 전자공간은 무제한성이라는 장점을 갖는다. 전자공간에서 제약을 가지는 것은 오직 상상력(imagination)뿐이다. 전자공간에서는 상상할 수 있는 모든 것이 실현 가능하다. 물리공간은 실체성이라는 안전한 토대를 제공한다. 실체성은 장애와 마찰을 뜻하기도 하지만 여간해서는 변화하지 않는 안정성을 의미한다. 물리공간에는 마찰과 브레이크가 있지만 전자공간에는 마찰이나 브레이크가 없다.

물리공간은 안정적이지만 전자공간은 불안정하다. 전자공간은 창조와 혁신을 쉽게 받아들이지만, 물리공간은 모든 변화에 저항한다. 전자공간이 가지지 못한 것을 물리공간이 가지고 있고, 물리공간에 결핍된 장점을 전자공간이 가지고 있다. 여기서 전자공간과 물리공간을 융합시킬 필요성이 대두된다. 전자공간과 물리공간은 충돌과 융합을 반복하면서 진화하게 된다. 두 공간의 상이한 특성으로 인해 서로 충돌하게 되며, 두 공간의 고유한 장점들을 동시에 추구하기 위해 융합이 끊임없이 이루어진다.

1.2.4. 전자공간과 물리공간의 충돌

전자공간은 안전한 공간이라고 할 수 없다. 전자공간의 한쪽에서는 지진이 발생하고, 다른 한쪽에서는 대폭발이 일어나서 예상하지 못한 충격이 연속된다. 급속도로 성장하던 전자공간상의 기업들이 돌연 붕괴되기도 한다. 자유분방한 전자공간이 안정적인 물리공간과 연계될 때, 비로소 경제적 및 정치적 활동을 수행하기에 안정적인 공간으로 그 모습을 확연히 드러낼 것이다.

전자공간과 물리공간 사이의 충돌을 넘어서 이제는 짜임새 있는 융합을 본격적으로 시도할 때이다. 21세기의 국가 발전은 전자공간과 물리공간의 충돌과 단절을 어떻게 극복하고 또한 상호 불완전성을 어떻게 교차적으로 해결하느냐에 달려 있다. 전자공간과 물리공간의 충돌과 융합을 통한 제3공간을 가장 효율적이고 유용한 방식으로 형성해 나아가야 할 것이다. <그림 1-6>은 전자공간과 물리공간의 충돌과 융합을 통한 제3공간의 등장을 보여 주고 있다.

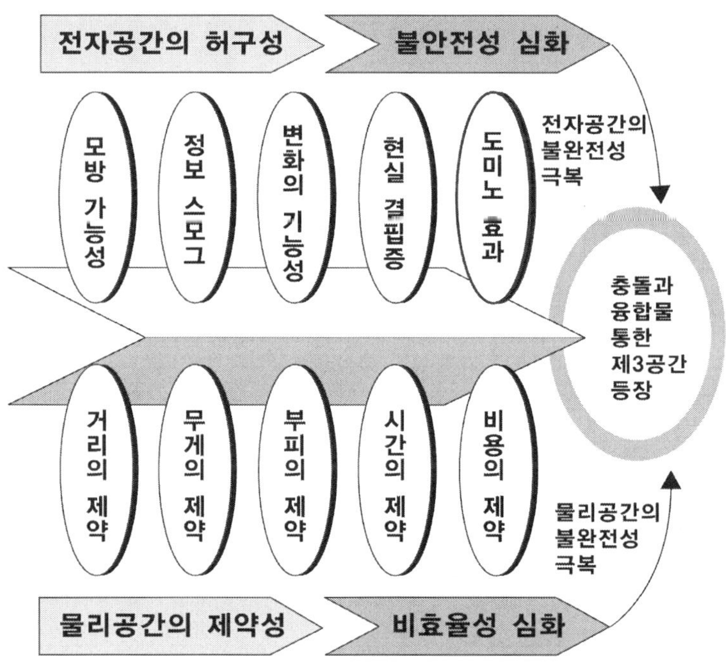

〈그림 1-6〉 전자공간과 물리공간의 충돌과 융합을 통한 제3공간 등장
(참고문헌: 유비쿼터스 IT혁명과 제3공간, 하원규 외 저, 전자신문사)

1.2.5. 정보매체의 진화

정보를 주고받기 위한 매체는 인류 문명의 발전과 함께 진화되어 왔다. 원시인들은 손짓과 몸짓으로 정보를 교환하였다. 그 이후에 언어가 발달되면서부터 언어가 새로운 정보매체로 등장하였다. 언어라는 정보매체에 토대를 둔 정보공간은 전적으로 물리공간에 종속된 공간이었다. 인간의 물리적 발성기관에 의존하는 언어는 물리적인 제약을 벗어날 수 없었으며 음성의 도달 거리에 있는 물리공간 안에서만 같은 정보를 공유한다. 이러한 정보공간은 시간이 흐름과 동시에 사라지고, 단지 언어를 말하고 들었던 사람의 의식 속에만 존재할 뿐이었다.

인류가 문자를 개발하고 사용함으로써 정보공간은 최초로 객체화되어 표출되기 시작하였다. 문자가 개발되기 이전까지는 정보와 지식을 소유한 사람이 죽고 나면 그 정보공간이 소멸되지만 문자의 등장으로 인해 정보의 영속성이 확보될 수 있었다.

문자 이후에 활자를 통한 인쇄기술의 발명으로 인류역사는 획기적인 발전을 이룩할 수 있었다. 정보를 대량으로 복제하고 전파하여 공유할 수 있게 되었다. 또한 종이에 고밀도로 집적된 정보는 후대의 교육을 위한 기반을 확충시켰다. 신문과 잡지라는 매체를 출현시켜서 사회 구성원들의 의식에 일대 혁명을 가져오게 되었다. 그러나 활자 매체도 역시 물리공간 내에 존재하였으며, 물리공간으로부터 자유로울 수 없었다. 근대적인 정보공간은 물리공간에 갇혀 있었던 셈이다.

컴퓨터와 인터넷을 통한 디지털 정보의 활용은 정보의 유통과 공유에 있어서 비로소 공간의 제약과 시간의 한계를 뛰어넘을 수 있게 하였다. 물리공간상에서 이루어지던 모든 정보활동은 컴퓨터와 인터넷상에서 재현될 수 있었다. 물리공간으로부터 독립된 전자공간이 출현된 것이다. <그림 1-7>은 정보매체의 진화를 나타내고 있다.

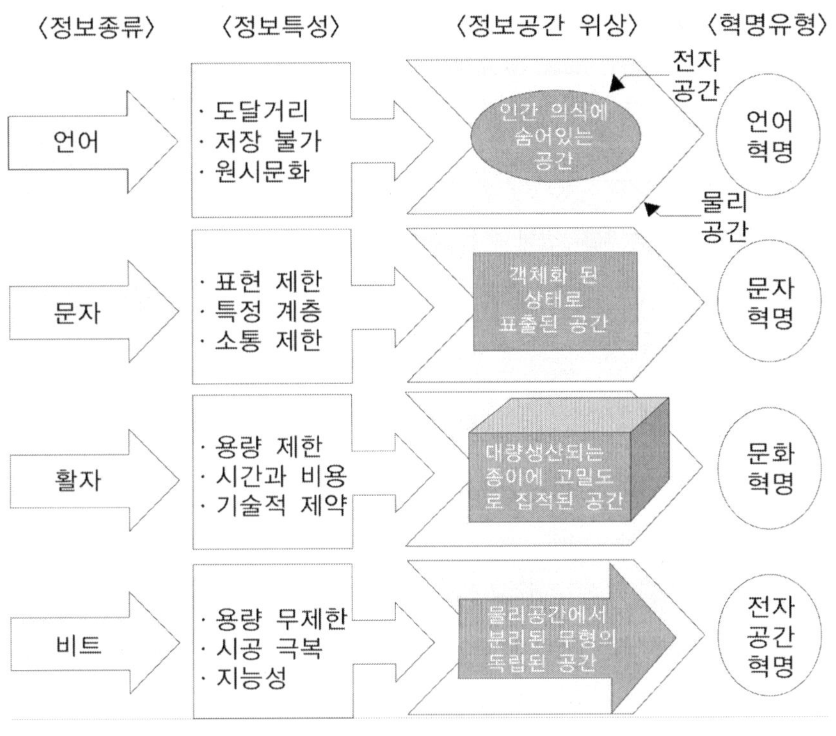

<그림 1-7> 정보매체의 진화

1.3. 유비쿼터스 공간

인간의 삶과 역사는 공간과 함께한다. 인간의 일생은 어머니 배 속 공간에서 자라나서 글로벌 공간 속에서 살다가 무덤 공간으로 마을 내린다. 우리들의 하루하루 생활은 집, 학교, 직장, 도서관, 거리 등과 같은 공간 속에서 생활하는 공간이동의 연속적인 과정이라고 말할 수 있다. 이 세상의 모든 물체는 공간 속에서 생성소멸하고 끊임없이 이동한다.

과학기술이 발전한다고 해도 우리 삶의 공간을 '불멸의 공간(immortal space)'으로 만들 수는 없다. 그러나 컴퓨터와 정보기술의 발달로 우리는 우리 삶의 공간을 조금 더 완전하게 만들 수 있을 것이다. 유비쿼터스 환경에서 제공되는 제3공간이 바로 그 '완전한 공간'의 원형이 된다. 제3공간의 완전성은 유비쿼터스 컴퓨팅과 네트워크 기술을 통해 물리공간과 전자공간의 한계를 극복하고, 이 두 개의 공간을 긴밀하게 연계, 통합시킴으로써 실현된다.

1.3.1. 제3공간

물리공간은 원자(atoms)를 원소로 하는 만질 수 있는 공간이다. 토지와 사물 등으로 구성되는 물리공간은 공간의 위치를 인식함에 있어서 사용자와는 상관없이 토지에 부여된 주소와 번지를 사용한다. 물리공간의 기능은 기능을 가지는 사물이 공간에 심어지면서 형성되며 공간에 대한 접속은 오로지 자기 자신이 그곳에 존재할 때에만 가능하다. 물리공간 중심시대에서 사용된 컴퓨터는 주로 메인프레임이었다. 물리공간의 네트워크는 도로망이나 철도망이며 공간개발의 핵심기술은 토목과 건축기술이다. 물리공간에서는 1, 2, 3차 산업이 경제의 주류를 이루었다.

전자공간은 비트(bits)를 원소로 하기 때문에 만질 수 없는 공간이며, 논리적이고 가상적이다. 전자공간에서 사용하는 주소체계는 실제의 공간적 위치와 상관없이 네트워크에 고정된 IP 프로토콜을 사용한다. 전자공간의 기능은 전자박물관처럼 컴퓨터에 디지털로 가상화된 사물이 축적됨으로써 형성된다. 전자공간의 접속은 집, 회사, PC방 등 제한된 인터페이스 지점과 네트워크 등을 통해서 가능하며, 자신이 직접 조작할 수도 있고 가상적 대리자(소프트웨어 에이전트, 아바타)를 사용하여 원하는 서비스를 사용하거나 제공할 수 있다. 전자공간 시대에는 컴퓨터로서 PC가 주로 사용되며 그것이 인터넷으로 연결되는 상황이 보편화되었다. 전자공간에서의 핵심 기술은 컴퓨터, 통신, 방송의 융합을 실현하는 정보통신 기술이다. 전자공간에서는 포털 서비스와 같은 무형의 디지털 경제가 주축이 되며 네트워크 외부성의 원리가 강하게 작용한다.

제3공간은 유비쿼터스 공간으로서 원자와 비트로 연계되어 형성되며, 만지지 않아도 공간의 원하는 정보를 이용자가 알 수 있는 '현실체가 지능적으로 증간된 공간'이다. 제3공간은 언제, 어디서나 도처에 존재하는 유비쿼터스 네트워크(브로드밴드 네트워크 + 모바일 네트워크 + 와이어리스 네트워크)와 센서, 칩 등과 같이 아주 작은 컴퓨터가 내재되어 있는 사물들(things)의 연결과 통합으로 구성된다.

제3공간은 실제적인 공간 위치와 사용자 식별이 동시에 가능한 '모바일 IPv6'의 '이동 공간 주소체계'를 사용하게 되고 모든 사물들 하나하나에 주소를 부여할 수 있게 됨으로써 물리공간이나 전자공간이 가지는 주소체계의 한계를 뛰어넘을 수 있게 되었다. 제3공간에서는 특정한 기능이 내재된 컴퓨터가 환경과 사물에 적재됨으로써(embedded computing) 환경이나 사물 그 자체가 지능화된다. 컴퓨터들은 주변 공간의 형상(context)을 인식할 수 있게 되며 또한 공간 자체 또는 주변 환경과 사물들의 변화를 어느 정도 떨어진 거리에서까지 지각(sensing), 감시(monitoring), 추적(tracking)할 수도 있게 된다. 사물 속에 적재된 컴퓨터들은 주변의 컴퓨터들과 무선네트워크로 연결되어 있어서 사람이 인식하지 못하는 상황에서 의사소통을 할 수 있으며 사람이 들고 다니는 다양한 단말기와 디바이스에 실시간으로 정보를 제공해 줄 수도 있다.

제3공간은 언제, 어디서, 어떠한 형태의 정보 송수신을 원하거나, 어떠한 단말기와 디바이스를 가지고 있어도 연결이 가능한 유비쿼터스 네트워크-액세스 환경을 제공한다. 제3공간에서의 네트워크에 대한 접속 과정은 사람의 의도적인 접속·조작 없이도 가능하며, 사물 속에서 내재되어 숨어 있는 컴퓨터들과의 연결은 우리가 의식할 수 없을 정도로 조용하기 때문에 Mark Weiser는 이를 Calm technology라고 불렀다.

제3공간에서 요구되는 핵심기술로는 칩이나 센서 등을 사물 속에 집어넣거나 입을 수도 있고 이들을 무선으로 연결시킬 수 있는 '유비쿼터스 컴퓨팅(ubiquitous computing)'이나 '퍼베이시브 컴퓨팅(pervasive computing)' 기술 등을 들 수 있다. 궁극적으로 제3공간이 고도화되는 과정에서 정보기술(IT), 나노기술(NT), 생명공학기술(BT)의 결합이 필연적으로 요구될 것이다. 앞으로 제3공간에서는 물리공간이나 전자공간과는 다른 새로운 비즈니스와 정보산업 및 연관 산업이 전개될 것이다. 모든 환경, 사물의 창조, 이동을 식별, 감시, 추적, 최적화하는 전방위 공간 비즈니스가 독립적으로 또는 다른 산업과 연계되어 부상할 것이다. <표 1-1>은 물리공간, 전자공간, 제3공간의 특성비교를 나타내고 있다.

〈표 1-1〉 물리공간, 전자공간, 제3공간의 특성 비교

구 분	물리공간	전자공간	제3공간 (유비쿼터스 공간)
공간원소	원자(atoms)	비트(bits)	원자＋비트(atoms＋bits)
공간지각	만질 수 있는(tangible)	만질 수 없는(intangible) 공간	만지지 않아도 알 수 있는 공간
공간형식	• 유클리드 공간 • 실제적인 현실임(real).	• 논리적 공간 • 컴퓨터상에서 가상적임 (virtual).	• 지능적 공간 • 지능적으로 증강된 현실임 (intellectually augmented reality)
공간구성	토지＋사물	인터넷＋웹	유비쿼터스 네트워크＋지능화된 환경, 사물
공간위상	주소/번지수	고정 IPv4	모바일 IPv6
가능 형성	공간에 사물이 심어짐(things embedded in space).	컴퓨터에 가상사물이 심어짐(things embedded in computer).	컴퓨터가 사물에 심어짐(computer embedded in things).
컴퓨터 활용	메인프레임(many person one computer)	PC(one person one computer)	Uniquitous－Pervasive－Disposable 컴퓨팅(one person many computer)
공간접속	only one access/by oneself	Some access/by agents	Uniquitous access/without oneself
기반 네트워크	도로망, 철도망	PC와 PC를 연결하는 인터넷	사물과 사물을 연결하는 인터넷
공간개발 기술	토목, 건축	IT(컴퓨터＋통신＋방송 융합)	IT＋NT＋BT 융합
공간경제 원리	규모와 집적 원리	네트워크 외부성 원리	공명성과 공진화 원리
산업경제	유형의 1, 2, 3차 산업(부동산, 제조업 등)	무형의 디지털 경제(ISP, 포털, 사이버 뱅킹 등)	모든 환경, 사물의 창조, 이동을 식별·감시·추적·최적화하는 전방위 공간 비즈니스/산업
발전 과제	기간산업 육성과 지역 간 격차 해소	네트워크 기반과 이용자 확산, 디지털 격차 해소	모든 네트워크 간 통합과 컴퓨터의 저가격화, 전자·물리공간 사이의 기능 연계와 재배치
발전 정책	국토종합개발계획	cyber－Korea, e－Korea	전자·물리공간 통합 U－Korea 종합발전계획

1.3.2. 물리공간 속의 전자공간

물질공간에 심어지는 전자공간의 실체는 유비쿼터스 컴퓨팅과 유비쿼터스 네트워크들로 구성된다. 사물들 속에 컴퓨터와 같은 전자공간 요소를 집어넣어서 보다 더 지능화시키고 이들을 서로 네트워크로 연결함으로써 제3공간의 가시성이 증진될 것이다. 물질공간에 심어지는 전자공간적 요소들은 임베디드 시스템(Embedded System), RFID(Radio Frequency Identification) tag, IPv6, MEMS(Micro Electro Mechanical System), 센서와 칩, 배지 등이다.

임베디드 시스템은 물리공간에 심어지는 것들의 상징으로서 컴퓨터의 하드웨어(CPU 등)와 소프트웨어(Real Time OS)를 조합한 전자제어 시스템으로 특정의 기능을 수행하기 위해 자동차, 가전, 장난감, 시설물 등에 내장된다.

RFID 태그는 무선인식기술을 이용하여 기존의 바코드 기능 수준의 인식기술을 뛰어넘어서 비접촉식 방식으로 사물의 위치 및 정보내용을 자동으로 인식하고 무선으로 정보를 저장, 입출력, 공유할 수 있는 무선기기(Tag)를 말한다. RFID Tag를 사물 및 생물에 적재시키고 이들 사이를 무선 네트워크로 연결하면 사물 스스로 그들을 식별하고 정보를 교환하며 사람이 의식하지 않아도 정보를 제공해 주는 '사물의 인터넷(The Internet of Things)'이 되는 것이다. RFID tag는 전자공간과 물질공간의 최적 연계가 필요한 공장자동화, 쓰레기 관리, 주차요금 징수, 차량도난 방지, 창고관리, 접근제어 등에 응용된다. RFID 기술은 '차세대 컴퓨터 혁명', '새로운 산업혁명' 등으로 불리기도 한다.

IPv6는 인터넷 프로토콜 주소자원 및 품질 문제를 근본적으로 해결해 줄 차세대 인터넷 주소체계이다. IPv6는 제3공간에서 사물, 사람, 네트워크와 단말기 간의 정체성, 공간적 위치, 네트워크 주소를 언제, 어디서나, 어떤 플랫폼상에서도 일체화할 수 있는 기반이 된다. MEMS는 초소형 정밀기계로서 사물이나 생물에 심어져서 지능적으로 동작하고 정보처리 업무를 수행할 수 있게 해 준다.

물리공간에 이러한 유비쿼터스 컴퓨팅 요소들이 적재되고 브로드밴드, 위성, 모바일, 무선랜 등이 통합된 유비쿼터스 네트워크가 사물과 플랫폼, 단말기기들을 연결하면 제3공간의 개발을 위한 기초가 만들어지는 셈이다. <그림 1-8>은 유비쿼터스 공간의 공간적 계층구도를 보여 준다.

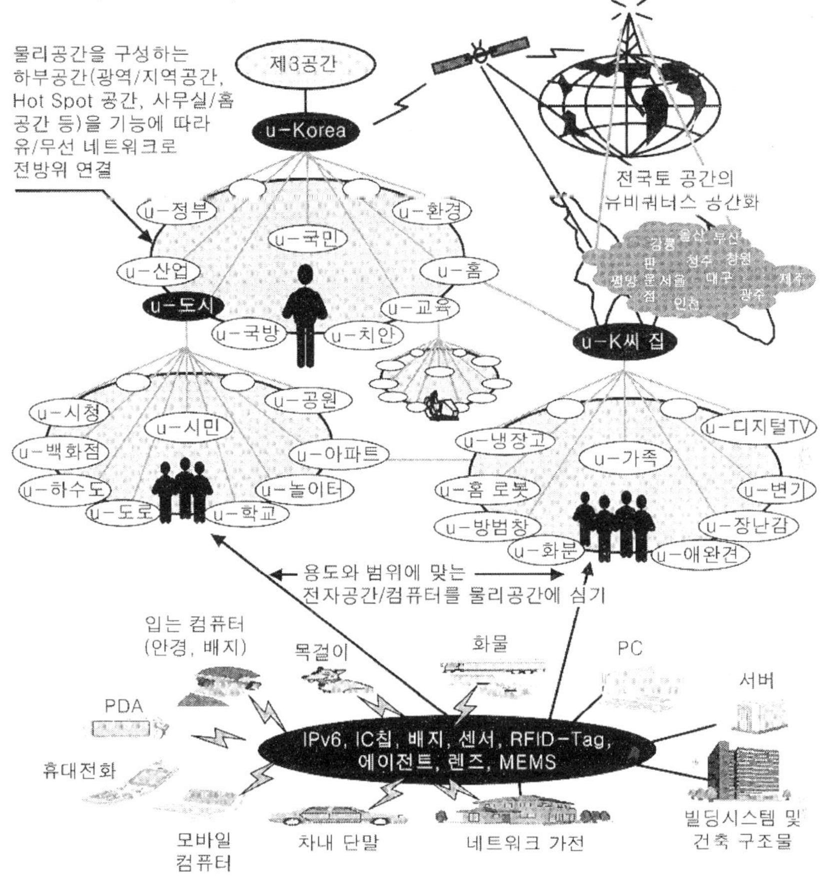

〈그림 1-8〉 유비쿼터스 공간의 공간적 계층구도
(참고문헌: 유비쿼터스 IT혁명과 제 3공간, 하원규 외 저, 전자신문사)

1.3.3. 유비쿼터스 정보기술의 접근성 확충

유비쿼터스 정보기술은 편재된 접근성을 강조한다. 지금까지의 정보통신 기술은 초고속망의 구축에 초점을 두어 왔다. 인터넷을 통하여 전달되는 정보의 속도가 정보통신 발전의 척도로 인식되어 왔다. 그러나 유비쿼터스 시대에는 속도 못지않게 접근의 다양성이 중요시된다. 벽 속에 숨어 있는 칩으로부터 벽을 통과하는 무선 인터넷에 이르기까지 다양한 방식으로 인터넷에 접근할 수 있는 개방된 기술들을 통해 제3공간의 유비쿼터스 과업을 이룩할 수 있다. <그림 1-9>는 유비쿼터스 정보 기술의 발전경로를 보여 주고 있다.

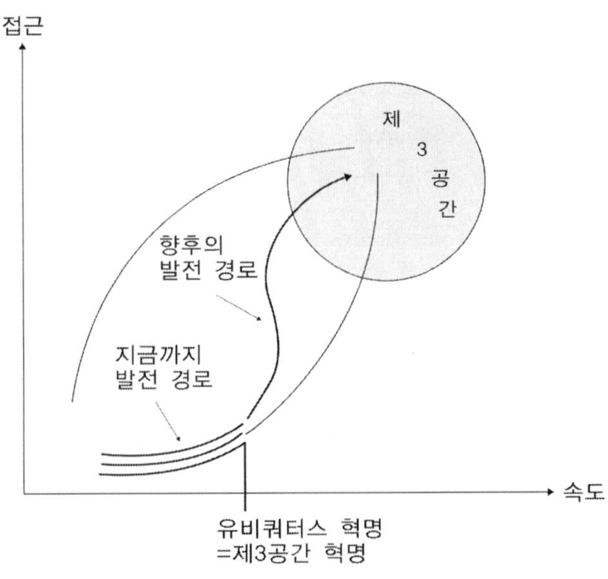

〈그림 1-9〉 유비쿼터스 정보기술의 발전경로

1.3.4. 유비쿼터스 시대의 사용자와 컴퓨터

대형 컴퓨터 시대에는 컴퓨터가 희소자원이었고 전문가들만이 한 대의 컴퓨터를 공동으로 사용하였다. 1980년대에 개인용 컴퓨터(PC)가 등장하면서 사용자들은 각자의 컴퓨터를 소유하게 되었다. 유비쿼터스 시대에는 사용자와 컴퓨터의 관계가 역전된다. 즉, 한 명의 사용자가 수백 개~수만 개의 컴퓨터와 통신기기를 동시에 사용하게 된다.

유비쿼터스 시대에서 한 명의 사용자가 다루는 정보기기들의 숫자는 상상을 초월한다. 옷에 부착된 칩으로부터 수십 대의 정보가전과 집 안 곳곳에 부착된 센서들은 고도의 컴퓨팅과 통신 기능을 수행한다. 한 가정에서 사용하는 거의 모든 기기들에는 컴퓨팅 기능과 네트워킹 기능이 이식될 것이다.

배터리가 부착된 전기칫솔이 낯설지 않듯이 무선 인터넷 칩이 장착된 스마트 칫솔이 자연스러워질 것이다. 스마트 칫솔은 충치가 발견되면 의사에게 연락하고, 의사는 스마트 칫솔을 통하여 환자가 의식하지도 못하는 사이에 충치를 치료할 것이다. 지천으로 깔린 컴퓨터들은 사용자가 자신을 이용해 주기를 조용히 기다린다. 감당하기 어려울 정도로 많은 정보기기들의 중요한 덕목은 사용자들을 귀찮게 하지 않고 조용히 기다리는 것이다. 조용한 기술(calm technology)이 요구되는 것이다. <그림 1-10>은 유비쿼터스 시대의 컴퓨터와 사용자의 관계를 보여 주고 있다.

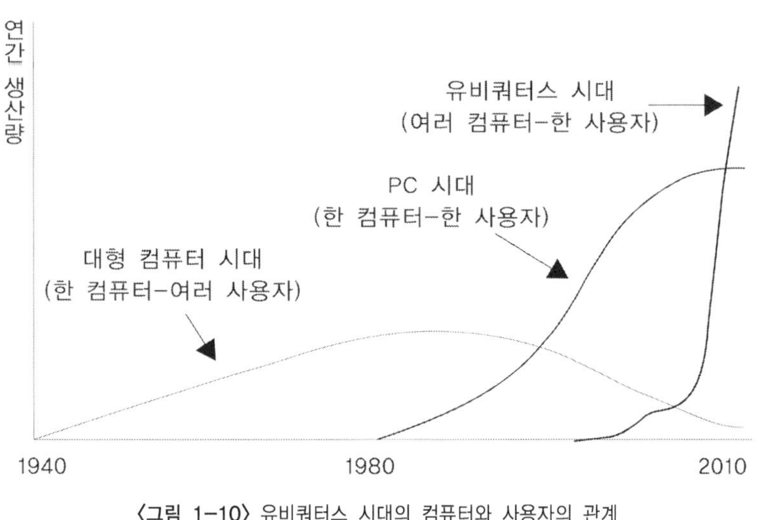

〈그림 1-10〉 유비쿼터스 시대의 컴퓨터와 사용자의 관계

1.3.5. 유비쿼터스 공간의 뉴런 동작

인간의 몸을 구성하는 수많은 세포들은 네트워크로 연결되어 있으며 이러한 네트워크를 통해 생명유지를 위한 정신적 및 육체적 활동을 가능하게 하는 정보와 물질이 흐른다. 우리 몸의 네트워크들 중에서 정보(명령)를 전달하는 뉴런 네트워크와 혈액(호르몬) 등의 물질을 운반하는 혈관 네트워크가 중요한 역할을 담당한다. 인간의 생명이 유지되고 능력이 개발되기 위해서는 이러한 네트워크들이 서로 유기적으로 동작되어야 한다. 따라서 인간의 몸은 정보의 흐름과 물질의 흐름이 가장 고도로 연계된 제3공간이라고 말할 수 있다.

인간의 몸에서 정보 전달 네트워크는 수많은 뉴런(neuron)들로 구성되어 있다. 뉴런은 신경원 단위로 우리 몸의 감각기와 반응기 사이에서 자극과 정보의 전달에 가장 알맞도록 특수하게 분화된 신경세포이다. 뉴런에는 감각기관으로부터 감지된 자극을 받아들이고 이를 신경계의 중심 위치로 전달하는 감각뉴런(sensory neuron), 감각뉴런과 운동뉴런 사이에서 정보전달 역할을 담당하는 연합뉴런(inter neuron), 반응 및 명령을 근육과 같은 실행기 및 구동체로 전송하는 운동뉴런(motor neuron)

등이 있다.

유비쿼터스 공간의 동작원리는 인간의 뉴런이 동작하는 원리와 비슷하다. 먼저 광대역 유선망, 모바일 네트워크, 초고속 무선랜 등의 네트워크가 물리공간에 널리 편재되어 있어서 언제, 어디서나, 어떠한 기기를 이용하더라도 자유롭게 접속하여 필요한 정보를 교환할 수 있는 유비쿼터스 네트워크는 우리 몸의 모든 세포를 연결하고 있는 연합뉴런과 같다.

인간 삶에 커다란 영향을 미치는 환경(도시, 생태계, 홈, 공장, 사무실, 화장실, 창고, 공원)과 사물(물질, 상품, 동식물)들에 '시스템온칩(System-on-a-chip)' 또는 '랩온칩(Lab-on-a-chip)'화되어 있는 각종 센서들을 적재하여 지능화시킨 것은 감각뉴런의 원리와 같다.

유비쿼터스 공간에서 구동체(actuator) 역할을 담당하는 것은 운동뉴런이다. 가장 대표적인 운동뉴런은 마이크로머신(MEMS)과 바이오 마이크로머신(bio-MEMS), 로봇 등을 꼽을 수 있다. 유비쿼터스 공간에서 이들 운동뉴런들은 사람을 대신하여 사람이 의식적으로 조작하지 않아도 스스로 행동을 취하거나 문제를 해결해 주는 기능을 수행한다. 예를 들어서 자동차가 충돌할 경우에 에어백 안에 심어져 있는 마이크로머신이 아주 빠른 시간 내에 충격의 크기와 방향 등을 감지하여 에어백을 부풀리는 기능이 여기에 해당한다.

1.3.6. 유비쿼터스 공간의 뉴런 연계구도

만약 가족들이 모두 외출한 상태에서 직장에 출근한 손자의 PDA에 '점심시간 이후 할머니의 움직임 상태 이상'이라는 정보가 전달된 후 119에 자동으로 신고되며, 감기 기운이 있는데도 학교에 간 '아이의 체온이 39도를 넘었다'라는 메시지가 어머니의 핸드폰으로 전달될 수 있다면, 우리는 신선한 정보를 스마트하게 제공받음으로써 감탄해할 것이다.

유비쿼터스 공간은 물리공간과 전자공간을 연계시키고 언제, 어디서나, 어떤 단말로나 무엇을 하려든지 간에 인간에게 필요한 신선한 정보가 자유롭게 흘러 다니고, 이용자가 인식하지 않아도 되는 '조심스러운 배려'가 정보제공이나 사전조치, 문제 해결 등의 형태로 전달될 수 있다. 고등동물일수록 뉴런의 숫자가 많다. 따라서 우리나라와 사회가 고등국가 및 사회가 되기 위해서는 유비쿼터스의 뉴런이 도처에 편재되어 있어야 한다. 모든 생명체가 있는 곳에 뉴런이 있듯이 국토공간의 사물이 있는 곳에 센서와 칩이 심어지는 것이야말로 신선한 정보국가가 되는 지름길이 될 것이다. <그림 1-11>은 유비쿼터스 공간의 뉴런 연계구도를 보여 준다.

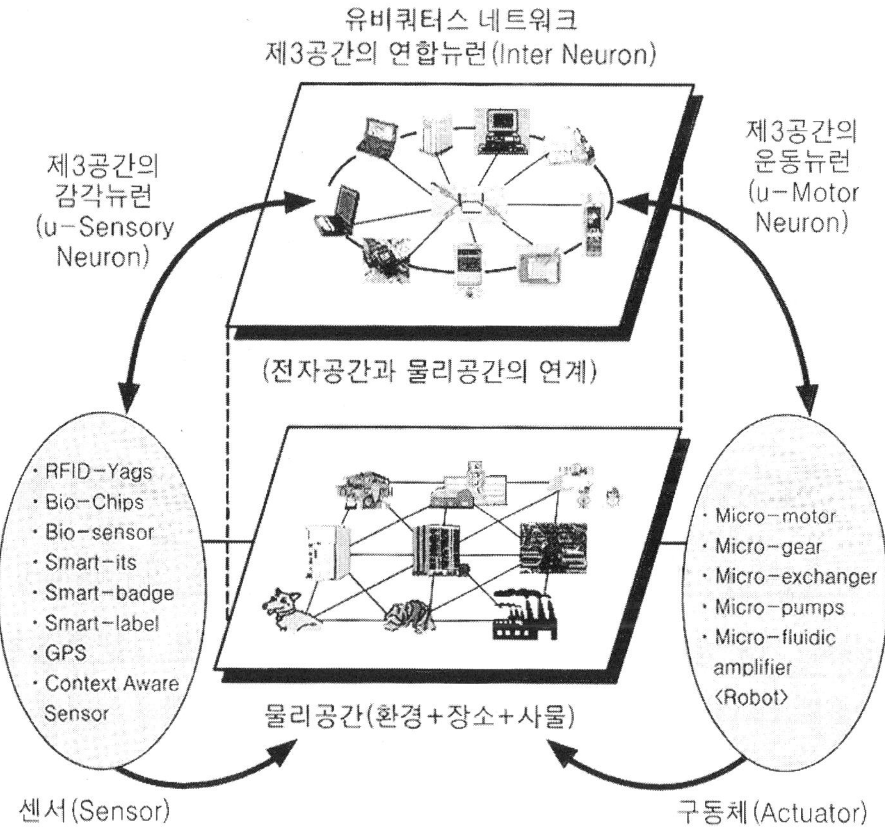

〈그림 1-11〉 유비쿼터스 공간의 뉴런 연계구도

1.3.7. 유비쿼터스 공간의 뉴런 창조를 위한 IT, BT, NT의 융합

인류의 기술 발전은 지능화와 인간화를 목표로 두고 있다. 지능화는 인간의 주변 환경들(자연, 사물, 시장, 조직 등)의 변화에 대한 정보를 실시간으로 획득하고 연산하며 축적하여 서로 주고받음으로써 의사결정 문제 해결 및 미래 예측을 극대화시키는 것이다. 인간화는 인조인간 로봇을 만들려는 욕구라고 비유할 수 있다. 인간은 자신이 만든 기계나 사물이 인간을 대신하여 마치 인간처럼 보고, 듣고, 느끼고, 인식함과 아울러 인간처럼 말하고, 보여 주고, 일을 처리해 줄 수 있도록 하기 위해 부단한 기술개발 노력을 기울이고 있다.

유비쿼터스 공간은 이러한 지능화와 인간화의 욕구를 물리공간과 전자공간의 연계를 통하여 실현하기 위한 노력이다. 따라서 유비쿼터스 공간에서는 기술적으로 정보기술(IT), 생명기술(BT), 나노기술(NT)의 융합이 필연적이다. 이러한 융합을 통해 '유비쿼터스 공간의 뉴런들'을 만들고 이를 환경과 사물 속에 심는 것이다.

IT, BT, NT가 융합된 결정체들로는 칩 센서(Chip Sensor), 바이오칩(BioChip), 나노 바이오센서(Nano BioSensor), 바이오 마이크로머신(BioMEMS), 로봇 등이 대표적이다. <그림 1-12>는 IT, BT, NT와 뉴런의 연계성을 나타낸다.

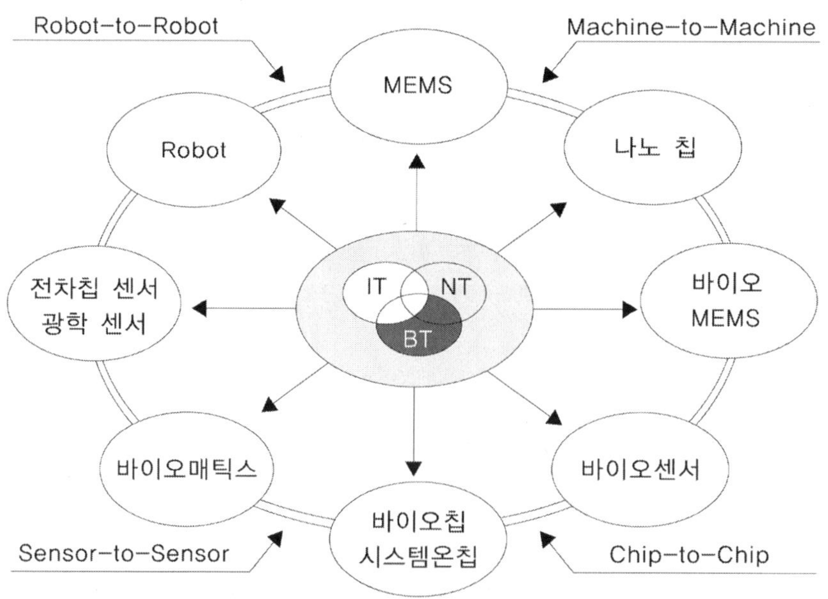

〈그림 1-12〉 IT, BT, NT와 뉴런의 연계성

1.4. 유비쿼터스 환경 모델

1.4.1. 개요

유비쿼터스 공간은 장소, 사물, 동식물 등의 물리공간에 눈에 보이지 않는 컴퓨터를 집어넣어서 이들을 지능화시키게 된다. 지능화된 사물들은 네트워크를 통해 실시간으로 서로의 정보를 주고받게 되는데 이때에 보다 먼 거리로 보내기 위해서는 게이트웨이 역할을 담당하는 컴퓨터를 통해야 할 필요성이 있게 된다. 물리공간에 적재되는 컴퓨터들을 디바이스라고도 부르는데 이들 디바이스는 주변 환경의 변화를 모니터할 수 있는 센서도 포함된다. 이러한 센서들이 서로 연결되는 네트워크를 센서네트워크라고 부른다. 센서네트워크는 주로 무선네트워크로 구성되며 게이트웨이 컴퓨터들은 유선과 무선 네트워크의 백본을 통해 서로 연결 구성되어 유비쿼터스 뉴런들을 확장시킨다.

유비쿼터스 환경에서는 디바이스, 컴퓨터, 네트워크 등의 하드웨어와 소프트웨어 기술 이외에도 보안과 상황인식 등의 기반 기술(Base Technology)들이 요구된다. 이러한 기술들을 바탕으로 유비쿼터스 서비스를 제공하기 위한 여러 가지 유비쿼터스 응용 기술개발이 필요하게 되는 것이다. 유비쿼터스 공간을 구축하기 위해서는 유비쿼터스 환경을 정비해야 하며 이때에 유비쿼터스 환경 모델이 사용된다. 유비쿼터스 환경 모델은 유비쿼터스 공간 구현을 위한 요소들을 위치적 및 기술적으로 표기하며 새로운 요소가 등장할 때에 보다 간단하게 체계적으로 묘사하기 위해 필요하다.

1.4.2. 유비쿼터스 환경 모델 구조

유비쿼터스 환경 모델의 구성 요소에는 디바이스, 센서, 센서네트워크, 컴퓨터, 유선 네트워크, 모바일 네트워크, 기반 기술, 유비쿼터스 응용 등으로 구성된다. <그림 1-13>은 유비쿼터스 환경 모델 구조를 보여 주고 있다.

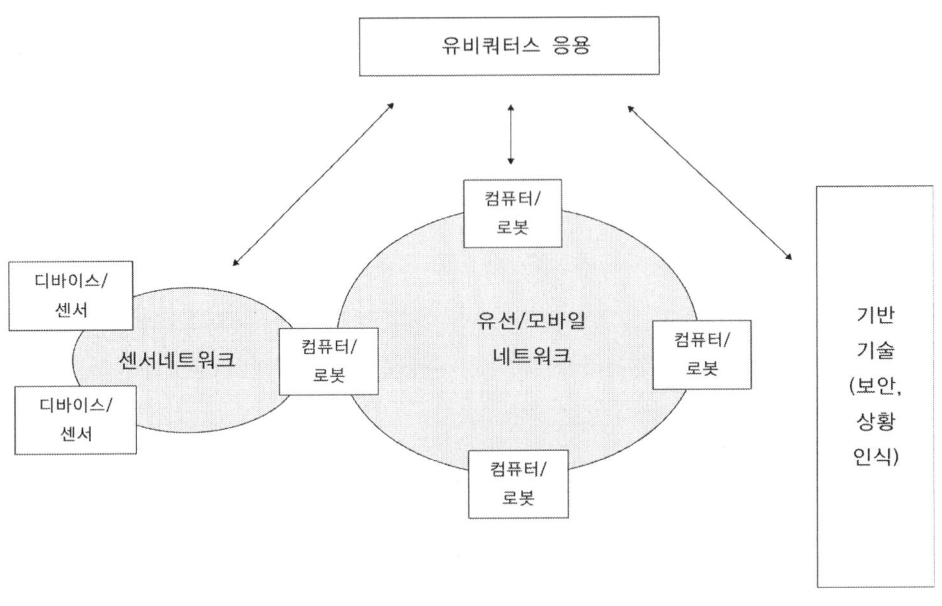

〈그림 1-13〉 유비쿼터스 환경 모델 구조

(1) 디바이스

장소, 사물, 동식물 등에 내장되려면 칩의 소형화, 저소비전력화, 고성능화 등이 요구된다. 물리적 디바이스를 구성하는 기술 분야로서 SoC, MEMS, 나노, 차세대 전지 등이 있다.

SoC(System on Chip)는 칩 자체가 하나의 시스템으로 동작될 수 있도록 마이크로프로세서, 디지털신호 처리장치(Digital Signal Processor: DSP), 메모리, 베이스밴드 칩, 임베디드 소프트웨어 등을 집적시킨 칩을 말한다. 예를 들어서 휴대폰을 만들기 위해 필요한 통신기능 칩과 컴퓨터 기능 칩을 하나로 집적시킴으로써 소형화를 달성시킬 수 있는 기술이 바로 SoC 기술이다.

MEMS(Micro Electro Mechanical System) 기술은 소형화 및 지능화가 요구되는 미래 환경에 대응하기 위한 핵심기술로 인식되고 있다. MEMS 기술은 반도체 기술, 기계 기술, 광 기술 등을 융합하여 마이크로 단위의 작은 부품 및 시스템을 설계·제작하고 응용하는 기술이다. 이 기술은 유비쿼터스 네트워크나 초소형 휴먼인터페이스 분야의 핵심 요소인 3차원 미소(微少) 구조물, 센서 및 구동장치 등을 소형화, 고정밀화하고 복합화를 가능하게 하는 시스템 기술이다.

나노 기술(Nano Technology: NT)은 나노미터(nm) 크기의 원자나 분자를 조작하여 물질의 구조나 배열을 제어함으로써 새로운 기능과 우수한 특성을 발현해 내는 기술을 말한다. 나노 기술은 원자 및 분자 수준에서 물질을 조작, 제어, 가공하여 새로운 소재 등을 만들어 내는 초극미세 기술을 의미하며 공정, 기능, 구조, 부품 및 시스템 등 다양한 영역에서 기술 개발이 추진 중이다.

차세대 선지는 각종 휴대 정보 단말기기뿐만 아니라 산업용 전원, 하이브리드 자동차, 전기자동차 등의 동력원으로 점점 더 중요시되고 있다. 현재 리튬이온전지와 리튬이온폴리머전지로 대표되는 리튬2차전지가 있는데 앞으로도 휴대용 기기의 발달로 인하여 리튬2차전지 기술은 지속적으로 발달될 것이다.

(2) 센서

센서는 물리 또는 환경계의 현상을 정량적으로 측정하는 소자로서 센서 인터페이스에 따라 다양하게 정보화된다. 유비쿼터스 공간이 얼마나 빠르게 구축될 것인가는 센서기술이 얼마나 빠르게 발전할 것인가에 달려 있다. 센서기술은 3가지 단계를 거쳐 발전할 것이다.

첫 번째 단계는 센서가 생활공간에 확산되는 단계이다. 정보가전을 비롯하여 소파, 침대, 건물, 도로 등의 곳곳에 작고 저렴하며 소비전력이 낮은 센서가 내장된다. 이 센서들은 독립된 센서들로 고유의 기능을 달성한다.

두 번째 단계는 이들 센서들이 연결되는 단계이다. 네트워크 속에 편입된 센서들은 각자의 정보를 주고받는다. 에어컨의 센서는 소파의 센서로부터 실내 온도를 알아내고 욕조에 부착된 센서로부터 목욕이 끝나 가는지를 알아낸다.

세 번째 단계는 센서들의 정보들이 종합화되는 단계이다. 교량에 부착된 수많은 센서들의 개별적인 정보는 통일된 의미로 형상화되어야 한다. 교량의 어느 곳에 문제가 있는지를 발견하기 위해서는 이들 개별 정보들이 스스로 종합화되어야 한다.

(3) RFID

RFID(Radio Frequency IDentification) 태그는 기본적으로 초소형 마이크로 칩과 안테나로 구성되어 있다. RFID 태그 안에 내장된 칩이 고유한 정보를 신호화하여 안테나로 보내면, 리더기의 안테나를 통해 수신한 후에 서버로 전달한다. 눈, 비, 바람, 먼지, 자석 등의 환경에 영향을 받지 않고, 통과 속도가 빠르므로 이동 중에도 인식할 수 있다. 원거리에서도 인식할 수 있으며, 제조 과정에서 유일한 ID를 부여하므로 위조가 불가능한 장점도 있다.

RFID는 바코드를 대체할 신기술로서 사물에 초소형 센서 칩을 부착하여 사물 및 주변 환경정보를 무선주파수로 전송하고 데이터를 처리하는 비접촉식 식별기술이며 정보통신은 물론 물류, 유통, 교통, 환경 등 다양한 분야에서 활용된다.

이제까지의 사람 중심(anyone) 정보화에서 사물을 중심(anything)으로 정보화의 지평을 확대시킬 수 있게 해 준다. 모든 사물에 ID를 부여하게 되어 사물의 자동인식이 가능해지며, 이들 간의 상호 통신 네트워크가 형성되어 유비쿼터스 센서 네트워크 형태로 발전하게 된다.

(4) 센서 네트워크

센서 네트워크는 센서들이 센싱한 정보를 서로 공유하고 이들 정보를 백본 네트워크에 연동하는 기능을 수행한다. 센서 네트워크는 유선기술보다 무선기술을 활용하려 노력해 오고 있다. 센서 네트워크로 무선기술을 채택하는 이유는 아래와 같다.

① 비용절감: 제어계측 기기의 배선 비용은 기기 본체보다 훨씬 비싸다.

② 생산 프로세스 변경의 유연성: 무선 네트워크를 사용하는 제어계측 기기는 생산설비의 증감과 레이아웃 변경 등에 대해서 신속하고 용이하게 대응 가능하다.

③ 센싱 범위의 확대: 유선 네트워크에서는 회전체처럼 배치될 수 없는 경우와 배선비용의 이유로 수백 개 계측점의 대량 센서 배치를 포기할 수밖에 없었으나 무선 센서네트워크에서 이를 구축할 수 있다.

(5) 컴퓨터

유비쿼터스 컴퓨터는 크게 2종류로 구분된다. 하나는 장소, 사물, 동식물 등에 적재되어 사물 및 인간과 상호작용을 수행하는 컴퓨터이고 또 다른 컴퓨터는 그보다는 조금 큰 컴퓨터로서 백본 네트워크의 서버에 위치하여 하위 계층으로부터 집합된 데이터들을 종합적으로 분석하기 위한 컴퓨터이다. 본 책에서는 앞의 컴퓨터를 물리공간과 전자공간을 서로 연계시켜 주는 '연계컴퓨터'라고 부르며 또 다른 컴퓨터는 오늘날과 같이 '서비스컴퓨터'라고 부른다.

연계컴퓨터는 퍼스널 컴퓨터와는 크기나 용도 면에서 크게 다르며 '입는 컴퓨터(wearable

computer)’, ‘노매딕 컴퓨터(nomadic computer)’, ‘퍼베이시브 컴퓨터(pervasive computer)’,
‘조용한 컴퓨터(silent computer)’, ‘감지 컴퓨터(sentient computer)’, ‘1회용 컴퓨터
(disposable computer)’, ‘임베디드 컴퓨터(embedded computer)’, ‘엑조틱 컴퓨터(exotic
computer)’ 등이 있다.

서비스컴퓨터는 백본에 연결되어 하위계층으로부터 올라오는 다양한 데이터를 종합하
여 분석함으로써 유비쿼터스 환경을 제어하고 인간을 위한 각종 응용서비스를 제공한다.
서비스컴퓨터는 주로 인간과 상호작용을 담당하므로 HCI(Human Computer Interface)가
중요시된다. HCI는 컴퓨터 그래픽스, 운영체제, 인간 요소(human factor), 인간공학,
산업공학, 인지 심리학, 컴퓨터 과학 등의 여러 학문 분야에서 다양하게 연구활동이
진행되고 있다.

(6) 로봇

로봇은 산업용 로봇과 지능형 로봇(휴먼 로봇)으로 구분된다. 산업용 로봇은 인간
의 노동력을 대체할 수 있는 기계로서 주로 반복적인 작업을 수행하며 대량생산에
기여해 오고 있다. 지능형 로봇은 인간이 주입하는 정보에만 의존하는 로봇이 아니
라 인간과 같은 기능을 나름대로 갖고 있는 로봇이다. 지능형 로봇은 가정 내에서
인간에게 다양한 서비스를 제공하고 정보화 시대의 사회적인 네트워크와 유기적으
로 결합하며, 가전기기 등과의 원격제어가 가능한 인간친화적인 인터페이스 역할을
수행하고 있다.

지능형 로봇 개발을 위해서는 인간과 로봇의 상호작용(Human Robot Interface: HRI)
기술이 요구된다. HRI는 로봇이 사람의 말과 몸짓, 표정, 목소리 등으로 사람의 의
도를 종합적으로 판단하고, 그에 맞는 행동을 수행하기 위한 기술이다. 이것은 다양
한 의사소통 채널을 통해서 인지적 및 정서적 상호작용을 할 수 있도록 상호작용
환경 설계, 구현 및 평가하는 기술을 의미한다.

(7) 네트워크

네트워크는 사물과 사물, 인간과 사물, 인간과 인간 사이의 정보를 서로 주고받을
수 있는 채널을 제공한다. 네트워크에는 유선네트워크와 무선네트워크로 구성된다.
유비쿼터스 공간에서는 네트워크를 오가는 정보량이 비약적으로 증대될 것이므로

오늘날의 백본 네트워크보다 폭넓은 대역폭을 가져야 할 것이다. 유선네트워크에서는 가입자와 백본망을 연결시키기 위한 액세스망으로 광통신 기술이 활용될 것이며 백본망에서도 파장분할 기술을 활용한 광통신 네트워크 기술이 적용된다. 기존의 인터넷과 달리 품질이 보증되어야 하며 개방형 플랫폼(Open API)을 기반으로 네트워크 및 단말기기에 구애받지 않고 다양한 서비스를 끊김 없이(seamless) 이용할 수 있어야 한다.

현재 사용하고 있는 인터넷 주소체계는 IPv4로서 IP 주소의 부족, 보안성 취약, QoS/멀티미디어 지원을 위한 성능 부족 등의 문제점이 있다. 이러한 문제점들을 해결하기 위해 차세대 주소체계인 IPv6가 등장하였다. IPv6는 128비트 주소체계로 IPv4와 비교하여 무한대의 주소 수용능력을 가진다.

무선 네트워크에는 지상이동통신망, 무선 LAN, 휴대 인터넷망, 위성망 등이 있다. 지상이동통신망은 4세대 이동통신으로서 매크로 셀을 사용하며 위성망은 메가 셀로 구축된다. 또한 무선 LAN은 피코 셀, 휴대 인터넷은 마이크로 셀 등이 사용된다. 이들 외에도 블루투스(Bluetooth)와 UWB(Ultra Wide Band)망이 무선 네트워크에 활용된다. 이들 네트워크는 복합단말기 및 IP망을 통해 상호 연동된다.

(8) 기반 기술

기반 기술은 유비쿼터스 서비스를 구현하기 위해 요구되는 부가적인 기능을 의미한다. 본 책에서는 기반기술로서 보안기술과 상황인식 기술을 포함시켰으나 다양한 유비쿼터스 응용 서비스를 위해 또 다른 기술들이 새롭게 개발될 필요성이 있을 것이다.

우선 보안기술은 정보유출 방지, 바이러스 침해 방지, 오동작과 해킹 방지, 개인 사생활 침해 방지 등을 위해 필수 불가결한 핵심기술에 해당한다. 유비쿼터스 환경에서는 네트워크에 연결된 모든 전자기기와 개인의 모든 사적 공간에 침입이 가능하다. 즉 유비쿼터스 네트워크에서의 사이버테러는 물리공간과 사물, 나아가 신체에 대한 테러를 모두 포함하게 되며, 개인이나 기업과 국가의 정보보호를 뛰어넘어 전 세계적이고 광범위한 공간에 대한 보호가 요구된다.

상황인식 기술은 실세계의 특징을 표현하는 정보기술에서 시작되었으며 인간 세계의 의사소통과 거의 동일한 수준으로 인간과 컴퓨터 간의 의사소통이 가능하도록 하는 것이 목표이다. 즉 사용자에게 필요한 서비스는 사용자 및 환경에 대한 동적인 모델을 수용하고, 센서를 통해 수집된 상황 정보를 인식, 해석, 추론 등과 같은 처리 과정을 거친 후에 사용자에게 상황에 적절한 서비스를 제공하는 것이다.

(9) 유비쿼터스 응용

유비쿼터스 디바이스/센서 기술, 센서네트워크 기술, 컴퓨터/로봇 기술, 유비쿼터스 백본 기술, 유비쿼터스 기반 기술 등을 통하여 구현되는 유비쿼터스 응용은 전통적인 정보통신 서비스와는 다르다. 유비쿼터스 서비스들은 정보 그 자체만의 서비스가 아니라 전통적인 정보통신 서비스의 범주를 뛰어넘어 필요한 행위까지도 사물이나 컴퓨터가 지능적으로 수행하며, 사용자의 개인적 욕구에 가장 근접한 신선한 정보의 획득과 능동적인 제공에 초점을 두는 콘세르제(Concierge)형 서비스가 주류를 이룬다.

유비쿼터스 서비스들은 사물이나 시스템의 지능화 수준이 낮고 높음에 따라 계층별로 다섯 가지로 나눌 수 있으며 여기에는 u-커뮤니케이션 서비스, u-정보제공 서비스, u-상황고지 서비스, u-행위제안 서비스, u-지능형 서비스 등이 있다.

2. 유비쿼터스 컴퓨팅

2.1. 유비쿼터스 개요

2.1.1. IT 버블 붕괴

PC와 인터넷의 발달로 IT(정보기술)는 세계 경제를 이끌어 왔다. IT 경제는 계속적으로 발전을 거듭할 것으로 예상하였으나 1998년부터 e-커머스의 거물인 아마존닷컴(amazon.com)이 고갈된 자금으로 어려움을 겪었으며 잇따른 IT 벤처의 도산으로 2001년에는 세계적으로 IT 불황이 심각한 지경에 이르렀다. 또한 광통신에 대한 기대가 높아지는 가운데 광통신 관련 벤처에 대한 선행 투자가 과열되어 거품 경제를 낳았다.

e-커머스로 상징되듯이 닷컴기업은 IT 버블기에 엄청난 인기를 누렸다. 진입이 용이하고, 새로운 비즈니스 모델이 보물창고처럼 가득하다고 비쳐졌기 때문이다. 그러나 실제로 닷컴기업은 비즈니스를 시작할 때 인지도를 높이기 위한 많은 광고비와 거액의 배송비가 존재했던 것이다. IT 버블 붕괴는 PC를 중심으로 한 IT 패러다임이 정체되어 다음의 새로운 패러다임으로 이동하는 과정에서 발생한 것으로 생각할 수 있다.

지금까지의 IT는 공급자 혹은 기술자, 투자자를 위한 IT였다. 피터 드러커는 '내일을 지배하는 것'에서 "지금까지 50년간 IT의 중심은 데이터였다. IT의 T, 즉 기술 중심이었다. 앞으로의 정보혁명은 IT의 I, 즉 정보에 초점을 모으게 될 것이다"라고 말하였다. 지금까지의 정보기술은 기업 현장에서 가격에 관한 데이터만 제공하고 기업경영자에게 가치 창조에 관한 정보를 제공하지 않았다. 앞으로는 기업에

있어서 유일한 이익 센터인 고객의 외부 데이터를 구축하는 것이 차세대 정보 프런
티어가 될 것이라는 것이다.

2.1.2. 유비쿼터스 정의

유비쿼터스(Ubiquitous)는 라틴어로 '어디에서나 있다'라는 의미로서 온 세상에
컴퓨터가 어디에서든지 있는 현상을 나타낸다. 모든 장소, 사물, 동식물 등에 눈에
보이지 않을 정도로 작은 컴퓨터들이 내재되어 있으며 이들 컴퓨터들이 네트워크를
통해 서로 연결되어 있는 것을 유비쿼터스 컴퓨팅 혹은 유비쿼터스 네트워크라고
부른다.

책상 위 PC를 통한 네트워크뿐만 아니라 휴대전화, TV, 게임기, 휴대용 단말기,
내비게이션, 센서, 가전기기 등의 모든 기기, 사물, 인간 등을 서로 엮는 네트워크가
바로 유비쿼터스 네트워크이다. 따라서 유비쿼터스 사회에서는 이러한 자원을 활용
하여 언제, 어디서나, 누구나 네트워크를 의식하지 않은 상태에서 통신 서비스를 제
공받을 수 있게 된다. 유비쿼터스 용어는 1988년 처음으로 미국 제록스 팰로앨토연
구소(PARC: Palo Alto Research Center)의 마크 와이저(Mark Weiser) 박사가 제안
하였다.

마크 와이저 박사는 유비쿼터스 컴퓨팅이 메인프레임, PC에 이은 제3의 정보혁
명의 물결을 이끌 것이라고 주장하였다. 첫 번째 물결은 대형 컴퓨터를 여러 명이
사용하는 메인프레임 시대였다. 두 번째 물결은 퍼스널 컴퓨터 시대를 지칭하였다.
이 물결은 현재 우리들이 경험하고 있는 단계로서 개인적 컴퓨터 영역(Personal
Computing Era)이라고 한다. 두 번째 물결 다음으로는 1인 1PC가 아니라 1인이 여
러 컴퓨터를 사용하는 유비쿼터스 컴퓨팅 시대가 2005년 이후에 일반화할 것으로
추정하였다. 이것이 바로 세 번째 물결로서 다른 말로 조용한 기술의 시대(The age
of calm technology)라고 불린다.

유비쿼터스 컴퓨팅은 다음과 같이 '5C 사회'를 지향한다.

① 조용한 상태(calm): 컴퓨터가 우리의 일상생활 속으로 스며들어서 밖으로 드
　　러나 보이지 않고 조용하다.

② 연결(connectivity): 모든 컴퓨터와 사물 및 인간이 서로 네트워크를 통해 연결

되어야 한다.

③ 컴퓨팅(computing): 언제 어디서나 컴퓨팅 기능을 활용할 수 있다.

④ 콘텐츠(contents): 우리들에게 필요한 정보나 콘텐츠 서비스를 맞춤 형식으로 즉시 제공한다.

⑤ 통신(communication): 사람-사람, 사람-사물, 사물-사물 통신 등이 가능하다.

유비쿼터스 컴퓨팅 환경에서는 특별하게 제작된 수많은 컴퓨터 하드웨어, 센서, 소프트웨어 등이 유무선 네트워크로 연결되어 우리 주변의 모든 장소에 항상 존재한다. 일반 사용자들은 그들의 존재를 인식하지 못하며 마치 물과 공기처럼 조용히 우리의 일상생활 속에서 여러 가지 서비스를 제공해 준다.

오늘날까지 컴퓨팅은 가상공간 개념이 주축이 되어 실제를 가상공간에 옮기는 것이 주된 목적이었으나, 유비쿼터스 컴퓨팅에서는 모든 실제에 컴퓨팅 능력을 심는 것을 목표로 한다. 이를 위해서는 모든 사물에 극소형의 컴퓨터 칩을 집어넣어서 (embedding) 이들을 지능화시켜야 한다. 이로 말미암아 사물의 일부가 된 컴퓨터들은 주변 상황(context)을 인식할 수 있고, 지리적으로 떨어진 곳에서도 사람들이 대상 사물과 그 주변 환경의 변화를 지각하고 추적할 수 있게 된다. 또한 마크 와이저는 보이지 않는 인터페이스(Invisible Interface)를 사용하는 조용한 기술(Calm Technology)의 변화를 언급하면서, 이러한 기술변화를 통해 새로운 문화(Culture = Ubiquitous Computing)의 출현을 주장하였다.

마크 와이저는 유비쿼터스 컴퓨팅의 특징을 다음과 같이 말하였다.

① 유비쿼터스 컴퓨터는 네트워크에 연결되어 있어서 항상 네트워크에 접근 가능해야 한다.

② 조용한 기술(calm technology)로서 눈에 보이지 않아야 한다. 내장형 또는 소형 마이크로컴퓨터 칩 형식으로 구성되어야 하며 지능형 구조를 갖는다.

③ 가상공간이 아닌 현실 세계의 어디서나 컴퓨터의 사용이 가능해야 한다. 현실 세계의 구체화된 어떠한 장소에서도 컴퓨터 사용이 가능해야 한다.

④ 인간화된 인터페이스로서 사용자 상황(장소, ID, 장치, 시간, 온도, 명암, 날씨 등)에 따라 서비스가 변해야 한다.

2.1.3. 유비쿼터스 배경

　정보화 사회는 1단계로서 1960년대의 메인 프레임 컴퓨팅 시대에서 시작되었다. 이후 2단계로서 1980년대 중반부터 미니컴퓨터, 워크스테이션 등 컴퓨터의 다운사이징이 진행되어 PC에 의한 분산처리 시대가 시작되었다. 1990년대 중반에는 정보화 3단계에 해당하는 가속화된 PC+인터넷 시대로 전개되었다. 그리고 현재, 다음 단계인 휴대전화와 PDA(휴대 정보 단말기) 등 비 PC 다단말시대로 이동하고 있다. 인터넷도 PC 중심 시대의 IPv4 시대에서 비 PC 다단말 시대의 IPv6로 이동하고 있고, 모든 단말과 회선의 고밀도화가 일어나고 있다. 1995년부터 시작된 PC네트워크 시대에서 보면 현재는 새로운 IT 패러다임인 유비쿼터스 네트워크 시대로 이동 중이라고 말할 수 있다. 특히 스마트 폰 등장으로 새로운 네트워크 서비스가 등장함으로 인해 사용자 입장에서 보면 훨씬 빠르게 유비쿼터스 시대가 다가오고 있음을 실감할 수 있게 되었다. <그림 2-1>은 유비쿼터스를 향한 정보화 진전을 나타내고 있다.

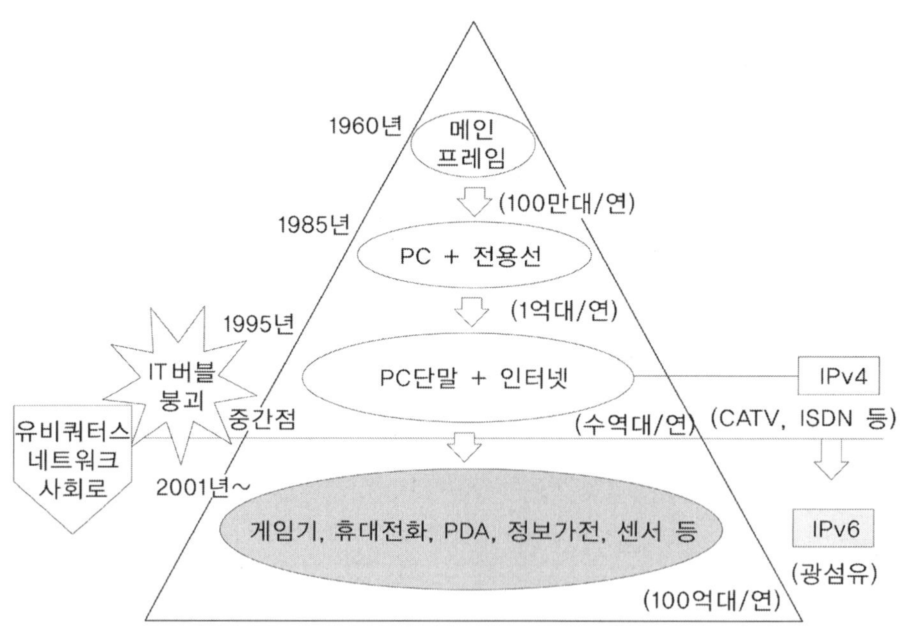

<그림 2-1> 유비쿼터스를 향한 정보화 진전
(참고문헌: 유비쿼터스 네트워크와 시장창조, u-네트워크연구회 역, 전자신문사)

인터넷이 폭발적으로 보급되기 시작했던 1990년대 중반에 통신의 새로운 기술이 발전하게 되었다. 하나는 무선기술이고 또 하나는 광섬유 기술이다. 무선기술은 제2세대 휴대전화가 세계적으로 보급되게 만들었다. 광섬유는 파장분할다중(WDM: Wavelength Division Multiplexing) 방식 기술이 출현하여 당시의 감각으로는 거의 무한대에 해당하는 전송용량이 실현되었으며 또한 가격도 현저히 저하되었다.

통신기술의 발전은 컴퓨터 진화와 비교하여 속도가 다르다. 컴퓨터 분야에서는 '무어의 법칙'이 지배하고 있다. 즉 '18개월에 2배의 속도로 성능이 진화한다.' 다시 말하면 3년에 4배의 성능으로 발전한다는 것이다. 그러나 통신 분야에서는 '길더의 법칙'이 적용된다. 이는 '12개월에 2배의 성능 향상', 즉 3년에 8배의 성능 향상을 가져온다는 것이다.

이러한 기술의 진보는 모든 사람들에게 그 기술이 보급될 수 있다. 이 세상에 한 사람만이 전화를 가지고 있으면 그 효용가치는 없지만 많은 사람들이 소유하게 되면 전화 한 대당 효용가치는 높아지는 것이다. 이것을 '네트워크의 경제'라고 부른다. 만약 모든 국민이 네트워크를 사용할 수 있는 상태가 된다면, 행정과 비즈니스는 편재되어 있는 네트워크를 통해서 이루어지기 때문에 이것을 '유비쿼터스 경제'라고 부른다.

현재까지는 유비쿼터스 사회를 지원하는 IT산업만이 눈에 보이고, IT 투자가 가져오는 유비쿼터스 네트워크 사회는 그 일부분만을 보이기 시작했다. 유비쿼터스 네트워크 사회에서는 일상생활 속에서 보이지 않는 IT 지원을 받을 수 있는 사회가 될 것이다. 서버는 이용자인 주인에게 명령하는 것이 아니라 주인에게 복종하는 존재가 될 것이다.

2.2. 유비쿼터스 역사

2.2.1. 마크 와이저의 제안

유비쿼터스 역사는 어찌 보면 일본의 TRON(The Realtime Operating System Nuleus)으로부터 시작되었다고 해도 과언이 아니다. PC 시대의 시작이라고 말할 수 있는

1984년 2월에 일본의 TRON 프로젝트는 세계 최초로 '어디서나 컴퓨터'를 제창하였다. TRON 프로젝트를 주재한 사카무라 켄은 '어디서나 컴퓨터'라는 개념에 의해서 가까운 장래에 PC가 TV, 전화, 자동차 등 모든 기기에 부속되어 사용되고, 그것이 네트워크화되어 간다는 방향을 제시하였다. 즉 유비쿼터스 네트워크 사회를 구상한 것이다.

마크 와이저 박사가 1991년 미국의 대표적 과학저널 중의 하나인 'Scientific American'에 유비쿼터스 컴퓨팅을 정리한 「The computer for the 21st Century」라는 논문을 발표하였다. 이 논문에서 마크 와이저는 유비쿼터스를 정의하고 유비쿼터스 컴퓨팅에 관한 개념을 소개하게 되어 유비쿼터스 역사가 시작된 것이다. 그는 아침에 현관에서 신문을 집어 들거나, 출근할 때에 구두 주걱으로 구두를 신을 때의 느낌처럼 사람과 사물 간에 인터페이스도 아무런 거부감 없이 자연스럽게 연결되어야 한다고 주장했다. 인간과 컴퓨터 그리고 네트워크가 서로 조화되어서 나타나는 인간 중심의 기술이 바로 유비쿼터스인 것이다.

2.2.2. 마크 와이저의 조용한 컴퓨팅

마크 와이저가 제창한 유비쿼터스 컴퓨팅과 관련한 연구활동이 모바일 컴퓨팅 분야에도 많은 영향을 미쳤으며, 또한 웨어러블 컴퓨팅과 같은 첨단 분야에서부터 정보가전, PDA 등의 개발분야에도 영향을 끼쳤다. 유비쿼터스 프로젝트를 통해 컴퓨터 과학 이외의 분야들에서도 많은 특허와 논문이 발표되었다. 물리 세계에 대해 더 깊이 생각함으로써 센서, 구동기, 디스플레이, 정보처리부품 등을 일상생활의 사물 속에 내장시키고 네트워크를 통해 연결시키는 형태의 새로운 컴퓨터 과학 분야를 개척하게 된 것이다.

그러나 인프라가 구축되어 동작되면서 작업환경과 지식 공유도가 향상되었지만 동시에 개인 정보에 대한 문제점이 노출되기 시작했다. 이를 극복하기 위해서 마크 와이저를 비롯한 PARC 연구원들은 조용한 컴퓨팅을 논의하기 시작했는데 이는 컴퓨터의 하드웨어적 요소와는 반대되는 것으로 사용자의 마음상태를 묘사하는 개념이다. 「The coming age of calm technology」라는 논문을 발표하면서 개인 정보에 대한 문제점들을 극복하였다. 마크 와이저는 많은 미국 특허와 국제특허를 가지고 있으며, 프로그램 철학, 프로그램 슬라이싱 등의 분야를 포함하여 75편이 넘는 논문을 발표하였다.

2.2.3. 마크 와이저의 핵심 개념

마크 와이저의 유비쿼터스 컴퓨팅은 가상현실(VR: Virtual Reality)과 거의 반대되는 개념이다. 가상현실은 실제의 모든 정보들을 컴퓨터 속에 데이터 형태로 저장해 두고 필요할 때마다 사람이 이를 검색하여 활용하는 방식이다. 이는 전자 공간 속에 물리 공간을 집어넣은 형태이다.

가상현실은 사람들을 컴퓨터로 구현한 세계 속으로 밀어 넣지만, 유비쿼터스 컴퓨팅은 사람 주변 환경, 사물, 동식물 등에 컴퓨터들을 내재시켜서 물리공간 속에 전자공간을 심는 형태인 것이다. 이처럼 유비쿼터스 컴퓨팅은 인간공학, 컴퓨터 과학, 엔지니어링, 사회과학 등의 매우 어려운 결합이 될 것이라고 예견하였다. <그림 2-2>는 가상현실과 유비쿼터스 컴퓨팅의 비교를 나타낸다.

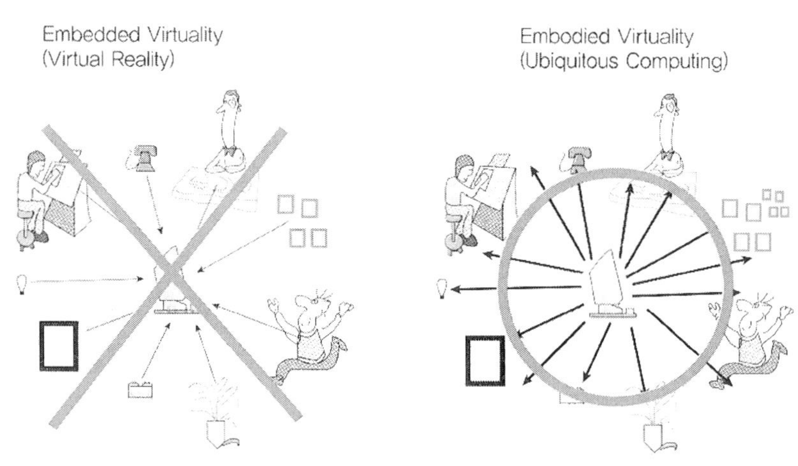

〈그림 2-2〉 가상현실과 유비쿼터스 컴퓨팅의 비교(참고문헌: 유비쿼터스 개론, 손병희 외 저, 도서출판 ITC)

2.3. 트론(TRON) 프로젝트

2.3.1. TRON의 본질

TRON은 The Realtime Operating System Nucleus의 약어로서 실시간 운영체제를 의미한다. 인터넷에 접속하여 정보를 찾으려고 할 때에 순간적으로 대답해 주지 않고 대개는 수 초에서 수십 초, 경우에 따라서는 1분이나 기다리게 되는데 이것은 실시간이라고 말할 수 없다.

휴대전화는 고속으로 이동하고 있을 때에 사람들이 알지 못한 채로 기지국을 재빨리 전환할 수 있으므로 인간이 말하고 있어도 전혀 끊어지는 느낌을 갖지 않는다. 차의 엔진을 제어하는 데에도, 크랭크가 일주하여 다음 점화 타이밍이 될 때까지 연료의 양을 계산하여 분사하지 않으면 엔진은 정지해 버린다. 따라서 우리들 생활에 들어올 수 있는 컴퓨터 시스템의 대부분은 컴퓨터의 형편에 따라 기다려 주지 않는 외부세계의 일에 따라갈 수 있는 응답성을 갖는다. 실시간 시스템은 우리들의 생활이나 일상의 현상 변화에 대해 즉각적으로 반응하고 요구된 시간에 맞출 수 있도록 답을 주는 기능을 갖는다. 기계에 내장되는 컴퓨터는 실시간이 중요하다.

유닉스(UNIX)와 윈도즈(Windows)는 실시간 OS가 아니고 시분할 형태의 OS이다. 이 OS들은 기본적으로 인간 대상의 OS이며 기계를 제어하는 시스템을 생각하지 않고 만든 시스템이기 때문에 돌발적인 사고가 발생할 때에 우선순위가 높은 것을 처리하는 메커니즘은 갖추어져 있지 않다. TRON은 돌발 사태가 일어날 때에 각각의 일에 우선순위가 정해져 있어서 최고 우선도를 갖는 일부터 처리할 수 있는 OS이다. 실시간 OS는 사건반응이 빠르다는 것과 idle 시간이 없다는 것에 주목해야 한다. <그림 2-3>은 실시간 OS와 시분할 OS의 비교를 나타낸다.

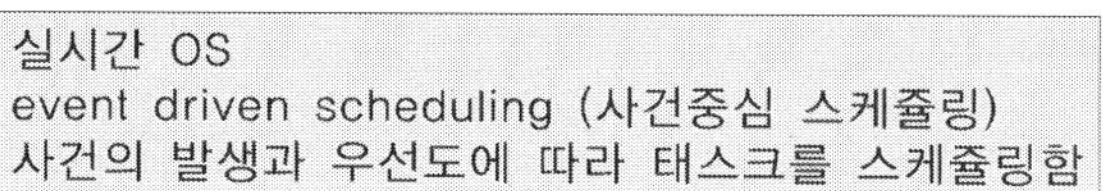

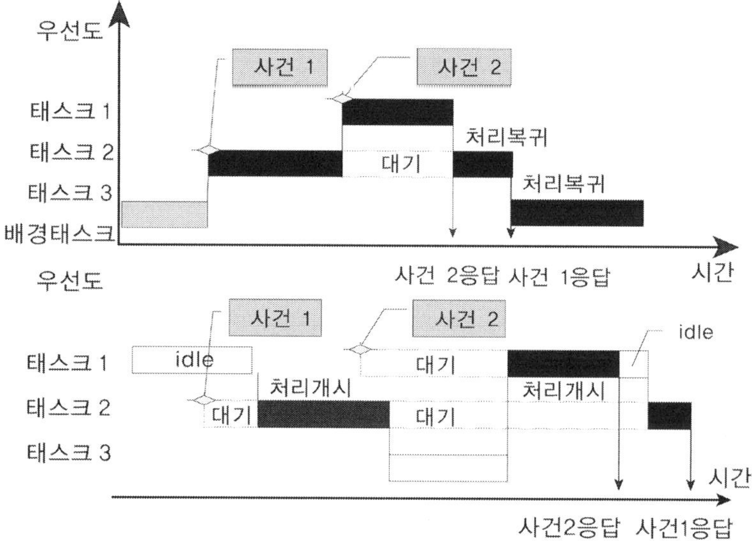

<그림 2-3> 실시간 OS와 시분할 OS의 비교
(참고문헌: 유비쿼터스 TRON과 만나다, 여진경 역, 멀티정보사)

21세기 OS의 하나로 리눅스(Linux)가 있다. 리눅스는 유닉스를 베이스로 한 OS
로서 1991년 당시 핀란드의 학생이었던 리너스 토발즈가 PC용으로 소스 코드가 오
픈된 유닉스적 OS를 만들기 위해 시작한 프로젝트이다. 리눅스는 윈도우즈와 달리
오픈성이 있지만 실시간성은 없다. 휴대전화에 리눅스를 탑재한다는 말도 있지만
전파의 부분과는 별도의 제어에 사용하기 위한 것에 불과하다. 리눅스는 실시간성
이 없기 때문에 전파의 제어는 불가능하다.

최근에는 전화와 컴퓨터가 하나로 구성됨에 따라 실시간 OS를 베이스로 인간이
행하는 것과 같은 처리를 탑재한 컴퓨터를 만들려 하고 있다. 실제로 실시간 OS상
에 PC와 같은 시스템을 만들려고 하는 생각도 있다. 대량의 PC용 소프트웨어가 윈
도즈용으로 되어 있어서 TRON 위에 윈도즈를 탑재한다는 생각도 등장하고 있는데
이와 같이 다른 OS와도 연결되어 있는 것이 TRON 프로젝트의 최근 동향이다.

2.3.2. TRON 프로젝트 배경

TRON 프로젝트를 시작한 것은 1984년이다. 1970년대부터 1980년대에 걸친 컴퓨터의 주요 사용방식은 기계에 내장되는 형태가 아니고 대형 컴퓨터를 활용한 정보처리에 최대의 관심이 쏟아졌다. 세계 최초의 컴퓨터가 탄생한 이후에 많은 컴퓨터가 만들어져 왔는데 1964년에 IBM의 '시스템 360(System 360)'이라고 하는 유명한 대형계산기가 등장한 이후에 세계는 시스템 360의 기본적인 구조에 맞추도록 나아가고 있었다.

미국은 컴퓨터를 최초로 만들어 냈으며 대형 컴퓨터를 완성시킨 것도 미국이고 중요한 컴퓨터 기술도 거의 미국이 가지고 있었다. 이러한 배경에서 당시의 일본은 제조기술에 특색을 두는 정책을 폈었다. 설계는 미국이고, 제조는 일본이라는 식으로 새로운 컴퓨터 시스템이 등장하여도 그것을 싸게만 만들면 일본은 괜찮다는 식으로 여겨 왔었다.

대형 컴퓨터 이후에 마이크로컴퓨터가 등장하고서부터 컴퓨터가 작아지게 되었고 어디에도 컴퓨터가 있는 '어디에서나 컴퓨터'라는 아이디어로 승부를 노리게 되었다. <그림 2-4>는 '어디에서나 컴퓨터'의 개념을 보여 주고 있다.

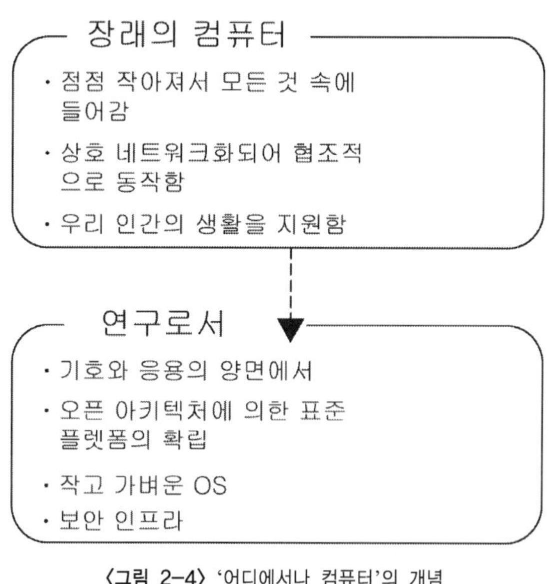

〈그림 2-4〉 '어디에서나 컴퓨터'의 개념

TRON 프로젝트를 수행하는 방식은 bottom-up과 top-down의 양면에서 추진하는 방식을 채택하였다. Bottom-up의 기술로서 가장 중요한 요소는 실시간 OS이다. 응답성이 높은 컴퓨터의 기본적인 시스템이야말로, 실제 사회에 많은 컴퓨터가 흩어져서 그들이 네트워크로 연결될 때의 기술적 기초가 되는 것이다. 컴퓨터를 누구라노 사용할 수 있노록 휴먼-머신 인터페이스의 표순화를 고려하였다. 여기서 '누구라도'의 의미는 일본인, 아시아인, 세계인들은 물론 시각장애자나 청각장애자들을 포함시켰다.

2.3.3. TRON 하우스

'어디에서나 컴퓨터'를 구체화시키기 위해서 1989년에 'TRON' 하우스를 만들었다. 330평방미터 공간의 집에 천 개의 컴퓨터, 액추에이터(정보를 움직임으로 변환하는 기기), 센서(상황, 온도, 빛의 상태 등을 디지털로 변환하는 기기)를 내장한 주택을 실제로 동경에 만들어서 시연함으로써 어디에서나 컴퓨터의 개념을 세계에 제시하였다.

TRON 하우스는 주택의 창 등이 액추에이터로 모두 자동적으로 움직이게 되어 있어서, 지붕이나 방 안에는 컴퓨터에 온도 등을 전달하는 도구인 센서가 배치되어 있다. 창이나 옥상, 천장 등에 들어 있는 많은 컴퓨터가 협력하여, 안에 있는 인간에 대해 쾌적한 환경을 만들어 주게 되는 것이다. 이와 같이 TRON에서는 현실 공간에서 일어나고 있는 일을 컴퓨터가 이해하여 그에 대해 어떤 행동을 일으키는 '컨텍스트 어웨어니스(상황인식)'를 구현하였다. 이것이야말로 요즘 말하는 유비쿼터스 컴퓨팅에 연결되는 사고방식이다.

TRON 프로젝트는 20년간에 걸쳐 추진해 온 것이다. 모든 사물 속에 컴퓨터를 넣고 네트워크로 연결하는 일이 최종목표였는데 제1단계의 성과로서, 많은 기계, 차, 가전, 전화 등의 컴퓨터화를 돕는 실시간 OS로서 채용되어 일본 제품의 국제경쟁력을 높였다. TRON은 오픈성을 가지고 있기에 세계에서 가장 많이 사용되고 있는 내장형 OS로 성장한 것이다.

2.4. 유비쿼터스 컴퓨팅 관련 개념

2.4.1. 유비쿼터스 컴퓨팅의 유사 개념

유비쿼터스 컴퓨팅은 컴퓨터가 우리들의 일상생활 주변에 스며들어 실제로 눈에 보이지 않기 때문에 우리가 느끼지 못하는 사이에 편하게 컴퓨터를 사용한다는 개념이다. 유비쿼터스 컴퓨팅은 몇 가지의 다른 이름으로 불리고 있다. 이름은 서로 다르지만 전체적인 맥락은 대부분 서로 일치되는 것으로 여겨진다. <그림 2-5>는 유비쿼터스 컴퓨팅의 유사 개념을 보여 준다.

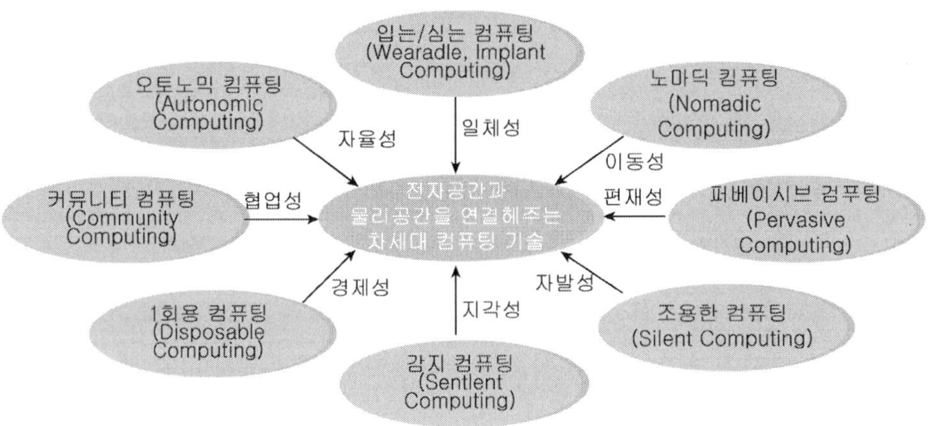

〈그림 2-5〉 유비쿼터스 컴퓨팅의 유사 개념
(참고문헌: 유비쿼터스 개론, 손병희 외 저, 도서출판 ITC)

(1) 퍼베이시브 컴퓨팅

IBM에서 제안한 퍼베이시브 컴퓨팅(Pervasive Computing)은 '널리 퍼지고 스며드는 컴퓨팅'이라는 의미로 해석되며 아래와 같이 정의하고 있다.

① 자동차와 핸드헬드 기기 등 각종 기기 안에 통합된 솔루션

② 무선영역으로 확장하기 위한 미들웨어

③ 하드웨어와 소프트웨어, 서비스 등을 교차 및 융합시키면서 새로운 비즈니스 모델을 창조하는 것

(2) 조용한 컴퓨팅

조용한 컴퓨팅(Silent Computing)은 장소, 사물, 동식물 등에 심어진 컴퓨터들이 사용자가 의식하지 않은 상태에서 사용자의 요구에 의해 일을 수행하는 컴퓨팅을 의미한다. 마크 와이저의 논문인 「The coming age of calm technology」에서 서술된 조용한 기술(calm technology)이라는 개념으로부터 출발하였다.

(3) 두루누리

2004년 10월 19일 국립국어연구원에서 '유비쿼터스'를 순화한 순수 우리말의 신조어로 선정되었다.

(4) 노마딕 컴퓨팅

노마딕 컴퓨팅(Nomadic Computing)은 디지털 노마드 현상에서 유래된 용어로서 어떠한 장소에서나 다양한 정보기기가 편재되어 있어서 사용자가 별도로 정보기기를 휴대할 필요가 없는 환경을 의미한다. 네트워크의 이동성을 극대화하여 사용자가 자유자재로 이동하면서 어디서든지 컴퓨터에 접속할 수 있는 환경을 나타낸다.

(5) 임베디드 컴퓨팅

임베디드 컴퓨팅(Embedded Computing)은 사물에 컴퓨터를 집어넣어서 지능화시키는 기술을 의미한다. 마이크로컴퓨터가 소형화된 이후에 여러 가지 기능이 하나의 칩으로 구현됨으로써 가능해진 개념이다.

(6) 감지 컴퓨팅

감지 컴퓨팅(Sentient Computing)은 센서를 통해 사용자의 상황을 인식하여 사용자가 필요한 정보를 적시에 제공해 주는 기술을 의미한다.

(7) 일회용 컴퓨팅

일회용 컴퓨팅(Disposable Computing)은 1회용 종이처럼 컴퓨터의 가격이 저렴하여 모든 사물에 컴퓨터 기술이 활용될 수 있음을 나타낸다.

(8) 입는 컴퓨팅

입는 컴퓨팅(Wearable Computing)은 컴퓨터를 안경이나 옷처럼 착용할 수 있게 해 주는 기술을 나타낸다. 컴퓨터를 손에 휴대하기보다는 인간이 의식하지 않고서도 컴퓨터를 인간이 소유할 수 있음을 의미한다.

(9) 엑조틱 컴퓨팅

엑조틱 컴퓨팅(Exotic Computing)은 현실세계와 가상세계인 물리공간과 전자공간을 연계해 주는 컴퓨팅 기술을 의미한다.

2.4.2. 유비쿼터스 네트워크

유비쿼터스 컴퓨팅이 연결된 망을 유비쿼터스 네트워크라고 부르는데 각각의 컴퓨터가 모니터링한 주변상황 데이터들을 서로 공유하면서 새로운 서비스를 제공할 수 있게

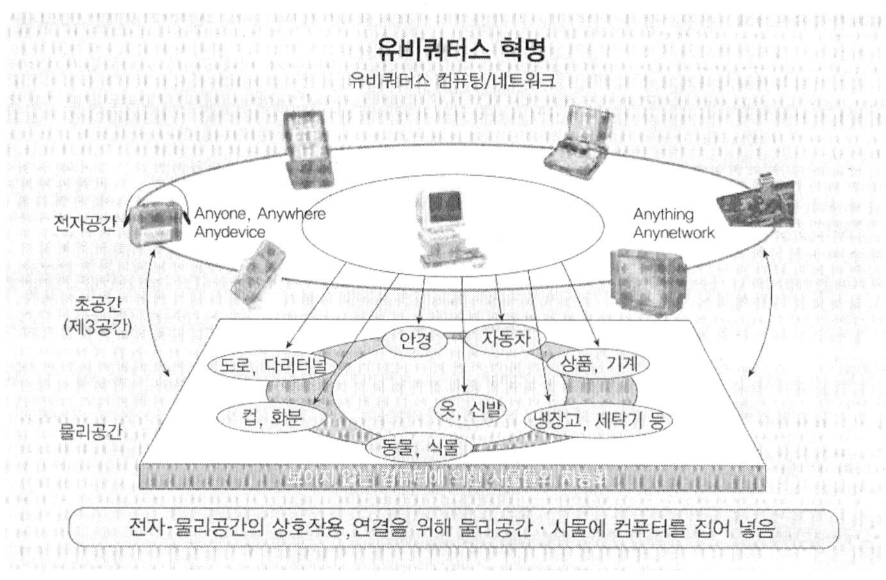

〈그림 2-6〉 유비쿼터스 네트워크 구성도

해 준다. 유비쿼터스 네트워크는 물리공간과 전자공간을 서로 연결하는 새로운 공간을 지칭하는 말이다. <그림 2-6>은 유비쿼터스 네트워크 구성도를 보여 주고 있다.

정보혁명이 컴퓨터가 연결된 인터넷 공간의 가상공간(Cyber Space)을 강조했다 년, 유비쿼터스 혁명은 언제 어디서나 내가 느끼지도 못하는 사이에 모든 컴퓨터들이 연결되어 실세계에서 실행되는 것을 강조한다. 이처럼 유비쿼터스 혁명은 실세계 공간과 가상공간을 하나로 묶고, 사람, 사물, 컴퓨터들이 하나로 연결됨으로써 가장 최적화된 증강 현실 공간(Augmented Reality)을 나타낸다.

1988년 미국의 마크 와이저가 '유비쿼터스 컴퓨팅'이라는 개념을 처음으로 제안한 이후에 1999년 일본 노무라 연구소의 무라카미 이사장이 '유비쿼터스 네트워크'라는 개념으로 유비쿼터스 혁명을 확장시켰다. 무라카미 이사장은 유비쿼터스 네트워크를 다음과 같이 정의하였다.

① 고정, 이동, 유무선, 통신, 방송 등의 모든 영역을 뛰어넘어서 이용 장소에 관계없이 언제든지 접속이 가능한 모바일 특성을 갖춘 브로드밴드의 광대역 네트워크를 기반으로 한다.

② 대형 컴퓨터나 PC뿐만 아니라 휴대폰, PDA, 게임기, 카 내비게이션, 디지털 TV, 가전기기, 웹 카메라 등에 전자태그를 이용하는 등 센서가 IP 프로토콜을 통하여 서로 연결된 상태가 된다.

③ 텍스트나 정지영상뿐만 아니라 음성 및 동영상의 콘텐츠, 이용자의 수요에 맞춘 솔루션, 다양한 정보의 안전한 송수신, 전자상거래 등이 가능한 플랫폼의 활용이 가능하다.

이러한 유비쿼터스 네트워크를 구축하기 위해서는 여러 가지 기술들이 요구된다. 정보기기나 단말기들은 휴대하거나 장착이 용이하도록 크기가 작아야 하고 저전력을 이용하여 오랫동안 서비스를 제공받을 수 있도록 전력소모가 적은 네트워킹 설비가 필요하다. 극지대나 사막과 같은 극한 상황에서도 작동이 될 수 있도록 기기들의 내구성이 요구된다. 위치기반 기술을 활용할 수 있도록 정밀한 거리와 위치를 추적할 수 있는 능력을 갖추어야 한다. 멀티미디어와 대용량의 디지털 콘텐츠 정보를 처리하기 위해 슈퍼컴퓨팅과 더불어 자율적인 망관리 능력도 요구된다. 모든 사물과 기기에 IP를 부여해야 하므로 IPv6 기술 개발이 필요하게 된다.

2.4.3. 유비쿼터스 컴퓨팅 개념 구현 프로젝트

유비쿼터스 컴퓨팅의 개념을 구현하기 위해 세계 선진국에서는 다양한 프로젝트를 진행하고 있다. 정보혁명에서 선두권을 차지하지 못한 국가에서는 유비쿼터스 시대를 맞이하여 기술 강국의 꿈을 키울 것이며 기존의 IT 강국에서는 계속적으로 경제적 이득을 석권할 목적으로 유비쿼터스 컴퓨팅 기술 개발에 심혈을 기울이고 있다.

(1) 미국의 쿨타운(CoolTown) 프로젝트

미국의 HP가 수행하는 프로젝트로서 유무선 통신 네트워크 기술과 웹 기반의 정보통신 기술을 기반으로 하는 미래도시 모델 구축과 함께 다음과 같은 개발목표를 갖는다.

① 현실세계에 존재하는 모든 것이 동시에 웹에서도 존재하는 'Real World Wide Web'을 구현한다.

② 웹과 상호작용하는 디지털 통신 수단을 통해 언제 어디서나 통신이 가능한 환경을 구축한다.

(2) 미국의 이지리빙(EasyLiving) 프로젝트

미국 MS 연구소가 구현한 이지리빙(EasyLiving) 시스템은 데모를 통하여 상황인식과 위치감지 컴퓨팅, 분산 컴퓨팅, 이동 컴퓨팅, 무선 컴퓨팅 등을 활용하여 유비쿼터스 컴퓨팅에 대한 많은 가능성을 보여 주고 있다. 이지리빙은 단지 하나의 지능적 장소가 아니라 지능적인 환경을 구성할 수 있는 소프트웨어 툴킷으로, 컴퓨터 비전 기술을 이용하여 물체가 어디에 있는지 찾아낸다. 실시간 3차원 카메라를 이용하여 가정에서 위치 인식 능력을 제공한다. 카메라로 찍힌 장면을 통해 이동거리와 이동각도를 측정하여 각 개체(entity) 간 좌표 프레임을 정의한다.

(3) 유럽의 스마트 잇츠(Smart-Its) 프로젝트

스마트 잇츠(Smart-Its)는 사물에 초소형 센서, 구동기, 프로세서 등을 포함하는 내장형 디바이스를 의미하며 약 4×5cm 크기의 감지장치와 코어장치 모듈로 설계되었다. 감지장치는 데이터를 취득하여 처리하고, 코어장치는 총체적인 장치통제, 구체적 자동처리과정, 타 스마트 잇츠와의 통신을 담당한다.

(4) 미국의 스마트 먼지(Smart Dust) 프로젝트

미국 국방부 산하 고등연구계획국(DARPA)의 프로젝트로서 말 그대로 먼지처럼 작아서 떠다닐 수 있고 보이지 않는 컴퓨팅 시스템 개발을 목표로 한다. 스마트 먼지는 $1mm^3$ 크기의 실리콘 모트(Silicon Mote)라는 육면체 안에 완전히 자율적인 센싱과 통신 플랫폼 능력을 갖춘 컴퓨터 시스템이다. 이 프로젝트는 에너지 관리, 제품의 품질관리 및 유통관리 등과 함께 군사목적(기상상태나 생화학적 오염, 병력과 장비의 이동 감지)으로 활용될 수 있다.

(5) 미국의 오토 ID(Auto-ID) 프로젝트

오토 ID 기술은 스마트 태그(Smart Tag)를 각종 상품에 부착해서 사물을 지능화하여 사물 간, 기업 및 소비자와의 통신을 통해 자동화된 공급, 관리 시스템 개발에 활용된다.

(6) 미국, 일본, 유럽, 한국의 유비쿼터스 컴퓨팅 개념

미국의 경우에는 1988년 제록스사에서 시작한 '유비쿼터스 컴퓨팅 프로젝트'에서 제시된 장소를 중심으로 리얼 컴퓨팅 구현을 시작으로 보았다. 일본의 유비쿼터스 컴퓨팅 연구의 근원은 1984년 동경대학에서 시작된 TRON이며 어디서나 연결(anywhere connection)의 유비쿼터스 네트워크 구현을 추구하고 있다. 유럽은 하노버대학과 VTT대학이 수행한 '유비캠퍼스 프로젝트'와 2001년에 시작된 '사라지는 컴퓨터 계획'을 통하여 이동성을 중시하는 초소형 자율형 객체와 그룹을 중심으로 하는 자율형 협업(intelligent cooperation) 인프라를 통한 리얼 컴퓨팅 연구를 추진하고 있다.

한국은 신행정수도 복합도시, 기업도시 등 신도시 개발과 함께 u-시티 건설을 추진하고 있다. 많은 지자체에서 u-시티 도시건설을 도입하여 도시발전을 도모하고 있다. 대부분 대규모 사업이고 생활 속 파급효과가 커서 언론과 기업 등에서 주목하고 있으며 홍보 및 확산이 용이하여 u-시티 개발로 한국의 유비쿼터스화에 박차를 가하고 있다.

2.5. 유비쿼터스 네트워크의 사회적 변혁

2.5.1. 유비쿼터스 네트워크에 의한 본질적인 변화

유비쿼터스 네트워크의 5가지 구성요소, 즉 브로드밴드, 모바일, 상시접속, IPv6, 배리어 프리 인터페이스 등은 기술적인 측면에서 아래와 같이 3가지 변화를 가져온다.

(1) 브로드밴드가 가져오는 '유통 콘텐츠의 대용량화'

접속회선이 '브로드밴드화'됨에 따라 회선을 통하는 콘텐츠가 음성이나 영상 등 대용량으로 커져 가는 '유통 콘텐츠의 대용량화'가 일어난다. 기존에는 음성을 주로 대화의 매체로 활용했으나 영상이 더해짐에 따라 의사전달상의 착오나 오해가 줄어들고 보다 자연스러운 대화를 할 수 있게 된다.

유비쿼터스 네트워크에 의해 유통 콘텐츠가 대용량화되면 사람들의 커뮤니케이션은 더욱 풍요로워지고 현실 세계에 근접할 수 있게 된다. 유비쿼터스가 브로드밴드화됨에 따라 전자메일에 이어 새로운 형태의 커뮤니케이션을 창조하고 보급할 것이다.

(2) 네트워크에 접속되는 기기의 증대

네트워크에 접속되는 기기는 가정 안에서는 PC뿐만 아니라 게임기, 정보가전 제품으로 확대된다. 집 밖에서는 휴대전화나 PDA뿐만 아니라 편의점, 역에 설치된 멀티미디어 키오스크, 자동 개찰, 자동판매기, 현금인출기, 자동차 탑재 단말기로도 확대된다.

유비쿼터스 네트워크의 보급으로 인하여 접속기기의 '소유' 개념에서 '이용'의 개념으로 바뀌어 나갈 것이다. 네트워크에 접속되는 것은 모든 사람뿐만 아니라 모든 사물로까지 확대된다.

(3) 사용자와 네트워크 간의 관계성 다양화

유비쿼터스 네트워크는 '상시접속'과 '배리어 프리 인터페이스'라는 두 요소에 의
해 네트워크와 사용자의 관계를 보다 밀접하게 한다. 기존의 인터넷에서 쌍방향성
이라 함은 단순한 물건 주문을 받는 정도로만 활용했었으나 '상시접속'은 커뮤니티
화를 가속화시킨다. 즉 유비쿼터스 네트워크 사용자는 상시접속으로 인하여 네트워
크에 접속된 다른 사람에게 언제라도 말을 걸 수 있는 환경이 되는 것이다.

'배리어 프리 인터페이스'는 말 그대로 디지털 디바이드(컴퓨터 이용자와 비이용자
사이를 나누는 벽)를 낮추어서 더 많은 사람들이 커뮤니티에 참가할 수 있게 한다.

유비쿼터스 네트워크로 인한 상기 3가지의 IT 환경변화로 아래와 같은 사회 변혁
을 촉진하게 된다.

① 형태지(形態知)의 교환 및 공유

② 커뮤니티 파워의 증대

③ 상태감시(sensing) 및 위치추적(tracking) 능력의 확대

'형태지 교환 및 공유'는 '유통 콘텐츠의 증대'와 '사용자와 네트워크 간의 관계
성 다양화'의 조합으로 감성이나 요령과 같은 '지(知)'를 서로 교환하고 함께 공유
할 수 있다는 의미이다. '커뮤니티 파워의 증대'는 '네트워크에 접속되는 기기의 증
대'와 '사용자와 네트워크 간의 관계성 다양화'의 조합을 통하여, 그리고 '상태감시
및 위치추적 능력의 확대'는 '네트워크에 접속하는 기기의 증대'와 '유통 콘텐츠의
증대'의 조합을 통하여 생성되며, 이는 사회 변혁을 촉진하는 본질적인 힘이 된다.

2.5.2. 형태지의 교환 및 공유

일본 히토츠바시 대학의 노나카 이쿠지로 교수는 지식 창조 이론에서 지식을 형
식지와 암묵지로 나누고, 지식은 이들 둘 사이의 교환을 통해서 창조된다는 이분법
에 근거한 구조를 제시하였다. 암묵지는 표현할 수 없는 것으로, 예를 들어서 숙련
공의 기술과 같이 문서화가 불가능하여 도제(徒弟)식 '기능'에 해당한다. 형식지는
교과서나 매뉴얼에 실린 '기술'에 해당하는 것으로서 디지털 정보로 전환할 수 있
다. 헝가리 태생의 경제인류학자 칼 포라니의 "인간은 표현할 수 있는 것 이상의 것
을 알고 있다"라는 말로부터 표현 가능한 것이 형식지이고, 그 이상의 것은 암묵지

라는 것을 알 수 있다. 형태지는 종래의 형식지(形式知)와 암묵지의 중간에 위치하는 것으로서 네트워크를 통해서 교환 및 공유할 수 있는 새로운 지(知)의 영역을 의미한다. <그림 2-7>은 암묵지, 형식지, 형태지의 관계를 나타낸다.

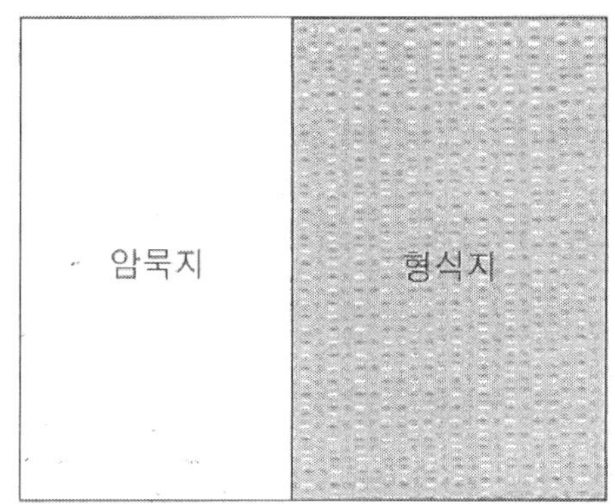

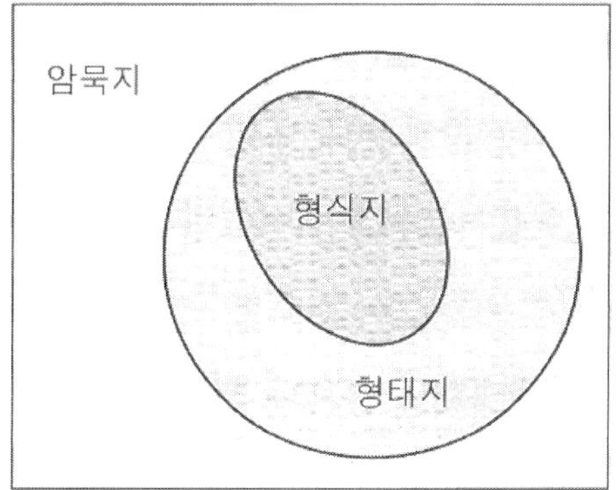

〈그림 2-7〉 암묵지, 형식지, 형태지의 관계

유비쿼터스 네트워크를 이용하여 아래와 같이 암묵지를 형태지로 전환하는 방법이 있다.

① 영상 등으로 얻은 정보를 통한 암묵지의 보강 및 증폭

② 시뮬레이션에 의한 암묵지의 추정 및 확인

①의 경우는 유비쿼터스 네트워크를 통해서 음성뿐만 아니라 영상을 통하여 해당 정보를 전달함으로써 암묵지를 형태지로 전환할 수 있게 된다. 예를 들어서 의류 제조업체와 유통 바이어 간에 현재 유행하고 있는 브랜드 콘셉트를, 영상을 통해 전달함으로써 서로 오해와 착오를 없앨 수 있는 것이다. 원격 교육에서는 우수한 교사의 한정된 시간이라는 경영자원을 네트워크를 통해서 공간적으로 공유하는 형태가 여기에 해당한다. 또한 원격 의료 분야에서 **X-RAY** 전문의를 공유하거나 대도시의 큰 병원 의사를 공유하여 섬에 있는 보건소에서 진찰을 받는 등의 사례도 여기에 해당한다.

2.5.3. 커뮤니티 파워의 증대

유비쿼터스 네트워크는 개인이 커뮤니티를 만들어서 개인의 힘을 기르게 해 준다. 예를 들어서 소비자 커뮤니티는 어느 기업 상품에 대한 정보를 서로 교환하고 또한 상품의 문제점들을 지적하며 공동구매를 통해서 보다 싸게 상품을 구매할 수도 있다.

커뮤니티 파워가 증대하면 기업의 마케팅과 CRM(Customer Relationship Management)에 영향을 주게 된다. 소비자 커뮤니티로의 권력 이동은 확실히 가격의 비교 구매를 촉진하고 있으나, 기업의 입장에서는 해결하기 쉬운 문제가 아니다. 그러나 소비자 커뮤니티의 힘을 기업의 마케팅에 활용할 수 있는 방법이 있다. 이것을 벤치마크 마케팅이라고 부른다. 벤치마크 마케팅이란 소비자 커뮤니티를 통하여 상품 평가 순위와 상품평 또는 전문가의 조언을 소비자에게 '벤치마크'로 제공하여 구매를 촉진하는 방법이다. 소비자는 상품에 관련된 벤치마크를 참조하여 안심하고 상품을 구매할 수 있다. 이를 통하여 구입 장벽을 제거하고 구입 후의 상품 만족도를 증진시킬 수 있다.

기업활동의 여러 국면에서 커뮤니티와의 관계가 늘어남에 따라 이를 원활하게 관리하는 조직이 필요하게 되었다. 즉 고객을 대상으로 하던 기존의 CRM에서 잠재적 고객도 포함하는 새로운 CRM(Community Relationship Management)으로 확대될 것이다. 기업의 대응과 상품에 대한 클레임 정보는 인터넷상에서 순식간에 유포되어 기업에 엄청난 타격을 주는 경우가 있다. 커뮤니티가 지금보다 더 중요한 관리 대상이 되고 있는 것이다. 기업은 의사결정 구조를 지금의 기업 대 주주, 기업 대 종업원이라는 틀에서 기업 대 커뮤니티로 확대됨에 따라 기업도 새로운 틀을 구축해야 한다.

2.5.4. 상태감시 및 위치추적 능력의 확대

유비쿼터스 네트워크는 브로드밴드를 활용하여 시각과 청각의 2가지 감각을 대체하면서 다채로운 센서를 활용하여 촉각, 미각, 후각 등의 3가지 감각의 일부를 대체하고, 시공간의 벽을 넘어서 오감을 전달할 수 있게 되었다.

IPv6와 초저가 RFID 태그가 보급되면 모든 사물에 센서가 부착되어 기업의 모든 제품과 부품이 네트워크에 접속된다. 언제라도 그 센서를 작동시켜서 사람과 사물의 상태감시(sensing)와 위치추적(tracking)이 가능하다.

예를 들어서 기업의 유통 재고에 RFID 태그를 부착하여 재고관리 수준을 향상시키고 비용을 절감할 수 있으며 또한 물류 부문에서는 화물의 현재 지점을 추적하여 고객 서비스를 향상시킬 수 있게 된다. 마트에서 상품을 선택할 때에 지불 금액이 차례로 계산되고 쇼핑이 끝난 후에 출구 근처의 문을 통과할 때 자동적으로 결제된다면 카운터를 무인화하고 완전한 셀프서비스의 실현이 가능하게 된다.

유비쿼터스 네트워크의 상태감시 및 위치추적 능력을 활용하면 콘텍스트 마케팅(context marketing)이 가능해진다. 콘텍스트 마케팅이란 개별 소비자에게 어떤 상품 및 서비스에 대한 수요가 발생하는 시점을 파악하여 그 상황에 맞는 상품과 서비스를 제공하여 구매력을 높이는 구조이다. 콘텍스트 마케팅은 소비자, 이용기업, 플랫폼 제공기업(Platformer) 간에 윈-윈(Win-Win) 관계를 성립시킨다. 소비자는 정보과다 시대에 '일일이 기억하지 않아도 되는' 장점을 누릴 수 있다. 이용 기업은 판매 대상을 자세하고 명확하게 파악하여 홍보함으로써 구매 촉진 비용을 절감할 수 있다.

콘텍스트 마케팅에서 기업 측의 또 다른 장점은 재고 현황을 파악하여 실시간으로 상품 선전을 제어할 수 있다는 점이다. 예를 들어서 제공자는 슈퍼마켓의 재고 상품이 떨어지거나 미용실의 자리가 다 차면 이를 파악하여 쿠폰 발행을 중지할 수 있다. 또한 공급 상황에 맞추어 각 상황에 따라 적절하게 홍보할 수 있다.

유비쿼터스 네트워크의 상태감시 및 위치추적 능력의 활용을 통하여 제조업의 서비스화 및 플랫폼화를 기할 수 있다. 제1단계로서 센서를 활용하여 부가서비스 수입의 확보를 도모하는 것이다. 제품과 부품을 네트워크화함으로써 단지 제품 판매에 그치는 것이 아니라, 판매한 제품 플랫폼을 통하여 서비스와 유지 부문에서 수익을 얻는 구조를 구축하는 것이다. 미국의 어느 웹카메라 및 센서 회사는 소비자가 웹카메라 세트를 구입하여 집에 설치한 후에 매달 수수료를 내면 침입자가 있을 경우 PC와 휴대전화로 연락해 주는 서비스를 실시하고 있다. 이는 단지 카메라를 판매하는 것이 아니라 그에 연결된 서비스를 판매한다고 말할 수 있다.

3. 디바이스 기술

3.1. SoC 기술

3.1.1. SoC의 개념

오늘날 통신기기, 정보기기, 전자제품 등은 다기능화, 고품질화, 네트워크화, 소형화 등을 목표로 하고 있으며 또한 서로 다른 기능들 사이에 융합화와 복합화가 일어나고 있다. 예를 들어서 휴대폰을 비롯한 PDA, 디지털 TV, 스마트폰 등 각종 디지털 정보기기들은 컴퓨팅 기능과 함께 인터넷 접속 기능을 원활하게 구현하기 위하여 마이크로프로세서, 네트워킹 칩, 메모리 등의 많은 반도체 칩이 요구된다. 또한 정보기기 제품 간에 융합이 더욱 진전됨에 따라 하나의 정보기기 안에 여러 가지 반도체 칩을 필요로 하기 때문에 각종 부품들을 하나의 반도체 칩에 집적시킴으로써 다기능화 및 소형화를 이루고자 한다. 이와 같이 여러 가지 기능의 개별 부품들을 하나의 칩으로 만들기 위한 기술이 바로 SoC(System on Chip)이다. 현재는 대규모 집적회로(Large Scale Integrated Circuit: LSI) 기술을 기반으로 마이크로프로세서와 메모리 등을 통합하는 데에 집중하고 있으나, 앞으로는 미세 전자기계 시스템(MEMS) 기술과 합쳐질 것으로 예상된다.

휴대폰을 만들기 위해서 통신 기능을 수행하는 칩과 컴퓨터 기능을 담당하는 칩 2개가 필요하지만, SoC 기술을 이용하면 칩 하나로 이러한 기능들을 구현할 수 있다. SoC의 개발은 휴대폰의 소형화와 전력효율 향상을 가져온다. SoC은 말 그대로 하나의 칩이 시스템으로 작동할 수 있도록 마이크로프로세서, 디지털 신호처리(Digital Signal Processor: DSP), 메모리, 베이스밴드 칩, 임베디드 소프트웨어 등을 집적시킨 칩을 의미한다.

소비자들이 여러 멀티미디어 기술을 이용하면서도 작고 가벼우며 저렴한 단말기들을 선호하기 때문에 제조업체들은 이러한 소비자 욕구를 충족시키면서 이익을 극대화시킬 수 있도록 여러 기능을 하나의 칩으로 구현하여 부품의 수와 면적을 줄일 수밖에 없다. <그림 3-1>은 SoC 제품들을 나타내고 있다.

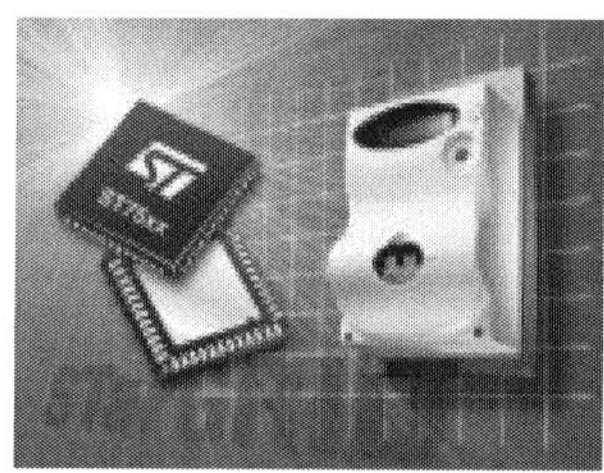

넥스트 DVR칩   삼성전자 DTV칩   ST 전력선통신 칩

〈그림 3-1〉 SoC 제품들

SoC는 개별 칩 구성에 비하여 저렴한 가격, 작은 크기, 전력 절감 등의 효과로 인하여 휴대전화뿐만 아니라 PDA, 휴대용 미디어 단말기, 비디오 게임 콘솔, 홈 서버 등과 같이 광범위하게 사용되고 있다. 어떠한 IT 제품 생산업체도 SoC 기술을 활용하지 않고서는 급속한 변화와 기술경쟁에 대응할 수 없게 되었다. 치열한 경쟁에서 살아남기 위해서는 초소형, 저전력화가 가능하도록 설계기술과 함께 원가 절감에서 경쟁력을 확보하지 않으면 안 된다. 특히 나노미터급 초미세 회로공정 기술확보가 대규모 투자와 기술개발 능력에서 필요하다. 또한 지적재산권 확보와 소프트웨어개발이 중심이 되는 SoC 설계 분야에 대한 투자가 절실히 요구되고 있다.

3.1.2. SoC 기술의 배경

1948년 미국 벨 연구소에서 쇼클리(William B. Shockley) 등이 트랜지스터를 개발한 이후에 반도체 산업이 급격하게 발전하게 되었다. 반도체에는 6가지, 즉 메모리, 마이크로컴포넌트 IC, 논리(Logic) IC, 아날로그 IC, 개별소자(Discrete), 광반도체(Optical Semiconductor) 등으로 구분된다. 메모리와 마이크로컴포넌트 IC의 제품 특성은 소품종 대량 생산 제품으로서 소수의 기술 우위 업체가 시장을 지배하고 있으며 공정기술에 대한 막대한 투자로 가격 경쟁력을 차지할 수 있다. 논리 IC는 다품종 소량생산 제품으로서 부가가치가 높지만 생존주기가 상대적으로 짧다. 따라서 논리 IC 기업은 누가 더 많은 종류의 회로를 신속하고, 구현하기 쉽게 설계하느냐가 경쟁력의 여부를 결정짓게 된다.

논리 IC 분야에서는 쉽고 빠르게 설계할 수 있는 방법을 강구함으로써 게이트 어레이(gate array)와 셀 라이브러리(cell library)를 이용하여 회로설계를 혁신적으로 개선한 셀 기반(cell-based) 주문형 반도체가 새로운 설계 방법의 해결책으로 등장하였다. 이후 게이트 어레이, 셀 기반 주문형 반도체, 프로그래머블 논리소자(Programmable Logic Device: PLD) 기술 등은 주문형 반도체(Application Specific Integrated Circuit: ASIC)로 불리며 성장해 왔다. SoC는 디지털 신호처리 장치의 핵심 부분을 포함한 각종 지적재산권 핵심 부분을 주문형 반도체(ASIC)와 특정 용도 표준 제품(Application Specific Standard Product: ASSP) 안에 집어넣고, 메모리가 내재화된 형태로 단일화된 칩이다.

기존의 SoB(System on Board) 시스템은 인쇄회로기판(Printed Circuit Board: PCB) 위에 다수의 칩을 사용하여 설계되었고, 이러한 칩들은 표준제품 또는 특정 응용을 위해 설계된 주문형 반도체(ASIC)로 구성되었으나, 반도체 집적도가 증가함에 따라 인쇄회로기판 전체를 하나의 칩으로 통합하는 것이 가능해졌는데 이러한 기술이 바로 SoC이다.

SoC의 특징을 요약하면 아래와 같다.

① SoC의 구현 대상은 시스템: 인쇄회로기판상에 구현하던 시스템을 공정기술이 발달하면서 칩들을 규격화시키고 주변장치도 규격화하여 하나의 칩 위에 구현한다.

② 지적재산권 도입: 시스템의 복잡도가 점점 증가하고, 생산성이 복잡도의 증가율을 따라잡지 못하기 때문에 지적재산권 개념이 도입되었다.

③ 설계 및 검증 방법론의 변화: 용응하는 입장에서 시스템을 바라볼 수 있는 능력과 어떠한 지적재산권을 사용하여 시스템을 구현할 것인가에 대한 시각을 동시에 갖춘 설계자들의 협동이 필요하다.

④ SoC와 주문형 반도체의 차이점은 소프트웨어의 유무: SoC는 하나의 시스템이기 때문에 운영체제를 내부에 가져야 한다. 또한 제어부분을 만든 후에 나머지 부분에 메모리를 만들고 소프트웨어를 올려서 전체 시스템을 구성하는 방향으로 발전하고 있다.

3.1.3. 지적재산권

SoC는 칩 내부에 프로세서가 존재하므로 버스, 메모리, 레지스터, 주변회로, 해당되는 시스템을 구현하기 위한 기능 블록들 등을 하나의 칩에 집적시켜야 한다. 칩의 규모가 커질수록 칩의 설계가 어렵게 되고 또한 개발기간이 많이 소요된다. 반도체 기업에서는 하루라도 빨리 설계하는 것이 기업의 성패에 좌우되므로 기존에 설계되고 검증된 기능 블록들을 활용하여 설계시간을 단축할 필요성을 가지게 되었는데 이것이 지적재산권(Intellectual Property: IP)의 출현배경이다.

지적재산권은 해당 칩에 적용될 수 있는 설계 블록을 누군가 이미 오랜 기간 동안 노력하여 개발해 놓은 것을 의미하며, 지적재산권의 확보 여부가 칩 설계시간 단축에 지대한 영향을 미친다.

일반적으로 지적재산권은 크게 스타형(star), 표준형(standard), 셀형(cell) IP로 구분된다. 스타형 IP에는 거의 모든 SoC에 채택 가능한 프로세서 핵심 부분, 디지털 신호 처리장치의 핵심 부분 등의 범용 지적재산권이 해당된다. 스타형 IP는 재사용이 매우 활발하여 특정한 기능에 제한되지 않는다.

표준형 IP는 특정한 인터페이스 표준방식 기능을 의미하며 USB, IEEE1394, MPEG 등이 여기에 속한다. 셀형 IP에는 종래의 SoC 설계방식에서 사용되던 설계 라이브러리와 메모리 매크로 등이 해당된다.

3.2. MEMS(Micro Electro Mechanical System) 기술

3.2.1. MEMS 기술 개요

MEMS는 말 그대로 전자기계 소자를 육안으로는 보이지 않을 정도의 작은 수 밀리미터(mm)에서 수 마이크로미터(µm)의 크기로 제작하는 기술을 의미한다. 사람 머리카락의 직경이 약 100마이크로미터 정도인 것을 고려해 보면 MEMS 기술은 머리카락 속에 모터나 기어 등을 집어넣는 것과 같다. MEMS는 수 밀리미터 정도의 기존 기계 부품이나 시스템보다는 작고, 나노(nm) 영역의 분자 소자나 탄소 나노 튜브보다는 큰 영역에 속하며, 이보다 작은 영역 기술은 NEMS(Nano Electro Mechanical System)로 분류된다.

MEMS 기술은 유비쿼터스 네트워크나 초소형 휴먼 인터페이스 분야의 핵심 요소인 3차원 미소(微小)구조물, 센서 및 구동장치 등을 소형화 및 고정밀화하고 복합화를 가능하게 하는 시스템 기술이다. 반도체 제조공정기술을 이용한 실리콘 미세가공기술 및 집적회로 공정기술을 접목하여 탄생하게 된 MEMS 기술은 미세기계요소 제작 및 전자회로의 집적화를 가능하게 하는 기술로서 21세기의 핵심기술로 부상하고 있다.

미세 전자기계 시스템 기술인 MEMS는 미국에서 불리는 용어이고 유럽에서는 Microsystem, 일본에서는 Micro Machine과 Micro Mechatronics 등으로 불린다.

단순히 기존의 기계를 작게 만든다고 하여 '마이크로 기계'가 되는 것이 아니다. MEMS 기술을 활용한 기계는 뇌와 신경에 해당하는 논리회로, 시각 또는 청각 기능을 담당하는 각종 센서, 팔과 다리 역할을 수행하는 기계장치, 그리고 이들을 유기적으로 움직이게 하는 구동장치 등을 갖추어야 하며, 느끼고 생각하면서 운동할 수 있는 하나의 통합 시스템이어야 한다.

MEMS는 반도체 집적회로 제조공정 기술을 그대로 활용함에 따라 대량생산, 가격 저렴, 소형, 고밀도 집적화 등이 가능하다. 그러나 반도체 집적회로는 작고 좁은 면적에 수많은 전기회로를 2차원적으로 집적화시킨 것이지만, MEMS는 3차원적으로 공간을 마련하여 회로를 배열해야 하기 때문에 특수 첨단 제작공정이 요구된다. 대규모 집적회로(Large Scale Integrated Circuit: LSI)가 프로세서에 의한 신호처리 기능, 메모리에 의한 기억 기능 등을 수행한다면 MEMS는 외부세계와의 인터페이스 역할을 담당하므로, 대규모 집적회로가 인간의 두뇌라면 MEMS 디바이스는 눈, 귀, 피부 등에 해당한다고 말할 수 있다.

MEMS 기술은 1960년대 초에 실리콘(Si) 단결정을 화학적으로 아니소트로픽 에칭(anisotropic etching)을 통하여 얻어진 다이어프램 막 위에 압저항을 도핑하여 압력센서로 이용하고자 하는 연구로부터 시작되었다. 1970년대에는 아니소트로픽 에칭 기술을 이용한 캔틸레버(cantilever), 노즐(nozzle), 캐버티(cavity), 브리지 트렌치(bridge trench) 등의 3차원 구조물 소자에 대한 연구가 시작되었다. 1970년대 중반에는 최초로 자동차용 실리콘 압력센서가 상용화되었으며, 흡기관 압력(Manifold Absolute Pressure: MAP) 센서로서 응용되기 시작했다.

1980년대 초에는 하드디스크 드라이브(HDD)의 헤드, HP 및 캐논사의 잉크젯 프린트 헤드가 상용화되었고 1990년대에는 압력 및 가속도 센서가 상용화되었다. 최근에는 광학부품 기술과 MEMS 기술을 접목한 광 MEMS, 통신 부품 기술과 MEMS 기술을 접목한 RF MEMS, 의료 및 생체 응용을 위한 바이오(Bio) MEMS에 관한 연구개발이 세계의 선진국에서 활발하게 진행되고 있다. 디스플레이에 응용하기 위한 마이크로미러 어레이(Micromirror Array), 정보통신 및 자동화기기에 응용하기 위한 마이크로 스위치 등이 개발되고 있다.

3.2.2. MEMS 기술의 특징

MEMS는 입체 구조를 가지기 때문에 제조 과정이 다양하고 복잡하여 표준화하기 어렵고, 설계와 제조가 서로 직결되기 때문에 현재의 실리콘 제조 공정과 동일한 형태를 채택하기가 어렵다. 완성된 칩 형태가 각각 서로 다르기 때문에 후공정 설비를 공통화하기 어렵고, 공정에서 칩 내부의 구조체가 파손될 가능성도 있다.

집적회로의 경우에는 표준화와 공통화가 용이하기 때문에 대량생산을 위한 공장 구축도 가능하며 또한 다품종 소량생산도 어느 정도 가능하다. 그러나 MEMS는 처리 등이 다양할 뿐만 아니라 설계규칙에서 처리를 구별하여 블랙박스로 하고 시스템과 회로를 분리하여 설계하는 것이 어렵다. 따라서 현재의 반도체 LSI 제조 설비를 모으는 것만으로 다품종에 대응한 MEMS 개발은 곤란하다. <표 3-1>은 MEMS와 LSI의 비교를 나타낸다.

〈표 3-1〉 MEMS와 LSI의 비교(참고문헌: 유비쿼터스 컴퓨팅 개론, 양순옥 외 저, 한빛미디어)

비교 항목	MEMS 기술	LSI 기술
제품의 품종	많다	적다
단품 생산량	소량	대량
웨이퍼 크기(인치)	3~6	6~12
기판 재질	실리콘, 유리, 금속, 수지	실리콘
제조 라인 투자액	고액(중고 사용으로 감소)	초고액(최신 설비)
장치의 종류	반도체용과 MEMS용이 필요	반도체용
제조 공정의 표준화	어렵다	쉽다
고부가 가치 대응	직접화 MEMS	3차원화
산업 규모	크다(상승기)	크다(성숙기)
소자 구조의 특징	입체화	평면화

MEMS의 특징은 아래와 같다.

① 기술개발 역사의 짧음: 선진국에서도 아직 이렇다 할 제품이 출시되고 있지 않으므로 개발도상국에서도 단기간의 집중투자와 새로운 아이디어 창출로 기술경쟁력을 갖출 수 있다.

② 광범위한 산업분야와 연계: 자동차, 의료, 가전, 운수, 우주항공, 군사 등 산업 전반에 걸쳐 핵심 구성요소로 자리 잡기 시작했다.

③ 기술의 융합성: 기계, 전기, 전자, 재료, 물리, 화학 등의 거의 모든 분야 기술을 필요로 하며 이들 기술을 유기적으로 결합 및 융합하여 새로운 기능을 창출한다.

④ 기술의 혁신성: 인간 생활의 근본적인 변화를 가져올 수 있는 인슐린 펌프 생체삽입 의료기기, 마이크로 로봇, 미세 구동 장치, 착용형 PC 등의 새로운 제품을 출시할 수 있다.

⑤ 제품의 경박단소: 협소한 공간에서 미세하고도 정교한 기능을 발휘하여 인간의 인지 및 판단 능력을 보완시킬 수 있다.

⑥ 전자와 기계 복합부품의 극소화 및 집적화: 전통적인 정밀기계 가공 기술은 기계부품의 극소화를 추구하지만 반도체 미세가공 기술에 근거한 MEMS 기술은 전자와 기계 복합부품의 극소화 및 집적화를 추구하고 있다.

⑦ 대량생산 및 저가격: MEMS는 반도체 일괄 노광전사 공정을 기반으로 생산하므로 집적도가 높고 저가 대량생산에 유리하다.

⑧ 미세효과에 의한 거대효과: 비행기 날개 표면의 압력 및 유속 측정을 통한 작은 공기 흐름을 바꿈으로써 커다란 유동변화를 일으킨다든지 DNA 조작 및 분석 등을 수행하는 것과 같이 작은 미세변화를 통해 거대 변화를 일으킬 수 있게 한다.

⑨ 초기 설비투자 필요: 수백억 원 정도의 초기 설비투자를 필요로 하는 장치산업이다.

⑩ 오랜 경험 및 노하우 필요: 설계에서 제조 공정, 재료 특성, 전기회로, 패키지 및 현장 적용 등 각 기술 분야를 적용할 수 있는 경험과 노하우가 필요하다.

⑪ 소량 다품종: 제품의 생존주기가 짧고 수량이 소량이므로 시장의 신속성과 유연성이 장점인 중소기업이나 벤처기업에 적합한 사업 분야이다.

⑫ 잠재시장은 크지만 응용 분야 도출 곤란: 자동차 압력 센서, 가속도 센서, 자

이로 센서, 잉크젯 헤드 등과 같이 초기시장은 가시적이었으나 의료, 가전, 우주항공, 군사, 환경 등의 잠재시장은 거대하지만 아직 열리고 있지 않다.

3.2.3. MEMS 기술의 응용 분야

(1) 자동차 분야

MEMS 기술은 자동차용 각종 센서, 즉 에어백용 가속도 센서, 차체 제어용 자이로 센서, 타이어 공기압 센서, 자동차 엔진에 부착되는 흡기관 압력(Manifold Absolute Pressure: MAP) 센서, 공기 유량(air flow) 센서 등에 활용되고 있다. 가속도 센서는 자동차 사고가 발생하는 순간에 가속도의 차이를 센싱하여 자동으로 에어백이 터지도록 해 준다.

(2) 정보통신 분야

미소 반사경, 미소 렌즈, 미소 레이저, 감광소자 등의 미소 광학 요소를 마이크로 구동기와 결합함으로써 광신호 분리기, 광단속기, 정보 검출기, 초정밀 조립기 등에 적용된다. 개인용 휴대 정보기기의 크기와 부품의 수를 줄이고 고신뢰성을 보장할 수 있기 때문에 MEMS 기술에 관한 관심도가 높아지고 있다.

(3) 컴퓨터 및 사무자동화 기기 분야

고해상도 잉크젯 프린터 헤드, 고해상도의 마이크로 디스플레이, 하드 디스크 등 정보의 저장과 검출 시스템 개발에 적용된다.

(4) 전자, 가전 및 설비 분야

초소형 박막전지, 각종 제조장비 및 시설용 센서와 가정용 전기제품에 적용된다. 대화면 디스플레이용 미소 거울 배열이 미국의 텍사스 인스트루먼트 사에서 개발되었으며, 손 떨림 방지 캠코더용 자이로 센서가 국내에서 개발되었다.

(5) 의료 및 환경 분야

의료기기 중에서 많은 연구 분야를 차지하고 있는 것은 휴대용 및 일회용 분석기이며 이들은 압력센서, 마이크로 펌프, 마이크로 밸브, 화학 센서 등으로 이루어져 있다. MEMS 기술을 이용한 초소형 내시경이 시험 상품으로 나오고 있다.

3.3. 나노 기술

3.3.1. 나노 기술 개요

우리 몸뿐만 아니라 이 세상의 모든 사물은 물질의 근본적 구성요소인 원자로 구성되어 있다. 덴마크의 물리학자인 보어는 1922년 처음으로 원자의 속을 들여다볼 수 있는 모형을 만들었다. 그가 만든 수소 원자의 모형에서는 원자핵의 둘레를 전자들이 특정한 원 궤도를 빙글빙글 돌고 있었는데 '보어 반경'이라고 부르는 이 원 궤도의 반경은 약 1옹스트롬(Å: 1,000만분의 1밀리미터)이다.

나노라는 말이 10억분의 1을 나타내므로 나노미터(nm: 10억분의 1미터 단위)는 분자 정도의 크기를 나타내는 단어가 된다. 따라서 나노기술은 나노미터 단위의 매우 미세한 세계에서 물질의 구조를 조작하고 제어하고 활용하는 기술을 통틀어 말하는 것이다.

원자의 크기 1옹스트롬은 나노미터의 10분의 1이며 분자의 크기는 대체로 1나노미터이다. 1나노미터는 머리카락 한 오라기의 약 10만분의 1이다. 유전자를 구성하는 나선구조의 DNA 사슬은 4개의 염기쌍으로 되어 있는데 1주기의 길이가 2나노미터이다. 나노 기술은 주로 원자의 배열을 조작, 제어하는 기술을 말한다. 즉 나노 기술은 물질의 특성을 나노 스케일에서 규명하고 제어하는 기술로서 원자나 분자를 적절하게 결합시켜서 새로운 미세한 구조를 만듦으로써 기존 물질을 변형 또는 개조하거나 새로운 물질과 기능을 창출할 수 있는 초미세극한 기술이다. 나노 기술은 <그림 3-2>에서와 같이 계측기술, 가공기술, 기초과학 등의 뿌리로부터 영양분을 빨아올려서 만들 수 있는 산업 전반에 걸쳐 폭넓게 응용되기 시작하였다.

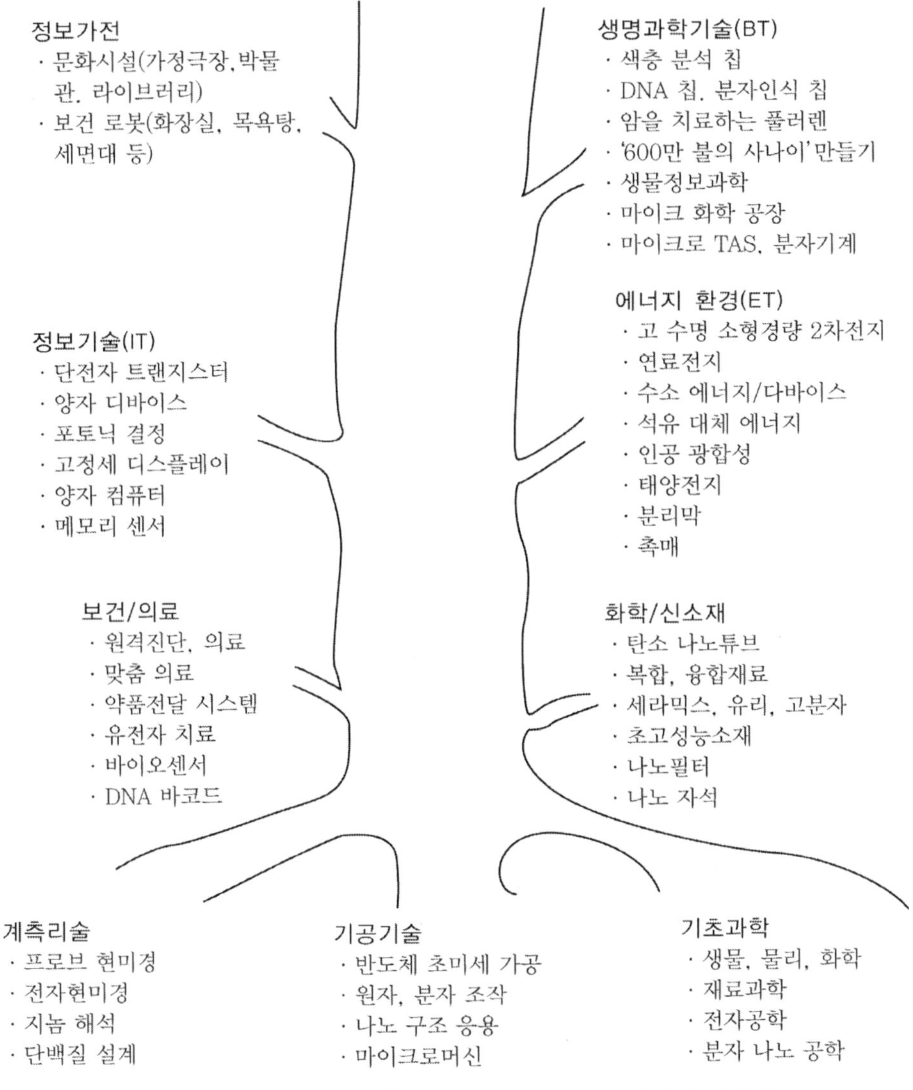

<그림 3-2> 나노기술 응용분야(참고문헌 : 나노 기술과 인간, 현원복, 까치글방)

3.3.2. 나노 기술의 두 가지 개발 방법론

나노 기술의 접근방식은 하향식(top-down) 방식과 상향식(bottom-up) 방식이 있다. 하향식 방식은 큰 구조에서 출발하여 미세한 구조를 지향하는 방식을 말하고, 상향식 방식은 원자와 분자부터 자연의 섭리에 따라 나노 구조에서 자동적으로 형성하는 현상을 이용하는 방식이다.

하향식 방식의 전형적인 예로서 사진 복사기술을 고도로 발전시킨 리소그래피 기술을 들 수 있다. 리소그래피(돌 그림 찍기)는 원래 석판 등에 잉크를 발라서 종이에 옮기는 그림 인쇄기법이다. 오늘날에는 초대규모 집적회로와 같은 반도체 집적회로의 집적도를 끌어 올리는 데에 사용된다. 실제 반도체를 가공할 때에는 사진기술을 응용하기 때문에 포토 리소그래피를 주로 사용한다. 먼저 빛을 받으면 화학적인 변화를 일으키는 감광제를 반도체 기판 표면에 칠한 뒤에 마스크 패턴을 통해서 빛이 닿게(노광)한다. 감광된 기판을 현상하면 패턴이 사진처럼 찍히게 된다. 빛 대신에 전자빔(전자선)을 쬐어 노광하는 전자빔 리소그래피를 사용하면 보다 미세한 패턴을 그릴 수 있다. 반도체의 LSI칩 제조는 리소그래피의 발전으로 15년마다 트랜지스터 크기가 약 10분의 1 정도까지 미세해져서 오늘날 100나노미터 정도로 줄일 수 있게 되었다. 2004년 9월에는 국내의 삼성전자가 세계 최초로 60나노 8기가 플래시 메모리를 개발했다고 발표하였다. LSI 제조 공정에서는 하향식 방식의 리소그래피 수법뿐만 아니라 기체 모양의 원자나 분자를 반응시켜서 나노 크기의 박막을 이용하는 수법도 함께 사용하고 있다.

상향식 기술은 나노의 세계를 물질의 바닥으로 보고 이 바닥에서 시작하여 올라가는 기술을 의미한다. 예를 들면, 두 종류의 유기분자를 사슬 모양으로 연결한 나일론 등 인공섬유의 합성기술은 상향식 기술에 해당한다. 우리의 몸속에서는 DNA 정보에 따라 각종 아미노산이 결합해서 여러 가지 단백질 분자로 몸의 조직을 만드는데 이와 같이 모든 생물의 세계는 상향식 방식에 따라 만들어진다고 말할 수 있다.

상향식 기술에서 주목을 받는 분야가 나노 구조를 동일한 모양으로 대량생산할 가능성이 있는 자기 조직화 방법이다. 이것은 서로 다른 종류의 재료를 섞어서 어떤 조건을 설정해 주면 재료들이 스스로 특정한 구조를 형성한다는 것이다.

풀러렌이나 탄소 나노튜브 등의 특수한 재료를 만들거나 분자를 설계해서 촉매 등 우수한 기능을 가진 소재를 만드는 것도 넓은 의미에서 상향식 기술에 해당한다. 상향식 기술은 하향식 기술보다 조금 더 현실적인 기술이며 재료와 소자 분야에서 많이 활용되고 있다. 예를 들면 정보 분야에서 탄소 나노튜브 디스플레이, 단전자 트랜지스터(SET), 분자 소자, 양자점, 의료 분야의 나노 입자 약품전달 시스템(DDS), 환경분야의 나노 입자막, 탄소나노튜브 수소 탱크, 색소증감형 태양전지, 탄소 나노튜브 주사형 현미경 탐침, 탄소 나노튜브 기계부품, 나노 복합재료, 맞춤 화학 등이 상향식 기술로 만든 것들이다.

처음으로 상향식 기술을 활용하여 나노머신 개발을 제창한 사람은 '미스터 나노 기술'로 불리는 미국의 드렉슬러이다. 1986년 발간된 '창조의 엔진: 다가오는 나노 테크놀로지'에서 그는 초소형의 '어셈블러(assembler)'라는 기계를 사용하면 0.1나노미터의 원자, 그리고 1~2나노미터의 분자를 원하는 대로 조작하고 제작할 수 있다고 설명했다.

3.3.3. 나노 기술 개발을 위한 도구들

(1) 전자빔을 통한 나노 세계 관찰

우리의 육안으로 볼 수 있는 크기는 0.1밀리미터 정도가 고작인데 이것보다 작은 물체는 광학현미경을 사용해야 한다. 대상 물체가 빛의 파장보다 작으면 광학현미경으로 볼 수 없기 때문에 0.1나노미터 크기의 원자는 광학현미경으로 볼 수 없다.

빛의 파장보다 작은 원자나 분자와 같은 것을 보기 위해서는 전자빔(전자선)을 이용하는 전자현미경을 사용한다. 필라멘트에 높은 열을 주면 전자가 발생하는데 이렇게 만든 전자빔에 자기 필드나 전기 필드를 작용시켜서 전자빔을 좁게 죄거나 넓힐 수 있다. 렌즈로 빛을 죄거나 넓히는 광학현미경처럼 전자빔을 통해서 물체를 확대한 그림을 만들 수 있는데 이것이 투과형 전자현미경(Transmission Electron Microscope: TEM)이다.

전자는 원자가 있는 곳에서는 휘어지지만 원자가 없는 곳에서는 직진하는데 이러한 차이를 이용하여 원자 배열을 알 수 있다. TEM 외에도 전자빔을 이용하는 현미경에는 주사형 전자현미경(Scanning Electron Microscope: SEM)이 있다. 이 현미경은 샘플 위에 좁게 죈 전자빔을 대고 주사하면서 샘플이 방출하는 전자를 잡는 방식을 채택한다.

(2) 원자와 분자 다루기

주사형 터널링 현미경(Scanning Tunneling Microscope: STM)이나 원자 간 힘 현미경(Atomic Force Microscope: AFM)을 이용하면 원자나 분자를 하나씩 볼 수 있는 것은 물론 마음대로 조작이 가능해진다.

1959년에 캘리포니아 공과대학의 파인먼 교수는 '바닥에는 빈자리가 얼마든지 있다'라는 특별 강연에서 "원자를 하나씩 마음대로 배열할 수 있다면 10개 원자 굵기의 철사나 7개 원자 크기의 회로를 만들 수 있어서 종래와는 전혀 다른 새로운 제조방법이 탄생할 것이다"라고 예언하였다. 그로부터 30년이 지난 1990년 IBM 연구소에서는 35개의 그세논 원자를 한 개씩 금속 표면으로 옮겨서 5나노미터 높이의 'IBM'이라는 글자를 만들어서 파인먼의 예언을 현실 세계에서 구현하였다.

원자와 분자를 마음대로 배열할 수 있음에 따라 IBM의 화학자들은 2000년에 4나노미터 폭의 탄소 코팅 금속 입자를 얇은 판으로 조립하여 하드디스크 드라이브로 사용할 수 있는 자기 박막 개발에 성공함으로써 액세스 속도를 빠르게 향상시킬 수 있었다. 또한 나노 기술로 만든 새로운 폴리머 및 나노 복합재료는 몇 배나 강력할 뿐만 아니라 화재가 급속하게 번지는 것을 막고 독성 매연의 발생량을 줄여 준다.

(3) 자기 조직화

지금까지 우리는 열이나 압력을 가하면 일어나는 화학반응을 이용하여 여러 가지 화합물질을 만들었다. 그러나 나노기술을 이용하면 원자나 분자 또는 작은 입자들이 스스로 조립하는 자기 조직화를 통하여 복잡한 구조체를 간단히 만들 수 있게 된다. '자기 조직화' 현상의 한 예로서 물속에서 비누 분자가 집합체를 형성하는 것을 들 수 있다.

나노 기술의 전도사로 알려진 드렉슬러는 1986년 『창조의 엔진』이라는 저서에서 '어셈블러'라고 불리는 세포보다 작은 로봇들이 벽돌을 한 장씩 쌓아 올려서 빌딩을 세우듯이 원자와 분자를 한 개씩 연결하여 빵에서 로켓엔진에 이르는 모든 물건들을 만들 수 있다고 주장하였다. '어셈블러'라는 기계는 현실성이 없지만 화학적인 방법으로 원자나 분자를 조작하고 제어하여 반도체, 촉매, 생명과학 분야에 이바지할 수 있는 기능과 물질을 만들려는 노력을 경주해 오고 있다.

(4) 나노 손가락

나노 기술자들은 2025년까지 분자를 제어할 수 있는 매우 작은 '손가락'을 조작하여 필요한 원자재를 찾는 방법을 가르쳐 주는 매우 작은 전자두뇌의 나노머신을 만들 계획을 세우고 있다. 손가락의 소재로는 강철보다 100배나 강력하고 사람 머리털의 5만분의 1 두께의 탄소 나노튜브, 그리고 전자두뇌의 소재로는 나노튜브나 DNA가 거론되고 있다. 이렇게 만든 나노로봇은 적절한 소프트웨어와 충분한 기민성을 갖추면 무슨 일이든지 할 수 있게 된다. 예를 들어서 피 속을 돌아다니는 수십억 개의 나노로봇들은 불순물을 제거하고, 유독성 폐기물 처리장에서는 수조 개의 나노로봇들이 독성물질을 분해하며, 자동차 공장에서는 수천조 개의 나노로봇들이 차를 생산한다는 것이다. 이와 같이 엄청나게 많은 나노로봇이 필요하기 때문에 나노로봇마다 스스로 복제할 능력을 갖춰야 한다. 그러나 나노로봇의 복제는 정지신호가 내장되어야 한다. 예를 들어서 사람의 몸속에서 나노로봇이 암보다 빠른 속도로 복제된다면 정상조직을 밖으로 밀어내게 된다. 이를 방지하기 위해서 나노로봇은 미리 설정한 세대 동안만 복제한 뒤 자멸하는 프로그램을 실행하거나, 어떤 온도나 습도 등의 조건에서만 자기복제가 가능하도록 설계하는 방법 등을 구상하고 있다.

3.3.4. 정보기술에 영향을 미치는 나노기술

나노 기술은 정보 기술 분야에 가장 큰 영향을 미칠 것으로 예상된다. 유비쿼터스 시대를 맞이하여 전자기기 제조사들은 나노 기술을 이용하여 보다 작고 빠르며 비용이 덜 드는 제품을 만들 수 있을 것으로 기대하고 있다. 나노기술은 아래와 같은 정보기술에 응용할 수 있다.

① 반도체 제작에서 매우 미세한 패턴 그리기

② 기억용량 증대: 얇게 만든 자기 헤드, 광메모리, 분자 메모리

③ 자기 램(MRAM) 칩: 데이터를 계속 간직하기 위한 전력이 필요하지 않다.

④ 단전자 트랜지스터: 한 개의 전자로 가동하는 트랜지스터

⑤ 단백질 나노 자기 메모리: 보통의 단백질을 사용하여 나노 크기의 자기 입자를 만듦으로써 컴퓨터 하드 드라이브의 용량을 100배 늘릴 수 있다.

⑥ 테라비트 메모리

⑦ 양자 컴퓨터: 양자효과를 응용하여 온(on)의 상태와 오프(off)의 상태가 겹친 상태를 이용한 큐비트(quantum bit: qubit) 단위로 연산하므로 방대한 연산을 한 번으로 끝낼 수 있는 병렬 컴퓨터가 가능해진다. 현재의 컴퓨터는 0이나 1 어느 한쪽의 값을 취하며 0과 1의 조합으로 정보를 나타내며 연산하지만, 두

개의 양자 비트일 경우에는 [00], [01], [10], [11]의 네 가지 상태를 동시에 처리하는 방식이므로 양자컴퓨터는 속도가 빠른 것이다.

⑧ DNA 컴퓨터: 실리콘 마이크로 칩 대신에 효소와 DNA 분자로 구성되며 프로그램이 가능한 분자 컴퓨터이다. 효소를 하드웨어로 하고 DNA를 소프트웨어로 한다.

⑨ 나노 튜브와 디스플레이: 탄소 나노튜브의 뛰어난 전자방사성을 이용하여 개발한 전계방출 디스플레이(FED)의 TV는 두께를 얇게 제작할 수 있다.

⑩ 광통신 기술: 파장의 순도와 안정도가 높고 안정된 모드의 빛을 발생시키는 고성능 레이저 제작에 나노 구조를 가진 소자가 이용된다.

3.3.5. 나노바이오와 의료

나노 기술은 생물학과 전자공학을 하나로 묶어 새로운 지평을 열기 시작했다. DNA칩을 이용하는 유전자 진단을 통해서 환자마다 가장 알맞은 '맞춤 치료'와 '맞춤 약'을 제공할 수 있고, 환부까지 직접 찾아가서 약물을 풀어 놓는 약품전달 시스템(DDS), 혈관을 타고 암세포를 찾아가서 병을 뿌리째 없애는 마이크로머신 등이 가능해진다. 21세기에는 나노 기술이 인간의 수명을 연장하는 데에 핵심적인 역할을 담당하게 된다. 나노 바이오 기술을 통한 응용 분야는 아래와 같다.

① 나노기술과 생명공학의 융합: DNA와 단백질과 같은 생물 분자의 크기는 대략 2~3나노미터인데 전자 칩 안에 생물분자를 연결시켜서 새로운 소자를 만들어 낸다. 나노 기술로 만든 주사형 터널링 현미경이나 원자 간 힘 현미경을 이용하면 DNA나 단백질을 정밀하게 관찰할 수 있다.

② 단백질 설계: 인간의 몸은 약 10만 종의 단백질로 이루어져 있는데 20여 종의 단백질은 피부, 털, 근육 등 생체 구조를 형성하는 재료로 사용되지만 나머지는 세포 안에서 생채 반응을 촉진하고 조절하는 효소, 외부로부터의 정보를 전달하는 수용체, 생명의 항상성 유지에 관련된 호르몬, 생체 방어에 중요한 역할의 항체 등의 기능을 가진다. 단백질을 합성하는 프로그램이 적혀 있는 DNA에 잘못이 생기거나 변이가 발생하면 단백질을 만들 수 없게 되거나 본래와는 다르게 활성화된다. 인간 게놈 프로젝트로 유전자 각각의 작용을 알게

되면서 질병의 원인이 되는 유전자가 만드는 단백질을 구분할 수 있게 됨에 따라 이런 단백질과 결합하여 그 작용을 억제하는 물질의 신약을 개발할 수 있는 것이다.

③ DNA 칩과 DNA 해석 칩: DNA 칩을 활용한 유전자 진단을 통해 암의 조기 진단이 가능해진다. DNA 해석 칩을 활용하여 환자에게 맞춤 약을 처방할 수 있다.

④ 바이오센서: 효소 등 생체가 가지고 있는 기능물질을 이용하여 복잡한 화학물질을 검사하는 생물 감지기를 제작할 수 있다.

⑤ 나노 DNA 바코드: 나노 크기의 DNA 바코드는 농축산물 표면에 직접 뿌리거나 삽입하는데 보통 육안으로 보이지 않기 때문에 이런 제품을 운송, 유통, 판매하는 동안 발생할 수 있는 암호의 조작을 방지할 수 있어서 제품의 신뢰성을 증진시킬 수 있다.

⑥ 양자점과 영상기술: 양자점(quantum dot)이라는 작은 반도체 결정을 이용하여 영상의 해상도를 크게 끌어 올릴 수 있는데 이것을 이용하여 암을 찾아내고 모세혈관의 안쪽 벽의 사진을 찍을 수 있다.

⑦ 나노 입자와 약품전달 시스템: 나노 입자 속에 약물을 넣어 운반하는 약품전달 시스템(DDS)이 개발 가능하다.

3.3.6. 나노 기술과 재료

세계의 나노 기술계는 나노 기술을 응용하여 금속, 세라믹, 폴리머 소재 또는 복합소재 등 재료 분야에서 혁신적인 변화를 가져왔다. 살아 있는 세포는 근육의 수축에서 합성에 이르기까지 온갖 기계 및 화학적 기능을 수행하는 갖가지의 '나노 크기 모터'를 가지고 있다. 예를 들어서 전복은 분필 등 부서지기 쉬운 물질을 단백질과 탄수화물의 '모르타르(회반죽)'로 결합하는 '세포 모터'를 가짐에 따라 강력한 나노 구조의 껍질을 만든다. 인간도 나노기술을 이용하면 이러한 모터를 복제할 수 있는 기술을 개발할 수 있다. 나노기술 연구자들은 유전공학을 본뜬 공정을 통해서 분자를 원자 수준에서 저절로 대량복제하여 물질을 생산하는 방법을 찾고 있다.

반도체 제조사들은 비싼 생산시설로부터 벗어나고자 DNA를 본뜬 공정을 응용할 수 있는 방법에 큰 관심을 보이고 있다. 일리노이 대학교 연구팀은 엔지니어들이 컴퓨터에게 어떤 특성을 가진 재료가 필요한가를 자세히 설명해 주기만 하면 컴퓨터 프로그램이 알아서 이런 재료의 구조와 그 재료를 키우는 데에 필요한 공법을 찾아내서 제공할 수 있을 것으로 기대하고 있다.

탄소는 나노 기술과 관계가 많다. 탄소는 자연에서 흑연, 다이아몬드, 풀러렌(fullerene) 등 세 가지 동소제(동일한 원소로 구성되어 있지만 원자의 배열이나 결합이 다르고 성질도 다른 물질) 모양으로 발견할 수 있다. 다이아몬드는 열에 강하지만 섭씨 1,500도 이상으로 가열하면 흑연이 된다. 숯은 100에서 수천 개의 탄소 원자가 질서정연하게 배열되어 있고, 보다 세밀하게 보면 크기가 몇 나노미터인 덩어리들이 모여 있는데 이 덩어리들 사이에는 몇 나노미터의 빈 공간이 있어서 이 공간에 많은 분자를 가둬 둘 수 있다. 이런 이유로 숯은 공기나 물속의 해로운 분자를 제거하는 필터 역할을 수행할 수 있는 것이다.

탄소는 연필로 사용되고 섬유로도 이용된다. 숯에 높은 온도와 압력을 가하면 원자 배열이 바뀌어서 다이아몬드가 된다. 1991년에 일본의 NEC 사 과학자 이지마가 처음으로 탄소 나노튜브를 개발했다. 나노튜브는 강철보다 적어도 10배나 강력하지만 무게는 6분의 1 정도밖에 되지 않는다. 또한 나노튜브는 반도체의 성질을 가지고 있기 때문에 실리콘 반도체를 대체할 수 있을 것으로 기대하고 있다. 나노튜브는 전계방출 디스플레이(FED)에 활용된다. 종래의 브라운관(CRT)텔레비전의 스크린에서는 하나의 큰 총으로 발광성 스크린의 색소에 대해 전자를 발사하지만 FED에서는 수백만 개의 나노튜브가 전자총 역할을 담당하므로 스크린의 두께를 얇게 제작할 수 있게 된다.

1985년 미국 라이스 대학교 연구팀은 탄소에서 풀러렌 C60이라는 독특한 구조의 풀러렌을 발견했다. 풀러렌의 특징으로는 다음과 같은 것들이 있다.

① 생체기능에 큰 영향을 주지 않고 생체와 잘 조화된다.
② 나노 크기의 공간이 많아서 그 속에 수소 같은 원자를 가둬 둘 수 있다.
③ 원자구조의 차이로 반도체나 금속이 된다.

세계의 나노 연구자들은 나노 기술을 응용하여 새로운 소재들을 만들어 내고 있다. 나노기술을 활용한 새로운 소재들은 아래와 같다.

① 나노튜브와 복합재료: 플라스틱이나 금속 등 바탕이 되는 재료 속에 탄소 나노튜브를 묻음으로써 강도가 높은 재료를 만들 수 있고, 높은 열 전도성을 이

용하여 효율적인 방열판을 제작할 수 있다.

② 분자를 걸러내는 필터: 5나노미터의 작은 구멍을 만들어서 물의 분자는 통과
시키고 바이러스는 통과할 수 없는 고성능의 필터를 제작함으로써 바이러스
와 박테리아를 제거할 수 있다.

③ 나노 유리: 빛으로 정보를 입출력할 수 있는 메모리나 스위치를 만들 수 있으
며 유리에 나노미터 이하의 구멍을 뚫으면 혼합가스로부터 큰 기체분자만 제
거하는 필터를 제작할 수 있다.

④ 나노 잉크제트

⑤ 스마트 전투복과 인공근육: 깃털같이 가벼우나 초강력의 보신용 갑옷, 그리고
부상을 감지하고 자동적으로 상처 난 팔다리의 지혈을 위해서 조일 수 있는
섬유가 포함되어 있는 스마트 전투복을 만들 수 있다. 힘들이지 않고 무거운
장비나 쓰러진 전우를 들어 올릴 수 있는 인공근육을 가진 전투복을 만든다.

3.3.7. 나노 기술과 환경, 에너지

과학자들은 나노 기술을 응용하여 에너지 효율, 저장 및 생산성을 끌어 올리고
여러 가지 배출물을 줄이며 바람직하지 않은 부산물의 발생을 최소한으로 줄이는
'그린(green)' 처리기술을 개발하려는 등 환경문제를 감시하고 개선하는 사업에서 성
과를 올리고 있다. 나노 입자강화 폴리머는 자동차에 쓰이는 금속제 부품을 대체함
으로써 가솔린 소비량을 줄일 수 있게 되었다.

나노기술을 응용한 미래 기술에는 환경 및 핵폐기물 관리용의 나노 로봇 및 지능
시스템, 핵연료 처리과정에서 동위원소를 분리하는 나노필터, 원자로의 냉각효율을
끌어 올리는 나노 유체, 정화용 나노파우더 등이 있다. 폐수와 천연가스 파이프라
인, 그리고 공장 굴뚝의 여과 시스템은 가장 작은 불순물까지 제거할 수 있는 분자
수준으로 설계할 수 있다. 나노 입자 기술은 공기와 음료수에 독극물이 있나 없나
를 가려내기 위한 센서로 이용된다. 나노 기술이 환경 및 에너지에 활용되는 분야
는 아래와 같다.

① 인공광합성과 색소증감형 태양전지: 식물의 광합성 시스템은 식물의 분자 하
나하나가 작용하는 것이므로 인공광합성은 나노 기술과 관련이 있다. 식물이

색소를 둘러싼 단백질 분자로 햇빛을 받아서 에너지원을 만들듯이 색소 분자를 사용하여 전자를 받기 쉬운 물질과 꾸며 주면 일종의 태양전지가 된다.
② 나노튜브와 연료전지: 탄소 나노튜브를 이용하여 연료전지 자동차용의 수소탱크를 만든다.
③ 나노프로브 기술: 나노 크기로 물질의 특성을 평가하는 기술

3.3.8. 나노 기술의 발전 전망

나노 기술의 향후 발전 전망과 다른 분야 기술에 미치는 영향에 대해 다양한 예측이 나오고 있다. 그러나 나노 기술의 태동기적 성격, 적용 범위의 크기 등으로 인해 다방면적인 효과가 사회적, 경제적 시스템을 통해 자리 잡는 데에는 수십 년이 걸릴 것으로 내다보고 있다.

나노 기술은 거의 모든 산업에 응용될 수 있으며, 기존 기술의 발전 한계를 극복하는 데에 크게 기여할 것이다. 특히 IT 분야와 BT 분야의 기술 한계를 극복하기 위한 연구로 기술 분야의 혁신을 가속화시킬 것이며, 기타 산업의 기술 혁신으로 점차 파급효과가 증대될 것으로 예상하고 있다.

나노 기술은 크게 나노 소자, 나노 소재, 나노 바이오 등 세 분야로 구분되며 <표 3-2>는 나노 기술의 핵심기술 및 소자를 보여 준다.

〈표 3-2〉 나노 기술의 핵심기술 및 소자(참고문헌: 유비쿼터스 컴퓨팅 개론, 양순옥 외 저, 한빛미디어)

구분		핵심 기술 및 소자	응용 분야
나노소자	실리콘계	• CMOS 소자 • 양자, 단전자 소자 • 터널링 소자	• 메모리 소자 • 시스템 LSI 소자 • SoC 소자 • 정보통신 관련제품
	비실리콘계	− 화합물 반도체 • Ⅲ−Ⅴ족 소자(GaAs, AlGaAs, GaN, AlN) • Ⅱ−Ⅵ(In−P)족 소자 • SiGe, SiC 소자 − 기타 비실리콘계 • SiGe, SiC, Diamond, ZnO 소자 • 양자 · 단전자 소자 • 스핀 소자/자성 반도체 • CNT 소자	• 메모리 소자(MRAM 포함) • 시스템 LSI 소자 • SoC 소자 • 광전자 소자(수광, 발광, 모듈 소자, photonics) • 디스플레이 • 정보통신 관련제품

나노소재	• 나노 입자 • 나노 박막 • 나노 벌크 • 나노 코팅	• 고활성 및 고선택성 촉매 • 나노 고분자 • 인텔리전트 재료 • 나노 세라믹스 • 나노 글라스 · 폴리머 • 나노 메탈	• 2차 전지/연료전지 • 광디스크 • 벽걸이TV&파브 · 촉매 • 흡착제 • 전극 재료 • 프레임 재료 • 생체의료 • 휴대전화적층 콘덴서
나노바이오	• 바이오칩 • 바이어센서 • 바이오-MEMS • 드럭 딜리버리 시스템	• 단백질칩/DNA칩 • 랩온어칩 • 진단 시약 • 바이오센서 • 의료용 MEMS • 나노 기계 • 약물의 피부 침투(리포솜) • 약물의 세포 침투(Nanotopes) • 나노 캐리어 • 분자 접합 기술, 약물표적 기술	• 임상분석기기 • 인공장기 • 진단기기 • 미량약물 분석 • 생체재생 • 생화학 검사 • 항암제 • 신의약품 • 펩타이드/단백질 개발

나노 기술의 산업 분야별 응용 내용을 표로 정리하면 <표 3-3>과 같다.

〈표 3-3〉 나노 기술의 응용 분야(참고문헌: 유비쿼터스 컴퓨팅 개론, 양순옥 외 저, 한빛미디어)

분야	내용
전자/통신	• 낮은 전력소모, 저생산비용을 갖고, 백만 배 이상의 성능을 갖는 나노 구조의 마이크로프로세서 소자 • 10배 이상의 대역폭과 높은 전달속도를 갖는 통신 시스템 • 현재보다 수천 배 저장용량은 크고 그 크기는 작은 대용량 정보저장장치 • 대용량 정보를 수집 처리하는 집적화된 나노 센서 시스템 • 1 Tera bit급 고집적 반도체, 휴대용 슈퍼컴퓨터 • 정보저장, 메모리반도체, 포켓사이즈 슈퍼 로봇 • 기계가공을 하지 않고 정확한 모양을 갖는 나노 구조 금속 및 세라믹
재료/제조	• 분자 단위에서 설계된 고강도의 소재, 고성능의 촉매 • 뛰어난 색감을 갖는 나노 입자를 이용한 인쇄 • 나노 크기를 측정할 수 있는 새로운 표준 • 절삭공구나 전기적, 화학적, 구조적 응용을 위한 나노 코팅 • 분자단위에서 설계된 고기능성 · 고성능 · 고효율 소재
의료	• 진단학과 치료학의 혁명을 가능케 하는 빠르고 효과적인 염기서열 분석 • 원격진료 및 생체이식 소자를 이용한 효과적이고 저렴한 보건치료 • 나노 구조물을 통한 새로운 약물전달 시스템 • 내구성 및 생체 친화력 있는 인공기관 • 인체의 질병을 진단, 예방할 수 있는 나노센싱 시스템 • 선택적 신의약, 인체적합 약물전달체계 확립 • 인체에 부작용이 없는 장기, 피부 등
생명공학	• 하이브리드 시스템의 합성피부, 유전자 분석 · 조작, 혈액 대체 물질 • 분자공학으로 제작된 생화학적으로 분해 가능한 화학물질 • 동식물의 유전자 개선 • 동물에의 유전자와 약물공급 • 나노 배열에 기반을 둔 분석 기술을 이용한 분석 DNA

환경/에너지	• 고성능 배터리, 청정연료의 광합성, 양자태양전지 • 나노미터 크기의 다공질 촉매제 • 극미세 오염물질을 제거할 수 있는 다공질(눈에 보이지 않는 분진, 미세먼지 등의 제거 등) • 자동차산업에서 금속을 대체할 나노 입자 강화 폴리머 • 무기물질, 폴리머의 나노 입자를 이용한 내마모성, 친환경성 타이어
국방	• 무기체계의 변화(초소형, 고속, 장거리 이동, 생화학 무기) • 무인 원격 무기(무인 잠수함, 무인 전투기 원격 센서 시스템) • 은폐(Stealth) 무기 • 나노 구조 전자장치, 초소형 정찰기, 화학 및 생물학적 탐지기
항공우주	• 저전력, 항방사능을 갖는 고성능 컴퓨터 • 마이크로 우주선을 위한 나노기기 • 나노 구조 센서, 나노 전자 공학을 이용한 항공 전자공학 • 내열, 내마모성을 갖는 나노 코팅 • 경량 우주선, 극소형 로봇 시스템

3.4. 차세대 전지

3.4.1. 전지 분류

전지는 핸드폰, 노트북 컴퓨터, **PDA** 등 휴대용 기기가 널리 퍼져 있는 모바일 시대의 동력원으로 자리매김하고 있다. 하이브리드 자동차, 지능형 로봇 등의 미래 신산업의 에너지원으로도 주목받고 있다. 또한 휴대용 기기의 융합화 및 다기능화가 급속하게 진전됨에 따라 소형이면서 장시간 사용할 수 있는 전지 개발의 필요성이 대두되고 있다.

전지는 크게 화학전지와 물리전지로 구분된다. 화학전지는 화학적 반응을 통해서 전기를 발생시키고, 물리전지는 물리적 반응으로 전기를 분해시킨다. 화학전지는 다시 1차 전지와 2차 전지로 나누어진다.

물리전지로는 태양전지가 있으나 아직은 전자기기 등에 사용되기 어렵고 주로 건물 등에 장착되어 전력생산에 활용된다. 화학전지와 물리전지의 중간 범위에 초고용량 커패시터(capacitor)가 있는데 이것은 초기에 메모리 백업용으로 출발하였으나 전기화학적 특성을 향상시킴으로써 고출력 및 고에너지 밀도의 특성을 갖게 되었다. <그림 3-3>은 전지의 분류체계를 보여 주고 있다.

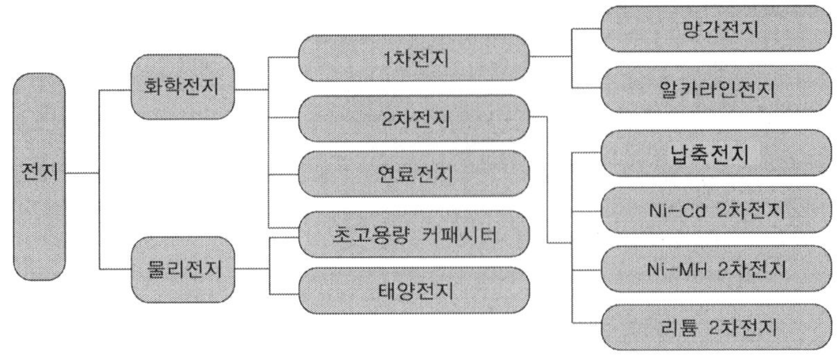

〈그림 3-3〉 전지의 분류체계
(참고문헌: 유비쿼터스 컴퓨팅 개론, 양순옥 외 저, 한빛미디어)

3.4.2. 차세대 2차 전지

화학전지는 1회 사용 후에 재사용이 불가능한 1차 전지와 충전을 통해서 지속적으로 사용할 수 있는 2차 전지, 충전 대신에 연료를 공급함으로써 지속적으로 전기 생산이 가능한 연료전지 등으로 구분된다.

1차 전지에는 망간 전지, 알카라인 전지 등이 있으며, 2차 전지에는 니켈카드뮴 전지(Ni-Cd), 니켈수소 전지(Ni-MH), 리튬이온 전지 및 리튬폴리머 전지 등이 있다. 리튬이온 전지와 리튬폴리머 전지는 차세대 2차 전지로 각광받고 있다. 선진국에서는 "반도체는 인간의 두뇌, 디스플레이는 인간의 얼굴, 2차 전지는 인간의 심장"이라고 표현하면서 국가 기간산업으로 집중 육성하고 있다.

리튬이온전지(LIB)는 양극으로 리튬금속산화물, 음극으로 탄소계 물질을 사용하여 구성하고 양극과 음극 사이를 리튬이온이 가역적으로 드나들면서 화학에너지를 전기에너지로 변환시키게 된다. 리튬이온을 전달하는 매개체인 전해액으로 리튬염이 포함된 유기용매가 사용된다. 전자기기의 경량화, 모바일 기기의 고기능, 고성능화 추세에 따라 고용량 리튬이온전지 개발의 필요성이 대두되고 있으며, 하이브리드 자동차용 고출력 대형 리튬이온 전기 개발에도 심혈을 기울이고 있다.

리튬이온폴리머 전지는 양극과 음극으로 각각 리튬이온전지(LIB)와 동일한 리튬코발트산화물(LiCoO2)과 탄소계 물질을 사용하고 전해질로 폴리머를 사용하는데 이 전지는 안전성이 확보되고 제조공정상의 이점이 있기에 상용화되었다. 폴리머전지는 용도에 따라서 다양한 크기와 모양으로 제조할 수 있고 얇은 두께로 제작이 가능하기 때문에 휴대폰을 비롯한 각종 휴대용 전자기기가 경박단소화됨에 따라 이 전지의 수요가 증대되고 있다. 안전성 측면에서 리튬이온전지보다 우수하다는 평가가 있기 때문에 향후 하이브리드 자동차용 전지로도 각광받을 것으로 예측하고 있다.

3.4.3. 연료전지

연료전지는 수소와 산소의 반응을 통해 전기, 열, 물 등을 생산하는 고효율의 무공해 전기화학장치이다. 연료전지는 반응물을 공급하는 동안에는 지속적으로 전력생산이 가능한 발전기에 해당한다.

수소가 에너지의 근간이 되어서 석유경제를 대체하는 수소경제 시대가 올 것에 대비하여 자동차, 전자, 에너지 및 화학분야의 글로벌 기업들이 개발에 적극적으로 참여하고 있다.

용량과 안전성이 상충관계에 있는 상용 리튬이온전지의 에너지 용량 증가가 기술적으로 한계에 접근하고 있는 반면에, 컨버전스 추세의 휴대단말기의 소비전력은 비약적으로 증가하고 있는 추세이다. 고출력 이동전원에 대한 시장의 신규수요가 증가함에 따라 휴대용 연료전지의 상품성이 높게 평가받고 있다.

자동차용 연료전지가 궁극적으로 최대의 시장성이 있을 것으로 예상하고 있지만 유통과 보관이 간단한 휴대용 연료전지가 우선적으로 시장에 진입할 것이다.

4. RFID 기술

4.1. RFID 개념

오늘날까지의 정보화는 주로 사람과 사람, 사람과 컴퓨터 사이에 주고받는 데이터가 중심이 되어 왔으나 유비쿼터스 시대에는 사람과 사물, 사물과 사물 사이에 주고받는 데이터까지도 포함될 것이다. 여기에서 사물의 데이터를 얻는 방법으로 RFID(Radio Frequency IDentification) 기술이 적용된다.

RFID 기술은 관리할 대상 사물에 태그를 부착하고 전파를 이용하여 태그 정보를 획득, 처리, 활용하는 기술을 의미한다. RFID 태그 기술과 센싱 기술이 서로 결합될 경우에는 주변의 환경 정보(예를 들면 온도, 습도, 압력, 오염 정보, 균열 정보, 움직임 정보 등)까지 센싱하여 이를 실시간으로 네트워크에 연결시킴으로써 원하는 장소의 환경을 모니터링할 수 있게 된다.

2차 세계대전 중에 영국 공군은 아군과 적군 비행기를 레이더로 구별하기 위해 RFID 기술을 활용하였다. 그 후 1948년 10월 무선학회에서 RFID 이론과 구현에 관한 논문이 발표되었으며 1973년에는 Charles Walton이 수동 RFID 기반 도어락 리더기로 RFID 특허를 최초로 취득하였다. 1980년대에는 태그의 크기가 작아지고 가격이 낮아지면서 가축관리와 기타 산업분야에서 일반용으로 사용되기 시작하였고 1990년대 들어와서 다양한 형태의 제품이 출현하게 되었다. 2000년대에 RFID는 무선인식 기술의 중요성이 부각되면서 다양한 솔루션이 개발되었고 전자화폐, 물류관리, 보안시스템, SCM 등의 핵심 기술로 부각되었다.

RFID 시스템은 <그림 4-1>과 같이 사물의 정보를 저장하고 있는 태그(Tag), 태그의 정보를 판독 및 해독하는 기능의 리더기(Reader, 혹은 Interrogator), 그리고 리더로부터 전달받은 태그의 정보를 처리하는 호스트 컴퓨터와 응용프로그램 등으로 구성된다. 기본적인 동작원리는 RFID 태그의 안테나와 리더의 안테나가 전파를 이용하여 데이터를 서로 주고받는 것이다. RFID 태그 안에 내장된 IC 칩이 기동하여 칩 안의 정보를 신호화하고 태그의 안테나로 신호를 발신하면 리더는 태그로부터 발신된 신호정보를 안테나를 통해 수신하여 유무선 통신 네트워크를 통해 호스트 컴퓨터에게 전달한다. 리더는 주어진 주파수 대역에 맞게 RF(Radio Frequency) 캐리어 신호와 에너지를 RFID 태그에 송신하고, 태그는 이 RF 캐리어 신호가 들어오면, 위상이나 진폭 등을 변조하여 태그에 저장된 데이터를 리더로 되돌려 준다. 되돌려 받은 변조 신호는 리더에서 복조하여 태그 정보를 해독한다.

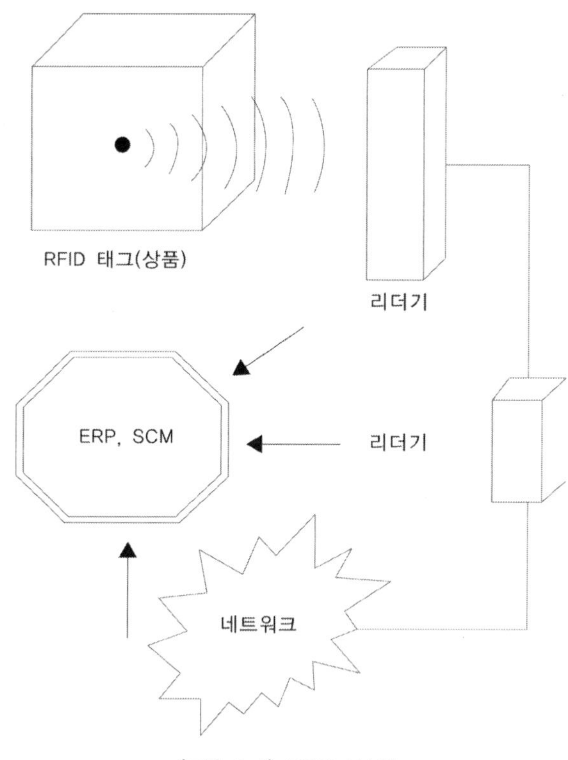

〈그림 4-1〉 RFID 시스템
(참고문헌: 최신 RFID 기술, 여준호 저, 홍릉과학출판사)

태그는 IC 칩과 안테나로 구성되어 있고 다양한 모양과 크기가 존재한다. 예를 들어서 동물을 추적하기 위해 동물의 피부 밑에 이식되는 태그는 직경이 연필심만큼 작으며 길이는 1cm 정도로 짧다. IC 칩의 주요 기능은 데이터의 저장인데 가격의 고저는 메모리 크기, 메모리 형태(읽기 전용, 읽고 쓰기 모두 가능, 1회만 쓰고 여러 번 읽기 가능), 메모리 종류(EEPROM, FeRAM) 등에 따라 결정된다.

RFID는 컴퓨터로 사물의 정보를 자동으로 인식하는 AIDC(Automatic Identification and Data Capture) 기술들 중의 하나이다. AIDC 기술들 중에서 현재까지도 가장 널리 사용되고 있는 분야가 바코드(Barcode) 시스템이다. 바코드는 1976년에 상용화되었으며, 13개의 디지트로 구성되고, 유통, 물류, 도서관리, 상품관리 등의 분야에서 광범위하게 사용되고 있다.

바코드 시스템은 가격 측면에서는 저렴하지만 제품의 인식속도, 수용 가능의 제품 개수, 인식 거리 등의 여러 분야에서 이미 한계점에 도달한 상태이다. 또한 바코드 시스템은 상품 하나하나를 스캔을 통해 인식하고, 한 번 프린트한 바코드를 수정하기 위해서는 다시 프린트를 해야 하는 불편함이 있다.

그러나 RFID는 비접촉식으로 원거리 인식이 가능하고, 인식 시간이 짧으며, 충돌 방지 기능이 있어서 동시에 여러 개를 인식할 수 있을 뿐만 아니라 인식률도 99% 이상으로 높은 편이다. 또한 장애물의 투과가 가능하며, 태그에 대용량 데이터를 저장할 수도 있고 반영구적으로 사용 가능하다. RFID는 스마트카드에 비해 활용범위가 넓고 가격이 저렴하며 바코드에 비해서는 월등이 많은 정보를 축적할 수 있다. <표 4-1>은 RFID 시스템의 장단점 비교를 보여 주고 있다.

〈표 4-1〉 RFID 시스템 장단점 비교(참고문헌: 최신 RFID 기술, 여준호 저, 홍릉과학출판사)

시스템 파라미터	바코드	OCR	음성인식	생체인식	스마트카드	RFID
데이터 크기(Byte)	1~100	1~100	–	–	16~64K	64K 이하
데이터 밀도	낮음	낮음	높음	높음	매우 높음	매우 높음
기계적 인식률	좋음	좋음	낮음	낮음	좋음	좋음
사람에 대한 인식	제한적	간단함	간단함	어려움	불가능	불가능
오염물질에 의한 영향	매우 높음	매우 높음	–	–	접촉식의 경우 가능함	영향이 없음
시야 가림에 의한 영향	완전 차단	완전 차단	–	가능	–	영향 없음
방향과 위치에 의한 영향	제한적	제한적	–	–	단방향성	영향이 없음
마모성	제한적	제한적	–	–	접촉에 의함	영향이 없음
가격	매우 낮음	중간	매우 높음	매우 높음	낮음	중간
운영비용	낮음	낮음	없음	없음	중간(접촉식)	없음
수정가능성	약간	약간	가능	불가능	불가능	불가능
인식속도	낮음 (~4초)	낮음 (~3초)	매우 낮음 ()5초)	매우 낮음 ()5~10초)	낮음 (~4초)	매우 빠름 (~0.1초)
최대인식거리	0~50cm	〈1cm 스캐너	0~50cm	직접 접촉	직접 접촉	0~100cm

4.2. RFID 분류

RF 태그는 사용 주파수 대역, 통신 접속방식, 태그 전원 유무 등에 따라 분류할 수 있다. 사용 주파수 대역은 저주파, 고주파, 극초단파, 마이크로파 등으로 구분된다. 통신 접속방식으로는 상호유도 방식과 전자기파 방식으로 나누어진다. 태그 전원 공급의 유무에 따라 수동형 태그, 반수동형 태그, 능동형 태그 등으로 분류할 수 있다.

4.2.1. 주파수대역에 따른 분류

RFID 시스템은 RF 신호를 이용한 기술로서 RFID 리더와 태그 간에 사용하는 RF 주파수 대역에 따라서 크게 다섯 개, 즉 저주파(LF: Low Frequency, 125kHz, 135kHz), 고주파(HF: High Frequency, 13.56MHz), 극초단파(UHF: Ultra High Frequency, 433MHz)와 극초단파(860~960MHz), 마이크로파(MWF: MicroWave Frequency, 2.45GHz) 등으로 분류된다.

135kHz 이하의 범위는 ISM(Industrial Scientific Medical) 주파수 대역이 아니므로 다른 무선 서비스들과 함께 사용된다. 저주파대 RFID 태그는 사용거리가 짧고 데이터 전송속도가 낮은 단점이 있지만 가격이 저렴하기 때문에 출입통제, 보안, 동물의 인식 및 추적, 재고관리 등의 분야에서 효율적으로 사용된다.

13.56MHz 대역은 135KHz 이하 대역과 함께 RFID 시스템에서 출입통제 보안, 스마트카드 등에서 사용되어 왔다. 현재 13.56MHz 대역은 휴대폰 결제시스템인 NFC(Near Field Communication)에 활용되고 있다. 13.56MHz 이하 RFID 시스템은 주파수가 낮기 때문에 인식거리가 짧고 전송속도가 낮은 단점이 있지만 프라이버시 문제가 개인의 인증문제에 대해서는 오히려 장점이 있어서 활용도가 높아질 수 있다. <그림 4-2> NFC를 이용한 모바일 결제 시스템을 보여 주고 있다.

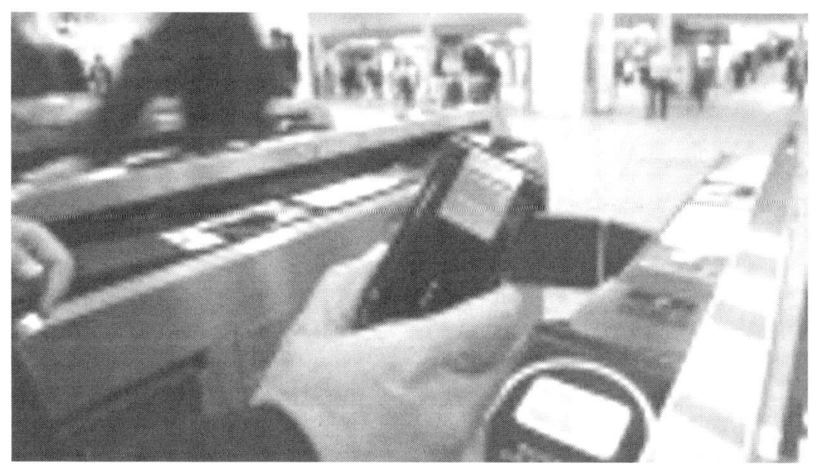

〈그림 4-2〉 NFC를 이용한 모바일 결제 시스템

433MHz 대역은 전 세계 아마추어 무선 서비스로 할당되어 있다. 미국 등에서 일부 컨테이너 관리용으로 사용하고 있으며 최근에 전자봉인(e-Seal)으로 사용되고 있어서 앞으로는 세계적으로 파급될 것으로 예상하고 있다.

860~960MHz 대역은 인식거리, 제작 가격 등에서 많은 장점이 있어서 전 세계적으로 유통 및 물류 분야에서 가장 적합하다고 인식되고 있다. 이 주파수 대역은 각 나라마다 사용하는 주파수 범위가 서로 다르게 설정되어 있다. 국내는 2004년 7월에 908.5~914MHz 주파수대역을 배정한 상태이다.

2.45GHz 대역은 전 세계적으로 ISM 또는 소출력 대역으로 분배되어 있기 때문에 RFID 용도로 활용 가능하다. UHF 대역과 대체적으로 비슷한 장단점이 있지만 주파수가 높아서 안테나의 크기를 줄일 수 있기 때문에 초소형 태그 구성의 전자여권 등에 활용될 수 있다. 그러나 동일 주파수대역에 블루투스(Bluetooth), 무선랜 등의 근거리 무선통신기술이 사용하는 주파수대역과 동일하기 때문에 주파수 간섭을 받기 쉽다는 단점이 있다.

5.8GHz 대역도 RFID 시스템에서 사용되고 있는데 우리나라에서는 고속도로 통행료 자동징수의 HIGH PASS에 활용되고 있다. <그림 4-3>은 RFID의 주파수별 시스템 특징을 보여 주고 있다.

주파수	주파수(LF)	고주파(HF)	극초단판(UHF)		마이크로파
	125, 134KHz	13.56MHz	433.92MHz	860~960MHz	2.45GHz
인식거리	60cm 미만	약 60cm	약 50~100cm	약 3.5~10cm	약 1m 이내
일반특성	• 비교적 고가 • 환경에 의한 성능 저하 거의 없음	• 저주파보다 저가 • 짧은 인식거리와 다중태그 인식이 필요한 분야에 적합	• 긴 인식거리 • 실시간 추적 및 컨테이너 내부 습도, 충격 등 환경 센싱	• IC 기술의 발달로 가장 저가로 생산 가능 • 다중태그인식거리와 성능이 가장 뛰어남	• 900MHz 대역 태그와 유사함 • 환경에 영향을 가장 많이 받음
동작방식	수동	수동	능동	능동/수동	능동/수동
적용분야	• 공정자동화 • 출입통제/보안 • 동물관리	• 수화물관리 • 대여 물품관리 • 교통카드 • 출입통제/보안	• 컨테이너관리 • 실시간 위치추적	• 공급망 관리 • 자동 통행료 징수	• 위조방지
인식속도	저속 ←──────────────────→ 고속				
환경영향	少 ←──────────────────→ 多				
태그크기	大 ←──────────────────→ 小				

〈그림 4-3〉 RFID의 주파수별 시스템 특징(참고문헌: 최신 RFID 기술, 여준호 저, 홍릉과학출판사)

4.2.2. 통신접속 방식에 따른 분류

RFID 시스템은 통신접속 방식에 따라 상호 유도(Inductively coupled) 방식과 전자기파(Electromagnetic wave) 방식으로 구분된다. 상호 유도방식은 저주파 RFID에서 적용되며 코일 안테나를 통하여 형성되는 자계에너지로 전원에너지와 데이터 전송이 이루어지는 근거리용이다. 구동전류에 의해 리더의 안테나에서 발생한 전력에너지는 자계장을 형성하며 자계장 영역에 놓여 있는 태그는 자장의 변화에 의해 전류가 유기되고 이 전류로 태그가 동작하게 된다.

상호 유도방식에서 태그에 흐르는 전류가 미약하므로 리더에 전송하는 거리는 근거리이다. 또한 저주파를 사용하기 때문에 데이터 전송속도가 느리고 전송 데이터 양이 제한적이며 인식거리는 3~100cm이다. <그림 4-4>는 RFID의 상호유도 방식을 보여 주고 있다.

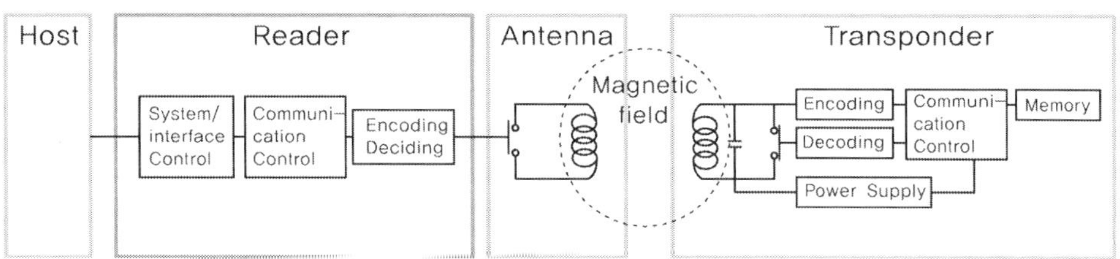

〈그림 4-4〉 RFID의 상호유도 방식(참고문헌: 최신 RFID 기술, 여준호 저, 홍릉과학출8판사)

전자기파 방식은 RF 전파 방식으로 레이더에서와 같이 전파전송 원리를 적용한다. 즉, 리더에서 전송되는 마이크로파 전자계 신호를 태그가 반사하면 반사된 신호를 리더가 수신하는 방식을 이용한다. 태그에서 반사하는 신호는 리더의 반송파 주파수 신호를 태그의 ID 데이터정보에 의해 변조하여 후방산란(Backscattering) 방법으로 리더로 재송신되며, 리더는 변조된 수신신호를 복조하여 태그의 ID 정보를 해석한다. 전자기파 방식은 저주파를 사용하는 상호 유도방식보다 높은 주파수를 사용하기 때문에 데이터 전송속도가 높고 인식거리도 긴 편에 속한다. <그림 4-5>는 RFID의 전자기파 방식을 나타낸다.

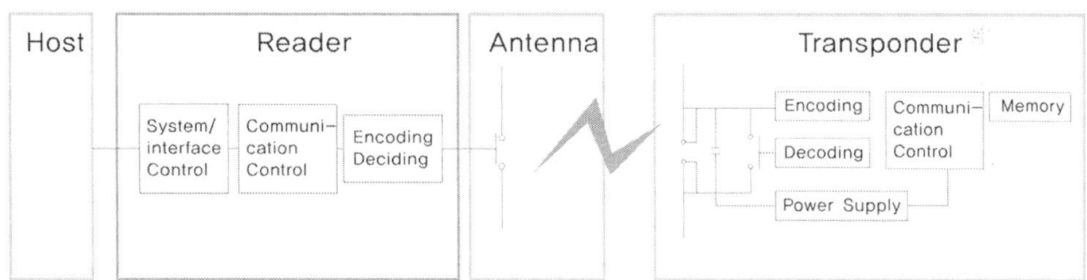

〈그림 4-5〉 RFID의 전자기파 방식(참고문헌: 최신 RFID 기술, 여준호 저, 홍릉과학출판사)

4.2.3. 태그 전원 유무에 따른 분류

RFID 태그는 전원공급의 유무에 따라 능동형(Active), 수동형(Passive), 반수동형(Semi-passive) 등으로 구분된다.

(1) 수동형(Passive) RFID

태그는 리더의 전력신호에 의해 작동하고 전파를 송신한다. 수동형은 능동형에 비해 매우 가볍고 가격도 저렴하면서 반영구적으로 사용할 수 있지만, 인식거리가 짧고 리더에서 더 많은 전력을 소모하는 단점이 있다. 리더는 특정 주파수를 가지는 연속적인 전자파를 변조하여 태그에게 질문 신호를 송출하면, 태그는 내부 메모리에 저장된 자신의 정보를 리더에게 전달하기 위해 리더로부터 송출된 전자파를 후방산란변조(back-scattering modulation)시켜서 리더에게 되돌려 보낸다. 여기서 후방산란변조라는 것은 리더로부터 송출된 전자파를 태그가 산란시켜서 리더에게 되돌려 보낼 때에 그 산란되는 전자파의 크기나 위상을 변화시켜서 태그의 정보를 보내는 방법을 말한다.

(2) 반수동형(Semi-passive) RFID

수동형 태그의 인식 거리가 짧은 이유는 리더로부터 충분한 전력을 받지 못하기 때문이다. 이를 보완하기 위해 수동형 태그에 전지를 추가할 경우 인식거리를 수십 m까지 증가시킬 수 있다. 능동형 태그에 비해 전력소모가 적어서 수명이 길어질 수 있지만 인식거리는 능동형에 비해 짧다.

(3) 능동형(Active) RFID

능동형 RFID 태그는 수동형 RFID 태그와는 달리 태그가 자체적으로 내부 전지 및 송신 장치를 내장하고 있어서 스스로 송신할 수 있는 능력을 가지는 RF 단말장치이다. 능동형 RFID 태그는 비교적 먼 거리까지 인식할 수 있으므로 공항이나 항만의 팰릿, 컨테이너 관리, 공장의 부품 관리 등에 활용된다. 능동형 RFID 시스템에서 하나의 리더는 전파 전파방식을 통하여 다수의 태그와 통신을 수행하며, 리더는 유선과 무선 네트워크를 통해 호스트로 직접 연결될 수 있다.

4.2.4. 태그 Read/Write 기능에 따른 분류

태그 메모리는 읽고 쓰기 형태(Read/Write), 한 번 쓰고 수시로 읽는 형태(WORM: Write Once Read Many), 읽기만 하는 형태(Read only)로 분류된다. 읽고 쓰기 형태는 태그 메모리 내용을 수시로 업데이트할 수 있는 장점이 있으나 가격이 비싸다는 단점이 있다. 이러한 형태는 고속도로의 요금징수 및 지불카드 등에 이용된다. 한 번 쓰고 수시로 읽는 형태는 절대로 수정이 불가능하며 보통 제조공장에서 제조사에 의한 고유 코드번호 부여에 사용된다. 읽기만 하는 형태는 가장 가격이 저렴하고, 높은 보안성이 보장되지만 최근에는 사용하지 않고 있다.

4.3. RFID 시스템 구성

RFID 시스템은 태그, 안테나, 리더, 미들웨어 등으로 구성된다. 태그는 반도체 칩과 안테나가 결합되어 있고, 안테나는 태그로부터 전파를 송수신하는 기능을 수행한다. 리더는 태그 데이터를 읽어 들이고 미들웨어(Middleware)는 리더로부터 읽어 들인 정보를 어플리케이션과 연결시켜 주는 기능을 담당한다. <그림 4-6>은 RFID 시스템 구성도를 나타내고 있다.

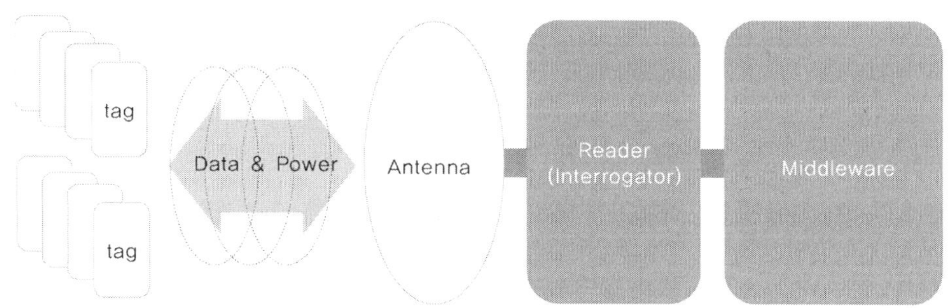

<그림 4-6> RFID 시스템 구성도

4.3.1. RFID 태그

(1) RFID 태그 분류

RFID 표준화 단체인 EPCglobal에서는 RFID의 다양한 특징 및 용도를 기준으로 RFID 태그를 6가지 클래스(Class)로 구분하고 있다. <표 4-2>는 EPCglobal의 RFID 태그 구분을 나타내고 있다.

<표 4-2> EPCglobal의 RFID 태그 구분(참고문헌: 유비쿼터스 컴퓨팅 개론, 양순옥 외 저, 한빛미디어)

	Class 0	Class 1	Class 2	Class 3	Class 4	Class 5
개요	제조사 입력/읽기전용	사용자 입력/읽기전용	수동형/읽기쓰기 기능	반수동형/읽기쓰기 기능	능동형/읽기쓰기 기능	능동/독립형/읽기쓰기 기능
능동형/수동형	수동형			반수동형	능동형	
읽기쓰기	읽기 전용		읽기쓰기 기능			
전송 성공률	낮다		높다			
배터리	없음			리튬/마그네슘 전지	전원 확장성 용이	
수명	길다		짧다	길다		
도달 거리	짧다		길다	중간	길다	
무선망 네트워크	기능 없음				네트워크 구성 기능	

(가) 수동형(Passive) 태그(Class 0, 1, 2)

Class 0, 1, 2 태그는 수동형 태그로서 태그 내부에 전원을 가지고 있지 않다. 수동형 후방산란(Backscatter) 태그는 가격이 저렴하기 때문에 현재 대부분의 RFID 시스템에서 사용되고 있다. 수동형 태그는 리더에서 수신된 RF 신호로부터 DC 전압을 추출하기 위한 정류기 기능이 요구되는데 이는 검파기 다이오드로 구성된다. 정류된 DC 전압은 응답코드를 발생하고 변조회로에 변조파형을 공급하는 데 사용된다.

태그 안테나는 태그 안테나를 스위칭에 의해서 수신 RF 신호를 반사하는 것이 기본원리이다. 즉 태그 안테나는 제어 데이터 비트가 '1'이면 수신 RF 신호를 반사하며, '0'이면 수신 RF 에너지를 흡수한다. <그림 4-7>은 후방산란 태그를 보여 주고 있다.

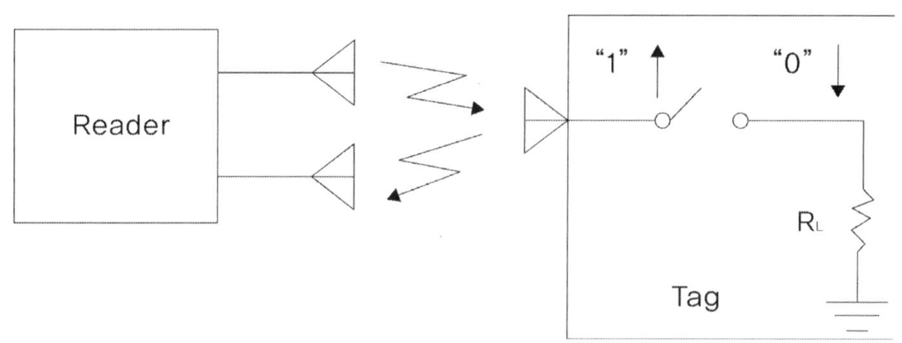

〈그림 4-7〉 후방산란 태그(참고문헌: 최신 RFID 기술, 여준호 저, 홍릉과학출판사)

(나) 반수동형(Battery-assisted Passive) 태그(Class 3)

수동형 태그의 단점인 짧은 인식거리를 길게 하기 위해서는 리더기의 송신 전력의 세기를 늘려야 하지만 이는 동일한 주파수대역을 사용하는 다른 기기들, 혹은 밀집지역에서 여러 대의 리더기들 서로에게 영향을 미칠 우려가 있으므로 전파법으로 제한되어 있다. Class 3 태그는 수동형 태그의 단점인 짧은 인식거리를 해결하기 위하여 수동형 태그에 자체 전원을 추가한 형태이다.

반수동형 태그의 전지는 RF 신호를 생성하기 위해 사용되는 것이 아니라, 수동형 태그와 동일한 후방산란 방식에서 단지 반송파의 신호 세기를 증가시키기 위해서 사용된다. 반수동형 태그의 전원을 이용하여 센서를 추가적으로 부착하여 센싱 기능을 추가할 수도 있다. 능동형 태그와는 달리 자체적으로 RF 신호를 생성하지 못하기 때문에 능동형 태그에 비해 짧은 10~30m의 인식거리를 갖는다.

(다) 능동형(Active) 태그(Class 4)

능동형 태그의 동작원리는 수동형 태그와 크게 다를 것이 없지만 태그 안에 자체 송신기를 내장하고 있어서 스스로 송신할 수 있을 뿐만 아니라, 전지가 유지되고 있는 동안에 리더와 데이터 및 명령을 주고받을 수 있다. 능동형 태그에서는 자체 전원을 오랜 기간 동안 유지하기 위해 전원 관리 기능이 필요하다. 리더와 데이터를 주고받을 시에 전력소모가 커지므로 아무런 데이터 송수신이 없을 동안에는 슬립 모드(sleep mode)를 유지하고 있다가 데이터 송수신이 요구될 때에 웨이크 업 (wake up) 모드로 전환하게 된다. 웨이크 업 모드에서 데이터 송수신이 완료되면 다시 슬립 모드로 전환함으로써 전력 소모를 줄일 수 있게 된다.

(2) RFID 태그 요소 기술

RFID 태그는 유비쿼터스 시대에 가장 많이 필요로 하는 칩 기술에 해당한다. RFID 태그 요소기술은 아래와 같이 요약된다.

① 전원의 정류 기술: 리더의 전자파 에너지(AC)가 수동형 태그의 안테나를 통해 임피던스 정합회로를 경유하여 칩으로 입력되고 이 전자파 에너지를 다이오드와 콘덴서 등으로 구성된 정류회로를 통과시켜서 직류전원(DC)을 생성한다.

② 태그의 변조기술: 전송선로 끝이 전송선로와 동일한 임피던스의 부하로 종단되면 반사가 일어나지 않고, 전송선로 끝을 개방하면 동일한 형태로 반사되

며, 단락하면 반대 형태로 반사되는 원리를 이용한다. 안테나의 부하 임피던
스를 변화시키기 위해 트랜지스터가 사용되며 스위치의 ON-OFF 신호는 태
그의 디지털 신호에 의해 스위칭된다.

③ 부호화(coding) 기술: RFID 리더 또는 RFID 태그에서 데이터 인식률을 높이
기 위해 부호화기술을 적용하며 Manchester(Bi-Phase-L)와 PIE(Pulse Interval
Encoding) 방식이 많이 사용된다.

④ 안테나 기술: 수동형 태그용 안테나로는 대부분 다이폴(dipole) 안테나 혹은
태그 크기를 작게 하기 위해 다이폴 안테나를 변형시킨 미앤더 라인(Meander
Line) 안테나가 사용된다.

⑤ 태그 메모리 기술: 메모리는 태그 IC의 고유 ID 또는 사용자가 입력한 데이터
를 저장하는 공간이다. 저전압 및 저전력 메모리를 설계하는 것이 무엇보다
중요하다.

4.3.2. RFID 리더

RFID 리더는 수동형 태그에 전력을 공급하기 위한 무선 송신기, 태그로부터 보
내지는 신호를 받기 위한 수신기, 호스트 인터페이스 기능 등이 필수적이다. RFID
리더는 크게 RF/아날로그부와 디지털부로 나누어진다. RF/아날로그부는 안테나로
전력과 데이터를 전달하기 위한 전력증폭기(Power Amplifier)와 주파수 상향 혼합
기(Mixer), 안테나를 통하여 태그로부터 수신된 응답신호를 복원하기 위한 저잡음
증폭기(LNA: Low Noise Amplifier)와 아날로그 신호처리부 등으로 구성된다. 디지
털부는 디코더(Decoder), 인코더(Encoder), 클록 발생회로(Clock Generator), 메모
리(Memory), 프로세서(Processor), 호스트 인터페이스(Host Interface) 등으로 구성
된다. <그림 4-8>은 RFID 리더의 구성도를 보여 주고 있다.

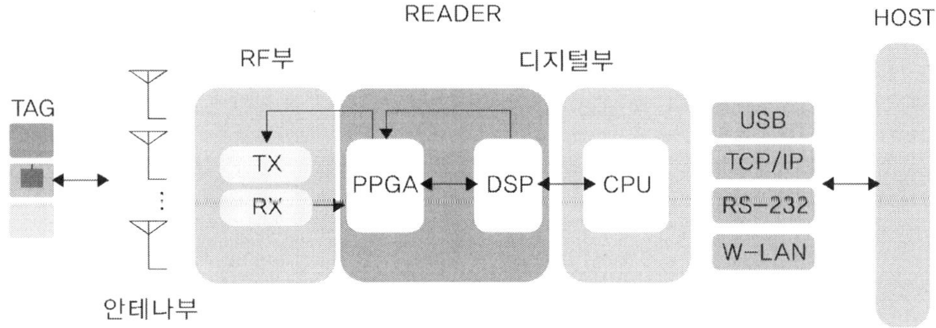

〈그림 4-8〉 RFID 리더의 구성도(참고문헌: 최신 RFID 기술, 여준호 저, 홍릉과학출판사)

RFID 리더의 RF/아날로그부와 디지털부는 주로 단일 칩 혹은 다중 칩의 형태로 구성된다. RFID 리더에는 이와 같은 칩 기능 이외에도 안테나와 RF 정합을 위한 정합회로(Matching Circuit), 대역통과 필터, 서큘레이터(Circulator) 등이 구성된다. RFID 리더의 요소기술은 아래와 같다.

① RF 트랜스미터(transmitter): 태그에 고주파 전력을 송출하고 정보를 반송하기 위한 신호 생성 기술이며 안정된 고주파 신호의 발진회로, 불요파 송출을 억제하는 필터회로, 신호를 필요한 전력 레벨까지 키워 주는 증폭회로, 송출을 담당하는 안테나의 정합회로 등으로 구성된다.

② 변조(Modulation) 기술: RF 트랜스미터 회로에 연결되어 리더의 CPU 데이터에 따라 송출되는 고주파 전력의 출력을 ON/OFF 방식으로 변조하며 스펙트럼 외의 불필요한 발사를 억제하기 위한 필터회로가 부가된다.

③ RF 리시버(Receiver) 기술: 리더의 송신부가 송출한 고주파 전력신호에 태그가 고유의 ID 정보에 따라 반사파의 신호레벨에 변화를 주어서 실어 보내온 정보를 수신하고 필터링한 다음에 복조하는 요소기술이다.

④ 아날로그 및 디지털 기술: RF 리시버로부터 복조된 태그의 정보를 해석하기 위한 부분으로서, 미약하게 수신한 아날로그 신호를 증폭하고 필터링하고 트리밍하여 디지털 신호를 추출하고 CRC(Cyclic Redundancy Checking) 등을 통해 정확한 정보를 취득한 후 저장 또는 호스트에 보내는 기술이다.

⑤ 호스트 인터페이스 기술: 태그로부터 수신하여 분석한 정보를 응용 프로그램이 있는 호스트에 접속하는 기술로서 RS-232C, RS-422, 이더넷 드라이버, USB 등이 있다.

⑥ 충돌방지 기술: 여러 개의 태그로부터 데이터를 동시에 수신하기 때문에 충돌이
　발생할 수 있는데 이를 회피하는 기술이며, 확률적 충돌방지(Stochastic Collision
　Resolution) 방법과 결정적 충돌방지(Deterministic Collision Resolution) 방법
　등으로 구분된다. 확률적 충돌방지 방법에는 슬롯 알로하(Slot ALOHA)가 있
　는데 이는 각 슬롯을 여러 태그들에게 확률적으로 할당하는 방식이다.
⑦ 안테나 기술: 리더가 생성한 고주파 신호를 원하는 방향에 최대의 효율로 송
　출하기 위한 장치이며 용도에 따른 크기와 구조를 가질 수 있다.

리더는 고정형 리더와 이동형 리더로 구분할 수 있다. 고정형 리더는 출입 게이
트나 포털 등과 같은 곳에서 움직이지 않고 고정적으로 설치되어서 태그 정보를 수
신하는 리더를 말한다. 이동형 리더는 고정형 리더와 동일한 기능을 수행하며, 하드
웨어 구성도 동일하지만 무선으로 수신된 태그 정보를 서버에 전송하기 위해 무선
네트워크 인터페이스를 내장하고 있다. 이동형 리더에서는 고정형 리더와는 다르게
아이템을 리더 쪽으로 바라보게 하는 것이 아니라 이동하기 힘든 고정된 아이템에
대해서 이동형 RFID 리더를 이용하여 바코드 시스템처럼 스캔하는 방식을 적용한
다. 이러한 이동형 RFID 리더 제품에는 현재 사용 중인 바코드 시스템과도 호환성
이 있는 제품들이 많이 있다.

4.3.3. RFID 미들웨어

RFID 미들웨어는 다수의 이 기종 RFID 리더 시스템 간의 이질성(프로토콜 및
네트워크 인터페이스 등)이 존재하는 환경에서 RFID 하드웨어 시스템을 상위계층
에서 일관되게 접근할 수 있도록 해 주는 소프트웨어이다. RFID 리더로부터 수집
된 초기 태그 데이터가 다양한 응용 시스템과 연동되어 사용되기 위해서는 RFID
데이터를 필터링한 후에 인터페이스를 통해 원하는 장소와 시간에 응용 시스템에
전달해 주는 RFID 미들웨어가 필요하다. <그림 4-9>는 RFID 미들웨어 개념도를
나타내고 있다.

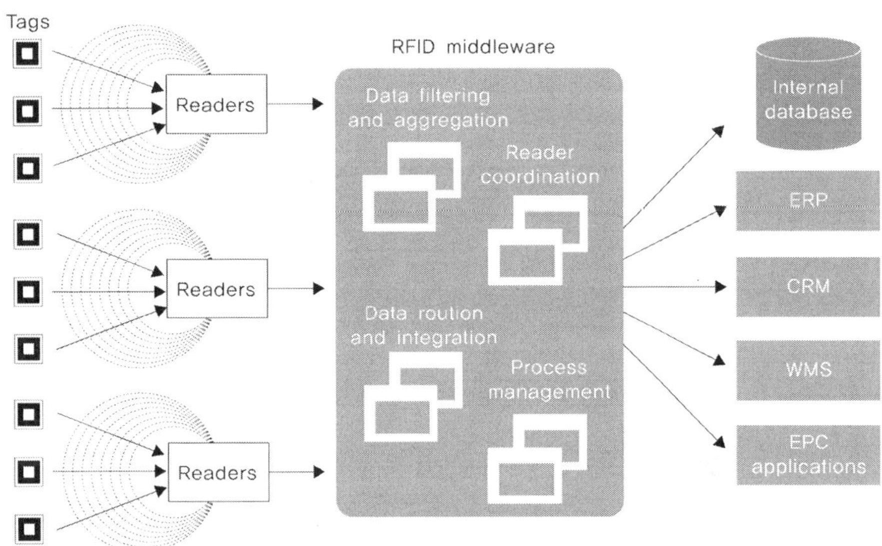

〈그림 4-9〉 RFID 미들웨어 개념도(참고문헌: 최신 RFID 기술, 여준호 저, 홍릉과학출판사)

<표 4-3>은 RFID 미들웨어의 장점을 보여 주고 있다.

〈표 4-3〉 RFID 미들웨어의 장점(참고문헌: 최신 RFID 기술, 여준호 저, 홍릉과학출판사)

구분	내용
Single Image Reader	다양한 어플리케이션과 다양한 리더들의 표준화된 인터페이스를 미들웨어가 제공함으로써 어플리케이션이 리더에 대해 하나의 이미지를 가질 수 있도록 해 준다.
Preprocessing 지원	지속적으로 읽혀지는 태그들에 대해 사전처리를 가능하게 해 준다. 여기서 사전처리는 필터링(Filtering)과 에러수정(Error Correction) 등을 포함한다.
Light weight Application	리더에 대한 Access나 처리 및 제반 RFID 네트워크 관련 서비스들은 응용 프로그램 개발에서 분리되게 되므로 개발자는 이에 대해 전혀 고려하지 않고 응용 프로그램을 개발할 수 있게 된다.
실시간 태그 DB 제공	리더에서 읽혀지는 태그들은 하나의 스트림을 형성하여 계속 입력되게 되는데, 이의 빠른 처리를 위해서는 미들웨어 자체적으로 고성능의 DB를 지원할 필요가 있다. 보통 In Memory DB를 사용하게 된다.
Globalization	글로벌 RFID 시스템 통합화에 기여하게 된다.

RFID 산업체의 표준화 기구인 EPCglobal에서는 EPC 처리시스템에 적용되고 있는 ALE(Application Level Events)라고 하는 RFID 미들웨어 스펙을 내놓고 있다. ALE는 EPC 처리시스템에서 RFID 태그를 인식한 리더가 어플리케이션 계층으로 데이터를 전달하는 역할을 수행하는 미들웨어이다. ALE는 EPCglobal Network에서 EPCIS(EPC Information Services)와 Reader Management 사이에 존재하며, 리

더로부터 받은 태그 정보를 어플리케이션 단일 EPCIS로 전달해 주는 기능을 수행
한다. <그림 4-10>은 EPCglobal Network를 보여 주고 있다.

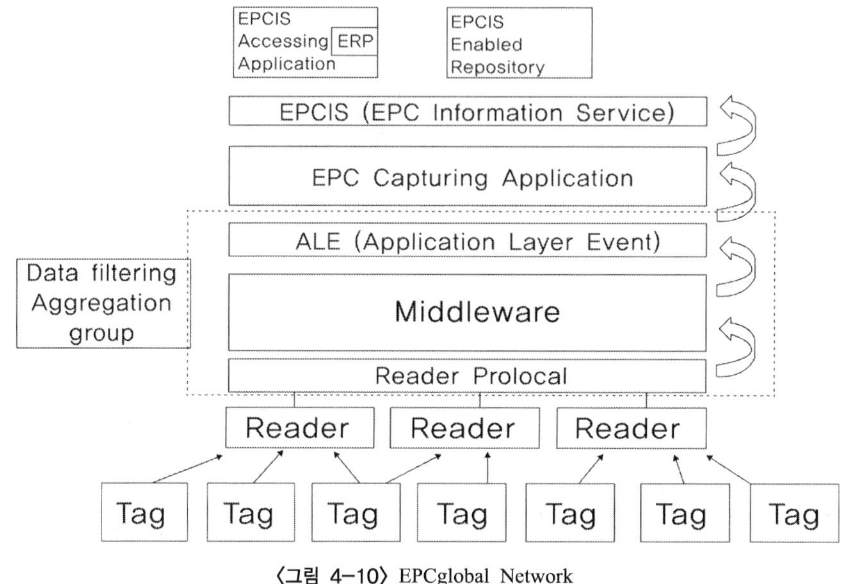

〈그림 4-10〉 EPCglobal Network

EPCglobal의 ALE v1.0에서는 ALE 기능을 아래와 같이 세 개의 계층으로 구분
하였다.

① Reader Interface Layer: RFID 리더나 라벨 프린터 등과 같은 하드웨어 컴포
넌트와의 통신을 지원하며, 이들 하드웨어를 관리하기 위한 사용자 인터페이
스를 제공한다.

② Transaction Layer: 리더에 의해 동일 태그가 반복적으로 읽혀졌다든지 잘못
읽혀진 값들을 필터링 기법을 통해 적절하게 정제한 후에 이를 적절한 기업
용 어플리케이션 솔루션에 전달하는 역할을 수행한다.

③ Application Interface Layer: 미들웨어는 사용자가 비즈니스의 필요에 따라
적합한 솔루션을 구축할 수 있도록 기업 환경에 적합한 소프트웨어 아키텍처
를 제공해야 한다.

4.4. 모바일 RFID 기술

모바일 RFID는 RFID 리더를 휴대용 정보단말기에 탑재하여 이동성을 부여함으로써 언제 어디서든지 사용자아 사물과이 정보교환을 가능하게 한 것이다. 현재 모바일 RFID용 주파수 대역으로 13.56MHz와 860~960MHz가 사용되고 있다. 모바일 RFID 서비스 시스템에서는 태그와 휴대기기 간에는 수동형 RFID 에어 프로토콜 방식, 휴대기기와 기지국 사이에는 이동통신 무선접속방식, 응용서버는 유무선 인터넷으로 구성된다.

ETRI는 RFID/USN Korea 2005에서 모바일 RFID 서비스를 시연하였고 2006년에는 SKT와 공동연구를 통해서 모바일용 리더, SoC를 개발하였다. 2007년 9월에는 SKT와 삼성전자가 공동으로 전자태그가 내장된 블루투스폰을 시장에 선보였다. 이는 RFID 리더가 아니라 RFID 칩이 내장된 세계 최초의 RFID 휴대폰이다.

국내에서는 모바일 RFID 컨버전스 서비스를 위한 모바일 RFID 포럼 표준 및 TTA 정보통신 단체 표준을 바탕으로 국내 주요 이동통신 사업자인 SKT 및 KTF에서 컨소시엄을 구축하여 모바일, RFID 시범사업을 추진해 왔다.

SKT는 2006년 RFID 시범서비스의 성과를 바탕으로 2007년 1월부터 대형서점에서 휴대폰을 통해 서평, 요약 내용 등의 도서정보를 제공하는 '터치-북스토어' 서비스를 처음으로 상용화하였다. 이는 서점 매장에 설치한 외장형 RFID 리더를 휴대폰에 장착하고, 서가에 부착된 태그에 접촉하면 도서 요약 내용보기, 독자 서평 및 평점 보기 등이 제공된다.

KTF는 와인병에 RFID 태그를 부착하여 와인병에 휴대폰을 갖다 대면 와인의 종류와 시음방법 등에 관한 정보와 이미지를 확인할 수 있는 와인 정보 서비스를 제공한다. 버스 정류장에 부착된 RFID 태그를 인식하여 버스 도착 예정 정보와 정류장 주변 정보를 확인할 수 있는 u-station을 제공한다.

4.5. RFID 표준화

4.5.1. 개요

표준화(Standardization)는 서로 다른 제조회사에서 생산된 제품들 사이에 상호연결이 가능하게 함으로써 독립적으로 개발 및 생산할 수 있도록 하는 제도이다. 표준화는 선진국에게 대량생산할 수 있는 구실을 제공하고 후진국에게는 선진국으로부터의 시장점유를 당하게 하는 단점이 있지만 제품의 생산원가를 낮추고 품질을 보증할 수 있는 장점이 내포되어 있다.

RFID는 각종 서비스 산업은 물론 물류, 산업 현장, 제조 공장과 물품의 흐름이 있는 곳이면 어디에서나 적용이 가능하여 사회 여러 분야로부터 커다란 관심을 불러일으키고 있으며 이에 따라 표준화의 중요성이 대두되었다. RFID 글로벌 표준화는 ISO/IEC의 JTC1/SC31 전문위원회를 중심으로 진행되고 있다. 국내에서도 RAPA(Korea Radio Promotion Association), 전파연구소, 한국전자통신연구원 등을 주축으로 하여 UHF 대역 신규 주파수 할당을 포함하는 RFID용 주파수 관련 제반 규정을 국제 표준에 부합하도록 국내 표준화 활동을 전개하고 있다.

RFID 기술이 적용된 상품을 세계 어디서나 자동으로 인식하기 위해서는 '국제 표준화 규격' 제정이 반드시 필요하다. 모든 산업분야에 다양한 응용 및 적용이 가능한 RFID는 매우 큰 시장 잠재력을 가지고 있으며, 이러한 RFID 기술은 국내외의 표준을 만족시키는 신상품 개발이 이루어질 때에 기술적 및 산업적 가치를 극대화할 수 있을 것이다. RFID 표준화 영역은 RFID 태그에 저장되는 식별코드, 주파수 대역별로 정의되어 있는 RFID 태그와 리더 사이의 무선인터페이스(Air Interface), 리더와 호스트 사이의 인터페이스, 리더 프로토콜, 리더 관리 및 미들웨어 관련, 적용 조건 및 가이드라인, 사물 정보 검색(태그 식별코드와 실제 사물 정보 연결) 등으로 구성된다. <그림 4-11>은 RFID 기술 표준화 영역을 나타낸다.

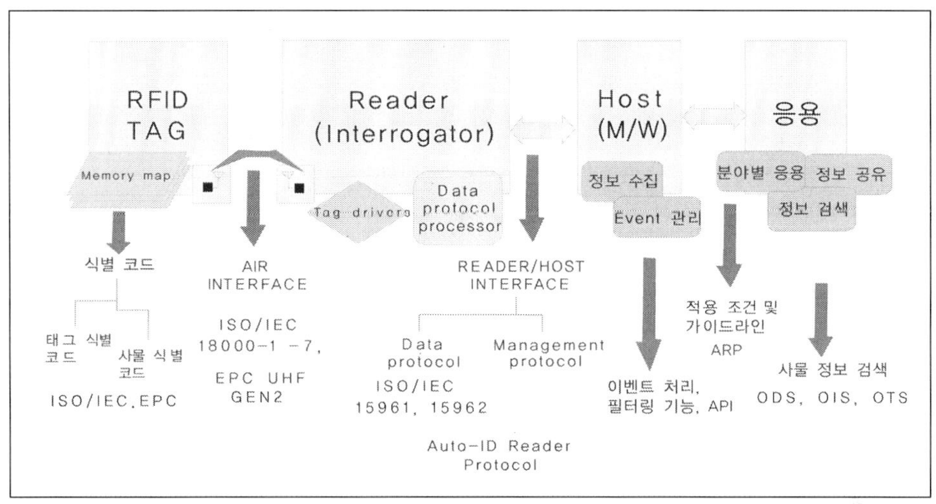

〈그림 4-11〉 RFID 기술 표준화 영역(참고문헌: 최신 RFID 기술, 여준호 저, 홍릉과학출판사)

4.5.2. ISO/IEC 국제공식 표준

자동인식기술(AIDC: Automatic Identification and Data Capture)에 대한 표준화의 중요성이 인식됨에 따라 국제표준을 주도하는 양대 표준화 기구인 ISO(국제표준화기구, International Organization for Standardization)와 IEC(국제전기표준 회의, International Electrotechnical Commission)는 JTC1(합동기술위원회, Joint Technical Committee1) 내에 1996년 3월 AIDC 기술 표준화를 위한 SC31을 설립하여 바코드 및 RFID에 대한 국제표준화 활동을 시작했다. 이와 함께 ITU-T에서도 RFID/USN의 네트워크 관련 분야에 관한 표준을 제정하고 있다.

국제표준화는 크게 ISO/IEC와 ITU-T가 주도하고 있다. ISO/IEC JTC1의 SC6에서는 모바일 RFID OID(Object Identifier) 및 RFID 프로토콜 표준화를 수행하고 있고, SC31에서는 자동인식 및 데이터 수집에 관한 기술 표준화를 수행하며, 현재 RFID 기술의 국제표준화를 선도하고 있다. ISO/IEC에서는 UHF 및 Active RFID 표준에 대한 확장 및 센서태그, 미들웨어에 대한 신규 표준화가 진행 중이다. ITU-T는 RFID를 네트워크와의 연계부분에 있어서 네트워크 프로토콜, 보안/인증, NGN(Next Generation Network)과의 연계 등의 세부 분야별로 RFID 관련 표준화를 추진하고 있다. <그림 4-12>는 RFID 국제 표준화 기구를 나타내고 있다.

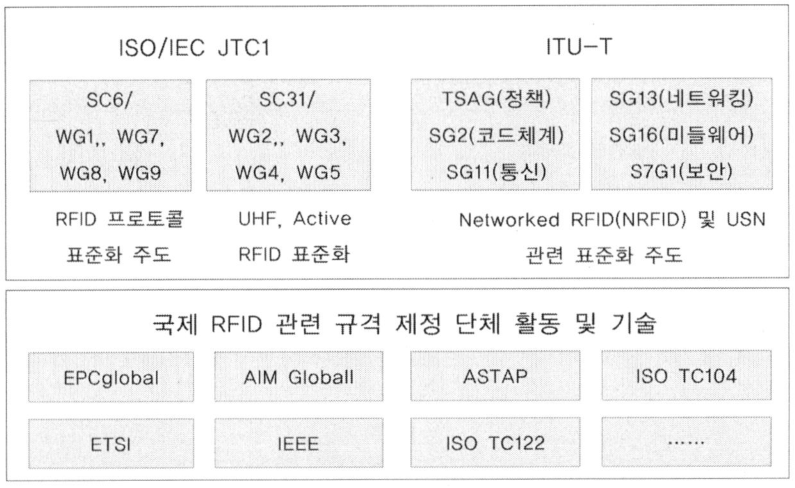

〈그림 4-12〉 RFID 국제 표준화 기구(참고문헌: 최신 RFID 기술, 여준호 저, 홍릉과학출판사)

4.5.3. EPCglobal 국제사실 표준

RFID 관련 국제표준은 태그, 리더 등의 기기에 관한 표준과 RF 태그에 저장되는 코드 표준으로 구분된다. 기기 표준은 서로 다른 회사 제품들 사이에 호환성을 보장하기 위해 필요하다. 코드의 경우 다른 코드는 응용분야가 제한적이지만 EPCglobal의 EPC 코드는 유통 및 물류를 중심으로 전체 산업에 적용 가능하며, 이미 바코드와 함께 산업계에서 널리 사용되고 있는 EAN.UCC 식별코드도 EPC 코드에서 수용 가능하다.

EPCglobal은 산업계의 자발적인 RFID 규격 단체로서 사실상의 산업계 표준화를 주도하고 있다. EPCglobal 본부는 EPC 관리자 코드의 발급, 관리 및 ONS 등록 총괄, EPCglobal Network 표준 개발 및 보급, 브랜드 관리 및 마케팅, 개인정보보호, 지적재산권 관련 정책 결정 등의 업무를 수행하고 있다. 각국의 EPCglobal 보급기관들은 보급대상 신산업 발굴, 도입지원(교육, 컨설팅 및 가이드라인 발급), 자국 내 회원관리(회원 모집 및 EPC 관리자코드 발급)를 수행하고 있다.

EPC 코드는 EAN.UCC 코드와 마찬가지로 상품을 식별하는 코드이다. 바코드는 품목단위로 식별코드가 있지만 EPC 코드는 동일 품목의 개별상품까지 원거리에서 식별할 수 있다. EPC 코드 구조는 <그림 4-13>과 같다.

헤더 (Header)	업체코드 (EPC Manager)	상품코드 (Object Class)	일련번호 (Serial Number)
H1 H2	M1 M2 M3 M4 M5 M6 M7	O1 O2 O3 O4 O5 O6	S1 S2 S3 S4 S5 S6 S7 S8 S9

〈그림 4-13〉 EPCglobal 코드 구조

- 헤더(Header): EPC 코드의 전체 길이, 식별코드 형식 및 필터 값을 가진다.
- 업체코드(EPC Manager): EAN 바코드의 업체코드에 해당하며 각국 EAN 회원기관이 할당한다. 28비트로서 약 2억 6천만 개 업체코드를 할당할 수 있다.
- 상품코드(Object Class): 바코드의 상품 품목 코드에 해당하며 사용 업체가 할당한다. 24비트의 용량으로 약 1천6백만 개 상품에 코드를 할당할 수 있다.
- 일련번호(Serial Number): 동일상품에 부여되는 고유한 식별번호로서 사용 업체가 할당한다. 36비트로 약 680억 개의 상품에 코드를 할당할 수 있다.

EPC 코드는 <그림 4-14>에서와 같이 바코드 코드를 새로운 EPC 코드로 사용할 수 있다.

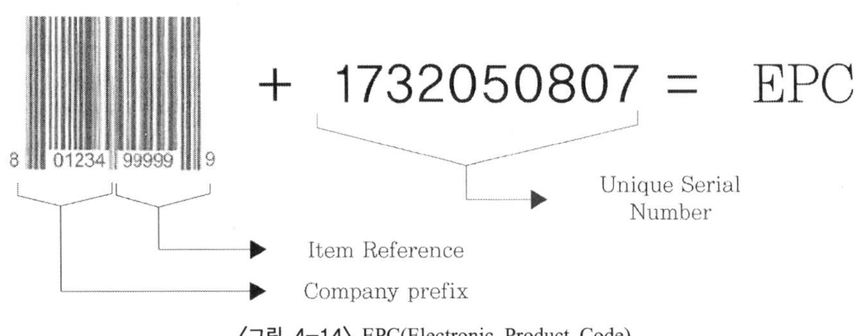

〈그림 4-14〉 EPC(Electronic Product Code)

EPCglobal Network은 RFID 태그 데이터(EPC) 구조, 전달방법에 대한 표준을 제공하고 개별기업은 EPCglobal Network상에서 발생하는 데이터를 각 기업과 기관의 방화벽 안에서 개별적으로 관리하며, 이 데이터는 ONS(Object Naming Service)와 Discovery Service를 통해 공유하는 방식으로 운영된다. 이와 같이 EPCglobal Network의 글로벌한 분산처리 시스템을 구현함으로써 거대한 EPC 정보의 분산 관리 및 전달 효율성을 증진시킬 수 있다. EPCglobal Network의 개념은 아래와 같다.

① 각각의 기업은 프록시 안에서 독립적인 네트워크 구성을 가진다.

② 상품에 부착되는 EPC는 Tag Data Standard에 의해 정의된다.

③ EPC와 리더는 Gen2 Air Interface Protocol을 통해 통신한다.

④ 미들웨어는 ALE를 통해 Filtering과 Collection이 수행된다.

⑤ EPCIS 간의 통신은 인증을 통해 EPCIS 프로토콜로 수행된다.

⑥ Event Registry에 이벤트 정보를 등록하고 ONS를 포함하는 Discovery Service
를 통해 각각의 EPCIS로의 검색이 실행된다.

5. 유비쿼터스 센서 네트워크

5.1. USN(Ubiquitous Sensor Network) 개요

유비쿼터스 네트워크는 인간을 포함한 모든 사물에 장착되어 있는 컴퓨터들끼리 서로 연결 구동시킴으로써 산업, 교육, 의료, 국방, 물류 분야에서 다양한 서비스를 창출할 수 있는 상시 접속망을 의미한다. 이러한 유비쿼터스망 위에서 센싱 데이터가 전달되고 이러한 데이터를 바탕으로 하여 각종 서비스를 제공하는 망이 바로 유비쿼터스 센서 네트워크라고 말할 수 있다.

유비쿼터스 센서 네트워크(USN: Ubiquitous Sensor Network)는 필요한 모든 곳에 전자태그를 부착하여 사물의 인식정보를 습득하고 이와 함께 주변의 환경정보(온도, 습도, 오염정보, 균영정보 등)를 탐지한 후 이것을 실시간으로 네트워크에 연결하여 정보를 관리하는 망을 말한다. USN 기술은 다가오는 유비쿼터스 사회에서 사회적 기반 환경이 될 중요한 기술들 중의 하나로서 이를 통해 전반적인 산업구조 및 시장 구조의 변화를 주도하게 될 것이다.

유비쿼터스 센서 네트워크는 모든 사물에 부착된 RFID 태그 또는 센서를 초소형 무선장치에 접목하여 이들 간의 네트워크 통신을 통해 실시간으로 정보를 획득, 처리, 활용하는 네트워크 시스템이다. USN은 어느 곳에나 부착되는 태그와 센서 노드로부터 사물 및 환경 정보를 감지, 저장, 가공, 통합하고 상황 인식 정보 및 지식 콘텐츠 생성을 통하여 언제, 어디서나, 누구든지 원하는 지식 서비스를 맞춤형으로 제공할 수 있는 첨단 지능형 사회의 기반 인프라이다. 이러한 인프라를 통해 환경계의 다양한 정보를 획득하여 생산성, 안전성, 인간생활의 고도화 실현을 목표로 하고 있다. USN은 먼저 인식정보를 제공하는 RFID를 중심으로 발전하고 여기에 센싱 기능이 추가되어 이들 간의 네트워크가 구축되는 형태로 발전하고 있다. <그림 5-1>은 USN 개념을 보여 준다.

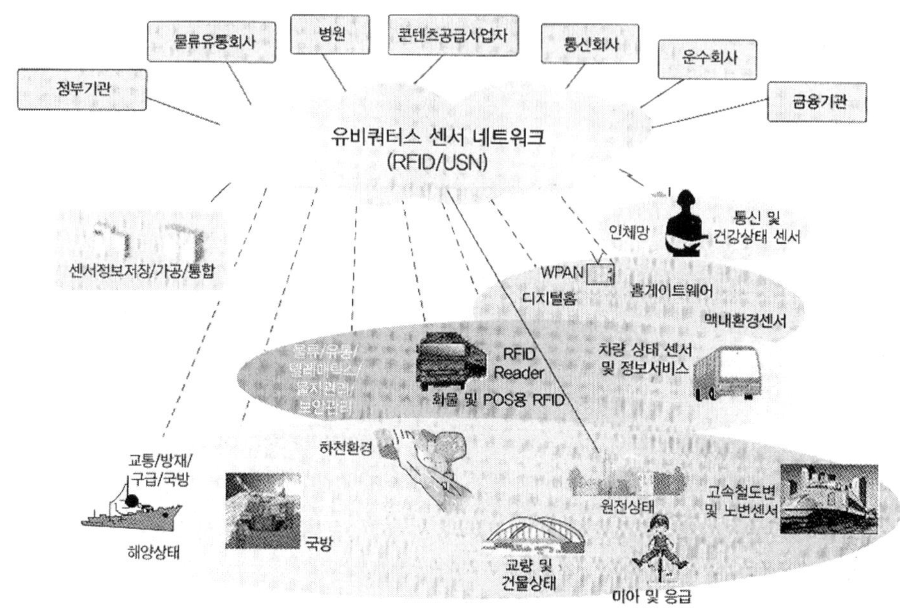

〈그림 5-1〉 USN 개념(참고문헌: 유비쿼터스 개론, 손병희 외 저, 도서출판 ITC)

5.2. 센서

센서 네트워크에서 외부 환경의 변화를 감지하여 유비쿼터스 컴퓨팅의 입력장치 역할을 담당하는 것이 센서(Sensor) 또는 센서 노드(Sensor Node)이다. 일반적으로 센서는 측정 대상물을 감지 또는 측정하여 그 측정량을 전기적인 신호로 변환해 주는 장치이다. 즉, 물리량이나 화학량의 절대치 혹은 변화, 소리, 빛, 전파의 강도, 가속도, 기울기 등을 감지하여 유용한 신호로 변환하는 소자 및 장치를 말한다.

최근에는 인간의 오감보다 더 정밀한 센서들이 많이 출현하면서 생산 공정의 정밀한 제어가 가능해지고 또한 인간을 닮은 로봇의 출현에 가능성이 열리고 있다. 센서는 고정밀, 고정확도 등 신뢰성이 가장 중요시 되고 있는 고부가가치형 첨단 기술 산업에 해당한다.

공장 자동화 및 사무 자동화를 위해서는 주변 상황 정보에 관한 센싱이 우선되어야 하므로 센서의 역할이 점차 중요시되고 있다. 센서는 농업, 공업, 서비스업 등 거의 모든 산업에 깊이 침투해 있으며 환경 보전, 재해 방지, 교통, 의료, 가정생활 등에도 새로운 센서의 도입이 진행되고 있다. 유비쿼터스 시대에는 모든 사물에 컴퓨터가 부착되므로 이를 이용하여 사물 정보, 위치 정보, 상황 정보 등을 네트워크 서버에 집중시킴으로써 서비스 이용자에게 다양한 편의성을 제공할 수 있는 것이다. <그림 5-2>는 몇 가지 센서들을 보여 주고 있다.

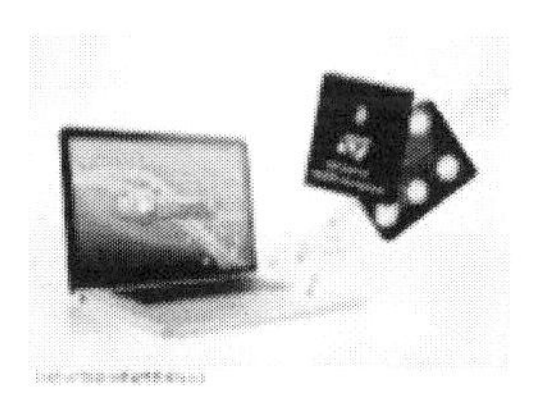

음성인식 센서

기울기 센서

터치 센서

〈그림 5-2〉 센서

유비쿼터스 네트워크의 핵심기술로 부각되고 있는 센서의 요구조건은 아래와 같다.

① 기능의 고도화: 온도, 압력, 속도, 가속도 등의 물리센서의 정밀도가 높아져야 하고, 가스, 이온, 습도, 바이오 등의 화학센서의 경우에는 안정도와 감도가 높아져야 하는데 이를 위해서 첨단 신소재 개발과 소자 구조의 최적화 연구가 이루어져야 한다.

② 초소형화: 단일 소자가 아닌 계층형 소자군이어야 하며 집적화 다기능 센서가 구현되어야 한다. SoC(System On Chip) 기술을 도입하여 소형화를 구현해야 한다.

③ 저전력: 센서 설치 위치는 물리적인 접근이 불가능하거나 어려운 곳이기 때문에 전지 교체가 현실적이지 않으므로 최대한 전력소모를 줄여서 센서 노드의 수명을 최대화해야 한다.

④ 이식의 용이성: 이식이 쉬운 센서 칩을 개발하기 위해 생체 또는 사물에 부합성이 양호한 몰딩 재료의 개발과 칩 구조의 최적화가 이루어져야 한다.

5.3. 유비쿼터스 센서 네트워크 구조

5.3.1. 센서 네트워크 구성

유비쿼터스 센서 네트워크는 여러 개의 센서 네트워크 영역이 게이트웨이를 통해서 외부 네트워크에 연결되는 구조를 갖는다. 센서 네트워크는 센서들로 이루어진 망을 의미하는데 망의 구성 요소로는 센서, 센서 노드, 싱크 노드 등이 있다.

센서는 물리 또는 환경계의 현상을 정량적으로 측정하는 소자이다. MEMS-(Microelctromechanical System) 기술을 활용하여 기존의 기계식 센서를 일괄생산할 수 있는 공정이 가능한 초소형, 초경량 전자식 반도체 센서로 대체하게 되었다. 다양한 응용 영역에 따라 조도, 열, 온도, 습도, 가속도, 지진강도, 음향, 지자기, 위치 등과 같은 다양한 센서를 통합하여 사용하고 있다.

센서 노드는 환경 및 물리계로부터 센싱된 정보 또는 센서 데이터에 관한 특정 이벤트를 유무선 통신기술을 기반으로 하여 전달하거나 컴퓨팅을 수행하는 시스템으로서 센서, 프로세서, 통신소자, 전지 등으로 구성된다. 데이터 처리, 통신경로 설정, 미들웨어 처리 등을 수행하며, 하드웨어 및 소프트웨어적인 역량 측면에서 다양한 등급으로 정의된다.

싱크 노드는 감지된 센싱 정보를 취합하거나 이벤트 데이터를 센서 네트워크 외부로 연계하고 관련 센서 네트워크를 관리하는 시스템으로 '베이스 스테이션'으로 불리기도 한다. 일반적으로 하드웨어 및 소프트웨어 측면에서 센서 노드보다 역량이 큰 시스템이다. <그림 5-3>은 유비쿼터스 센서 네트워크 구조를 보여 준다.

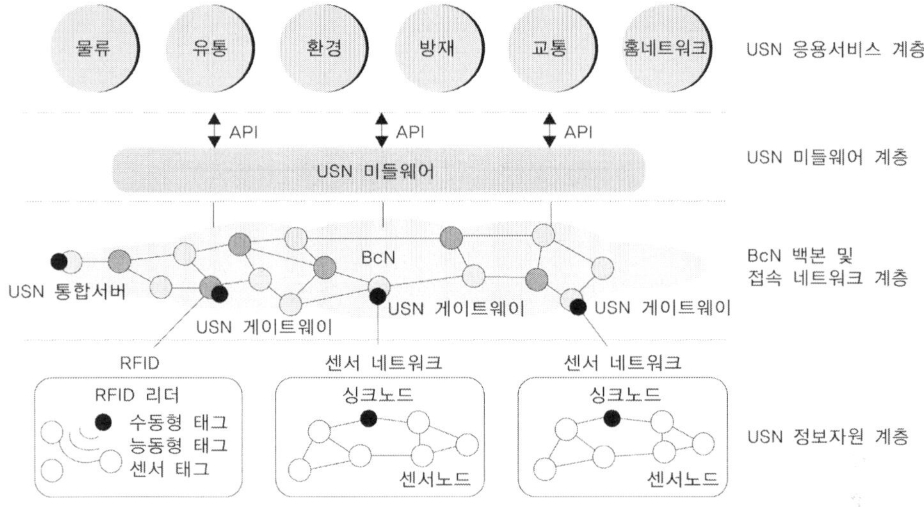

〈그림 5-3〉 유비쿼터스 센서 네트워크 구조(참고문헌: 유비쿼터스 컴퓨팅 개론, 양순옥 외 저, 한빛미디어)

센서 노드는 집적된 데이터를 가까운 싱크 노드(SInk Node)로 전송하고 싱크 노드는 이 데이터를 다시 게이트웨이로 전달한다. 게이트웨이에서 관리자에게 전달되는 데이터는 위성통신, 유무선 인터넷 등을 통해 전송될 수 있으며, 이러한 액세스망(Access Network)은 기존의 인프라를 활용한다. 접속망은 IPv6 기반의 광대역통합망(BcN)인 인터넷 통합망을 가정하므로 모든 센서 노드에는 IPv6가 적용될 것이다. 센서 네트워크의 응용을 위한 미들웨어로서 서비스 플랫폼이 제공되어 사용자는 이러한 플랫폼을 통해서 지능형 센서 네트워크를 자유롭게 이용할 수 있게 된다.

USN을 완성하기 위해서는 무엇보다도 센서 네트워크를 보다 경제적이고 효율적으로 구성할 필요가 있다. 센서 네트워크는 유선 혹은 무선으로 구성할 수 있으나 유선에 비해 상대적으로 무선의 장점이 부각되면서 무선으로 센서 네트워크를 구성하는 추세가 되었다. 무선 네트워크 서비스는 휴대전화와 같은 무선 WAN(Wide Area Network)을 비롯하여 Wi-Fi와 같은 무선 LAN 서비스가 활발하게 제공되고 있다. 무선 LAN보다 통신 거리가 짧은 지역에서는 무선 PAN(Private Area Network)이 적용되고 있는데 이는 개인의 행동범위(수십 미터 이내)를 커버하는 통신 네트워크이다. 무선 센서 네트워크는 바로 이 PAN에 속하는 기술이다.

5.3.2. 무선 센서 네트워크

무선 센서 네트워크는 WSN(Wireless Sensor Networks)이라는 약자로 사용되기도 하지만 정확하게는 'Wireless Sensor & Actuator Networks'이다. 즉 센서뿐만 아니라 Actuator도 포함한 제어계측용 무선네트워크를 의미하는 것이다. 여기서 Actuator는 제어기기를 나타내는 말로서 예를 들어서 스위치, 모터, 로봇팔 등과 같이 사물에 동작을 행하는 장치를 의미한다.

무선 센서 네트워크는 종래의 이더넷, 직렬통신, 버스 통신 등의 유선 네트워크를 대신할 뿐만 아니라, 제어계측 분야에서 종래의 유선방식의 단점을 보완함으로써 다양한 어플리케이션을 제공할 수 있는 통신 인프라로 부각되고 있다. 무선 센서 네트워크의 장점은 아래와 같다.

① 비용절감: 유선 네트워크의 배선 비용을 절감시킬 수 있다.

② 유연성: 센서 네트워크의 구성 변경을 유연하게 실행할 수 있다. 또한 생산설비의 증감과 레이아웃 변경 등이 빈번하게 이루어지는 상황에 대해 유연하게 대처할 수 있다.

③ 센싱 범위의 확대: 종래의 유선 네트워크에서는 회전체처럼 배치될 수 없는 경우와 비싼 배선비용 때문에 수백 개 계측점의 대량 센서 배치를 포기할 수밖에 없었다. 무선 센서 네트워크에서는 종래 구축이 불가능했던 계측 네트워크가 가능하게 되었다.

종래의 원거리 고속 네트워크와 비교하여 무선 센서 네트워크는 <그림 5-4>와 같은 기술 요구를 만족시킬 필요성이 있다. 무선 센서 네트워크에서는 전지교환 없이 수년간 지속할 수 있도록 소비전력 억제가 중요시된다.

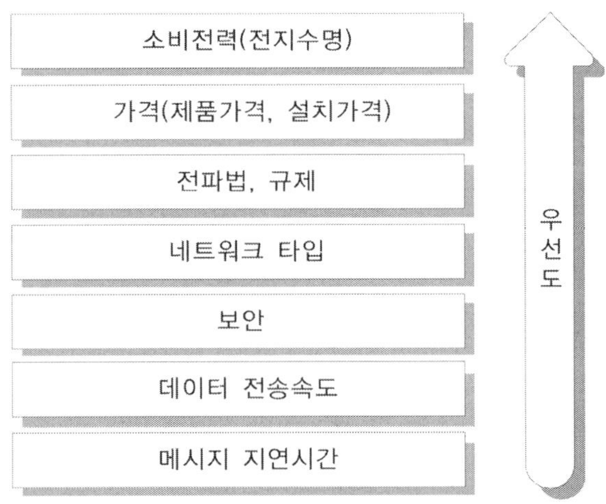

<그림 5-4> 무선센서 네트워크의 기술요구
(참고문헌: ZigBee 개발 핸드북, 엄두섭 외 저, 홍릉과학출판사)

무선센서 네트워크에 대한 기술 요구 조건은 아래와 같다.

(1) 소비전력

휴대전화와 무선 LAN 단말의 경우는 대략 수 시간에서 수일에 한 번씩의 충전만으로 계속 사용 가능한 배터리를 가지고 있지만, 무선센서 네트워크의 동작환경에서는 전지 교환 없이 수년간 연속적으로 작동될 수 있어야 한다. 이를 위해 무선센서 네트워크의 소비전력은 휴대전화와 무선 LAN 단말과 비교하여 우선도가 높아진다.

CMOS 반도체 기술이 발전됨에 따라 저소비전력과 고집적도의 RF칩이 구현되고 있다. 또한 센서 네트워크는 낮은 동작주기(Duty Cycle)로 가동시킬 수 있다. Duty Cycle 동작은 액티브 구간과 슬립 구간으로 구분하여 전력소비를 최소화하는 방식이다. 예를 들어서 통신하지 않는 동안에는 마이크로프로세서를 포함해서 RF 회로를 슬립시키는 것이다. 최근에는 빛, 진동, 열 등의 에너지를 이용하여 전기를 발전시킴으로써 반영구적으로 가능한 무선 노드의 연구개발이 수행되고 있다. 전지 수명은 다음과 같은 조건에 따라 크게 좌우된다.

① 데이터의 송신 주기: 송신 주기가 짧을수록 전지 수명은 길어진다.

② 통신의 방향성: 단방향 통신이 쌍방향보다 전력소모가 적어진다.

③ 데이터 프레임의 길이: 송신할 데이터 프레임이 길면 전파공중 충돌에 따른

송신 실패의 가능성도 높기 때문에 재송신으로 인해 송신전력이 허비된다.

④ 데이터전송의 지연시간: 소비전력을 억제하기 위해 슬립 모드로 들어가는 것이지만 슬립기간이 길어지면 데이터 전송 지연시간이 길어지는 단점이 발생한다.

(2) 비용

실장 비용을 대폭 삭감하기 위해서는 표준화된 통신 프로토콜에 준하는 고집적화 IC 부품을 사용한다. 센서 노드는 아날로그 회로를 메인으로 하는 RF칩과 디지털 회로를 메인으로 하는 마이크로프로세서 칩으로 이루어지는데 비용절감을 위해서는 RF칩의 면적을 작게 하지 않으면 안 된다. 마이크로프로세서 부분에서는 플래시 메모리의 용량이 가격을 많이 좌우한다. 따라서 플래시 메모리의 용량을 줄이기 위해서는 가능한 한 간단한 통신 프로토콜을 사용할 필요가 있다.

(3) 전파법의 규제

각국마다 각각 전파 이용의 규제가 있다. 무선센서 네트워크에 적용되는 통신규격은 그 나라의 규제에 허가되는 범위에서 동작되지 않으면 안 된다. 주요 규제항목으로는 이용 가능한 주파수 대역과 전파 강도이다.

면허 없이 이용 가능한 주파수 대역은 ISM(Industry Science Medical) 밴드라고 불린다. 세계 각국에서 대부분 공통으로 이용되고 있는 주파수 대역은 2.4GHz대뿐이다. 무선 LAN, 전자레인지 등의 산업, 과학, 의학기기는 이 주파수대를 공통으로 이용하고 있는 상황이다. 이 주파수대로 동작하는 고주파 기기로부터 발생하는 전자파의 송신출력도 규제받는다.

(4) 네트워크 타입

마스터/슬레이브 타입의 네트워크를 무선센서 네트워크에 적용한다면 무선의 장점을 발휘할 수 없게 된다. 무선의 특징을 살리기 위해서는 새로운 네트워크 타입이 적용되어야 하는데 이러한 네트워크에는 애드 혹, 멀티 홉, 메시 네트워크 등이 있다.

(5) 보안

최근에 정보네트워크 시스템의 보안이 많이 요구되기 시작했다. 보안의 요구는 어플리케이션의 개방성과 깊은 관련이 있다. 개방성이 높은 어플리케이션이 보다 높은 보안이 요구되는 것은 당연하다. 표준화된 무선센서 네트위크가 확산됨에 따라 보안에 대한 요구도 점점 더 높아질 것이다. 그러나 보안 기능이 추가되면 무선 센서 네트워크의 성능에 아래와 같은 영향을 미치게 된다.

① 프레임 길이: 보안용 데이터가 증가함에 따라 통신 프레임이 길어지기 때문에 네트워크 트래픽, 전력소비 및 데이터 전송의 신뢰성에 영향을 준다.
② 자원: 필요한 RAM과 플래시 메모리가 추가되기 때문에 실장 비용의 증가로 이어진다.
③ 처리 능력: 보안을 위한 암호화 및 해독 프로그램으로 인하여 마이크로프로세서 처리 능력이 감소된다.
④ 설치비용: 보안을 위한 설정을 잘못하여 현장에서 네트워크에 참가 불가능한 문제점이 발생할 우려가 증가함에 따라 엔지니어링 비용이 증가할 수 있다.

(6) 데이터 전송속도

일반적으로 무선센서 네트워크에 요구되는 데이터 전송속도는 매우 낮다고 말할 수 있다. 데이터 전송속도를 높이면 동일한 크기의 전송 데이터에 필요한 송신시간이 짧아지기 때문에 송신에 필요한 전력소비를 감소시킬 수 있지만 다음과 같은 트레이드 오프(trade off) 관계가 있다.

① 제품 비용: 데이터 전송속도를 높이려면 고속 통신 프로토콜 처리에 따른 비용이 증가하게 된다.
② 통신 거리: 송신 파워가 변하지 않는다는 조건에서 전송속도를 높이면 전송거리는 짧아져야 한다.

(7) 메시지 지연시간

무선 시스템에서는 메시지 충돌을 피할 수 없다. 메시지 충돌이 발생하면 재전송이 요구되고 이에 따라 메시지 지연시간이 늘어나게 된다.

5.3.3. 센서 네트워크 구성 요소

(1) 구성 요소

센서 네트워크는 유선 방식이 아닌 무선 방식으로 구성되며 센싱 필드 내에는 무수히 많은 센서 노드들이 산재해 있고 이들이 서로 통신을 수행하며 센싱 데이터들을 글로벌 네트워크로 전달하게 된다. <그림 5-5>는 센서 네트워크의 구성도를 나타내고 있다.

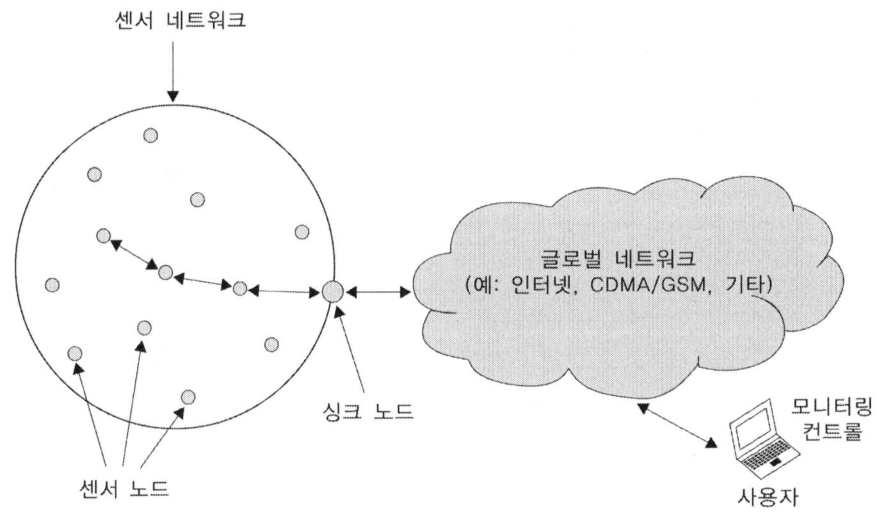

〈그림 5-5〉 센서 네트워크의 구성도(참고문헌: 유비쿼터스 컴퓨팅 개론, 양순옥 외 저, 한빛미디어)

(가) 센서 노드(Sensor Node)

초소형, 저전력, 저가의 센서로서 센싱된 아날로그 정보를 디지털 신호로 변환하기 위한 ADC(Analog to Digital Converter), 데이터 처리를 위한 마이크로프로세서와 메모리, 전원 배터리, 센서, 액추에이터(actuator), 데이터 송수신을 위한 무선 송수신기 등이 구비된다. 센서 노드는 고정된 위치에 장착될 수도 있고 여러 지역에 무작위로 뿌려질 수도 있다. 또한 자동차나 PDA, 노트북, 사람 등에 설치되어 이동 중에 동작할 수도 있다. <그림 5-6>은 센서 노드 구조를 보여 준다.

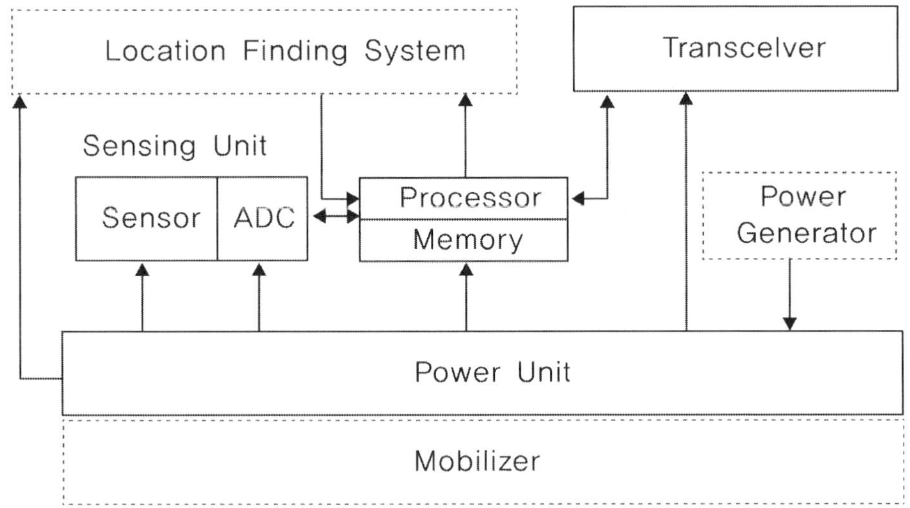

〈그림 5-6〉 센서 노드 구조(참고문헌: 유비쿼터스 컴퓨팅 개념 및 기술, 김경준 저, 홍릉과학출판사)

(나) 싱크 노드(Sink Node)

싱크 노드는 센서 네트워크 내 각각의 센서 노드로부터 전달받은 센싱 데이터를 인터넷 등의 외부 네트워크로 전달하는 기능을 수행한다. 싱크 노드는 센서 네트워크 내의 센서 노드들을 관리하고 제어하며 센싱 데이터를 외부 네트워크에 전달함에 있어서 게이트웨이 역할을 담당한다.

5.4. 센서 네트워크 프로토콜

센서 네트워크 프로토콜 구조는 전력관리 평면(Power Management Plane), 이동성 관리 평면(Mobility Management Plane), 업무관리 평면(Task Management Plane) 등으로 이루어진다. 각 평면은 기본적으로 물리 계층(Physical Layer), 데이터링크 계층(Data Link Layer), 네트워크 계층(Network Layer), 응용 계층(Application Layer) 등의 4계층으로 구성된다. <그림 5-7>은 센서 네트워크 프로토콜 구조를 보여 준다.

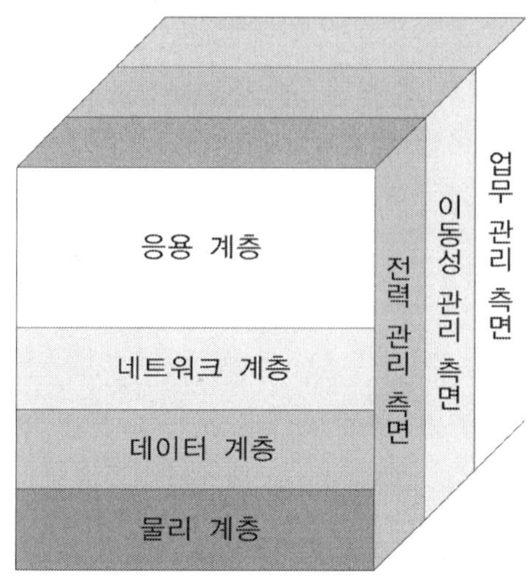

〈그림 5-7〉 센서 네트워크 프로토콜 구조

5.4.1. 관리 평면(Management Plane)

센서 네트워크 프로토콜은 아래와 같이 3개의 관리 평면으로 구성된다.

① 전력관리 평면: 센서 노드에서 전력 소비를 관리하기 위한 방안을 의미하며 이웃하는 다른 노드로부터 데이터를 전송받은 후에는 자신을 슬립 모드로 전환한다. 센서의 수신 전력 레벨이 낮을 경우에는 자신을 라우팅 경로에 포함시키지 않고 남은 전력으로 센싱하기 위해 비축해 둘 수 있다.

② 이동성 관리 평면: 센서 노드의 움직임을 감지하고 등록함으로써 지속적인 센서 데이터 전송이 가능하도록 라우팅 기능을 수행한다. 센서 노드는 자기 주변에 어떠한 노드들이 위치해 있는지를 항상 추적하고 있어야 한다.

③ 업무 관리 평면: 특정 지역에 주어진 센싱 업무에 관해 균형과 스케줄링을 부여하는 기능을 담당한다. 이 업무관리는 전력의 효율적인 사용과 이동형 센서 네트워크의 데이터 라우터, 센서 노드 간의 자원 공유를 목적으로 수행된다.

5.4.2. 프로토콜 구조

센서 네트워크의 프로토콜 구조는 아래와 같이 구성된다.

(1) 물리 계층

주파수 선정, 반송파 신호 생성, 신호 감지, 변복조 및 데이터 암호화 등에 관한 내용이 포함된다. 저전력 하드웨어 기술 개발이 요구되며 사용되는 주파수 대역은 915MHz와 2.4GHz ISM 대역이 유력하다. ZigBee 표준안이 주류를 이루고 있으며 UWB 무선 라디오 기술을 이용한 소프트웨어 라디오 기술도 주요 대안으로 연구되고 있다.

(2) 데이터링크 계층

이 계층은 MAC(Medium Access Control)와 LLC(Logical Link Control)로 구성된다. MAC은 매체 접근과 에러 제어를 담당하며 통신 링크의 구성과 한정된 자원의 효율적인 공유를 목적으로 한다. LLC는 상위계층인 네트워크 계층에게 다양한 매체 접근 방식과 상관없이 일관된 인터페이스를 제공하기 위해 사용된다. MAC 프로토콜은 전력 소모를 줄이는 방안을 강구하고, 애드혹과 같이 인프라가 전혀 없는 환경에서 스스로 망을 구축하는 자율적 망 구성(Self-organization) 기능이 요구된다. 또한 에너지 효율, 노드의 이동, 링크 고장 등에 의한 잦은 토폴로지 변경을 효율적으로 처리하기 위한 연구가 진행 중이다.

센서 네트워크에서 가장 중요한 이슈들 중 하나는 바로 센서 노드의 에너지 절약을 통한 네트워크의 수명을 늘리는 것이다. 센서 노드는 위험 지역이나 혹은 접근 불가능한 곳에 다량으로 분포되어 있기 때문에 배터리 교환이 거의 불가능하다. 이러한 제약점을 극복하기 위해 센서 노드의 MAC 프로토콜에서는 듀티 사이클(Duty Cycle)을 사용한다. 듀티 사이클은 주기적으로 리슨(listen) 모드와 슬립(sleep) 모드를 반복한다. 리슨 상태에서는 센서가 정상적으로 동작하며 전력을 소비하는 액티브 상태이고 슬립은 CPU 및 센서의 기능을 제외한 구성 요소의 에너지 낭비를 줄이기 위해 전원을 끈 상태이다. <그림 5-8>은 센서 네트워크 MAC의 듀티 사이클을 보여 준다.

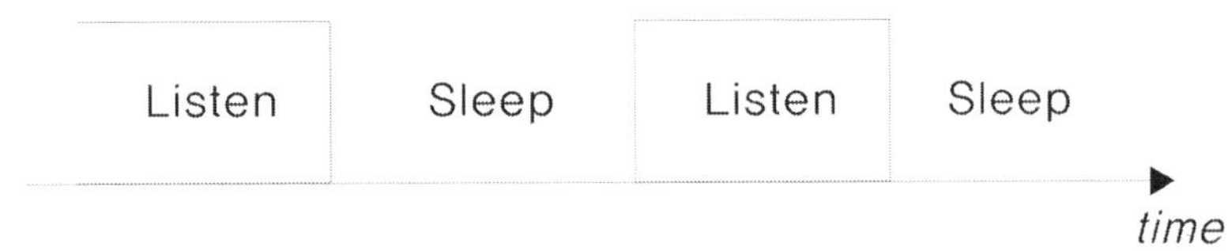

〈그림 5-8〉 센서네트워크 MAC의 듀티 사이클

(3) 네트워크 계층

엔드 투 엔드(End-to-End) 데이터 전송을 위한 라우팅을 지원하는 계층이다. 센서 네트워크 라우팅에서는 2가지의 제약, 즉 첫째로 센서 노드가 저전력 장치이므로 에너지 제약을 받고, 둘째로 센서 노드의 수 및 데이터 처리 능력을 고려할 때에 IP와 같은 글로벌 주소 체계를 사용하기 어렵다는 점들이다. 센서 네트워크에서는 IP 주소 대신에 임의로 할당된 ID 값으로 각각의 센서를 구별하고 이를 통해 라우팅을 수행한다. 센서 네트워크의 라우팅은 각각의 센서 노드들이 이동하는 상황을 고려해야 하기 때문에 고정 네트워크와 비교하여 많은 어려움이 야기된다. 예를 들어서 어느 센서 노드가 데이터를 전송하고자 할 때에 전에 전송해 왔던 상대 센서 노드가 이동해 버리는 상황에서는 라우팅 경로를 새로 탐색해야 한다.

무선 센서 네트워크의 라우팅은 경로 설정 방법에 따라 두 종류, 즉 프러액티브 라우팅(proactive routing)과 리액티브 라우팅(reactive routing)으로 나누어진다. 프러액티브 라우팅에서는 노드들이 주기적으로 센서와 송신부의 스위치를 켜서 주변 환경을 감시하고 관심지역(interest)에 속하는 데이터를 전송한다. 리액티브 라우팅에서는 노드들이 연속적으로 주변환경을 감지하여 센싱된 센싱 값의 변화가 발생할 때 데이터를 전송한다.

라우팅 기법은 데이터의 전송방법에 따라 크게 평면 라우팅(flat routing)과 계층적 라우팅(hierarchical routing)으로 구분된다. 평면 라우팅은 네트워크 전체를 하나의 영역으로 간주하여 모든 노드들이 동등하게 라우팅에 참여할 수 있고 멀티홉 라우팅 방식을 채택한다. 계층적 라우팅은 하나의 네트워크를 여러 개의 영역으로 분할하는데 이를 클러스터링(clustering)이라고 부른다. 이 라우팅에서는 각 영역(cluster) 내의 특정 노드에게 헤드(head)의 역할을 부여한다. 헤드는 자신이 관리하는 영역 내의 센서 노드의 정보를 수집·관리·처리하여 인접한 클러스터의 헤드 노드에게 전송하고, 클러스터 헤드 간에 멀티홉 방식으로 최종 목적지인 싱크(sink) 노드까지 정보를 전송한다.

라우팅 프로토콜은 경로를 설정하는 방식에 따라 요구기반(on-demand) 방식과 테이블 기반 방식으로 나누어진다. 요구기반 방식은 경로 설정을 미리 해 두지 않고 보낼 데이터가 있을 때마다 경로를 설정하는 방식인데 수백에서 수천 개의 노드들이 경로를 찾기 위한 경로 요청 메시지들을 발생하게 되어 많은 에너지가 소비되고, 많은 지연이 발생하게 된다. 테이블 기반(table-driven) 방식에서는 모든 목적지 노드까지의 경로를 미리 테이블에 기록해 두는 방식으로서 무수히 많은 노드 간 경로를 유지하는 데 메모리가 많이 필요하게 되어 한계가 존재한다.

센서 네트워크의 라우팅 기법으로 다음과 같은 것들이 제안되고 있다.

(가) LEACH(Low-Energy Adaptive Clustering Hierarchy)

LEACH 라우팅은 클러스터 기반으로 클러스터 헤드가 클러스터의 멤머 노드들로부터 데이터를 모아서 직접 싱크 노드로 데이터를 전달하는 프로토콜이다. 이 라우팅에서는 최적의 클러스터를 구성하기 위해 매 라운드(round)마다 0과 1 사이의 랜덤 값을 발생시켜서 임계값보다 작은 값을 발생시킨 노드가 클러스터의 헤드가 되는 방식이다.

클러스터 헤드가 된 노드들이 헤드가 되었음을 주위 노드들에게 방송하면, 이 메시지를 수신한 노드들은 가장 강한 신호를 보낸 헤드의 클러스터에 참가한다. 헤드는 싱크 노드와 단일-홉 통신하고 하위 노드들과는 TDMA 방식으로 통신함으로써 노드가 불필요하게 무선주파수 송신기를 작동하여 전력을 소모하는 것을 방지한다. 헤드의 전력소모가 다른 노드에 비해 크므로 매 라운드마다 클러스터의 헤드를 무작위로 선출함으로써 에너지 소비를 공정하게 분산시킨다. <그림 5-9>는 LEACH 라우팅 개념을 보여 준다.

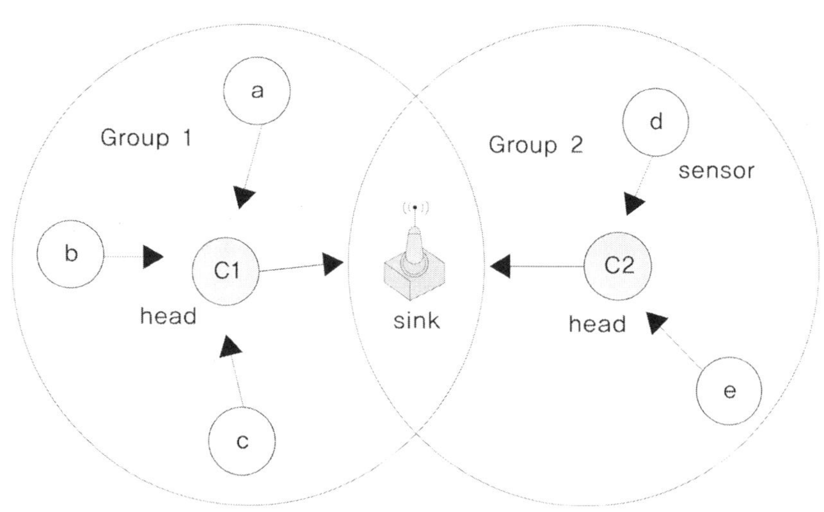

〈그림 5-9〉 LEACH 라우팅 개념
(참고문헌: 유비쿼터스 컴퓨팅 개념 및 기술, 김경준 저, 홍릉과학출판사)

(나) 직접방송(Direct Diffusion)

직접방송 라우팅은 데이터 중심 방식에 속한다. 데이터 중심 방식에서는 각 노드의 주소 값으로 통신하는 것이 아니라 각 노드의 속성 값으로 통신이 수행하게 된다. 싱크 노드가 인터레스트(interest)를 각 노드에 전달하면, 이를 수신한 인터레스트와 일치하는 이벤트를 감지한 노드들만이 데이터를 싱크 노드에게 전송함으로써 데이터를 전송해야 하는 노드들과 그외 노드들 사이를 구별하게 된다.

속성은 감시하려는 개체의 특징, 감시 대상의 지리 정보, 감시 주기 등을 의미하는데 싱크 노드는 이러한 속성에 원하는 값을 지정해서 인터레스트를 만들어서 센서 노드들에게 배포하면 각 노드들은 수신한 인터레스트를 보관한다. 어떤 인터레스트를 수신할 때에 보관된 인터레스트와 비교하여 기존에 수신한 것과 같은지 혹은 이벤트가 발생할 때에 그와 일치하는 인터레스트가 저장되어 있는지 판별할 때에 보관된 인터레스트를 참조하게 된다. 센서 노드들은 기존에 수신하지 않은 새로운 인터레스트를 수신했을 때에만 해당 인터레스트를 브로드캐스팅한다.

저장된 인터레스트와 일치하는 이벤트를 감지하면 그 인터레스트가 방송된 경로들의 역순으로 싱크 노드에게 보고하게 되는데 이를 통하여 그래디언트(gradient)가 설정되는 것이다. 싱크 노드는 다수개의 경로들 중에서 전송 품질이 좋은 경로를 강화(reinforcement)시키며 강화된 경로를 통해 데이터 전송이 이루어진다. <그림 5-10>은 직접방송(Directed Diffusion) 라우팅 개념을 보여 준다.

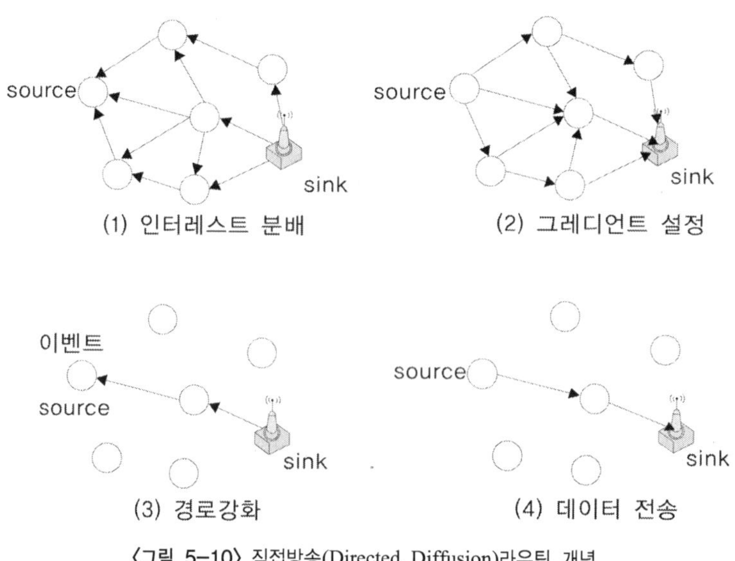

〈그림 5-10〉 직접방송(Directed Diffusion)라우팅 개념

(다) SPIN(Sensor Protocols for Information via Negotiation)

수집된 데이터를 무조건 모두 보내는 플러딩(flooding) 기법 대신에 에너지를 절약하기 위해 센서 노드가 데이터를 방송하고 싱크 노드로부터 데이터 전송 요청을 기다리는 형태의 데이터 중심 라우팅 기법이다.

소스(source) 노드에서 메타 데이터에 대한 ADV 메시지를 방송한다. ADV 메시지를 수신한 이웃 노드가 ADV 메시지의 데이터에 관해 관심을 가지게 되면 역으로 REQ 메시지를 전송하게 된다. REQ 메시지를 받은 소스 노드는 DATA 메시지를 전송한다. 이와 같이 이벤트 데이터의 전송을 위해서는 수집한 메타 데이터를 이용하여 실제 전송이 이루어지기 전에 수신 노드와 협상을 수행하고 데이터를 전송하는 방식이다.

(라) SAR(Sequential Assignment Routing)

SAR에서는 에너지의 효율성을 높이기 위해 테이블 방식의 다중경로(multipath) 라우팅 방식을 채택하였다. 각각의 라우팅 경로는 에너지 자원과 QoS, 그리고 각 패킷의 우선순위 레벨을 고려한다. 싱크 노드에서 1홉 떨어진 노드를 루트로 하는 트리를 구성한다. 다중 경로를 설정할 때에 QoS나 에너지가 낮은 노드는 제외된다. 트리 설정이 완료되면 네트워크 내의 각 노드는 다중 경로에 속하게 되고 싱크 노드로 메시지를 전달할 트리를 선택할 수 있게 된다.

(4) 응용 계층

사용자를 위한 서비스를 제공하기 위해 응용 및 센서 네트워크의 효율적인 관리를 담당한다. 이 계층은 운영 체제와 애플리케이션에 통신 서비스 등을 제공한다.

5.5. 무선 센서 네트워크 기술

5.5.1. 애드-혹 네트워크

애드-혹(Ad-hoc)을 직역하면 '그 장소에 한해서'라는 의미이다. 애드-혹 네트워크는 특정한 인프라에 의존하지 않고 그 장소에서 자동적으로 상호 접속하여 구축할 수 있는 네트워크이다. 애드-혹 네트워크의 특징은 아래와 같다.

① 기존의 인프라와 독립적으로 운영된다: 애드 혹 네트워크에서는 중앙에 기지국과 같은 마스터 장치가 없기 때문에 소스와 목적지 간의 통신을 위해 다중 홉 경로(multihop path)를 동적으로 구성해야 한다.

② 중앙화된 망 관리가 없이 독립적으로 동작한다: 애드 혹 네트워크에서는 망에 참여한 노드들의 수나 망 형태를 사전에 미리 알 수 없고 어떠한 정보도 미리 설정될 수 없다.

③ 각 노드는 라우터 기능을 수행할 수 있어야 한다: 고정된 하부 구조 없이 데이터를 전달할 수 있기 위해서는 각 노드에 라우팅 기능이 있어야 한다. 또한 자기조직화(self-organization) 기능이 요구된다.

5.5.2. 멀티 홉 네트워크

멀티 홉(Multi-hop) 네트워크는 메시지가 송신 노드로부터 직접적으로 최종 목적 노드로 전송되는 것이 아니라 1개 이상의 중간노드를 경유하는 전송방식을 말한다.

무선 통신거리는 송신파워의 n승에 비례하지만 n값은 전파전송 경로의 장해와 간섭 상황에 따라 변동한다. 멀리 볼 수 있는 실외의 경우 n은 2에 가깝고 일반 실내의 경우는 대략 2.5~4이다. 예를 들면 $n=3$의 조건에서 통신거리를 2배로 늘리고자 하면 9배의 송신파워가 요구된다. 한편 2홉의 중계통신의 경우에는 동일한 통신거리를 2배 연장해도 필요한 송신전력은 고작 2배이다. 따라서 멀티 홉 네트워크는 직접송신의 경우보다 송신전력을 억제할 수 있는 장점이 생긴다. <그림 5-11>은 멀티 홉 네트워크를 보여 준다.

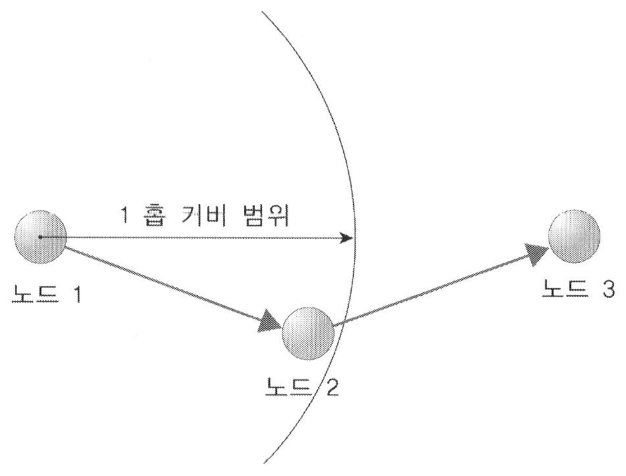

<그림 5-11> 멀티 홉 네트워크
(참고문헌: ZigBee 개발 핸드북, 엄두섭 외 저, 홍릉과학출판사)

5.5.3. 메시 네트워크

계층적 네트워크에서는 전체를 제어하는 중앙기지국이 파괴되면 노드 간의 통신이 전혀 이루어질 수 없게 된다. 그러나 메시 네트워크에서는 모든 노드가 라우팅 기능을 가지고 있으므로 어느 노드에 고장이 발생하여도 다른 라우터를 경유하여 새로운 경로로 통신이 유지될 수 있다.

메시 네트워크는 멀티 홉의 중계 기능을 이용하여 메시 형태로 구성되는 유연한 네트워크이다. 메시 네트워크를 구성하는 각 노드는 중계기능을 가져야 할 뿐만 아니라 P2P(Pear-to-Pear) 토폴로지 실장이 필요하다. 메시 네트워크에 참가하는 노드는 자신을 위한 통신뿐만 아니라 다른 노드를 위하여 메시지를 전송함으로써 통신 커버 범위의 확대와 통신경로의 확장화를 실현한다. 메시 네트워크 기술의 핵심은 어떠한 복수의 경로가 있어도 최적의 경로를 찾아내는 라우팅 기능을 실장하는 것이다. <그림 5-12>는 메시 네트워크를 보여 준다.

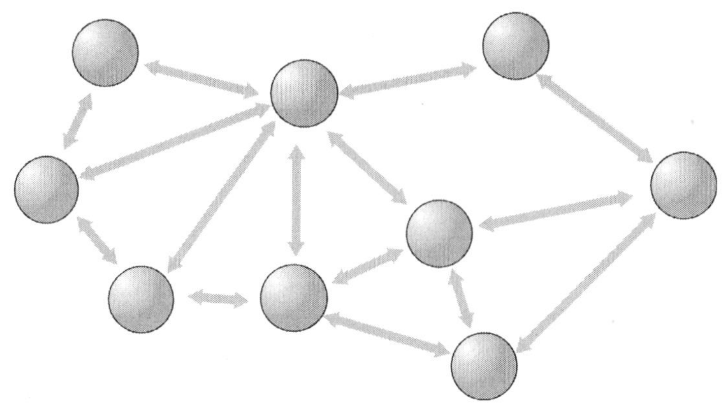

〈그림 5-12〉 메시 네트워크

5.6. 센서 네트워크의 미들웨어

5.6.1. 센서 네트워크의 미들웨어 개념

센서 네트워크의 미들웨어는 응용 서비스 시스템과 센서 노드 하드웨어의 중간에 위치하여 이들 둘 간의 통합이 유연하게 이루어지도록 해 준다. 대부분의 센서 네트워크 미들웨어는 서버 시스템에 설치되지만 노드들의 원활한 동작과 성능을 위하여 센서 노드와 싱크 노드에도 설치될 수 있다. 센서 네트워크 미들웨어가 서버 측에 설치되면 서버 측 미들웨어라 불리고, 센서 노드에 설치될 경우에는 센서 네트워크 내부 미들웨어라고 부른다. <그림 5-13>은 센서 네트워크의 미들웨어 개념 모델을 나타낸다.

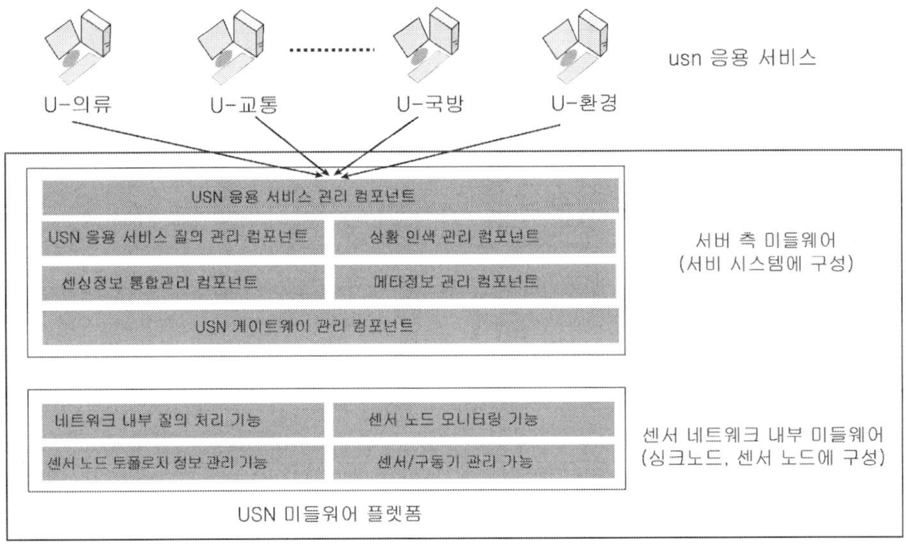

〈그림 5-13〉 센서 네트워크의 미들웨어 개념 모델
(참고문헌: 유비쿼터스 컴퓨팅 개론, 양순옥 외 저, 한빛미디어)

(1) 서버 측 미들웨어

여러 가지의 응용 서비스 관리, 응용 서비스의 다중 질의 처리, 센싱 정보/메타 정보의 효율적 관리 등을 수행한다.

(2) 센서 네트워크 내부 미들웨어

센서 노드와 싱크 노드에서의 질의 처리, 센서 노드 간을 위한 위상 정보 관리, 센서 노드의 상태 정보 관리, 센서와 구동기를 제어할 수 있는 모듈 등으로 구성된다.

5.6.2. 센서 네트워크의 미들웨어 주요 기능

센서 네트워크의 미들웨어가 수행하는 주요 기능은 아래와 같다.

(1) 다양한 질의 유형 지원

센서 네트워크의 미들웨어는 다양한 형태의 질의를 지원할 수 있어야 한다.

① 실시간으로 요청하는 단발성 질의

② 일정한 주기의 연속성 질의

③ 이벤트 질의

④ 위치 정보 질의

(2) 센싱 정보 관리

유비쿼터스 미들웨어는 응용 서비스가 요청한 질의에 응답하기 위해 센서 노드로부터 계속하여 센싱 정보를 획득하여 이를 관리해야 한다. 센싱정보를 효율적으로 저장하기 위한 방법으로 지역적 저장방식, 외부 저장 방식, 클러스터 저장방식 등이 있다.

지역적 저장 방식은 센싱 정보를 각 센서 노드에 저장하는 방식이다. 이 방식은 센서 노드와 서버 사이에 통신량이 줄어드는 장점이 있으나 센서 노드의 저장 공간이 부족하다는 단점을 가지고 있다. 외부 저장 방식은 서버 측 미들웨어에 센싱 정보를 저장하는 방식으로서 많은 양의 정보를 저장할 수 있으나 센서 노드와 서버 사이의 통신량이 늘어나는 단점이 있다. 클러스터 저장 방식에서는 센서 노드들 중에서 성능과 저장 공간이 우수한 몇 개의 노드들을 선발하여 이를 클러스터 헤드 노드로 선정하고 이 노드들에게 센싱 정보를 저장한다. 이 방식은 지역적 저장과 외부 저장 방식의 장점을 동시에 수용하기 위한 방식이다.

(3) 메타정보 관리

센서 네트워크 미들웨어는 센서 네트워크 및 센서 노드에 관한 메타정보를 효율적으로 유지하여 응용 서비스에게 제공할 수 있어야 한다. 응용 서비스는 이러한 메타 정보를 이용하여 미들웨어로부터 자신이 원하는 정보만을 손쉽게 추출할 수 있게 된다. 메타 정보에는 시간 흐름에 따라 변하지 않는 정적 메타 정보와 시간 흐름에 따라 변화하는 동적 메타 정보로 구성된다.

(4) 서로 다른 프로토콜의 센서 네트워크 통합 지원

미들웨어에 연결되어 있는 센서 네트워크 인프라와 센서 노드들은 다양한 종류의 것들이 이용되고 있다. 서로 다른 종류의 센서 노드와 서로 다른 센서 네트워크 프로토콜들이 이용되는 환경에서 이들을 통합하여 독립적으로 응용 서비스의 모든 요구들을 지원할 수 있어야 한다. 지그비(ZigBee), 블루투스(Bluetooth), 무선 LAN, CDMA 등과 같이 다양한 종류의 무선통신 프로토콜들이 센서 네트워크에 이용되고 있고, 모트(Mote) 계열, 나노(Nano) 계열, 뉴러폰(NeurFon) 계열 등의 다양한 센서 노드들이 이용되는 상황에서 미들웨어는 이들을 추상화시킴으로써 센서 노드 및 무선통신 프로토콜에 대하여 독립적으로 응용 서비스들의 요구를 처리할 수 있어야 한다.

(5) 상황 정보 생성 및 관리

상황정보는 센싱 정보 속에 포함되는 단순한 센싱 데이터가 아니라 과거의 센싱 정보를 바탕으로 현재의 센싱 정보와 비교 분석할 뿐만 아니라 미래를 예측하고 추론하는 기능을 말한다. 센서 네트워크 미들웨어는 이러한 상황정보 생성을 위하여 과거 수집된 정보 데이터베이스와 외부 비즈니스 데이터베이스 등을 연계하기 위한 기능을 제공할 수 있어야 한다.

(6) QoS 보장

사람의 안전에 관계되는 응용 서비스들은 수집되는 센싱 정보에 대해 높은 신뢰도가 요구된다. 신뢰도를 높이기 위해서는 수집된 센싱 정보가 정확해야 하고 또한 실시간성이 유지되어야 한다.

(7) 센서 노드 미들웨어 원격 갱신

다수의 센서 노드가 동작하고 이동성을 가지며 사람이 직접 제어하기 어려운 곳에 위치할 경우 센서 노드의 미들웨어를 자동으로 갱신할 수 있는 기능이 제공되어야 한다.

(8) 센싱 정보의 보안

센서 네트워크 미들웨어는 센서 노드들 및 게이트웨이 간의 협력을 통하여 센싱 정보 도청, 센싱 정보의 조작 등으로부터 보호하기 위한 방법을 제공해야 한다.

(9) 센서 노드의 위치 인식

이동 센서 노드를 이용하는 응용 서비스를 위하여 센서 네트워크 미들웨어는 센 싱 정보 이외에 실시간으로 센서 노드의 위치를 파악할 수 있어야 한다. 센서 노드 들 간의 무선통신을 이용하여 센서 노드들의 상대적인 위치를 파악하고, 고정 싱크 노드를 기준 위치로 설정하여 각 센서 노드들의 실제 위치를 인식할 수 있는 기능 을 제공해야 한다.

5.6.3. 센서 네트워크 미들웨어 구성

센서 네트워크의 미들웨어는 서버 측 미들웨어와 네트워크 내부 미들웨어로 구성 되며 네트워크 내부 미들웨어는 게이트웨이와 센서 노드의 미들웨어로 이루어진다. 서버 측 미들웨어의 컴포넌트로는 USN 서비스 관리 컴포넌트, 질의 처리 컴포넌트, 상황 인식 처리 컴포넌트, 센싱 데이터 관리 컴포넌트, 외부 DB 연계 컴포넌트, 센 서 네트워크 제어 컴포넌트, 메타 정보 관리 컴포넌트들로 이루어진다. <그림 5-14>는 센서 네트워크 미들웨어 시스템 구성을 보여 준다.

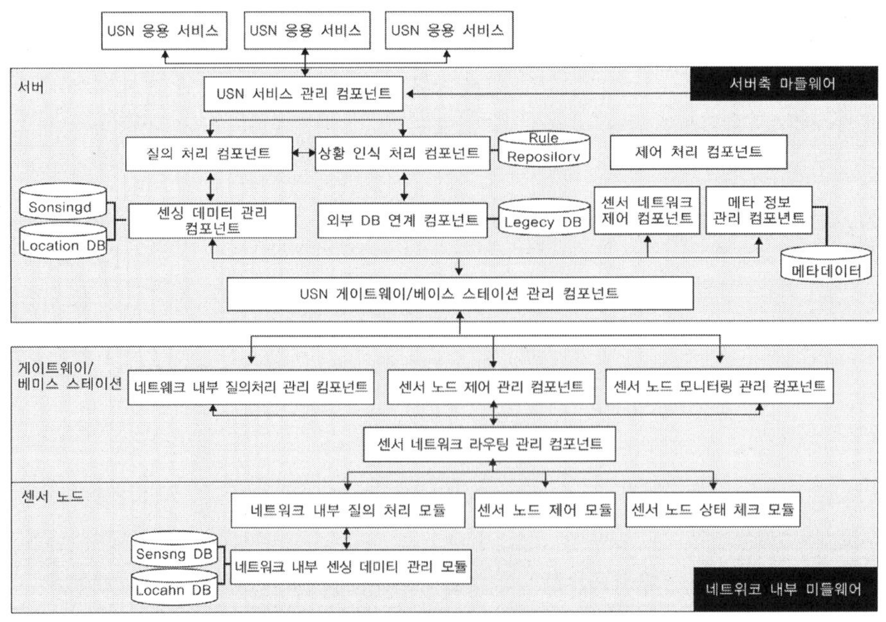

〈그림 5-14〉 센서 네트워크 미들웨어 시스템 구성

5.7. RFID/USN 응용 분야

RFID/USN은 사물 및 장소에 센서를 부착하여 주변 환경을 센싱한 후에 이를 응용 서비스로 전달하면 프로그램으로 환경 변화 및 상황 등을 추출하고 분석하여 사용자 요구에 부합하는 고도화된 서비스를 제공할 수 있다. 이러한 서비스에는 크게 공공 안전 분야, 경제 산업 분야, 생활 복지 분야 등으로 구분할 수 있으며 센서 기술과 네트워크 기술 발달에 힘입어 보다 정확하고 신속하며 안전한 형태로 인간에게 도움을 줄 수 있는 서비스로 발전할 것이다. <표 5-1>은 RFID/USN의 분야별 응용 서비스를 나타낸다.

〈표 5-1〉 RFID/USN의 분야별 응용 서비스(참고문헌: 유비쿼터스 컴퓨팅 개론, 양순옥 외 저, 한빛미디어)

분야	부문	응용 서비스
공공안전	재난재해 관리	대규모 자연재해 감지, 예방 및 구조 활동 지원
	구조물 관리	안전성 관리, 내부환경 관리, 문화재 등의 보호 관리
	국방	군수물품 관리 및 보급, 위험상황 인지
	사회안전	부정침입, 도난방지, 위치 모니터링
	행정 서비스	전자정부 서비스
경제산업	비즈니스/상거래	u—상업
	생산/제조	산업현장 모니터링, 생산 관리, 재고/자산 관리
	금융	결제/과금, 위폐 및 금융권 위조 방지
	물류/유통	이력 관리(위치 및 상태)
	교통/운수	교통제어, 교통안전 관리, 교통정보 안내, 자동차 관리
	농축수산	생산이력 관리, 생산환경 관리
생활복지	생활/문화/교육	홈(가전) 원격 관리, 원격교육
	관광/레저	현장상황 관리, 정보제공(관광지, 전시, 공연 등), 기상정보 제공
	환경	생태계 모니터링 산업폐기물 관리
	의료/복지	원격건강 모니터링, 원격 진료, 의약품 및 혈액이력 관리, 복지

5.7.1. 공공 안전 분야

(1) 재난재해 관리

산불 및 홍수로 인한 피해 규모가 점점 더 증가하고 있다. 특히 게릴라성 집중

호우로 인해 오랫동안 물난리가 없었던 지역에서도 홍수 피해가 발생하고 있어서 재난 대비 대책이 시급한 실정이다. 재난재해를 관리하기 위해서는 각 지역의 강우량 및 산불 등에 관한 데이터를 측정하고 측정된 데이터들은 재난재해 관리 서버에 수집되어야 한다. 수집된 데이터를 분석하여 재난 발생 여부를 판단한 후에 이를 방송하고 문자서비스를 제공하며 감시 지역을 관리해야 한다. 또한 추후 재난 발생을 예측할 수 있기 위해 측정 데이터를 통계 관리할 필요가 있다. <그림 5-15>는 재난재해 관리 시스템 구성도를 보여 준다.

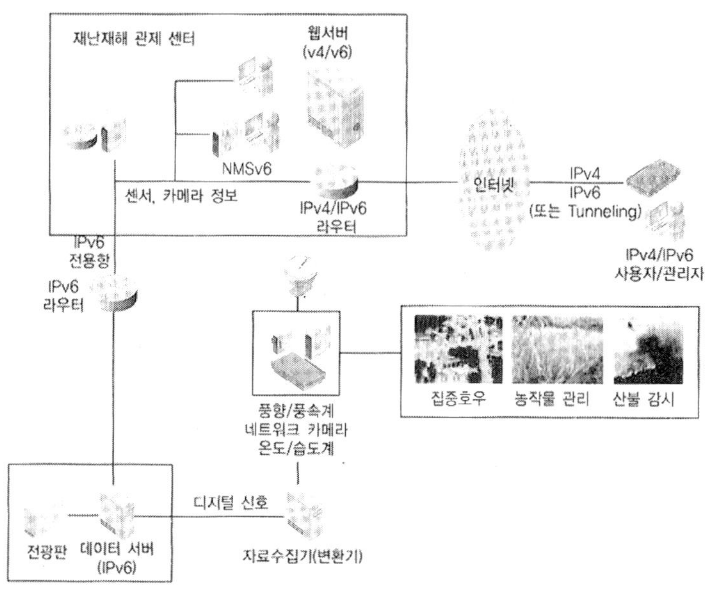

〈그림 5-15〉 재난재해 관리 시스템 구성도

(2) 구조물 관리

구조물 관리에는 건축물 관리, 다리 관리, 공장 관리 등이 있다. 건물을 지을 때에 콘크리트 상태가 제대로인지를 모니터링하기 위해 콘크리트 주변 온도, 습도, 변형률 정도 등을 측정한다. 이를 통해 건물 안전도를 체크할 수 있으며 건축 공기를 단축할 수 있다. 산업용 공장에는 화학적 및 생물학적인 위험 요소를 센싱하여 공장의 폭발이나 기타 손상으로부터 대비할 수 있다.

(3) 국방

국방 분야에서는 군수 조달 및 관리, 보안 시설 관리, 물체 식별, 상황 정보 획득을 위해 RFID/USN 시스템을 활용한다. 물체 식별 기능을 통해 아군과 적군을 구분하며 보초 근무 시에 경계지역 내에서의 물체 이동을 감지할 수 있게 된다. 전쟁 시에는 적군의 이동 경로 추적과 함께 적군의 무기 배치 예측과 작전 경로를 추리할 수 있다. 센서는 소형으로 바위나 나무 등과 구별되지 않도록 위장되어 장착하며 전투 시에도 파괴되지 않도록 분포시킨다. 사람을 추적하기 위해 광학적, 초음파, 화학적, 생물학적 센싱 기능을 효율적으로 사용한다.

(4) 사회 안전

RFID/USN 응용 서비스는 백화점, 쇼핑센터, 대규모 도서관 등에서 부정 침입, 도난 방지, 위조 방지, 출입 관리 등에 활용될 수 있다. 공항이나 항구의 출입국 관리부처에서는 수상한 화물을 분별하여 테러를 예방할 수 있다. 도난 방지를 위해 자동차 키에 RFID 태그를 부착할 수 있다. RFID 태그 자동차 열쇠를 가진 사람이 자동차에 접근하면 자동으로 도어 락이 해제되고 운전 환경이 운전자에 맞게 세팅되며 시동이 자동으로 걸리게 된다. 여권, 운전면허증, 신분증 등은 물론 지폐와 상품권에도 위조나 변조를 막기 위해 RFID 태그를 부착할 수 있다.

(5) 행정 서비스

주민등록증, 건강보험증, 운전면허증, 여권 등을 RFID 카드화함으로써 본인 확인이 요구되는 행정 서비스를 원스톱으로 제공할 수 있다. 오프라인에서 발급되고 있는 각종 증명서도 본인 인증을 통과하면 온라인으로 세계 어느 곳에서나 증명서를 발급받을 수 있게 될 것이다.

5.7.2. 경제 산업 분야

(1) 생산/제조

제품의 제조 단계에서 부품 관리나 공정 관리를 위해 RFID 태그가 사용되고 완성된 제품이 포장되기 전에 RFID 태그를 이용하여 분류 확인이나 전표를 자동으로 작성할 수 있다. 각 부품에 RFID 태그를 부착함으로써 전 공정 과정을 추적할 수 있고 또한 부품의 조달 등도 관리시스템을 통하여 자동화시킬 수 있다.

(2) 물류/유통

RFID 태그를 이용하여 물품 관리 시스템, 항공화물 추적, 수출입 물류 시스템, 수입 쇠고기 추적, 항만 물류 효율화 사업 분야에 적용할 수 있다. 모든 물품에 RFID 태그를 부착함으써 물품의 생산 이력, 운반 과정, 현재 위치 등을 파악할 수 있게 됨에 따라 물류 및 유통 업무에 효율성을 증진시킬 수 있게 된다. RFID 태그를 이용하여 물품이 출하할 때마다 재고 관리의 안전성을 높일 수 있으며 특히 창고 도난 방지에 활용할 수 있다.

(3) 교통/운수

교통 부문에서는 통행료 자동 징수, 텔레매틱스, 차량 이력 및 교통 정보 등에 활용될 수 있다. 자동 개찰 시스템은 지갑에서 교통카드를 꺼내지 않아도 RFID 카드를 이용하면 자동으로 정산되는 서비스를 제공한다. 텔레매틱스 서비스는 도로 상황 정보나 교차로 상황 정보 등을 제공하는 서비스이다. 도로 주변의 센서를 통해 교통 흐름의 속도 및 교통사고 발생 유무 등의 도로 상황 정보를 서버에 전송하면 운전자는 이동단말기를 통해 이러한 교통 정보를 전송받아서 이 정보를 바탕으로 보다 안전하고 편리하게 자동차를 운전할 수 있게 된다.

(4) 농축수산

농부는 농작물의 재배환경에 관한 센싱, 즉 온도, 수분, 조도, 토양성분, 이산화탄소 등에 관한 정보를 이용하여 최적 생장 조건을 산출하고 농업 생산량과 작물의 품질을 향상시킬 수 있다. 목장에서는 가축에 **RFID** 태그를 부착하여 가축의 위치 정보를 파악할 수 있을 뿐만 아니라 각 가축의 건강 상태를 체크할 수 있다. 센서를 활용하여 가축 주변 환경의 오염 여부도 판단할 수 있다.

가축 이력 관리를 위해 가축이 탄생하면 가축의 귀에 **RFID** 태그를 부착하고 주기적으로 가축의 성장과정을 이력 정보관리 데이터베이스에 입력한다. 소비자는 가축의 탄생에서부터 도축할 때까지의 모든 이력 사항을 참고하여 품질 좋고 안전한 육류를 구입할 수 있게 된다.

5.7.3. 생활 복지 분야

(1) 가정

TV, DVD 플레이어, 스테레오 시스템이나 기타 가전제품뿐만 아니라 전등, 커튼, 잠금장치 등을 리모컨으로 제어할 수 있다. 온도, 습도, 조도 등을 자동적으로 제어할 수 있으며 취침시간에 맞게 창문이 자동으로 닫히고 현관문의 보안장치도 자동적으로 동작될 수 있게 한다.

(2) 관광

호텔, 식당, 위락시설 방문자에게 **RFID** 태그를 부여하여 현금을 대신하는 지불수단으로 사용할 수 있고 각종 시설 내부의 출입증으로도 활용 가능하다. 놀이공원이나 이벤트 사업장에서 어린이들에게 **RFID** 팔찌를 지급하여 위치를 추적함으로써 미아를 방지할 수 있다. **RFID** 칩과 리더를 내장한 핸드폰은 신용카드나 자동차 열쇠를 대신할 수 있으며 또한 영화 티켓 예매에도 활용할 수 있게 된다.

전자우편 주소가 저장된 **IC** 태그를 부착한 핸드폰 소지자가 관광 시설물을 지날 때에 관광 시설물의 리더가 핸드폰 소지자의 **IC** 태그 내의 전자우편 주소를 읽어들여서 관광정보를 핸드폰 소지자의 전자우편으로 전송하면 수신자는 핸드폰을 통하여 관광정보를 얻을 수 있게 된다.

(3) 환경

폐기물 관리 및 환경오염 관리 분야에 RFID/USN 기술이 많이 활용될 것이다. 제조 공정에서 생산된 제품에 RFID 태그 내에 리사이클 정보를 기록하여 제품을 폐기처분할 때에 리사이클이 가능한지를 판별할 수 있게 된다. 공기 오염도와 수질 오염도의 센싱을 통하여 환경보호 정책을 수립할 수 있으며 해수면 온도를 모니터링하여 가상 예측에도 활용할 수 있을 것이다.

(4) 의료/복지

서비스 사용자의 맥박과 호흡을 모니터링하여 이를 건강관리 서버에 송신하면 건강관리 응용 서비스에서는 사용자의 상황을 고려한 분석을 통해 건강을 체크해 준다. 비만 환자의 체중 정보가 서버에 보내지고 당뇨병 환자의 혈당량 및 영양 섭취 정보가 서버에 보내져서 개인의 건강관리에 활용된다.

약품의 RFID 태그 내에 처방 정보, 투약방법, 경고문 등을 넣어서 약품 사용 정보를 제공할 수 있다. 시각장애인을 위해서는 이러한 약품사용 정보를 음성으로 변환해 제공해 줄 수 있다.

의료분야에서는 혈액형, 예방 접종일, 과거 병 이력 등을 기록한 RFID 카드로 병원과 약국 등에서 진료, 처방, 조제 등에 활용할 수 있다. 병원 출입자들에게 RFID 태그를 제공하여 병실 출입을 관리할 수 있으며, 환자도 RFID 태그를 소지함으로써 각종 병간호에 활용될 수 있다.

6. 홈 네트워크

6.1. 홈 네트워크 개요

PC가 활발하게 보급되기 시작했던 1990년대에는 사람들이 'IT를 한다'라는 표현을 사용했었는데 2000년대에 들어와서 이동통신 서비스가 발달되면서부터는 'IT를 즐긴다'라는 말을 사용했었다. 백본 네트워크가 광대역화되고 정보가전에 인터넷 기능이 추가되면서 집안 내에서도 통신이 이루어지고 이러한 통신은 외부 네트워크와도 연결되면서부터 홈 네트워크가 활성화되었다.

홈 네트워크는 집안의 가전기기와 시스템을 상호 연결하고 또한 외부 인터넷과 연결을 통하여 각각의 기기 및 시스템에 대한 원격접근 및 제어가 가능하며, 음악, 비디오, 데이터 등과 같은 콘텐츠를 사용할 수 있도록 양 방향 통신이 가능한 네트워크를 의미한다.

홈 네트워크는 집 안의 각종 기기 제어, 출입통제, 원격검침, 방문자 확인, 에너지 관리, 네트워크 연결 등 많은 기능 요소들을 가지고 있으며, 이러한 기능들은 개별적인 기기 및 설비들의 조합으로 구성된다. 홈 네트워크에서 양 방향 통신 서비스 환경을 구현하기 위해 유무선 네트워크를 사용하며 누구나 기기, 시간, 장소에 구애받지 않고 다양한 서비스를 제공받는 기술을 포함하고 있다. <그림 6-1>은 홈 네트워크의 개념도를 보여 준다.

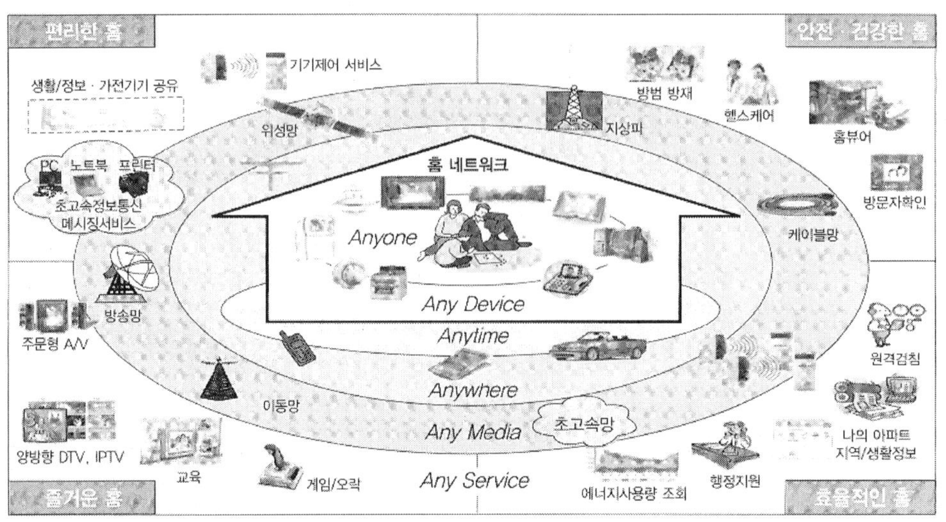

<그림 6-1> 홈 네트워크의 개념도(참고문헌: 유비쿼터스 개론, 손병희 외 저, 도서출판 ITC)

홈 네트워크 구현을 통한 홈의 종류는 아래와 같이 분류된다.

① 편리한 홈: 시간과 장소에 구애받지 않고 정보 및 가전기기를 이용하여 다양한 서비스를 제공받을 수 있다.

② 안전 및 건강한 홈: 남녀노소 누구나 특별한 교육을 받지 않고서도 정보 및 가전기기를 통하여 원격교육 및 원격의료 등의 복지 서비스 혜택을 누릴 수 있다.

③ 효율적인 홈: 가정 인프라를 통하여 집안 살림, 가정 생활정보, 가정 통신 서비스 등을 제공받음에 따라 시간과 경제적인 절약이 된다.

④ 즐거운 홈: 디지털 TV, 지능형 로봇 및 디지털 콘텐츠 등 타 산업분야와 융합된 다양한 서비스를 쉽게 이용할 수 있다.

6.2. 홈 네트워킹 기술

홈 네트워킹 기술에는 크게 홈 플랫폼 분야, 홈 네트워킹 분야, 정보가전 분야, 유비쿼터스 홈 컴퓨팅 분야 등으로 구분된다. 홈 플랫폼 분야는 홈 서버 기술과 홈 게이트웨이 기술로 이루어지는데 홈 서버는 집에 있는 가전기기, 정보기기, 통신기기 등을 제어하고 관리하는 메인 시스템이다. 홈 서버 기술에는 멀티미디어 콘텐츠의 저장, 관리, 분배, 압축, 복원 등과 함께 콘텐츠 보안 기술까지 포함되고 있다. 또한 기기별 특성에 맞도록 콘텐츠를 변환하는 적응형 콘텐츠 변환 기술도 미래 가정에 제공될 것이다. 홈 게이트웨이는 집 안의 통신망과 집 밖의 공중망 사이를 서로 연결해 주는 관문 역할을 담당한다. 또한 공중망 주소 체계를 홈 네트워크 주소 체계로 변환하는 연동기술도 홈 게이트웨이 기술에 포함된다.

홈 네트워킹 분야는 크게 유선 홈 네트워킹 기술과 무선 홈 네트워크 기술로 나누어진다. 유선 홈 네트워킹 기술에는 Home PNA, 전력선, Ethernet, USB, IEEE 1394, RS-485 등이 있고 무선 홈 네트워킹 기술에는 Bluetooth, Home RF, IrDA, 무선 LAN, ZigBee 등이 있다.

정보가전 분야는 기존의 가전기기나 센서들이 네트워크로 연결되고, 새로운 홈서비스 지원을 위한 다양한 가전기기 제품에 관한 기술로서 멀티미디어 정보가전, IT 정보가전, 홈 제어 정보가전기기 등을 포함하는 기술이다.

유비쿼터스 홈 컴퓨팅 분야는 홈 네트워킹에서 편리한 운용 환경을 제공하는 지능형 미들웨어, 서비스 접근성을 증대시키는 실감/지능형 사용자 인터페이스 및 유무선 컨버전스 기술이다.

<그림 6-2>는 홈 네트워킹 기술의 개념도를 보여 주고 있다. 홈 게이트웨이는 외부 네트워크와 집 안 내부 네트워크를 서로 연결해 주는 관문 역할을 담당한다. 집 안의 정보가전들은 홈 게이트웨이로부터 유선 및 무선 네트워크를 통해 연결됨으로써 정보가전들끼리의 내부통신과 외부 네트워크 통신이 가능해진다. 홈 서버는 홈 게이트웨이 안에 함께 장착될 수 있으며 미들웨어는 정보기기와 홈 플랫폼에 장착되는 소프트웨어로서 통신 프로토콜에 독립적으로 다양한 응용서비스를 보다 원활하게 제공하기 위해 필요하다.

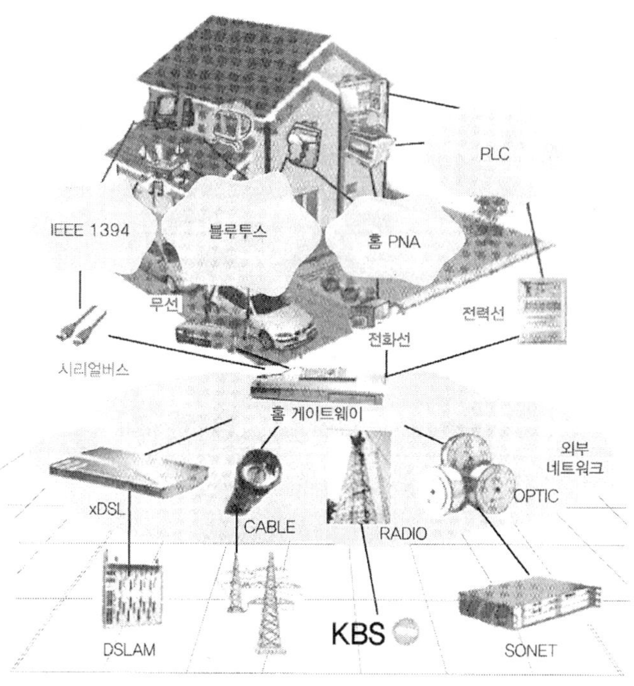

〈그림 6-2〉 홈 네트워킹 기술의 개념도
(참고문헌: 유비쿼터스 개론, 손병희 외 저, 도서출판 ITC)

<표 6-1>은 홈 네트워킹 기술 분류를 나타낸다.

〈표 6-1〉 홈 네트워킹 기술 분류

항목		세부 기술
홈 플랫폼 기술		• 홈 서버 기술 • 홈 게이트웨이 기술
홈 네트워킹 기술	유선 홈 네트워킹 기술	• Home PNA • 전력선 • Ethernet • USB • IEEE 1394 • RS-485 • Bluetooth
	무선 홈 네트워킹 기술	• Home RF • IrDA • 무선 LAN • ZigBee
정보가전 기술		• 멀티미디어 정보가전 기술 • 네트워크 정보가전 기술 • 기기 간 네트워크 연동 및 통합 기술
유비쿼터스 홈 컴퓨팅 기술		• 지능형 미들웨어 기술

6.3. 유선기반 홈 네트워킹

6.3.1. Home PNA

Home PNA는 Home Phone line Networking Alliance의 약어이며 원래는 미국 3Com, 루슨트 테크놀러지스, IBM, 휴릿 패커드, 컴팩 등이 참가한 홈 네트워킹 표준화 단체를 말한다. 1998년에 이 단체에서 공개한 홈 네트워킹 표준화 기술을 Home PNA라고 부르기 시작했다.

Home PNA는 각 가정에 설치된 전화선을 이용하여 가정 내 LAN을 구성할 수 있는 기술을 말하며 허브 및 라우터 등의 이더넷 LAN 장비가 별도로 필요하지 않기 때문에 적은 추가 비용으로 가정 내 정보통신 장비들을 하나의 네트워크로 연결할 수 있게 된다. 홈 PNA는 전화 또는 그 외 다른 서비스의 대역폭보다 높은 대역폭을 사용할 수 있기 때문에 사용 중에 전화선상의 방해 전파를 피할 수 있고, 집안에서 전화선을 통하여 신호가 전달되기 때문에 외부 조건과 상관없이 신뢰성이 높고 안전하다. 홈 PNA는 기존의 1쌍(두 가닥) 전화선을 이용하여 1Mbps 고속통신을 구현하며, 하나의 전화선에서 음성과 데이터를 동시에 사용(ADSL 제품군의 분배기 불필요)할 수 있다.

1999년 3월에 제정된 Home PNA 1.0은 1Mbps 속도를 가지며 노드 수는 25개이고 전송거리는 150m이다. 1999년 12월에 제정된 Home PNA 2.0은 10Mbps의 속도를 가지며 노드 수는 25개이고 전송거리는 150m 이상으로 규정되었다. 100Mbps 전송속도를 목표로 하는 Home PNA 3.0 표준화가 진행 중에 있다. Home PNA의 MAC 프로토콜로는 IEEE 802.3 CSMA/CD(Carrier Sense Multiple Access/Collision Detect)를 사용한다. <그림 6-3>은 Home PNA 서비스 구성도를 보여 준다.

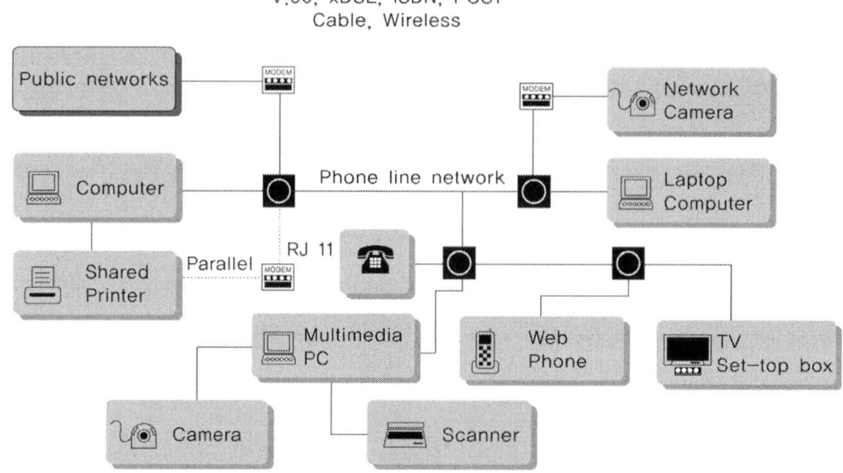

〈그림 6-3〉 Home PNA 서비스 구성도
(참고문헌: 지능형 홈 네트워크 시스템, 송면규 저, 도서출판 석학당)

6.3.2. PLC(Power Line Communication)

PLC(전력선 통신)는 가정집 또는 아파트 댁내의 배선을 새롭게 시설할 필요 없이 건축물에 이미 설치되어 있는 전력선을 활용하여 정보의 전송기능을 수행하는 기술이다. 전력선은 고압(22kV급)과 저압(220V, 110V)으로 나누어지는데 이들 전압에 맞는 PLC용 모뎀 등이 필요하게 된다. 전력선 통신의 원리는 전력선을 사용하여 〈그림 6-4〉와 같이 전원과 통신신호를 다중화하여 동시에 전송(FDM의 원리)하면 수신단에서는 필터를 통해 이를 다시 분리해 내는 방식이다. 전원은 60Hz의 저주파이고 통신신호는 100KHz~30MHz의 고주파 신호를 사용한다.

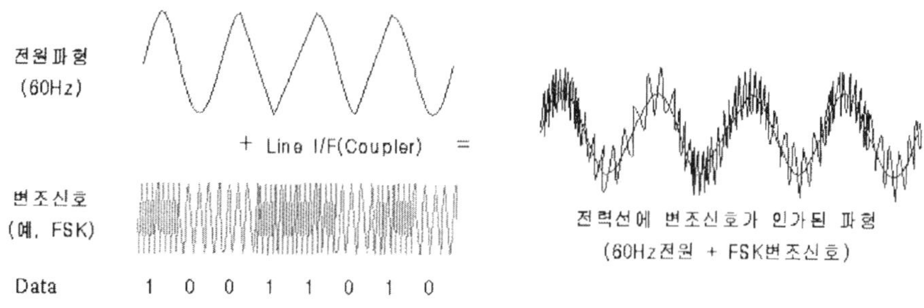

〈그림 6-4〉 전력선 통신의 원리(참고문헌: 차세대 정보통신 세계, 김충남 저, 전자신문사)

PLC는 전력수송을 목적으로 하는 전력선을 전송매체로 사용하기 때문에 별도의 통신선로가 필요하지 않고 콘센트를 이용하여 간편하게 접근할 수 있다는 장점이 있지만, 잡음과 신호감쇠, 임피던스 부적합(Impedance Mismatching) 등 안정적인 통신환경을 위해 고려해야 할 기술적 사항이 많이 존재한다.

전력선 통신 기술에는 X10, CE-BUS, Lonworks 등이 있다. X10은 전송속도가 60bps이고 256노드를 지원하지만 단방향 통신이기 때문에 조명 및 기기 제어에 활용된다. CE-BUS는 10Mbps의 전송속도와 64노드 지원이 가능하며 양 방향 통신으로서 데이터 전송이 가능하지만 전류소비가 300mA로서 높은 점이 단점이다. Loneworks는 2K~1.25Mbps의 전송속도와 127×254노드를 지원할 수 있으며 양 방향 통신으로서 제어 및 데이터 전송이 가능하다. <그림 6-5>는 전력선 통신(PLC) 방식의 구성도를 보여 준다.

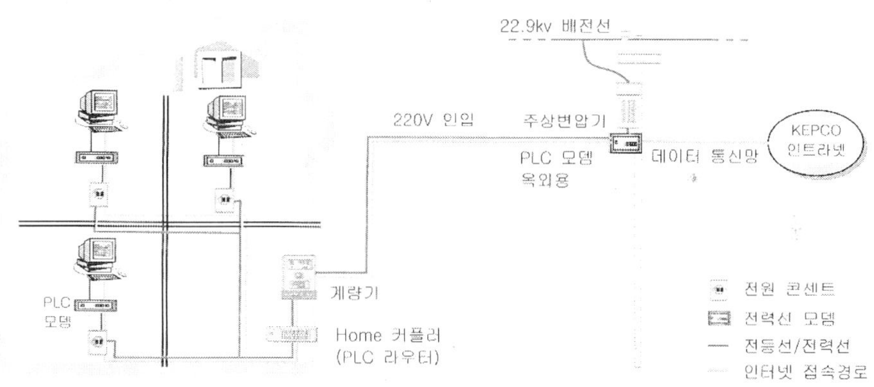

〈그림 6-5〉 전력선 통신(PLC) 방식의 구성도
(참고문헌: 차세대 정보통신 세계, 김충남 저, 전자신문사)

6.3.3. Ethernet

이더넷은 LAN을 위해 개발된 컴퓨터 네트워크 기술로서 네트워크에 연결된 각 기기들이 48비트 길이의 고유 MAC 주소를 가지며 이 주소를 이용하여 상호간에 데이터를 주고받을 수 있게 되어 있다. 이더넷의 전송매체로는 BNC 케이블, UTP 케이블, STP 케이블 등이 사용되며 각 기기들을 서로 연결하기 위한 이더넷 장치로는 허브, 스위치, 리피터 등이 있다.

이더넷은 물리계층에서 신호와 배선을 정의하고 데이터 링크계층에서는 MAC(Media Access Control) 패킷과 프로토콜의 형식을 정의한다. 이더넷의 MAC 프로토콜로는 CSMA/CD 방식을 사용하는데 이는 여러 기기가 하나의 전송매체에 연결되는 환경에서 데이터 충돌을 방지하기 위한 방식을 정의하고 있다. 최근에는 대부분 이더넷 스위치를 사용하는데 이 경우에는 데이터 충돌이 발생하지 않는다.

이더넷은 전송매체의 종류와 배선 방식, 전송속도 등에 따라 나누어지는데 아래와 같은 이더넷 방식이 자주 사용된다.

① 10BASE-T: 10Mbps 전송속도를 가지며 카테고리 3 혹은 카테고리 5에 해당하는 UTP 케이블 4가닥을 이용해 통신한다. 배선 방식은 허브나 스위치를 통해 스타 네트워크를 구성한다.

② 100BASE-TX: 100Mbps 전송속도를 가지며 카테고리 5의 UTP 케이블 4가닥을 사용하고 배선 방식은 10BASE-T와 동일하다.

③ 100BASE-FX: 100Mbps의 전송속도를 가지며 광케이블을 전송매체로 사용한다.

④ 1000BASE-T: 1Gbps의 전송속도를 가지며 카테고리 5e나 6의 UTP 케이블을 사용한다.

⑤ 1000BASE-SX: 멀티모드 광케이블을 이용해서 550m까지 거리로 1Gbps 전송속도를 가진다.

⑥ 1000BASE-LX: 멀티모드 광케이블로는 550m, 싱글모드 광케이블로는 10km까지 전송 가능하다.

6.3.4. USB(Universal Serial Bus)

USB(범용 직렬버스)는 컴퓨터와 주변기기를 연결하기 위한 표준화된 범용 직렬버스이다. 대표적인 버전으로 USB 1.0, 1.1, 2.0 등이 있으며 키보드, 마우스, 게임패드, 조이스틱, 스캐너, 디지털 카메라, 프린터, PDA, 저장장치 등과 같은 다양한 기기를 연결하는 데에 사용된다. USB는 원래 PC 주변장치 연결을 위해 개발되었지만 지금은 PDA나 게임콘솔 등에서도 사용되고 있고 USB의 전원공급 기능을 활용하여 충전 목적으로도 많이 사용되고 있다.

USB 표준은 3종류의 속도, 즉 Low speed(1.5Mbps), Full speed(12Mbps), Super speed(5Gbps) 등을 지원한다. 한편 USB 1.0은 1.5Mbps(Low speed)와 12Mbps(Full speed)를 제공하며 1996년 1월에 출시되었다. 1998년 9월에 USB 1.1이 출시되었다. USB 2.0은 2000년 4월에 출시되었는데 최대 480Mbps 전송속도를 제공한다. USB 3.0은 SS(Super Speed)라는 명칭으로 사용되며 마이크로소프트와 인텔 등의 회사가 개발 중에 있다. USB 3.0의 최대 전송속도는 4.8Gbps이며 전압은 5V 동일하지만 버스 전류가 900mA(USB 2.0의 경우에는 500mA)로 늘어나게 되어 휴대기기의 충전 시간이 단축될 수 있게 되었다.

6.3.5. IEEE 1394

IEEE 1394는 IEEE(Institute of Electrical and Electronics Engineers: 미국전기전자학회)가 지정한 규격의 하나로 1995년에 제정되었으며 PC와 프린터, AV 기기 등의 사이에 디지털 영상과 디지털 음성 등의 데이터를 쌍방향으로 주고받거나 다른 기기를 제어하기 위한 유선 전송기술이다. IEEE 1394는 전원선을 포함한 4~6가닥의 케이블을 장비와 장비 간에 연결하여 최대 3.2Gbps의 데이터를 전송할 수 있다.

IEEE 1394 기술은 피어 투 피어(Peer to Peer) 동작 모드를 지원하므로 분산형 구조에 적합할 뿐만 아니라, 실시간 멀티미디어 데이터 전송도 함께 지원하므로 최적의 홈 네트워크 솔루션이다. IEEE 1394-1995는 100, 200, 400Mbps의 높은 전송률을 지원하지만 최대 전송거리가 4.5m로 제한되어 있는 단점이 있다. 이러한 단점을 보완하기 위해 3.2Gbps의 전송속도와 100m의 전송거리를 지원하는 1EEE 1394b 표준이 2000년 말에 확정되었으며 무선 1394 기술을 가능하도록 IEEE 1394.1 표준도 2001년 1월에 확정하였다. <그림 6-6>은 IEEE 1394 구성도를 보여준다.

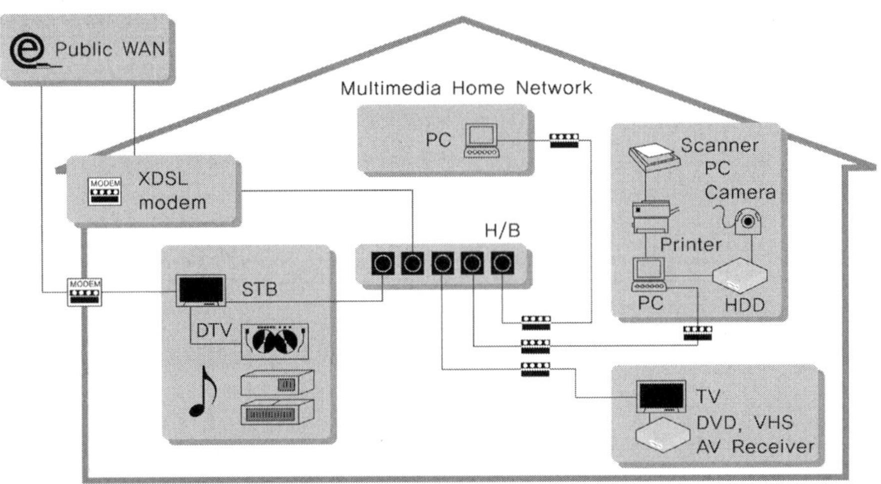

〈그림 6-6〉 IEEE 1394 구성도(참고문헌: 지능형 홈 네트워크 시스템, 송면규 저, 도서출판 석학당)

IEEE 1394의 특징은 아래와 같다.

① 핫(HOT) 플러그인 방식

② 전송속도: 400Mbps(IEEE 1394a), 1Gbps(IEEE 1394b)

③ 연결방식: 데이지 체인(Daisy chain)

④ 케이블: 전원선 포함 4, 6가닥

⑤ 노드 간 거리: 100~800m

⑥ 사용성 용이 및 확장성 우수

⑦ 멀티미디어 데이터 전송에 최적

<그림 6-7>은 IEEE 1394 케이블 및 커넥터 구조를 보여 준다.

〈그림 6-7〉 IEEE 1394 케이블 및 커넥터 구조

6.3.6. RS-485

RS-485는 2선식 반이중 다중점 직렬연결에 대한 OSI 모델의 물리계층 명세이다. RS-485 홈 네트워크 규격은 월 패드/홈 게이트웨이와 제어기기 간의 통신 규격과 메시지 기본 포맷을 정의하고 상호 연동 서비스를 위한 데이터 통신 프로토콜도 정의한다.

통신 방식은 비동기 직렬통신이며 통신 속도는 9.6kbps로서 데이터 비트 8에 패리티 비트는 사용하지 않고 흐름제어도 없다. 제어 가능한 디바이스 수는 최대 32개이며 데이터 송수신 방식은 polling 방식을 사용한다. 연동 대상 제어기기는 1차적으로 14개, 즉 세탁기, 전자레인지, 식기세척기, 보일러, 온도조절기, 원격검침기, 전등, 일괄차단기, 방범확장, 가스밸브 제어기, 커튼, 환기시스템, 도어락, 시스템 에어컨 등이다. <그림 6-8>은 RS-485 홈 네트워크 구성을 보여 준다.

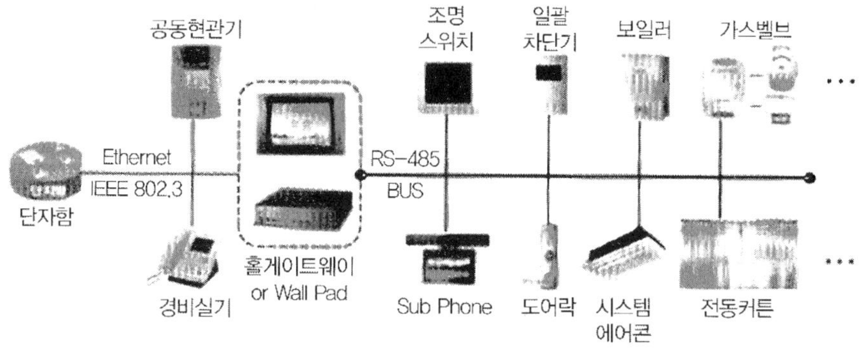

〈그림 6-8〉 RS-485 홈 네트워크 구성(참고문헌: 지능형 홈 네트워크 시스템, 송면규 저, 도서출판 석학당)

6.4. 무선기반 홈 네트워킹

6.4.1. Bluetooth

블루투스(Bluetooth)는 '푸른 이빨'이라는 뜻의 합성어로서 이는 10세기 스칸디나비아 반도에서 바이킹으로 유명했던 헤럴드 블루투스(Herald Bluetooth)의 이름에서 유래되었다. 헤럴드가 스칸디나비아 반도를 통일한 것처럼 블루투스 기술로 서로 다른 통신장치들 간에 통신할 수 있다는 의미를 나타낸 것이다.

블루투스는 1994년 스웨덴의 에릭슨이 최초로 개발한 개인 근거리 무선통신(PAN: Personal Area Network)을 위한 산업 표준이며, 이어폰, PDA, 카메라, 노트북 등과 같은 장치에 블루투스 칩이 양측에 내장되어 무선으로 상호 통신을 수행한다. <그림 6-9>는 개인 근거리 무선통신망에서 블루투스 사용 예를 나타낸다.

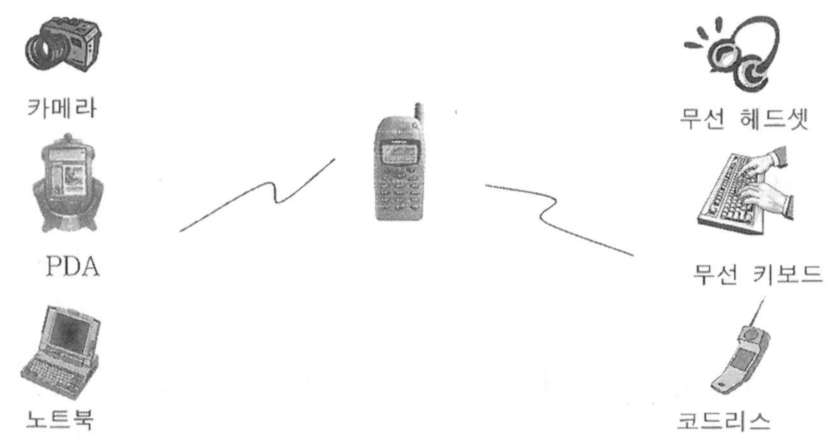

〈그림 6-9〉 개인 근거리 무선통신망에서 블루투스 사용 예

블루투스 기술은 시스템 구현 비용이 낮기 때문에 휴대용 장치 간의 통신에 많이 활용된다. 사용 대역으로는 ISM 대역인 2.45GHz를 사용한다. 출력이 1μW(class3)로 약 10m, 100mW(class1)로는 약 100m까지 통신이 가능하다. 또한 회선방식과 패킷방식을 동시에 지원하기 때문에 패킷방식만 지원하는 IEEE802.11의 무선LAN과는 차이점이 있다.

블루투스의 송수신 장치는 79개의 1MHz 채널을 초당 1,600번씩 동일한 절차에 따라 채널을 바꾸어 가면서 통신을 수행한다. 블루투스에서는 주파수 호핑(FH: Frequency Hopping)을 사용하는데 주파수 호핑 방식은 통신할 때에 정보의 파형을 변조하는 것으로서 초당 1,600번의 주파수를 번갈아 가며(주기가 625μs) 대역을 확산시키면서 전송하므로 전파의 중첩을 방지할 수 있다.

하나의 패킷을 전송하면 현재의 주파수와는 다른 주파수로 호핑(건너뛰기)하는데 이러한 동작이 매우 빠르게 진행되므로 동일 주파수에 머무르는 시간이 아주 짧고 다른 신호와의 간섭을 방지하는 것이 가능하다. <그림 6-10>은 블루투스 주파수 대역과 채널 주파수를 보여 준다.

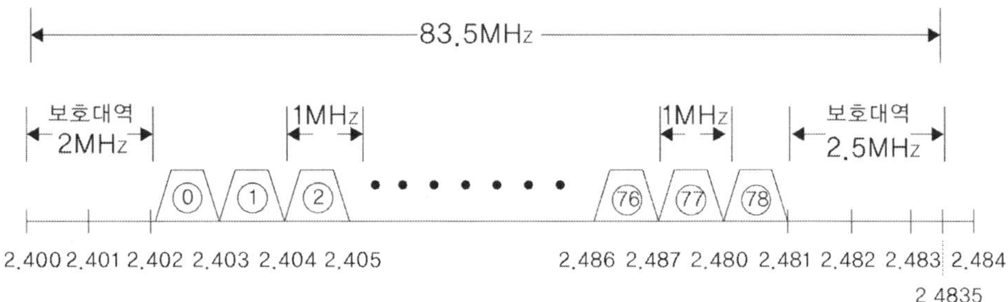

〈그림 6-10〉 블루투스 주파수 대역과 채널 주파수(참고문헌: 차세대 정보통신 세계, 김충남 저, 전자신문사)

블루투스 활용 분야는 아래와 같다.

① 1대의 전화기를 3가지로 사용 가능: 블루투스가 탑재된 이동전화를 사무실에서는 인터콤(intercom)과 연결해서 인터콤 헤드셋으로, 가정에서는 무선 전화 베이스 스테이션과 연결해서 무선전화 헤드셋으로, 이동 시에는 이동전화로 사용 가능하다.

② 인터넷 브리지로 사용 가능: 블루투스가 탑재된 노트북으로 이동할 때에는 가방 속의 이동전화와 연결하여 사무실에서는 모뎀이나 LAN에 연결해 인터넷에 접근할 수 있다.

③ 헤드셋(headset): 블루투스 헤드셋은 선이 없기 때문에 행동이 자유롭다.

④ 무선 데스크톱: 전원 선을 제외하고 현재 사용 중인 PC 주변의 모든 선을 블루투스로 대체할 수 있다.

6.4.2. Home RF

홈 RF는 가정 내의 PC와 소비자 전자장치들을 연결하려는 목적으로 1998년 3월에 출범하였다. IEEE 802.11 무선 LAN 프로토콜을 기반으로 IEEE 802.11 MAC을 보완하여 음성 트래픽을 추가하였으며 인터넷 액세스의 다중 연결을 구현하였고 입력 호에 대한 자동 인텔리전트 라우팅(Automatic Intelligent routing)을 수행한다.

홈 RF의 프로토콜은 SWAP(Shared Wireless Access Protocol)라고 불리는데 데

이터 전송으로는 IEEE 802.11을 사용하고 음성 전송으로는 유럽 무선 전화 규격 DECT를 채용하였다. SWAP는 세계 어디에서나 사용할 수 있는 2.4GHz 대역을 사용하며 TDMA(Time Division Multiple Access)와 음성 서비스 등에 적합한 DECT(Digital Enhanced Telecommunication), 이더넷의 CSMA/CD 기술 등을 도입하였다.

2.4GHz ISM(Industrial Scientific Medical) 대역에서 주파수 호핑(frequency hopping) 기술을 사용하며, 가정용으로는 충분한 최장 45m의 거리와 최고 1.6Mbps까지의 속도를 제공한다. 가정용 가전 기기 등에서 발생하는 방해 전파를 적절히 처리하고 음성, 비디오 및 오디오 데이터를 처리하는 데 있어서 WiFi보다 더 나은 기법을 가지고 있다고 주장한다.

프로토콜 구조는 물리계층은 IEEE 802.11의 무선 LAN 표준과 유사하며, SWAP의 MAC 계층은 TCP/IP와 같은 데이터 서비스와 DECT와 같은 음성서비스를 함께 지원한다. SWAP 시스템은 음성, 데이터 등의 전송과 함께 PSTN 과 인터넷의 연동을 위해 설계되었다. <표 6-2>는 홈 RF 규격을 보여 준다.

〈표 6-2〉 홈 RF 규격

구분	사양
주파수 호핑 Network	50hops/second
사용주파수 범위	2,400MHz ISM대역
전송전력	100mW
데이터 전송률	2FSK 사용 시 1Mbps, 4FSK 사용 시 2Mbps
동작거리	가정, 정원
지원장치 수	최대 127개
음성 연결	최대 6개의 풀 듀플렉스 채널
데이터 보안	Blowfish 암호화 알고리즘
데이터 압축	LZRW3-A알고리즘
Network ID	48비트

6.4.3. IrDA

IrDA(Infrared Data Association)는 적외선 통신 링크에 사용되는 하드웨어와 소프트웨어에 관한 국제표준을 만들 목적으로 산업계가 후원하는 조직이며 1993년에 결성되었다. 적외선 통신에서는 무선 전송의 특별한 형태로서 THz 또는 Trillion

Hertz에서 측정되는 적외선 주파수 스펙트럼 내의 모아진 광선이 정보로 변조되어
송신기로부터 비교적 짧은 거리 내에 있는 수신기로 전송된다.

적외선 통신은 근거리 통신망 내의 상호 연결도 가능하며 최장 유효거리는 약
1.5마일 정도이다. 최대 대역폭은 16Mbps를 목표로 하고 있으며 가시광선을 전송
하는 것이므로 안개와 같은 대기조건에서는 민감하다는 단점이 있다. 적외선 통신
에서는 송수신 양측 장비 모두 송수신기가 장착되어야 하는데 특별한 마이크로칩이
이러한 기능을 제공한다.

IrDA의 응용분야는 아래와 같다.

① 노트북 컴퓨터와 프린터 간의 상호 연결

② 포켓용 PC를 이용한 명함 교환

③ 노트북 컴퓨터에서 공중전화를 이용하여 FAX 전송

④ 디지털 카메라에서 컴퓨터로 이미지 전송

6.4.4. 무선 LAN

무선 LAN 기술은 현재 주로 사용되고 있는 유선 LAN 형태인 이더넷의 단점을
보완하기 위해 고안된 기술로서 이더넷 네트워크의 말단에 위치하여 배선작업을 없
애고 유지관리 비용을 최소화하기 위해 널리 사용되고 있다. 폐쇄되지 않은 공간(예
를 들어 하나의 사무실)에 하나의 Hot spot를 설치하고 Hot spot부터 각 사무실의
컴퓨터는 무선으로 연결함으로써 사무실 내의 케이블을 없앨 수 있게 된다. 각 사
무실의 Hot spot은 외부 WAN 및 백본 스위치 사이에 이더넷 네트워크로 연결됨으
로써 백본 네트워크와의 상호 연결이 가능해진다.

Hot spot은 이더넷 허브와 비슷한 역할을 담당하는 장비이며 핫 스팟 주변에 위
치한 무선 클라이언트들을 하나의 네트워크로 묶어서 서로 통신할 수 있게 한다.
핫 스팟에 연결된 이더넷 회선을 통해 다른 핫 스팟, 백본이나 WAN 망으로 연결
할 수 있도록 해 준다. 하나의 핫 스팟은 장애물이 없는 지역에서 최대 100m, 최소
20여 대까지 네트워크를 구성할 수 있다.

무선 LAN 기술은 장비 간에 무선을 이용하여 연결함으로써 사용자에게 이동성
보장과 함께 사무환경을 개선하기 위해 1997년에 '802.11'이라고 불리는 무선랜 규

격으로 등장하였다. 802.11 계열 기술인 무선 LAN은 WiFi(Wireless Fidelity)로 통용되는데 무선접속장치(AP)가 설치된 곳을 중심으로 일정 거리 이내에서 PDA나 노트북 컴퓨터를 통해 초고속 인터넷을 이용할 수 있다. 무선 주파수를 이용하므로 전화선이나 전용선이 필요 없으나 PDA나 노트북 컴퓨터에는 무선 랜카드가 장착되어야 한다.

무선 LAN 기술에서는 4~11Mbps의 전송속도로 대용량의 멀티미디어 정보를 주고받을 수 있으며 장시간 사용해도 사용료가 저렴하고 이동성과 보안성까지 갖추고 있다. 그러나 무선 LAN은 기지국당 통신가능 지역이 30~200m 정도로 매우 협소하기 때문에 이동성은 크게 떨어지는 단점이 있다. KT의 넷스팟이나 스페인의 '폰(pone)' 서비스 등이 무선 LAN 기술을 기초로 하고 있다. 휴대전화에 무선 LAN 기술을 채택하여 인터넷 전화(VOIP)와 이동통신(WiBro) 등이 결합되면 엄청난 파급효과가 기대된다.

무선 LAN의 전송표준에는 여러 가지가 제안되고 있으며 주요 내용은 아래와 같다.

① 801.11(초기버전): 2Mbps의 전송속도를 가지며 ISM 대역인 2.4GHz 대역을 사용하고 CSMA/CA 기술을 도입하였다. 그러나 규격이 엄격하게 정해지지 않아서 서로 다른 회사에서 만들어진 제품 사이에 호환성이 부족했고 전송속도도 느려서 널리 사용되지 않았다.

② 802.1b: 802.11 규격을 기반으로 더욱 발전시킨 기술로서 최고 전송속도는 11Mbps이나 실제로는 6~7Mbps 정도이다. 표준화 이후 시장에 다양한 제품이 등장했으며 폭넓게 보급되어 사용되었다.

③ 802.11a: 5GHz 대역을 사용하며 OFDM(Orthogonal Frequency Division Multiplexing) 기술을 채택하여 최고 54Mbps까지의 전송속도를 지원한다.

④ 80211g: a 규격과 전송속도는 같지만 2.4GHz 대역의 주파수를 사용한다는 점만 다르다. 802.11b 규격과 호환성이 높아서 현재 널리 사용되고 있다.

⑤ 802.11n: 2.4GHz 대역과 5GHz 대역을 사용하며 최고 300Mbps까지의 속도를 지원하고 있다. 802.11n은 현재 우리나라에서 상용화되었다. 다중 입출력(MIMO: Multiple Input Multiple Output)과 프레임 접합 등의 기술에 의해 기존의 무선 랜 규격에 비해 월등히 빠른 600Mbps 속도를 낼 수 있는 차세대 무선 네트워크 기술이다.

6.4.5. ZigBee

ZigBee는 근거리 무선통신 기술로서 900MHz 및 2.4GHz ISM 주파수 대역을 사용하며 저가의 초소형, 저전력의 특징을 가지고 있다. ZigBee는 홈 네트워킹, 홈오토메이션, 빌딩 제어 및 산업, 의료용 장비, 자동화 물류 환경 모니터링, 보안시장, 휴먼 인터페이스, 텔레매틱스, 군사 등 다양한 유비쿼터스 환경에 응용할 수 있다. 또한 적외선 통신의 전통적인 역할인 TV 리모컨이나 게임기, 컴퓨터 키보드, 마우스 등에서도 활용될 수 있어서 블루투스 등 다른 무선 기술과의 경쟁이 예상된다.

일반적으로 무선센서 및 제어 네트워크의 경우에는 대용량 정보전달에 대한 요구보다는 긴 배터리 시간과 함께 일정거리 이상의 전송 영역 확보가 중요시된다. 이러한 요구사항을 충족시키기 위해 IEEE는 2003년 5월 802.15.4 규격을 발표하였다. 센서네트워크에서 블루투스나 WiFi 대신에 ZigBee 기술을 채택한 이유는 기존의 WPAN(블루투스, IrDA 등) 기술이 고가이고 전력소모 문제 등으로 시장 활성화가 부진한 상황에서 ZigBee는 단순한 기능의 저기능성 센서 네트워크를 가능하게 하기 때문이다. 한 번의 배터리 장착으로 최대 2~3년 정도 사용할 수 있는 ZigBee 슬레이브 장치의 장점을 활용하여 데이터 송수신 빈도가 낮은 가정 내의 냉·난방/환기 시스템, 가스/화재 탐지기 등에 응용이 가능하게 된다.

ZigBee는 IEEE 802.15.4(PHY, MAC)에 기반을 둔 무선 기술 스펙을 의미한다. IEEE 802.15.4 프로토콜 스택을 바탕으로 하여 상위 레벨의 통신 표준을 규정하고 있다. ZigBee는 무선 헤드폰 등 무선 개인 통신망(WPAN)을 위해 IEEE 802.15.4 저전력 디지털 라디오를 사용한다. 블루투스와 WiFi 기술과는 달리 ZigBee는 비교적 저렴하고 간단한 기술이다. <표 6-3>은 ZigBee와 타 무선통신 기술과의 비교를 보여 준다.

〈표 6-3〉 ZigBee와 타 무선통신 기술과의 비교

표준	ZigBee IEEE 802.15.4	WIFI IEEE 802.11b/ag	블루투스
주요 애플리케이션	모니터링 및 제어	웹, 이메일, 동영상	케이블대체
스택크기(KBytes)	4–64	1000＋	250＋
배터리수명(일)	100–1000＋	0.5–5	1–7
네트워크사이즈(노드)	무한대(65536)	다수	7
무한대, 다수(kbps)	250	11000/54000	～1000
거리(미터)	100＋	100	10＋
칩 가격	＄3	＄9	＄5

6.5. 홈 네트워킹 미들웨어 기술

홈 네트워크는 정보기기, 가전, 통신기기 등을 댁내 통신망으로 연결하고 홈게이트웨이를 통해서 외부의 유선망, 무선망, 케이블망 등으로 연결하며 홈 네트워크 서버에 장착되는 플랫폼 상에서 다양한 서비스를 제공한다. 홈 게이트웨이는 가입자 댁내에 위치하여 장치 내·외부로 출입하는 모든 정보의 통제, 제어 및 인증 등 관문 역할을 수행한다. 홈 서버에는 홈 네트워킹 서비스를 제공하기 위한 플랫폼 기술로서 미들웨어 소프트웨어가 장착되는데 이러한 미들웨어에는 Jini(JAVA intelligent network infrastructure), LonWorks, UPnP(Universal Plug and Play), HAVi(Home Audio Video Interoperability), VHN(Versatile Home Networking), OSGi(Open Service Gateway initiative) 등이 대표적이다.

6.5.1. Jini(Java Intelligent Network Infrastructure)

Jini는 미국 선 마이크로시스템 사가 개발한 프로그램 언어인 자바로 작성한 프로그램(자바 객체)을 가정 내의 정보기기 등에 장착하여 각 자바 객체 간에 통신방법을 제공한다. Jini는 여러 대의 PC로 분산 동작시킬 수 있으며 각 기기 내의 자바 객체끼리 RMI(Remote Method Invocation) 방법으로 통신을 수행한다.

보통은 네트워크상에 프린터나 디스크드라이브 등을 설치하려면 설치와 부팅이 필요하지만 Jini가 지원되는 장치는 스스로 자기 자신을 네트워크에 알리고 자신의 능력에 관해 자세한 정보를 제공하며 네트워크상의 다른 장치들이 즉시 액세스할 수 있도록 해 준다. 예를 들어서 Jini 대응의 PC나 디지털 카메라를 통신망에 접속하여 인쇄하고자 할 때에 Jini는 그 통신망에 연결되어 있는 인쇄기의 드라이버 소프트웨어를 찾아내어 설정한다. 이용자 자신이 드라이버 소프트웨어를 설치하거나 설정할 필요가 없다. 이와 같이 Jini에서는 '탐색 서버'를 두어 통신망에 접속되어 있는 각종 기기의 속성 정보를 보존함으로써 네트워크상의 다른 기기들이 쉽게 액세스할 수 있으므로 분산 컴퓨팅 구성이 가능해진다.

6.5.2. LonWorks(Local operating network)

1989년 애셜론(Echelon) 사가 제안한 제어용 네트워크 시스템으로서 네트워크의
LAN 개념과 유사하다. LonWorks는 가정 내의 토스터 기, 전구, 스위치 등과 같은
작은 장치 내에 마이크로프로세서를 장착시켜서 홈 네트워킹을 구현하고, 서로 다
른 벤더 제품 간에 상호 통신할 수 있도록 디바이스를 센싱하고 제어할 수 있는 neuron
chip을 모든 디바이스에 탑재하는 것을 전제로 한다. LonWorks는 제어나 감시, 감
지기를 사용하는 모든 부문에 적용될 것을 목표로 설계되었다.

6.5.3. UPnP(Universal Plug and Play)

UPnP 표준은 1999년 10월에 가전, 컴퓨터, 홈오토메이션, 홈 시큐리티, 프린터,
네트워크 등 다양한 기관이 참여한 포럼을 통해 제정되었다. UPnP는 홈 네트워크
에 연결되어 있는 장치들을 인터넷과 웹 프로토콜을 사용하여 서로를 자동으로 인
식할 수 있도록 해 주는 표준이다. UPnP를 이용하면 사용자가 어떤 장치를 네트워
크에 추가할 때에 그 장치는 스스로 구성을 완료하며 TCP/IP 주소를 받고 다른 장
치들에게 자신의 존재를 알리기 위해 인터넷 HTTP에 기반을 둔 발견 프로토콜을
사용하게 된다.

예를 들어서 카메라의 사진을 프린터로 출력하고자 할 때에 카메라는 '발견 요
청' 신호를 네트워크에 보냄으로써 이용 가능한 프린터가 네트워크상에 연결되어
있는지 찾도록 할 수 있다. 그 신호를 받은 프린터는 자신의 위치를 URL의 형태로
카메라에게 응답한다. 카메라와 프린터는 공용의 언어로 XML을 사용하거나 또는
프로토콜 협상을 통하여 또 다른 공용 언어를 결정할 수 있다. 이와 같은 방식으로
카메라는 프린터를 제어하고 선택된 사진을 출력할 수 있게 된다.

UPnP는 장비에 관계없이 공통적인 인터페이스를 제공한다. 홈서비스용 응용 프
로그램 입장에서는 UPnP를 지원하는 장비들의 구체적인 사항에 대한 고려를 하지
않고서도 통신이 가능하며, 또한 장비의 입장에서도 UpnP만을 지원하면 이를 지원
하는 모든 서비스용 응용 프로그램과 연결이 가능해지는 것이다.

6.5.4. HAVi(Home Audio Video Interoperability)

HAVi는 홈 네트워크에 연결되어 있는 오디오와 비디오 기기 간의 상호 운영성을 위한 표준을 정의한다. 네트워크에 연결된 모든 오디오/비디오 가전 장비들은 네트워크의 연결 순서나 위치, 장비 생산업체 등에 관계없이 서로 다른 장비의 기능을 제어할 수 있도록 해 준다.

HAVi는 하위의 미디어 접근 기술에 독립적인 다른 미들웨어와는 다르게 고속(400Mbps)의 IEEE 1394 네트워크를 기반으로 하고 있다. HAVi는 주로 오디오 및 비디오 장비를 생산하는 8개 주요 회사, 즉 Grunding AG, Hitachi, Panasonic, Royal Philips Electrics, Sharp, Sony, Thomson Multimedia, Toshiba 등에 의해서 시작되어 현재는 국내의 삼성과 LG 전자 등을 포함하여 50여 개 이상의 업체들이 참여하고 있다.

HAVi의 주요 특징은 아래와 같다.

① 상호 운용성: 하나의 장비에서 다른 장비를 제어할 수 있다.

② 제조회사 독립성: 상호 운용성 제공으로 제조사와 무관하게 제품에 대한 선택 폭을 넓게 가질 수 있다.

③ Plug and Play: 네트워크 주소나 장비 드라이버 등의 설치 없이 홈 네트워크에 장비를 연결하여 간편하게 사용할 수 있다.

④ 기능 갱신의 용이성: 새로운 DCM(Device Control Module)의 제공을 통해 기능 개선이나 추가적인 기능 제공이 가능하다.

⑤ 분산 제어: 중앙에 서버를 두지 않고서도 장비 간의 직접통신(peer to peer)을 수행하는 분산 제어 형태를 가질 수 있다.

6.5.5. OSGi(Open Service Gateway initiative)

OSGi는 1999년에 선 마이크로시스템즈, IBM, 에릭슨 등이 구성한 단체에서 제정한 개방형 표준이다. OSGi는 한 개의 번들 또는 여러 개의 번들로 이루어진 애플리케이션 자체를 언제든지 동적으로 프레임워크 상에 설치, 실행, 업데이트, 중단, 제거 등을 가능하게 하는 유연한 라이프 사이클 모델을 지원하는 프레임워크이다.

OSGi 서비스 플랫폼은 자바 환경에서 기존 또는 신규 소프트웨어를 효과적으로 통합하고 개발할 수 있는 핵심 기능을 제공한다. 또한 이러한 요소 기능들을 표준화함으로써 다양한 서비스 응용 분야에 사용될 애플리케이션들의 재사용성, 컴포넌트 모듈 간의 협업 및 소프트웨어의 경량화 등을 지원한다. OSGi 서비스 플랫폼은 다양한 네트워크 토폴로지를 형성하는 여러 유형의 네트워크 장치에 탑재될 수 있으며 그 장치들을 재부팅하지 않고 동적으로 새로운 기능을 추가할 수 있다. OSGi 서비스 플랫폼은 홈 게이트웨이, 텔레매틱스 단말, 모바일 단말, 산업 자동화, 빌딩 자동화, PDA, 그리드 컴퓨팅, 백색가전, 엔터테인먼트, 기업 차량 관리, 로봇 미들웨어와 데스크톱 등에 응용 가능하다.

6.6. 홈 네트워크 서비스의 구성 요소

홈 네트워크 서비스는 홈오토메이션과 연계한 컨트롤 서비스에서 디지털 콘텐츠를 양 방향으로 이용하는 멀티미디어 엔터테인먼트 서비스로 발전·변화하고 있다. 홈 네트워크 서비스를 제공하기 위해서는 단지 네트워크가 게이트웨이에 연결되어야 하고 게이트웨이는 세대네트워크와 연결되어야 한다.

홈 네트워크 서비스는 초기에는 제어서비스 및 방범/방재 서비스가 주류를 이루었지만 최근에는 스마트그리드, u-City 등과 연계하여 도시 서비스로 발전해 오고 있다.

6.5.1. 홈 게이트웨이

홈 게이트웨이의 제공 서비스는 아래와 같다.

① 네트워크 분배 및 접속 제어 서비스: 홈 게이트웨이는 홈 네트워크 서비스에서 세대 내부와 세대 외부를 서로 연결하는 관문 역할을 담당한다. 물리적으로 세대 외부로부터 1회선이 들어오므로 세대 내의 다양한 IP단말을 위한 접속 기능을 제공한다.

② 홈 네트워크 제어기기의 제어 서비스: 월 패드에서도 홈 네트워크 제어 디바

이스에 대한 제어기능을 수행하지만 홈 게이트웨이에서도 담당할 수 있다. 홈 게이트웨이에서 제어 서비스를 수행할 경우 사용자 인터페이스는 월 패드를 통하여 제공된다.

③ 홈 네트워크 월 패드와 동스위치 간의 네트워크 접속 서비스: 월 패드도 하나의 IP단말로 동작하므로 동스위치(Workgroup Switch)와 월 패드 사이를 접속시켜 줘야 한다.

6.5.2. 월 패드

월 패드의 제공 서비스는 아래와 같다.

① 방문자 확인 서비스(도어폰, 로비폰)

② 경비실 통화 서비스

③ 세대 간 통화 서비스

④ 홈 네트워크 제어기기의 제어 서비스

⑤ 홈 네트워크 정보 확인 서비스: 원격 검침 설비와 연동하여 세대 에너지 사용량을 확인할 수 있고 단지 관련 정보 확인 서비스를 제공한다. 또한 방문자 기록 확인 서비스와 함께 CCTV 제공 영상 확인 서비스도 제공한다.

6.5.3. 단지 네트워크 장비

단지 네트워크 장비는 네트워크 연결 장비와 네트워크 기능 장비로 나누어지는데 제공 서비스는 아래와 같다.

① 동스위치(Workgroup Switch): 집선 스위치와 세대 간 연결 서비스를 제공하고 세대의 홈 게이트웨이 또는 월 패드와 단지망 간의 연결 기능을 제공한다.

② 집선 스위치(Backbone Switch): 각각의 동스위치 간을 서로 연결하고 이를 위해 광 연결 포트와 함께 DHCP 서비스 등을 제공한다. 또한 인터넷망과의 연결서비스도 제공한다.

③ 방화벽 장비(Fire wall): 외부의 비승인된 연결 시도 및 제어 권한 획득 시도로부터 단지 네트워크 장비 및 단지 서버를 보호하는 서비스를 제공한다.

6.5.4. 단지 서버

단지 서버의 제공 서비스는 아래와 같다.
① 단지 서버: 홈 네트워크 관리 서비스와 함께 월 패드에게 단지 정보를 제공한다.
② 원격 검침 서버
③ WEB/WAP 서버
④ VoIP 서버: 로비폰 또는 경비실 기기와 세대 월 패드 간 통화 및 세대 간 통화 시에 IP 주소 확인 및 통화 연결 서비스를 제공한다.
⑤ 차량 출입 통제 서버: 등록된 세대 차량을 출입 승인하고 단지 출입 차량의 입출입 정보를 기록한다.

6.5.5. CCTV 장치

CCTV 장치의 제공 서비스는 아래와 같다.
① 공동주택단지의 주요 위치에서 영상감시 서비스
② 감시 영상의 저장 및 저장 영상 재생 서비스
③ 공통주택 내의 홈 네트워크 설비에 대한 영상 제공 서비스
④ 공통주택 내의 TV 채널에 영상 제공 서비스

6.5.6. 예비 전원장치

예비 전원장치의 제공 서비스는 아래와 같다.
① UPS(Uninterrupted Power Supply): 무정전 전원 제공 서비스를 제공하고 연결된 장비에 대한 전원 이상 유무 전달서비스를 제공한다.
② 비상 발전기: 예비 전원 제공 서비스

6.5.7. 가스 밸브 제어기

가스 밸브 제어기의 제공 서비스는 아래와 같다.
- 가스 밸브 잠금 서비스: 가스 감지기로부터 감지된 신호로 가스 밸브를 잠근다.
  또한 월 패드 또는 외출 시의 일괄 소등 스위치와 연동하여 가스밸브를 잠근다.

6.5.8. 조명 제어기

조명 제어기의 제공 서비스는 아래와 같다.
- 세대 내의 조명 제어 서비스

6.5.9. 난방 제어기

난방 제어기의 제공 서비스는 아래와 같다.
① 세대 난방기(보일러) 제어 서비스
② 각실 난방 밸브 제어 서비스

6.5.10. 가스 감지기

가스 감지기의 제공 서비스는 아래와 같다.
- 가스 누출 감지 서비스: 댁내에서 취사 및 난방용으로 사용하는 LPG 또는
  LNG의 누출을 감지하여 가스밸브 제어기로 신호를 전달한다.

6.5.11. 개폐 감지기

개폐 감지기의 제공 서비스는 아래와 같다.
- 문열림 감지 서비스: 현관 출입문에 설치되어 현관문의 열림 상태를 감지한다.

6.5.12. 주동 출입 시스템

주동 출입 시스템의 제공 서비스는 아래와 같다.
① 인가된 출입자에 문 열림 서비스: 세대별 비밀번호 또는 출입카드 등으로 입
  주민의 출입 시에 문 열림 기능을 제공한다.
② 방문자에 대한 세대/경비실 통화 서비스
③ 화재 등 비상시에 자동으로 문 잠김 해제 서비스

6.5.13. 원격 검침 시스템

원격검침 시스템의 제공 서비스는 아래와 같다.
- 각 세대별 에너지 사용 검침 정보 제공 서비스(전기, 가스, 수도, 난방, 온수 등
  의 사용량 정보 제공)

6.5.14. 차량 출입 시스템

차량 출입 시스템의 제공 서비스는 아래와 같다.
① 공동주택단지의 인가된 차량에 대한 출입 허용 서비스: RF 방식과 차량번호
  영상인식 방식으로 출입 차량을 인식하여 입주민의 차량일 경우에 차량 차단
  기를 열어 준다.
② 방문 차량에 대한 출입 허가 승인을 위한 통화 서비스

6.5.15. 무인 택배 시스템

무인 택배 시스템의 제공 서비스는 아래와 같다.
- 택배물 보관 및 승인자에 대한 보관함 열림 기능: 홈 네트워크 서비스와 연계
  하여 라커에 화물이 발송되면 세대 월 패드에 알려 주며, 입주자는 월 패드를
  통해 조회할 수 있다.

6.5.16. 디지털 도어락

디지털 도어락의 제공 서비스는 아래와 같다.
- 현관문의 자동 잠김 및 인가자에 대한 잠금 해제 기능: 비밀번호 또는 RF 방식 태그에 의해 출입을 허용하며 최근에는 개인별 교통카드를 등록하여 사용하는 기능도 제공한다.

6.7. 홈 네트워크 예

6.7.1. KT HomeN

KT는 홈네트워킹을 핵심 사업으로 선정하여 경쟁력 있고 보다 편리한 서비스를 제공하기 위해 집중적인 투자와 개발을 추진하고 있다. HomeN은 댁내 초고속 인터넷망 종단에 KT 홈 게이트웨이를 설치하고 가정 내 정보단말 및 가전기기를 유무선 네트워크로 연결하여 인터넷 접속, 고품질 VOD, 홈뷰어 등의 다양한 응용 서비스를 제공한다. 홈 게이트웨이는 외부의 광대역 인터넷과 내부의 홈 네트워크를 연결해 주는 장비이며 댁내의 컴퓨터, 전등, 제어패드, TV 등의 다양한 가전기기와 외부 인터넷 간의 데이터 송수신을 가능하도록 해 준다.

HomeN은 아래와 같은 서비스를 제공한다.
① VOD 서비스
② 홈 뷰어: USB 카메라를 홈 게이트웨이에 연결하여 언제, 어디서나 외부에서 댁내를 확인할 수 있는 서비스
③ SMS: 홈게이트웨이 SMS 버튼 및 리모컨을 이용하여 휴대폰으로 단문 메시지를 전송하는 서비스
④ 생활정보 서비스: 지역상가 정보, 공공정보 등을 TV를 통해 제공하는 서비스
⑤ 멀티캐스팅: 고품질의 동영상 콘텐츠를 실시간으로 인터넷 망을 통해 제공한다.
⑥ 양 방향 DTV
⑦ 인터넷 방송 서비스

⑧ 헬스케어 서비스

⑨ 가전/생활기기 제어 서비스

⑩ 원격 검침 서비스

⑪ 홈시큐어리티

6.7.2. LG HomNet

LG HomNet은 댁내의 다양한 디지털 기기들을 네트워크로 연결하여 언제 어디
서나 편리하고 안전하며 즐겁고 윤택한 주거 생활을 제공하는 홈 네트워크 솔루션
이다. LG HomNet 솔루션의 종류는 아래와 같다.

① 통합제어 솔루션: 댁내 디지털 가전 및 기기들을 네트워킹하여 집 안팎에서
   통합제어할 수 있는 솔루션으로 예를 들어서 댁내의 조명, 전동창, 전동커튼,
   도어락 제어 등이 여기에 속한다.

② 댁내 관리 솔루션: 각 가정의 전력/수도/가스 사용량을 실시간으로 확인/분석
   해 주는 솔루션으로 효율적인 에너지 관리 서비스를 제공하고 요리/세탁/냉방
   등 새로운 기능 알고리즘 프로그램을 원격에서 업데이트하며 가전제품에 고
   장이 발생할 경우 LG전자 서비스 센터로 자동신고가 가능토록 해 준다.

③ 엔터테인먼트 솔루션: 댁내 A/V 기기들을 통해 영상, 음악, 게임 등 다양한
   콘텐츠를 집 안 어디서나 공유하고 즐길 수 있는 솔루션이다.

④ 방법/화재 솔루션: 외부인의 출입통제 및 침입방지 서비스를 제공하고 가스
   누출이나 화재 발생 시에 신속하고 안전하게 대처할 수 있는 솔루션이다.

⑤ 커뮤니케이션 솔루션: 다양한 단말기를 통해 가족, 이웃 간 정보공유 및 원활
   한 커뮤니케이션을 제공하는 솔루션이다.

⑥ 웰빙 솔루션: 댁네 네트워크에 연결된 체중계, 러닝머신, 무혈검침기 등을 통
   해 가족의 건강상태를 파악하고, 실내 온도를 유지해 주며, 공기 오염 센서를
   통해 실내 오염도를 측정하여 최적의 쾌적한 실내 상태를 유지해 준다.

⑦ 단지 관리 솔루션: 단지 공용부 모니터링, 무인경비, 무인택배, 주차 관제 등
   편리하고 안전한 단지 생활을 보장해 준다.

⑧ 단지 포털 솔루션: 댁내 네트워크에 연결되어 있는 HomNet 생활가전 및 설

비 기기들을 사무실에서나 이동 중에 웹 사이트, 모바일폰, PDA 등으로 모니터링, 원격 제어 및 예약 등을 수행할 수 있다. 또한 아파트 공지사항, 게시판, 온라인 부녀회 및 반상회 등의 다양한 웹서비스를 통하여 정보교환 및 친목 도모를 가능하게 해 준다. 아파트 주변 상가와 연동하여 식음료 배달, DVD 대여 등도 여기에 속한다.

6.7.3. 삼성 홈비타

삼성 홈비타는 2001년에 용인 수지 삼성아파트 100가구 규모의 시범단지에서 전력선 홈 네트워크 서비스 시범을 보였다. 전력선 통신기술을 활용하여 가정 내 가전제품을 손쉽게 조작할 수 있게 되었다. 외부에서는 PC와 휴대폰을 이용하여 인터넷 망에 접속, 가전제품 조작이 가능하고 제품의 운전상태 점검과 일정 관리, 고장 진단까지 원격 조정할 수 있다.

홈비타는 3가지 분야, 즉 댁내 솔루션, 단지 솔루션, 원격 솔루션 등으로 이루어진다. 이러한 솔루션 중에 핵심적인 역할을 담당하는 것은 월 패드, 홈패드, 게이트웨이, 공동 출입기, 전자 경비실기, IP 셋톱박스 및 RF 리모컨 등이다.

월 패드는 각종 가전기기 및 조명을 제어할 수 있으며 귀가, 외출, 휴가, 취침, 홈시어터 모드를 제어할 수 있다. 또한 문자 메모, 영상 메모, 일정관리, 일반전화, 화상전화, 전화번호부, 통화내역, 세대 현관 방문자 확인 등이 가능하다.

홈패드는 가전기기 통합 서비스를 제공하며 영상메모 및 VoIP 화상통화와 함께 인터넷 서핑도 할 수 있도록 해 준다. 홈패드를 통해 텔레비전 및 비디오 시청이 가능하며 일정관리, 방문자 확인도 가능하다.

홈게이트웨이는 LAN 연결, TV 방송 수신, 전력선 통신 가전기기 제어, 인터넷폰 지원(VoIP), 가정 내 구내전화 지원 등의 서비스를 제공한다. 홈게이트웨이는 PLC, Ethernet, HomePNA 등의 프로토콜을 지원할 수 있다.

공동출입기는 세대 혹은 경비실과 VoIP 통화를 제공하며 비밀번호를 이용하여 공동 현관문을 열 수 있다. 또한 세대 혹은 경비실을 호출할 수 있으며 RF 카드를 이용하여 공동현관을 출입할 수 있다.

전자경비실기는 기존의 아파트 단지의 경비실의 경비업무를 디지털화하는 기본

장치가 된다. 단지 전체를 확인하고 동별로 경비업무를 수행할 수 있으며 주민과 화상으로 인터폰 통화를 수행할 수 있다. 비상, 침입, 가스, 자리 비움이 발생하면 이에 대한 알람을 설정할 수도 있다.

IP 셋톱박스는 디지털 TV 스트리밍 서비스를 제공하며 인터넷 접근을 가능하게 해 주고 에어컨, 세탁기, 전자레인지 등과 같은 가전기기를 제어할 수 있게 해 준다.

RF 리모컨을 이용하면 에어컨, 세탁기, 전자레인지, 보일러, 가스, 조명 등을 제어할 수 있고 세대 현관 방문자 확인 및 도어락을 개폐할 수 있다.

<표 6-4>는 삼성 홈비타의 솔루션 제공기능을 나타낸다.

〈표 6-4〉 삼성 홈비타의 솔루션 제공기능(참고문헌: 유비쿼터스, 김형훈 저, 오옴사)

구분	적용분야	내용
댁내 솔루션	홈컨트롤	홈컨트롤러로 집안 어디서나 네트워크된 디바이스 제어, 홈컨트롤러에 미리 모드를 설정해 놓고 손쉽게 제어가 가능함
	보안	집안에 도둑이 침입하면 센서가 탐지하여 홈컨트롤러, 경비실, 휴대폰의 SMS로 실시간 침입 상황 통보함
	안전	화재 또는 가스가 누출되면 홈컨트롤러, 경비실, 휴대폰 SMS로 경고 메시지 전송함
	긴급상황	도둑침입 또는 긴급환자 등 비상상황이 발생 시에 비상버튼을 통해서 홈컨트롤러, 경비실, 휴대폰 SMS로 비상상황 메시지 전송함
단지 솔루션	원격검침	댁내에서 홈컨트롤러로 가스, 전기, 수도 사용량 등의 에너지 사용내역 조회 가능하며 댁외에서는 PC로 조회가 가능함
원격 솔루션	원격제어	댁외에서 PC와 휴대폰으로 홈포털에 접속하여 가전기기 제어 가능하고, 원격검침, 출입자 확인, 공용부 모니터링이 가능함
기타	출입통제	세대현관, 공동현관, 주차현관에 방문자가 왔을 때 홈컨트롤러로 현관의 방문자 확인 및 통화 가능함
	모니터링	댁내에서 홈컨트롤러로 단지 내 공용부에 설치된 카메라로 모니터링이 가능하며, 필요시에는 영상정보를 녹화할 수 있음
	인터넷 전화	홈패드를 사용하여 단지 내 다른 세대와 무료 화상통화가 가능하고, 경비실, 관리실의 호출 및 화상통화 서비스가 가능함

7. 유비쿼터스 환경의 이동통신

7.1. 이동통신 개요

19세기 말경에 개발된 전파통신의 계기로 사람들은 공간과 시간의 제약으로부터 벗어나 다양한 통신 서비스를 제공받을 수 있게 되었다. 제1차 세계대전과 제2차 세계대전을 거치면서 발전한 군사용 무선기술이 민간 통신기술로 이전하면서 전파통신 기술은 해를 거듭하면서 발전해 오고 있다.

1900년대 초기에 시작된 전파통신은 1980년대에 들어와서 본격적으로 발전하였는데 아날로그 기술로 시작된 이 시기의 전파통신을 제1세대 전파통신이라고 부른다. 1990년대에 들어와서 아날로그 전파통신은 디지털 전파통신으로 한 단계 발전하게 되었는데 이 시대를 제2세대 전파통신이라고 한다. 2000년대 이후에는 멀티미디어 서비스를 제공할 수 있게 되었는데 이 시기의 통신기술을 제3세대 전파통신이라고 말할 수 있다.

제1세대 전파통신은 아날로그 방식의 무선통신시스템으로서 아날로그 셀룰러 시스템, CT-1(Cordless Telephone 1)급의 가정용 코드리스 전화, 무선호출(Wireless Beeper) 등을 포함한다. 제2세대 전파통신은 디지털 통신방식을 기반으로 하는 디지털 셀룰러 시스템과 함께 CT2, DECT(Digital European Cordless Telephone), PHS-(Personal Handy phone Service) 등의 코드리스 전화계열이 포함되며 이 외에도 디지털 TRS(Trunked Radio System), 무선데이터 등이 있다. 제3세대 전파통신에는 멀티미디어 통신을 위한 IMT-2000이 주를 이룬다. 2010년 이후에는 HDTV 급의 멀티미디어 서비스를 제공할 수 있는 제4세대 전파통신의 시대가 열릴 것으로 기대하고 있다.

이동통신이란 가입자 단말기에 이동성(Mobility)을 부여하여 가입자가 장소를 이동하였거나 혹은 이동 중에도 서비스가 끊기지 않고 제공 가능한 통신기술을 말한다. 무선 CATV와 WLL(Wireless Local Loop) 등은 전파를 이용하는 무선통신이지만 가입자 단말기에 이동성을 제공하지 못하므로 이동통신에 포함되지 않는다. 이동통신은 공중전화망(PSTN: Public Switched Telephone Network)에서 가입자 회선과 교환기 사이의 회선을 무선으로 대체하는 개념에서 출발한다. 즉 이동단말기와 기지국 사이는 무선통신으로 구성되지만 기지국과 교환기, 교환기와 교환기 사이는 유선통신으로 구현된다. 이동통신에서는 이동성을 제공하기 위해 가입자 위치정보를 관리하는 HLR(Home Location Register)과 VLR(Visitor Location Register) 개념을 도입한다.

이동통신을 위한 주파수는 1990년대 이전까지 각 지역 또는 국가별로 이동통신 주파수를 분배하여 사용했으나, 1990년대 이후부터는 공통 주파수를 이용하려고 노력하였다. 국제전기통신연합(ITU)은 1992년 세계적으로 사용할 IMT-2000 서비스용으로 230MHz를 분배하였고 이후에도 주파수 분배를 추가적으로 수행하였다. 세계적으로 분배된 이동통신용 주파수를 IMT(International Mobile Telecommunication)로 정의하고 있다.

이동통신망은 유선망과는 달리 가입자 단말과 통신망 사이에 무선으로 접속할 뿐만 아니라 가입자가 어느 곳에 위치하여도 통신망이 그 위치를 확인하여 서비스를 제공할 수 있다는 특징을 가진다. 이동통신망 서비스의 이동성을 보장하기 위해서는 이동전화 가입자가 네트워크에 단말기의 번호와 위치를 저장해야 하는데 이러한 기능을 등록(Registration)이라고 한다. 등록 기능은 맨 처음으로 이동통신 단말기 사용을 허가할 때에 이루어지는 것으로서 단말기의 번호와 위치가 HLR(Home Location Registration) 데이터베이스에 등록된다. 이동통신 가입자가 등록 지역 밖으로 이동하여도 전화를 받을 수 있는 기능을 로밍(Roaming)이라고 하며, 착신 전화호의 경우에 이동통신 가입자가 어디에 있는지 위치를 파악하는 기능을 호출(Paging)이라고 하고, 통화 중인 가입자가 계속 이동하여 다른 지역으로 들어가도 호(Call)가 끊어지지 않도록 해 주는 기능을 핸드오프(Handoff)라고 한다. 이동통신 가입자의 이동성을 보장하기 위해서는 이와 같이 로밍, 호출, 핸드오프 등의 세 가지 기능이 요구되는 것이다.

7.2. 셀룰러 이동통신

7.2.1. 개요

셀룰러 이동통신은 차량전화의 수요가 급증함에 따라 1978년에 주파수의 효율적인 사용을 목표로 개발된 AMPS(Advanced Mobile Phone Service) 시스템이 출발점이었다. 초기의 차량 전화 서비스는 광역방식으로 하나의 고정국으로 넓은 서비스 지역을 모두 커버하는 광역 Zone 방식을 사용하였으나 셀룰러 방식에서는 전체 서비스영역을 '셀(cell)'이라고 불리는 여러 개의 작은 지역으로 나눈 후에 각 셀마다 하나의 고정국을 두었다. 고정국은 해당 셀만을 커버하도록 송신출력을 조정하며 어느 정도 떨어진 셀들 간에는 동일한 주파수의 채널을 사용하도록 함으로써 주파수 사용의 효율성을 증진시켰다. 전파의 세기는 송신점에서 멀어질수록 약해지므로 서로 거리가 떨어진 셀들 간에는 전파간섭이 적어서 동일한 주파수채널을 사용할 수 있다. <그림 7-1>은 광역방식과 셀룰러 방식을 나타낸다.

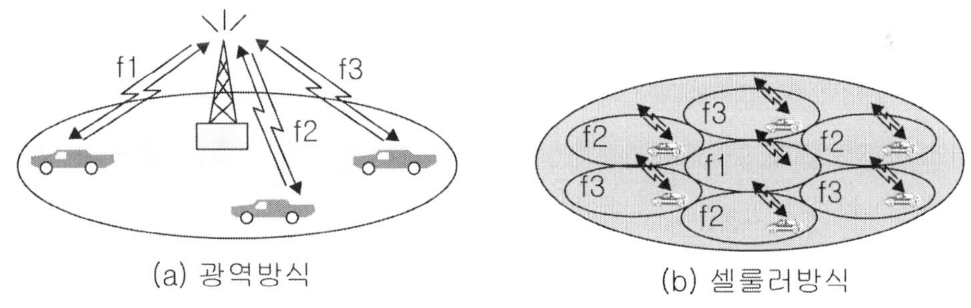

〈그림 7-1〉 광역방식과 셀룰러 방식(참고문헌: 정보통신세계, 차동완 저, 영지문화사)

셀룰러전화는 1980년대에 전 세계적으로 도입되기 시작했으며 일부 국가에서는 아직도 800MHz대의 주파수를 활용하는 아날로그 방식을 운용하고 있다. 아날로그 방식의 시스템은 음성전송에 FM변조방식, 제어신호전송에 FSK변조방식 등을 사용한다. 또한 각각의 채널은 서로 다른 주파수를 사용하는 주파수분할다중접속(FDMA: Frequency Division Multiple Access) 방식을 택하고 있다.

국내에서 채택했던 아날로그 시스템은 AMPS로서 미국을 포함한 태평양 연안 국가에서 많이 사용되었다. 유럽에서는 영국 등지의 TASC(Total Access Cellular System)와 북유럽에서의 NMT(Nordic Mobile Telephone) 등이 대표적인 아날로그시스템이다. 이와 같은 아날로그 이동통신시스템을 제1세대 이동통신(1G: First Generation)이라고 부르고 이후에 개발되어 사용된 디지털 이동통신시스템을 제2세대(2G)라고 부른다. 멀티미디어 통신을 위한 IMT-2000을 제3세대 이동통신(3G)이라고 부르고 2G와 3G 사이의 중간 단계를 2.5G이동통신이라고 부른다. 3G 이후의 이동통신을 4G라고 부르고 있다.

(1) 셀의 정의

셀(Cell)은 한 개의 기지국이 이동통신 서비스를 제공할 수 있는 영역을 의미한다. 셀룰러 방식에서는 전체 서비스 영역을 셀이라고 부르는 여러 개의 작은 영역으로 나눈 후 각 셀마다 하나의 고정국을 둔다. 각 고정국은 송신출력을 조정하여 해당 셀만을 커버한다.

(2) 주파수 재사용

전파의 세기는 거리가 멀어질수록 점점 약해지므로 일정거리 이상 떨어진 두 셀에서는 서로 간의 간섭이 적어져서 동일한 주파수 채널을 사용할 수 있게 된다. 이러한 원리로 하나의 주파수를 동시에 여러 지역에서 다시 사용할 수 있으며 이에 따라 가입자 용량을 증가시킬 수 있는데 이것을 주파수 재사용(Frequency reuse)이라고 한다. <그림 7-2>는 주파수 재사용의 개념을 보여 준다.

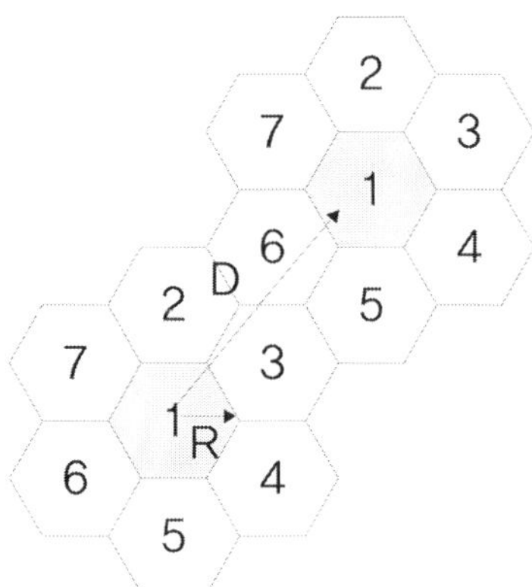

<그림 7-2> 주파수 재사용의 개념
(참고문헌: 4세대 이동통신, 정우기 저, 복두출판사)

하나의 클러스터(cluster) 안에 서로 다른 주파수의 개수를 주파수 재사용률이라고 한다. <그림 7-2>에서 R은 셀 반경, D는 동일 채널 사이의 거리를 나타낸다. 현재 셀의 주파수를 재사용하는 셀의 거리(D)와 현재 서비스를 제공하는 셀의 반경(R)의 비율을 Q 팩터라고 하는데 다음과 같이 정의된다.

$$Q = D/R = \sqrt{3N}$$

$$D = \sqrt{3N} \times R$$

여기서 N은 클러스터 사이즈, 즉 주파수 재사용률을 나타낸다.

일반적으로 전파의 세기는 거리가 길어짐에 따라 감소한다. 따라서 다른 기지국까지의 거리 D가 소속 셀의 반경 R과 비교하여 크면 클수록 다른 기지국으로부터 오는 간섭신호가 작아진다. 그러므로 Q 팩터가 크면 클수록 신호 대 잡음비(S/N: Signal to Noise ratio)가 좋아진다. 전파의 세기는 자유공간의 경우에 거리의 제곱에 반비례하지만 지표면의 이동통신 환경에서는 반사, 간섭, 회절, 투과 등의 영향으로 약 3~4제곱에 반비례하는데 매크로셀 환경에서는 일반적으로 4제곱 반비례를 적용한다.

(3) 셀 분할

셀 분할(Cell splitting)은 한 셀에서 서비스를 제공할 수 있는 적정의 가입자 수를 초과할 정도로 가입자 수가 증가할 때에 셀을 보다 작은 크기의 셀들로 분할하여 가입자 수용 용량을 늘리는 방법을 말한다.

(4) 셀의 형태

셀의 형태(Cell pattern)는 하나의 기지국이 서비스하는 셀의 전파 형태를 도형으로 표현한 것이다. 일반적으로 전파의 전파형태로 원형이 사용되고 있지만 이동통신망을 새로 구축할 때에 서비스 면적을 계산하는 경우에는 육각형이 가장 바람직하다. 육각형 안에는 밑변을 R로 하는 삼각형이 6개 있으므로 이동통신 서비스 면적은 아래와 같이 구할 수 있다.

$$S = \left(R \times R sin 60^o \times \frac{1}{2} \right) \times 6 = \frac{3\sqrt{3}}{2} R^2$$

(5) 채널 구조

채널(Channel)은 기지국과 단말기 사이에 오고가는 신호의 길이다. 기지국에서 이동단말기 방향의 채널을 순방향 링크(Forward link) 또는 하향링크(Downlink)라고 한다. 이동단말기에서 기지국 방향의 채널을 역방향 링크(Reverse link) 또는 상향 링크(Uplink)라고 부른다. 기지국과 이동단말기 사이에 데이터 충돌을 방지하기 위한 전송방향 구분 방법은 주파수 대역을 달리하는 FDD(Frequency Division Duplex) 방식과, 동일주파수를 시간으로 나누어 전송하는, 즉 한번은 기지국이 전송하고 또 다른 시간에는 이동단말기가 전송하는 TDD(Time Division Duplex) 방식이 있다.

1채널 대역폭의 예로서 아날로그이동통신의 경우에는 30kHz, cdma2000에서는 1.25MHz, WCDMA는 5MHz, WiBro에서는 9MHz의 대역폭을 1채널마다 가진다.

7.2.2. 셀룰러 엔지니어링

(1) 전파 예측 모델

셀룰러 엔지니어링에서 셀을 설계할 때에 기지국에서 보낸 전파신호를 단말기에서 어느 정도의 전파세기로 받을 수 있는가에 대해 조사할 필요가 있다. 이와 같이 단말기에서 수신할 수 있는 전파의 세기를 예측하는 것을 전파 예측 모델링(Propagation Prediction Modeling)이라고 한다.

전파 예측 모델링은 셀의 크기에 따라 다르고 각 나라마다 지역마다 다르다. 셀

은 <표 7-1>에서와 같이 그 크기에 따라 메가셀, 매크로셀, 마이크로셀, 피코셀 등
으로 구분한다.

<표 7-1> 셀의 종류(참고문헌: 4세대 이동통신, 정우기 저, 복두출판사)

구분	서비스 반경(km)	안테나 높이	적용 지역	전파 특성
메가셀	반경 100~500	지상 10m	넓은 지역(위성통신)	직접파
매크로셀	반경 1~35	지상 20~60m	교외 지역	산란, 회절
마이크로셀	반경 ~1	건물 옥상 위 6m	도심 지역	페이딩
피코셀	반경 ~0.05	지상/지하 3m 이내	건물 밀집 및 지하건물	멀티패스 많음

(2) 위치 등록

단말기가 이동하여도 네트워크가 단말기의 위치를 파악할 수 있도록 홈위치 등록
기(HLR)에 위치를 등록하는 것을 위치 등록(Location Registration)이라고 한다. 예
를 들어서 현재 단말기의 위치가 A지역이라면 단말기의 가입자, 번호, 위치 등을
저장하고 있는 HLR의 데이터베이스에 위치 정보가 A지역으로 등록되어 있는데 이
단말기가 지역 B로 이동한다면 HLR의 위치 정보는 B로 업데이트된다. 착신통화가
이동단말기일 경우에는 이 단말기의 현재 위치를 파악해야 하므로 우선적으로 HLR
의 데이터베이스를 조사해야 할 것이다.

(3) 로밍

이동단말기가 다른 이동통신 교환기 서비스 지역 또는 다른 사업자 영역으로 이
동하여도 통화가 가능하도록 해 주는 기능을 로밍(Roaming)이라고 한다. 로밍에는
동일사업자 내의 시스템 간 로밍, 사업자 간 로밍, 국제 로밍 등이 있다.

(4) 호출

하나의 이동교환국 밑에는 여러 개의 기지국들이 있고 몇 개의 기지국들을 묶어
서 호출영역으로 설정한다. 이동단말기는 교환국에 항상 자신의 위치를 등록하는데
이를 근거로 이동 전화를 찾는 요청이 있을 때 해당 기지국으로 단말기를 찾게 된
다. 교환국은 이동단말기를 찾을 때에 이 이동단말기가 이동할 것을 고려하여 해당

기지국뿐만 아니라 인근 기지국까지 일제히 호출하게 되는데 이것을 일제 호출 (Paging)이라고 한다. 일제 호출은 호출영역(Paging Zone) 단위로 호출하게 된다. 단말기는 Idle 상태에서 Zone이 변경될 때마다 위치등록을 수행하고 또한 기지국이나 섹터 이동 시 저장된 시스템 파라미터 메시지와 새로운 메시지를 비교하여 호출 영역 정보가 자신이 가지고 있는 것과 다를 경우에도 자동으로 위치 등록한다. 일반적으로 1차 호출에 일정 시간 동안(약 10초) 응답이 없을 경우, 2차 호출 영역을 확대하여 2차 호출을 수행한다.

(5) 핸드오프

단말기가 통화 중에 현재의 셀로부터 이웃한 셀로 이동하여도 통화가 끊기지 않고 계속 유지하도록 하는 기능을 핸드오프(Hand off)라고 한다. 단말기는 현재의 기지국에서 보내오는 전파의 신호가 매우 미약할 때에 보다 가까운 인근의 강한 신호를 보내는 기지국으로 이동하게 된다. 핸드오프의 순서는 우선 단말기가 새로운 지역의 이동교환기에게 핸드오프를 요청하면 해당 신 교환기는 HLR에게 구 교환기 정보를 요청한다. 구 교환기 정보를 제공받은 신 교환기는 구 교환기에게 설정된 통화로 해지 요청 메시지를 보낸다. 구 교환기로부터 통화로 해지완료 통보를 받은 신 교환기는 단말기에게 핸드오프 완료를 통보한다. <그림 7-3>은 핸드오프 과정을 나타낸다.

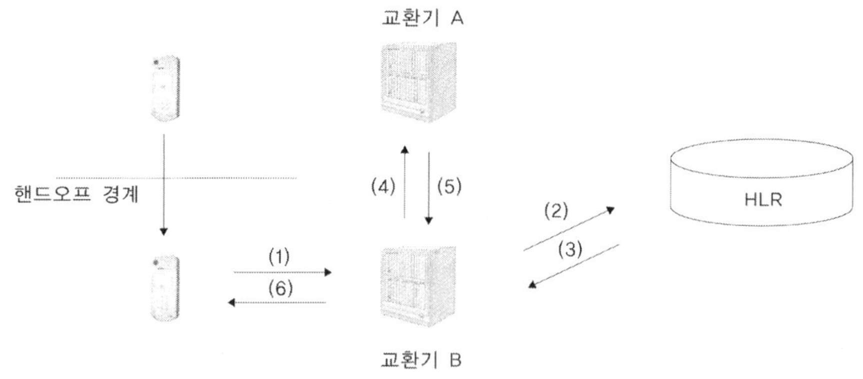

(1) : 핸드오프 요청   (2) : 구 교환기 정보 요청
(3) : 구 교환기 정보 제공   (4) : 설정된 통화로 해지 요청
(5) : 통화로 해지 완료 통보   (6) : 핸드오프 완료 통보

〈그림 7-3〉 핸드오프 과정

(6) 전력제어

전파는 거리에 따라 신호의 세기가 감쇄되므로 기지국 가까이에 있는 단말기는 기지국으로부터 멀리 떨어져 있는 단말기보다 전파 수신 신호가 더 크다. 기지국으로부터 가까이 있는 단말기는 필요 이상으로 전파를 세게 송신할 필요가 없으므로 기지국 가까이 접근하면 출력을 낮추고 멀리 떨어지면 출력을 높이는 동작을 전력제어(Power Control)라고 한다.

(7) 다이버시티

두 개 이상의 독립된 전파경로를 통해 전송된 여러 개의 수신신호 가운데 가장 양호한 특성의 신호를 이용하는 방법을 다이버시티(Diversity)라고 한다. 예를 들어 2개 이상의 수신 안테나를 이용하는 방법, 1개의 신호를 2개의 주파수로 나누어서 송신하고 수신측에서는 이를 합성하는 방법, 일정한 시간을 두고 동일 신호를 송신하고 수신측에서 합성하는 방법 등이 여기에 속한다.

(8) 동일채널 간섭(Cochannel interference)

셀룰러시스템에서는 주파수를 재사용한다. 이동단말기가 현재의 기지국으로부터 신호를 받고 있을 때에 동일 채널을 사용하고 있는 인근의 다른 기지국으로부터 오는 신호와 간섭을 일으키는데 이를 동일 채널 간섭이라고 한다. 동일채널 간섭은 제한된 주파수 대역을 효율적으로 사용하기 위해 주파수를 재사용하기 때문에 발생하게 된다.

7.2.3. 셀룰러 이동통신시스템의 구성

이동통신 시스템은 크게 단말기(MS: Mobile Station), 기지국(BTS: Base station Transceiver System), 기지국 제어장치(BSC: Base Station Controller), 교환기(MSC: Mobile Switching Center), 홈위치등록기(HLR: Home Location Register) 등으로 구성된다. 셀룰러 이동통신 시스템에서는 각 셀마다 해당 셀 내의 단말기들을 제어하기 위한 기지국이 있고 몇 개의 기지국을 하나의 기지국 제어기가 제어 및 관리한다. 그리고 다수의 BSC는 하나의 교환기에 연결 구성됨으로써 계층적 구조로 형성되어 있다.

관문교환기(GMSC: Gateway MSC)는 다른 교환기와 동일한 기능을 수행하지만 주로 타 회사 망과 접속하여 다른 회사 가입자와의 통화를 연결하는 데 이용된다. HLR은 단말기의 현재 위치를 파악하여 MSC에게 알려 주는 기능을 가진다. 이 외에도 이동통신망을 관리하기 위한 망관리 장비, 고객의 여러 가지 요구들을 관리하기 위한 고객관리 장비, 통화 요금을 부과하고 관리하는 과금 장비 등이 포함되어 있다. <그림 7-4>는 이동통신 시스템 구성도를 나타낸다.

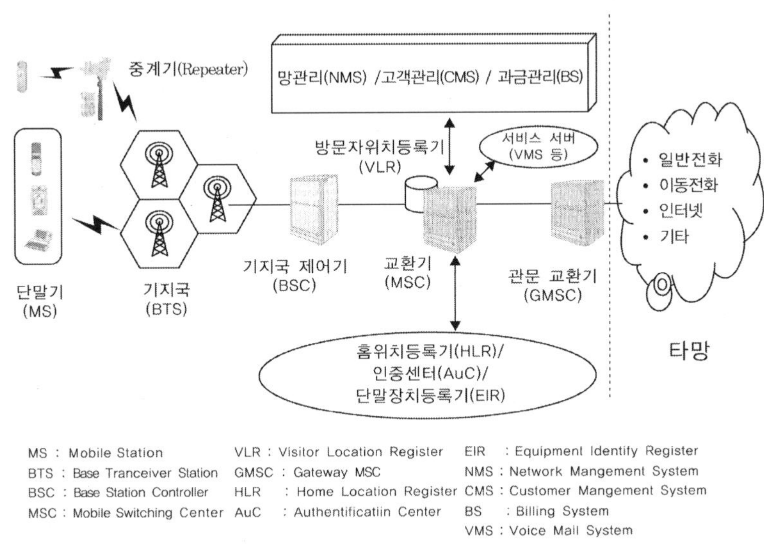

〈그림 7-4〉 이동통신 시스템 구성도(참고문헌: 4세대 이동통신, 정우기 저, 복두출판사)

(1) 단말기

단말기의 H/W는 크게 무선대역 처리부(Radio Frequency Part)와 기저대역 처리부(Baseband Part)로 구성된다. 무선대역 처리부에는 송수신 신호를 분리하는 듀플렉서(duplexer)가 있으며 기저대역 처리부에는 디지털 신호처리 프로세서, CDMA 프로세서, CODEC, Vocoder 등과 함께 메모리를 비롯한 외부 장치 등으로 구성된다.

단말기의 S/W는 실시간 처리 OS를 기반으로 동작하며 단말기의 모든 H/W를 제어하고 각종 호처리를 수행한다. 다양한 부가서비스가 추가됨에 따라 S/W는 점점 더 복잡해지고 있다.

한편 단말기는 단말 주변장치의 개발 및 관련 기술 발달에 힘입어 단말기의 성능이 증진되면서 진화하고 있다. 처음에 등장한 단말기는 흑백폰이었으나 이후 컬러폰이 등장하였고, 다른 산업의 디바이스의 기능 통합으로 Feature Phone이 개발되었다. 최근에는 핸드헬드 PC 기능과 이동전화기 기능이 통합된 스마트 폰이 등장하면서 다양한 서비스를 제공하고 있다. <그림 7-5>는 단말기의 진화를 나타낸다.

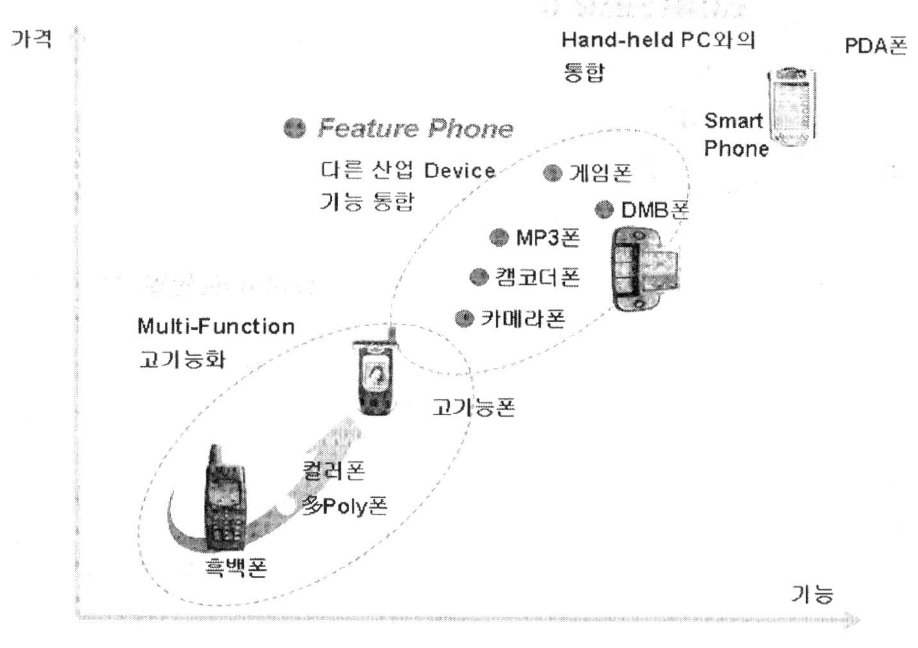

〈그림 7-5〉 단말기의 진화

(2) 기지국

기지국은 기지국 제어장치와의 유선 접속, 단말기와의 무선 접속을 위한 인터페이스를 제공한다. 단말기로부터 올라오는 신호는 우선 안테나로 신호를 수신하여 기지국에서 서비스하고 있는 주파수 대역을 수신할 수 있도록 주파수를 필터링한다. 수신된 낮은 전력을 증폭하고, 수신된 높은 주파수를 낮은 주파수로 변환하는 트랜시버 기능을 거쳐서 원래의 신호를 수신한다. 원래의 신호는 기지국 제어기로 전송한다. 기지국 제어기로부터 오는 신호는 반대의 과정을 거쳐서 단말기에 전송된다.

기지국은 철탑을 세우고 철탑 위에 안테나를 설치하고서 안테나로부터 실내에 있는 기지국 장비에 연결한다. 기지국은 옥내형과 옥외형이 있는데 옥외형은 안테나뿐만 아니라 기지국 장비도 옥외에 설치되는 형태를 말한다.

(3) 중계기

중계기는 기지국만으로는 전파가 도달하지 못하는 통화 불량지역을 개선하기 위해 기지국과 단말기의 신호를 받아 증폭하여 발사하는 장치를 의미한다. 중계기는 기지국의 신호를 받는 방식에 따라 광중계기, 마이크로웨이브 중계기, RF 중계기 등이 있으며 이들 중에서 광중계기와 RF 중계기는 각각 커버리지 확장 및 건물 지하 등의 통화 개선을 위해 많이 활용되고 있다.

(4) 기지국 제어기

기지국 제어기는 BTS와 정합하여 무선 자원 및 호 제어 기능을 수행한다. 또한 교환기와 접속하며 기지국간 핸드오프를 처리한다. 초기 BSC는 음성 서비스만을 제공하였으나 이후 데이터 서비스가 추가되면서 음성과 데이터 서비스를 분리하는 기능을 포함하게 되었다.

(5) 교환기

이동통신교환기는 망의 중심부에 해당하며 주요 기능으로는 이동가입자 상호 간 호 처리, 또는 이동가입자와 PSTN 및 ISDN 등 고정통신망 혹은 다른 이동통신 사업자의 가입자와 호를 교환하는 기능을 수행한다. 이동통신교환기는 교환기능을 수행하기 위해 가입자 정보를 저장하고 있는 HLR과 VLR과의 정보교환을 수행한다. 2세대 디지털 이동통신에서는 STM방식의 교환기를 사용하며 3세대 이동통신에서는 음성, 데이터, 영상 등 다양한 서비스를 제공하기 위해 ATM교환기를 사용한다.

(6) 방문자 위치 등록기

방문자 위치 등록기(VLR: Visitor Location Register)는 가입자가 현재 이동해 있는 MSC 영역의 가입자 정보를 일시적으로 관리하고 임시번호(TMSI: Temporary

Mobile Subscriber Identity)를 부여하며, 단말기 발신 전화 시에 HLR을 이용하지 않도록 함으로써 네트워크 통화량을 감소시킨다.

(7) 홈 위치 등록기

홈 위치 등록기(HLR: Home Location Register)는 가입자의 위치정보 등을 보관하는 데이터베이스로서 가입자의 실시간 데이터베이스 처리가 가능한 구조로 구성된다. HLR은 단말기의 액세스 능력, 기본 서비스, 부가 서비스 등 중요한 데이터를 등록해야 하며 착신가입자의 루팅 기능을 수행한다.

7.3. 디지털 셀룰러 이동통신

7.3.1. 개요

반도체 기술의 급속한 발전에 힘입어 통신에서도 디지털 기술 도입이 빠르게 이루어졌다. 이동통신에서도 디지털 전송기술이 채택되어 유럽, 북미, 일본 등에서 각각 GSM, CDMA(IS-95), JDC 등이 개발되어 상용서비스가 제공되고 있다. 디지털 셀룰러 시스템은 아날로그 시스템에 비하여 기지국 및 단말기의 소형·경량화가 가능하고 또한 암호화를 통한 고도의 보안성을 제공할 수 있는 장점이 있다. <표 7-2>는 아날로그 셀룰러 시스템과 디지털 셀룰러 시스템 간의 비교를 나타낸다.

〈표 7-2〉 아날로그 셀룰러 시스템과 디지털 셀룰러 시스템 간의 비교

	아날로그시스템	디지털시스템
용량	저용량	고용량
통화품질	수신전력의 강도에 비례	수신전력이 일정수준 이상이면 균등
보안성	비용이 비싸며 통화품질의 저하	암호화를 통한 고도의 보안성
ISDN접속	별도의 장치 필요	용이하게 접속 가능
데이터전송	별도의 장치 필요, 저속전송	고속의 데이터 전송이 가능
부피, 무게	대형, 중량	소형, 경량

(1) 시스템 용량의 증대

TDMA 방식의 시스템에서는 채널당 대역폭이 아날로그 시스템의 1/3로 줄어들어, 주파수공간상의 이용률에서는 아날로그 방식에 비해 3배 정도로 향상되었다. 지리적 공간상의 이용률은 주파수의 재사용패턴으로 가늠하게 되는데 아날로그방식에서는 7셀 재사용 패턴을 기본으로 하고 디지털방식에서는 4셀 재사용 패턴이 기본이므로 디지털방식의 공간적인 주파수 이용률은 아날로그방식에 비하여 1.75(=7/4)배 정도로 향상되었다. 따라서 TDMA 시스템의 용량은 아날로그시스템의 약 5.25(=3×1.75)배에 달한다.

CDMA 방식에서는 1.25MHz의 반송파를 사용하여 한 셀에서 통화할 수 있는 최대가입자 수는 98명으로 알려져 있다. 따라서 한 가입자가 차지하는 주파수대역은 12.8kHz(=1.25MHz/98)이다. CDMA 시스템에서는 모든 셀에서 동일한 반송파를 사용하므로 주파수 재사용 패턴은 1에 해당한다. 아날로그 시스템의 반송파 대역이 30kHz라고 할 때에 CDMA의 용량은 아날로그 시스템의 약 16배[=30/12.8(kHz)×7] 정도가 된다.

(2) 통신품질의 향상

아날로그 시스템과는 달리 디지털 방식에서는 기지국과 단말기 사이에 제어정보를 주고받아 수신전력 수준을 일정 수준 이상으로 유지하므로 거의 균일한 음성품질을 제공할 수 있다. 또한 디지털 셀룰러 시스템에서는 제어신호와 음성을 포함하는 데이터 등 제반의 전송신호를 암호화(encryption)하고 가입자 인증과정(authentication)을 수행하므로 아날로그 시스템과 비교하여 보안성이 높다.

(3) 소형ㆍ경량화

아날로그 셀룰러 시스템에서는 단일채널/반송파 방식을 활용하므로 단말기의 송수신 기능을 쉽고 단순하게 하지만, 기지국에 많은 송수신기를 설치해야 하는 단점이 있다. 디지털 시스템에서는 기지국에 많은 송수신기가 필요 없고, 집적회로를 채용함으로써 전력소모를 줄이고 기지국 장비의 크기와 무게를 줄일 수 있다.

디지털 셀룰러 시스템은 무선접속기술에 따라 시분할다중접속(TDMA: Time Division

Multiple Access)과 코드분할다중접속(CDMA: Code Division Multiple Access)으로 구분된다. 유럽에서는 1987년에 유럽전기통신주관청회의(CEPT: Conference of European Posts and Telecommunications Administrations)에 의해 반송파당 8채널로 구성된 TDMA 방식의 무선접속기술을 채택하였다. 유럽지역의 표준화 작업은 유럽전기통신표준화기구(ETSI: European Telecommunications Standards Institute)로 이관되어 공식명칭을 GSM(Global System for Mobile)으로 바꾸고, 현재까지 사용되어 오고 있다.

미국에서는 전자산업협회(EIA)와 전기통신공업협회(TIA)를 통해 1989년에 반송파당 3채널로 구성된 TDMA 방식을 근간으로 하는 IS-54 표준을 발표하여 1992년부터 상용서비스가 제공되었다. 1993년에는 퀄컴(Qualcomm) 사가 제안한 CDMA 방식이 두 번째 표준(IS-95)로 채택되었다.

일본에서는 1991년에 TDMA 시스템에 대한 규격이 설정되어 PDC(Personal Digital Cellular)로 명명되었고, 다시 공식 명칭이 JDC(Japanese Digital Cellular)로 변경되었다.

국내에서는 IS-95를 근간으로 하는 CDMA 방식을 표준으로 채택하여 1996년 초부터 800MHz 대역의 주파수로 두 사업자에 의해 상용서비스가 시작되었다. 1997년 중반에 1.8GHz 대역을 사용하여 3개의 PCS 사업자가 선정되어 서비스를 시작하였다.

7.3.2. 디지털 이동통신 시스템

디지털 이동통신 시스템에서는 아날로그 신호를 디지털화하는 기술, 많은 주파수를 이용할 수 있도록 높은 주파수로 디지털 신호를 변조시키는 기술, 변조된 신호를 멀리 송신하기 위한 증폭기술, 미약한 신호를 수신하여 증폭하고 수신된 높은 주파수를 낮은 주파수로 변경하여 원래의 아날로그 신호로 변환하는 기술 등이 요구된다. 또한 무선구간에서 각종 방해신호에 대한 저항력을 높이기 위한 채널부호화, 인터리빙, 암호화 기술 등과 함께 변복조, 다중접속/다중화 방식 등이 필요하다. <그림 7-6>은 디지털 이동통신 시스템 기술을 나타낸다.

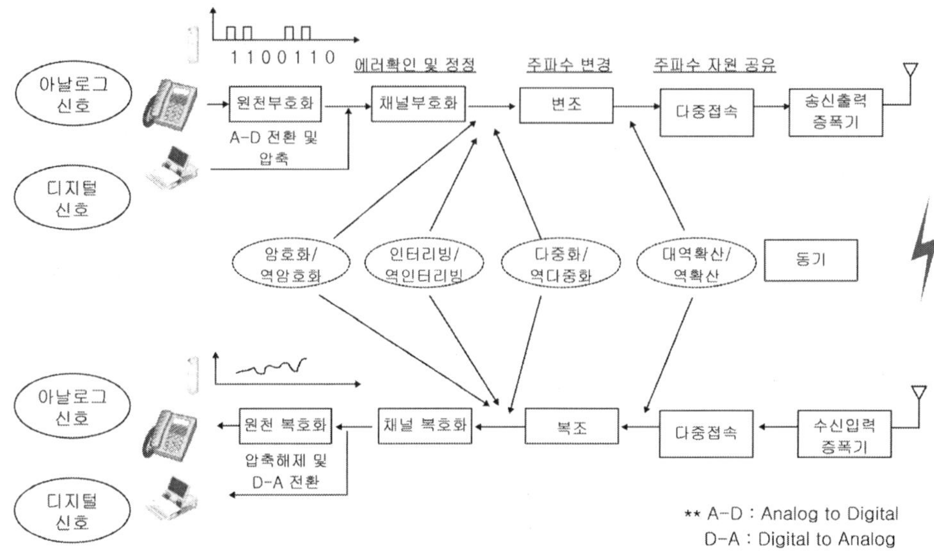

〈그림 7-6〉 디지털 이동통신 시스템 기술(참고문헌: 4세대 이동통신, 정우기 저, 복두출판사)

(1) 원천 부호화(Source Coding)

원천 부호화는 원래의 아날로그 신호를 디지털화하거나 원래의 디지털 신호를 압축하는 것을 말한다. 이러한 원천 부호화에는 파형부호화, 음원부호화, 복합부호화 등이 있다. 파형부호화는 원래의 정보가 가지고 있는 주파수 대역폭의 2배 이상으로 원래 정보를 샘플링을 하면 샘플링된 디지털 신호가 원래의 정보로 복원될 수 있다는 나이퀘스트 원리에 따라 디지털화하는 기술이다. 예를 들어서 음성의 경우에 약 4KHz의 주파수 성분이 있고 이를 4KHZ의 2배인 8KHZ, 즉 초당 8,000번 샘플링을 하고 각각의 크기를 8비트로 표현하면 64Kbps의 디지털 신호로 바꿀 수 있다. 파형부호화의 대표적인 기술이 바로 PCM(Pulse Code Modulation)이다.

음원부호화는 음성 자체의 특성을 분석하여 고유 파라미터로 모델링하여 전송하는 방식이다. 음원부호화의 경우 약 2Kbps의 속도로 목소리를 전송하고 복원할 수 있지만 음질이 나빠서 누구의 목소리인지 명확히 분별할 수 없게 된다.

복합부호화 방식은 파형부호화 방식과 음원부호화 방식을 혼합한 방식으로서 음원부호화 방식을 기본으로 하고 실제 음원과 합성된 신호의 차이를 파형 부호화 방식으로 보완한다. 복합부호화 방식을 사용하면 약 7~13Kbps 전송속도로 누구의 목소리인지 구별할 수 있게 된다.

(2) 채널 부호화

채널 부호화는 정보 데이터에 에러 체크를 위한 비트를 삽입하여 에러 발생을 찾
고 정정하는 방식이다. 예를 들어서 정보 데이터의 한 비트가 1이면 1을 다섯 번
반복하여 전송하는 것이다. 이때 수신된 데이터가 페이딩 등에 의해 일부 데이터가
깨져서 원래의 비트 1이 비트 0으로 바뀐다고 해도 정상적으로 수신된 나머지 1에
의해 에러 발생을 체크할 수 있고 또한 에러를 정정할 수 있게 된다. 원천 부호화
방식에 의해 원래 정보 데이터양이 줄어지지만 채널 부호화에 의해 전송 데이터양
은 다시 증가하게 된다.

(3) 인터리빙

일반적으로 이동통신 채널 환경에서는 페이딩이 발생할 경우 연속된 여러 개의
데이터들에서 버스트에러(Burst Error)가 발생한다. 이와 같이 연속된 데이터에 에
러가 발생할 경우 채널코딩 방식을 사용하여 에러를 찾고 교정하기가 어려워진다.
에러 발생을 분산시켜서 에러 정정 능력을 효율적으로 유지시키기 위한 방법으로
데이터의 송신 순서를 바꾸어 주는데 이러한 디지털 기술을 인터리빙(Interleaving)
이라고 한다.

인터리빙의 한 예로 블록 인터리빙을 들 수 있다. 블록 인터리빙에서는 일정한
데이터 블록을 만들어서 각 블록의 저장 순서를 세로 방향으로 저장한 후에 송신할
때에는 가로 방향으로 송신한다. 수신측에서는 순서대로 입력하는 데이터 블록을
세로 방향으로 저장한 후에 가로방향으로 출력하면 원래의 값을 찾을 수 있다. <그
림 7-7>은 블록 인터리빙의 예를 나타낸다.

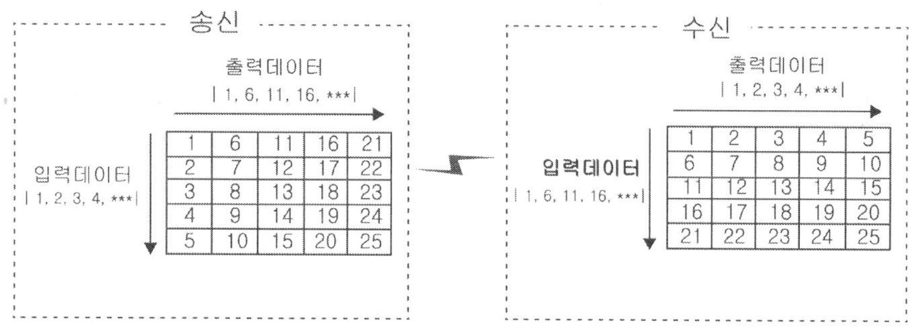

〈그림 7-7〉 블록 인터리빙의 예

(4) 변조와 복조

통신에서는 낮은 주파수보다 높은 주파수가 보내기도 편리하고 더 많은 정보를
보낼 수 있다. 높은 주파수를 이용하여 송신하면 안테나 크기를 줄여서 신호를 보
낼 수 있으며 높은 주파수에서는 많은 주파수를 이용할 수 있기 때문에 많은 정보
를 보낼 수 있다.

이와 같은 변조와 복조에는 대상 신호의 형태에 따라 아날로그 변조와 디지털 변
조가 있다. 아날로그 변조는 아날로그 신호를 반송신호에 실어서 보내는 방법이며,
진폭변조(AM: Amplitude Modulation), 위상변조(PM: Phase Modulation), 주파수
변조(FM: Frequency Modulation) 등이 있다. 진폭변조는 기저대신호의 크기에 따
라 반송신호의 크기를 변화시키는 방법이다. 위상변조와 주파수변조는 변조신호만
보면 비슷하게 보이는데 위상변조에서는 기저대 신호의 기울기에 비례하여 변조된
신호의 순간주파수가 높아지지만, 주파수변조에서는 기저대신호의 크기에 비례하여
순간주파수가 높아지게 된다.

디지털 변복조의 대표적인 통신장치로 모뎀을 들 수 있다. 모뎀(MODEM)은 디
지털 정보를 아날로그로 변조(Modulation)시켜서 송신하고 수신 측에서는 이를 복
조(Demodulation)하여 원래의 디지털 정보로 환원하는 통신장치이다. 모뎀은 송수
신 기능을 함께 가지므로 변조와 복조를 합친 용어를 사용한다.

디지털 변조에는 아래와 같은 종류가 있다.

① 진폭변조(ASK: Amplitude Shift Keying): 디지털 정보의 변화를 반송파의 신
호 크기로 구분하여 변조

② 주파수변조(FSK: Frequency Shift Keying): 디지털 정보의 변화를 반송파의
주파수로 구분하여 변조

③ 위상 변조(PSK: Phase Shift Keying): 디지털 정보의 변화를 반송파의 위상으
로 구분하여 변조

(5) 다중접속 및 다중화

다중접속(Multiple Access)은 이동통신 시스템에서 단말기들이 상호 간섭 없이
경쟁적으로 기지국에 접속하기 위한 기술이다. 다중화(Multiplexing)는 기지국에서
담당하는 셀 내의 여러 단말기들 중에서 지정한 단말기에 정보를 전송하는 기술을

말한다. 다중접속 기술에는 주파수분할다중접속(FDMA), 시분할다중접속(TDMA), 코드분할다중접속(CDMA) 등이 있다. <그림 7-8>은 다중 접속 기술의 종류를 보여 준다.

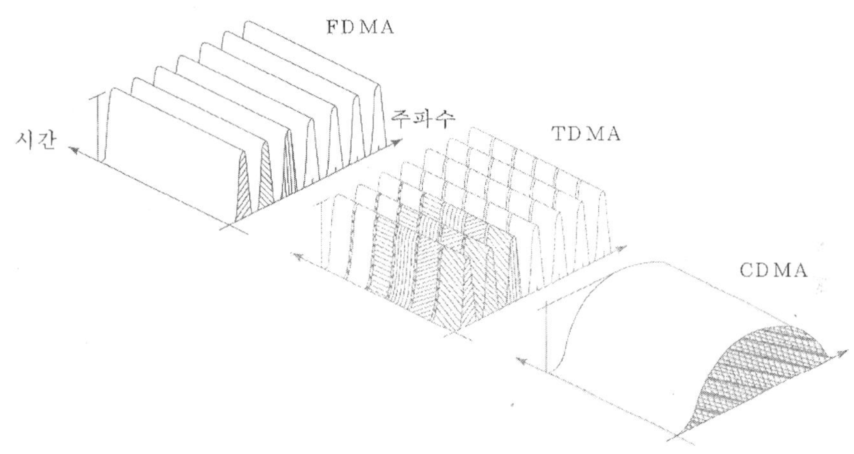

〈그림 7-8〉 다중 접속 기술의 종류(참고문헌: 정보통신세계, 차동완 저, 영지문화사)

(가) 주파수분할다중접속(FDMA)

주파수분할다중접속은 시간과 주파수 대역의 공간에서 시간은 고정시키고 주파수만을 분할하여 각각을 채널로 사용하는 방식으로서 서로 다른 사용자 신호는 각기 다른 채널을 할당받게 된다. 주파수분할다중화의 대표적인 예로서 라디오 방송을 들 수 있다. 각각의 방송국이 송신 안테나를 통해 서로 다른 주파수를 사용하여 공중으로 송신하면 수신 측의 라디오에서는 듣기를 원하는 방송국의 주파수를 선택함으로써 방송을 듣게 되는 것이다.

FDMA 방식에서는 적정한 통화품질을 위해서 신호 대 잡음비가 약 18dB 이상 되어야 하기 때문에 주파수 재사용 계수로 7을 사용한다.

(나) 시분할다중접속(TDMA)

TDMA 방식에서는 주파수를 고정시키고 시간만을 분할하여 각각의 채널로 사용하는 방식으로서 일정한 시간 간격으로 반복하는 하나의 프레임(frame)을 일정한 시간 간격(time slot)으로 나누어 하나의 타임슬롯을 하나의 채널에 대응시키는 방법을 사용한다. <그림 7-9>는 TDMA 프레임 구조를 보여 준다.

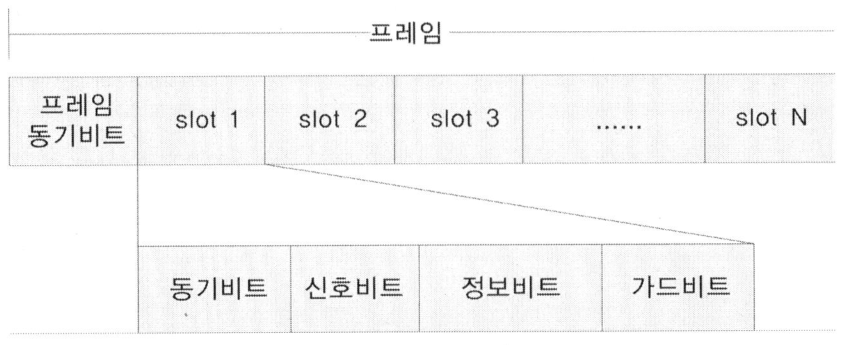

〈그림 7-9〉 TDMA 프레임 구조

TDMA 방식에서는 약 7~8dB의 신호 대 잡음비가 요구되고 이로 인해 주파수 재사용 계수를 3~4까지 줄일 수 있으므로 가입자 수용용량을 약 2~3배 증가시킬 수 있게 된다.

(다) 코드분할다중접속(CDMA)

CDMA 방식은 광대역 주파수 확산기술을 바탕으로 셀룰러 주파수의 전 채널에 걸쳐서 다수의 통화가 가능하도록 설계되어 있다. CDMA 방식에서는 각각의 음성 및 데이터 호(Call)를 동일한 주파수 스펙트럼 내에서 동시에 전송되는 다수의 호와 구별시키기 위해 의사잡음 형태인 PN(Pseudo Noise) 코드를 고유 코드로 부여한다. 기지국 내의 모든 단말들은 주파수가 동일하기 때문에 기지국으로부터 송신되는 모든 신호들을 수신할 수 있지만 각 단말기에 부여된 코드와 일치하지 않은 다른 신호는 제대로 수신하지 못하게 된다. 하나의 단말기에 부여된 코드와 다른 코드가 붙여진 신호들은 해당 단말기 입장에서는 잡음으로 간주되기 때문에 그 단말기의 코드와 일치되는 신호만을 수신할 수 있게 되는 것이다.

CDMA는 주파수와 시간 영역에서 볼 때에 가입자들이 보내고자 하는 각각의 정보가 서로 겹쳐져서 마치 잡음처럼 보이지만 원하는 각각의 코드를 통하여 구별 가능하게 된다. 예를 들어서 여러 나라 사람들이 동일한 장소에서 서로 북적대며 대화를 하고 있어도 동일한 언어를 사용하는 사람들끼리는 서로의 의사를 충분히 확인할 수 있는 이치와 같다.

CDMA 기술은 원래 군용통신에서 방해전파를 극복하기 위해 사용된 대역확산(Spread Spectrum)에서 시작되었다. 대역확산이라는 것은 보내고자 하는 신호를 그 신호의 주파수 대역보다 훨씬 넓은 대역폭으로 확산시켜서 전송하는 방식을 말한다. 대역확산방식에는 주파수도약(FH: Frequency Hopping)과 직접확산(DS: Direct Sequence) 방식이 있다.

　주파수도약방식에서는 변조신호의 반송 주파수(carrier frequency)를 전송기간 중에 일정 시간 단위로 변화시키는 방법을 통해 전송신호의 주파수 대역을 확산시킨다. 이와 같이 반송 주파수가 변화하는 것을 도약(hopping)이라고 부른다. <그림 7-10>은 주파수도약(hopping)을 나타낸다. 그림에서 맨 주파수 슬롯 축의 아래쪽으로부터 f1, f2, f3, f4, f5, f6 주파수라고 할 때에 동일한 정보가 시간이 흐름에 따라 f1, f4, f6, f2, f3, f5, f1, f4, f2, f4, f3 주파수를 사용하여 신호가 전송되고 있음을 알 수 있다.

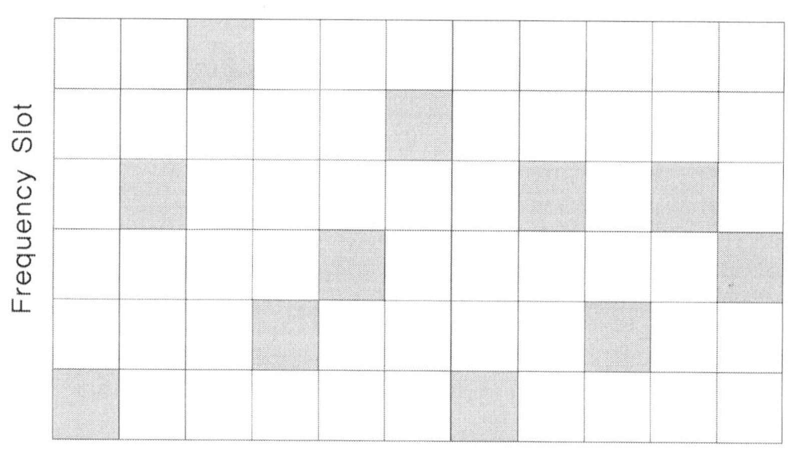

〈그림 7-10〉 주파수도약(hopping)

　직접확산방식은 현재 사용하고 있는 모든 CDMA이동통신시스템에 적용되고 있으며 원래의 기저대역 신호를 매우 넓은 대역폭의 디지털 신호로 직접 변조하여 확산시키는 방식이다. 가입자들 간의 신호에 상관관계(Correlation)가 적은 코드를 부여하고 기지국과 단말기는 서로 약속된 코드만을 사용함으로써 원하지 않는 신호는 잡음으로 처리하고 원하는 신호만을 추출해 낸다. CDMA에서 사용되는 코드는 왈시 코드(Walsh Code)와 의사잡음코드(Pseudo Noise Code, PN Code)이다. <그림 7-11>은 직접대역확산 방식을 나타내고 있다.

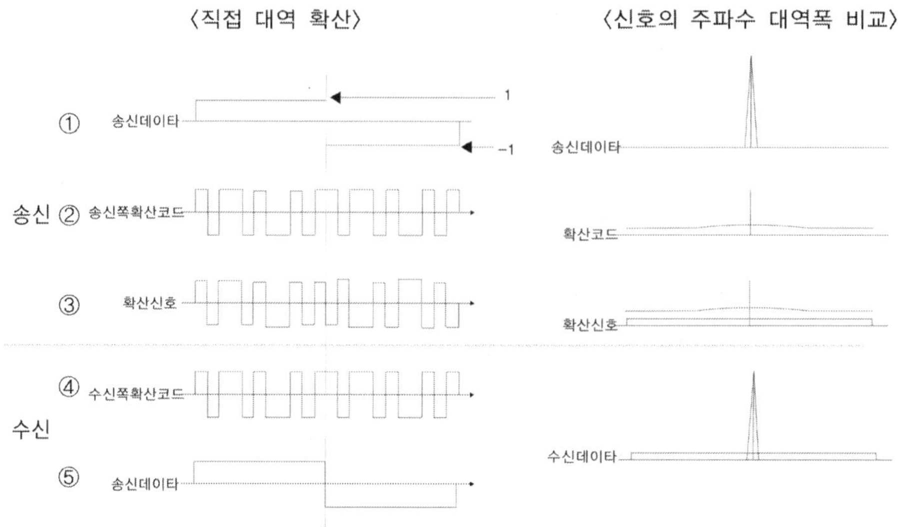

〈그림 7-11〉 직접대역확산 방식(참고문헌: 4세대 이동통신, 정우기 저, 복두출판사)

그림에서 송신 데이터에 확산코드 '10110100101'을 곱해 준다. 즉, 논리식으로는 Exclusive OR에 해당한다. 동일한 시점에서 송신데이터와 송신확산코드의 값이 동일하면 '1'이 되고 이들 두 사이의 값이 서로 다르면 '0'이 된다. 이러한 동작을 거치면 그림에서와 같이 송신 측의 확신신호가 되는 것이다. 송신 측의 확산신호를 전자파에 실어서 송신하고, 수신 측에서 이 확산신호에 다시 송신 측에서 사용한 동일한 확산 코드를 곱해 주면 송신 측의 원래 데이터와 동일한 데이터를 얻을 수 있다. 그러나 수신된 확산신호에 송신 측의 확산코드와 다른 확산코드를 곱해 주면 송신 측의 원래 데이터를 복원할 수 없다. 또한 확산코드를 곱해 주는 시간이 맞지 않으면 마치 다른 확산코드를 곱해 주는 것과 같게 되므로, 확산코드가 시작하는 시점까지 맞아야 한다. 따라서 사전에 미리 확산코드뿐만 아니라 확산코드의 시작 시점을 모르는 단말기는 데이터를 복구할 수 없으므로 높은 보안특성을 가지게 된다.

<그림 7-11>의 오른쪽은 대역폭 관점을 나타내고 있다. 원래 신호의 대역폭은 좁지만 확산코드를 곱함으로써 확산신호의 대역폭만큼 넓어진다는 것을 알 수 있다. 이 과정을 '확산'이라고 부른다. 송신 데이터가 가지고 있는 에너지는 일정하므로 데이터에 해당하는 크기는 넓어진 대역폭만큼 반비례하여 작아진다. 만일 수신되는 과정에서 확산신호에 세기가 큰 협대역 간섭 신호가 수신된다고 해도 역확산 과정을 거치게 되면 원래 송신했던 신호는 역확산되지만, 간섭 신호는 여기에서 확산 과정이 일

어나서 그 크기가 확산된 대역폭에 반비례하여 줄어들게 된다. 따라서 외부의 간섭에 매우 강한 특성을 가지게 된다. 대역환산 방식은 페이딩에도 강한 특성을 보인다.

7.3.3. CDMA 이동통신

CDMA 이동통신 기술은 1992년에 미국 퀄컴 사가 시작하였으며 1993년 7월에 미국 TIA/EIA에서 IS(Interim Standard)-95로 표준화되었다. 1995년 5월에 IS-95A 로 개정(브랜드 명: cdmaOne)하여 음성 서비스와 14.4kbps의 데이터 서비스를 제 공하게 되었다.

1996년 1월 1일에 한국이 세계에서 최초로 IS-95A의 상용 서비스를 시작하였으 며 1999년 9월에는 IS-95B의 상용 서비스를 시작하면서 음성 서비스와 64kbps의 패킷 데이터 서비스를 제공하게 되었다.

(1) CDMA 이동통신의 기본 개념

CDMA 이동통신은 기존 이동통신의 기본 기술인 셀룰러 이동통신 기술과 무선 접속기술인 CDMA 기술이 접목된 기술로서 주파수 자원의 이용 효율을 극대화시 킬 수 있다.

셀룰러 방식에서는 전파의 감쇠 특성을 이용하여 일정한 거리 이상으로 떨어진 지점에서 주파수를 다시 사용함으로써 동일한 주파수를 가지고 더 많은 가입자를 수용할 수 있다. CDMA 방식에서는 인접 기지국에서도 주파수와 시간을 가입자마 다 임의로 다르게 하는 확산코드를 이용함으로써 전파 간섭을 최소화하여 재사용할 수 있다.

예를 들어서 셀룰러 이동통신 사업자와 CDMA 이동통신 사업자가 할당 주파수 대역폭으로 각각 7MHz를 사용할 경우를 생각해 보자. 셀룰러 이동통신 사업자는 각 기지국당 1MHz를 할당하고 주파수 재사용률을 7로 구성할 수 있다. CDMA 이 동통신 사업자는 주파수 재사용률을 1로 하여 모든 셀들에게 각각 7MHz를 할당할 수 있게 된다. 따라서 CDMA 이동통신 사업자는 셀룰러 이동통신 사업자보다 7배 이상의 용량을 증가시킬 수 있다.

(2) CDMA 이동통신 시스템 용량

CDMA 이동통신 시스템의 음성 가입자 용량 산출과정을 설명한다. 단말기에서 송신하여 기지국에서 수신한 수신신호 전력을 C라 하고, 단말기에서 송신하여 기지국에서 수신한 간섭을 I라고 하자. 이때 C는 베이스밴드 데이터 전송속도(R)와 비트당 신호 에너지(Eb)의 곱과 같다. 또한 간섭전력(I)은 시스템의 전송채널 대역폭(W)과 초당 헤르츠(Hz)당 전력을 의미하는 간섭전력 밀도 스펙트럼(No)을 곱한 것과 같다.

$$\frac{C}{I} = \frac{R \times E_b}{W \times N_o}$$

신호전력(C)과 간섭전력(I)은 동일 기지국 내에 N가입자가 있을 때 자신의 에너지(C)와 동일 주파수를 사용하는 다른 사용자(N-1)명의 신호[$C(N$-1)]와 아래와 같은 관계가 성립된다.

$$\frac{C}{I} = \frac{C}{C(N-1)} = \frac{1}{N-1}$$

따라서 상기 식에 앞 식을 대입하면 아래의 식이 성립된다.

$$\frac{1}{N-1} = \frac{R \times E_b}{W \times N_o},$$
$$N-1 = \frac{W}{R \times \dfrac{E_b}{N_o}}$$

음성 및 데이터의 전송속도 R과 시스템 전송 채널대역폭 W는 정해져 있기 때문에 가입자 수 N은 Eb/No에 따라 달라진다. 이는 비트 에너지를 높이면 통화품질은 좋아지지만 가입자 수용 용량이 줄어들고 비트 에너지가 낮아지면 통화품질은 나빠지지만 가입자 수용 용량은 증가함을 알 수 있다.

그런데 간섭은 음성이 사용되는 시간 내에서만 존재하므로 가입자 용량에서 음성 활성화율(D)을 고려해야 한다. 활성화가 크면 클수록 간섭이 커짐에 따라 가입자 용량은 줄어들게 된다. 1개의 셀을 이용할 때보다 여러 셀을 이용할 경우에 가입자 용량이 줄어드는데 이를 감안하기 위해 주파수재사용률(F)을 사용하며 일반적으로 0.6 정도 된다. 또한 섹터 간에도 동일하게 적용하면 섹터이득(G)은 2.55 정도 된다. 이들을 고려하면 가입자 용량은 아래와 같은 식으로 얻을 수 있다.

$$N = \frac{W \times E_b}{R \times N_o} \times \frac{1}{D} \times F \times G$$

(3) CDMA 방식의 장점

(가) 다양한 형태의 다이버시티

CDMA는 다양한 형태의 다이버시티(Diversity) 기술을 통하여 페이딩에 의한 에러를 감소시킨다. 공간 다이버시티는 공시에 두 개의 기지국을 접속(soft handoff)하거나 기지국의 다중 안테나를 이용하여 구현한다. 시간 다이버시티는 레이크 다이버시티(Rake diversity: 시간 지연에 의한 동일 신호를 여러 개 수신하여 수신세기를 높이는 기술), 인터리빙에 의해 구현한다. 주파수 다이버시티는 1.25MHz의 광대역 주파수(일반적으로 페이딩은 200~300kHZ의 크기로 영향을 받음)에 의해 페이딩 영향을 감소시킨다.

(나) 전력제어

기존의 아날로그 시스템에서는 역방향으로만 전력제어 기능을 수행할 수 있고 또한 매우 느리고 정밀하지 못하다. 그러나 CDMA 시스템에서는 역방향뿐만 아니라 순방향 전력제어를 사용하고 또한 매우 빠르고 정밀하다. 이러한 전력제어를 통하여 권역 내의 모든 단말기 전송신호가 기지국 수신기에 일정한 세기로 수신되도록 함으로써 단말기의 수명을 연장하고 단말기 사이의 간섭을 최소화시킬 수 있다. 이러한 기능은 시스템의 통화용량을 늘리고 통화품질을 향상시킬 수 있게 된다.

(다) 소프트 핸드오프

소프트 핸드오프는 아날로그 시스템과 다르게 두 개의 기지국과 동시에 접속하게 함으로써 통화 중단 현상을 없도록 해 준다. 소프트 핸드오프는 단말기가 추가적으로 원하는 기지국의 신호세기를 측정하여 교환국에 전송하면 교환국은 새로운 기지국을 핸드오프에 참여시켜서 링크를 구성하여 두 개의 기지국과 동시에 통신한다. 이는 인접 셀이 동일한 주파수를 사용하기 때문에 가능하다. CDMA의 소프트 핸드오프는 통화 중 중단 현상을 제거하고 호 절단율(Call Drop Rate)을 낮추는 등 통화품질을 향상시킨다.

(라) 주파수 재사용 및 섹터 분할

CDMA 시스템에서는 광대역 채널을 모든 기지국에서 재사용한다. 일정한 거리를 두고 주파수를 재사용하는 아날로그 시스템과 비교하여 광대역 채널을 사용하므로 가입자 수용 용량을 늘릴 수 있게 된다. 또한 지향성 기지국 안테나를 사용하여 하나의 기지국을 섹터로 분할함으로써 전체 시스템의 용량을 증대시킬 수 있다.

(마) 낮은 송신전력

Eb/No(신호 대 잡음비에 해당) 허용치의 인하는 시스템 용량을 늘려줄 뿐만 아니라 잡음 및 간섭 극복에 필요한 송신전력을 감소시켜 준다. 이는 단말기의 필요 송신전력의 감소를 의미한다. 또한 전력제어를 사용하여 필요한 전력만을 송신하며, 페이딩이 발생할 경우만 송신전력을 높임으로써 평균전력을 낮출 수 있다.

(바) 음성 부호기 및 가변 데이터 속도

CDMA 시스템의 음성 부호화기(음성 부호기 및 복호기)는 8kbps의 가변 속도로 설계되어 있다. 이동전화 기지국과 단말기 사이에 동적 가변 데이터 속도 음성부호기 알고리즘을 사용함으로써 가변속도 음성통신 서비스 제공이 가능하다.

(사) 통화비밀 보호

CDMA 신호는 스크램블(scramble)되어 있으므로 고도의 통화비밀 보호기능을 가지고 있으며 누화, 탐색 수신기 사용 및 무선의 불법 사용 등을 본질적으로 어렵게 한다.

(아) 음성신호 감지

CDMA 시스템에서는 음성신호가 없을 경우에 데이터 전송속도가 감소되어 타 사용자들에 대한 간섭을 상당히 감소시킨다.

(자) 용량의 융통성(Soft Capacity)

아날로그 시스템과 디지털 TDMA 시스템에서는 핸드오프 시에 채널이 부족할 경우 통화가 우회 회선으로 재배정되거나 또는 통화단절이 발생할 우려가 있다. 그러나 CDMA 시스템에서는 다른 통화가 완료될 때까지 비트 오차율을 다소 높여줌으로써 통화의 추가 수용이 가능하다. 고급 서비스 사용자의 핸드폰에는 일반 사용자보다 높은 우선권을 부여할 수도 있다.

7.3.4. GSM 이동통신

1980년대 초반에 유럽에서는 여러 나라에서 아날로그 이동통신시스템이 도입되기 시작했으나 국가 또는 지역마다 시스템 간의 호환성이 없었다. 이를 극복하기 위해 1982년도에 CEPT는 연구그룹을 만들어서 GSM(Group Special Mobile)을 출범시켰는데 다음과 같은 기준을 정하였다.

① 음성 품질의 양호
② 낮은 가격의 단말기와 서비스
③ 국제 로밍 지원
④ 손에 들고 다닐 수 있는 단말기 지원
⑤ 새로운 서비스와 장비들에 대한 지원
⑥ 높은 효율성
⑦ ISDN과의 호환성

1986년 새로운 범유럽 이동통신시스템이 동일한 주파수를 사용하도록 900MHz 대역의 주파수를 분배하였다. 1991년 중반에 핀란드에서 최초의 상업서비스가 개시되었다. 이후 GSM은 유럽뿐만 아니라 아프리카, 남미, 중미, 아시아 지역에서 채택되면서 세계적으로 이용하게 되었다.

(1) GSM 이동통신망

GSM 이동통신망의 구성요소는 일반적인 셀룰러 이동통신망의 구성요소와 비슷하다. VLR은 TMSI(Temporary Mobile Subscriber Identity)를 저장한다. 인증센터는 가입자 인증을 위해 A3 알고리즘, 암호화를 위해 A8 알고리즘을 저장한다. 단말장치 등록기는 단말기 인증이 반드시 필요하며 IMEI를 저장한다. 가입자 식별모듈(SIM: Subscriber Identity Module)은 전화번호 등 가입자가 통신을 이용하기 위한 모든 정보를 포함하고 있는 카드로서 단말기에 장착하여 사용한다.

SIM 카드가 장착되어 있지 않는 단말기는 단지 긴급전화만을 사용할 수 있으며 가입자 인증을 위해 A3 알고리즘, 암호화를 위해 A8 알고리즘을 활용한다. 단말기(ME)는 이동통신망에 접속하기 위해 기지국과 정보를 주고받으며 SIM 카드를 내장하여 사용한다. 기지국은 1~16개의 독립된 RF채널을 가지며 단말기와 이동통신망을 연결하는 기능을 수행한다. 방문자 위치 등록기는 단말기가 종료할 때에 가입자 정보를 SIM 카드에 저장한다. 홈위치 등록기는 IMSI(International Mobile Subscriber Identity)를 저장한다. <그림 7-12>는 GSM 이동통신망 구성도를 나타낸다.

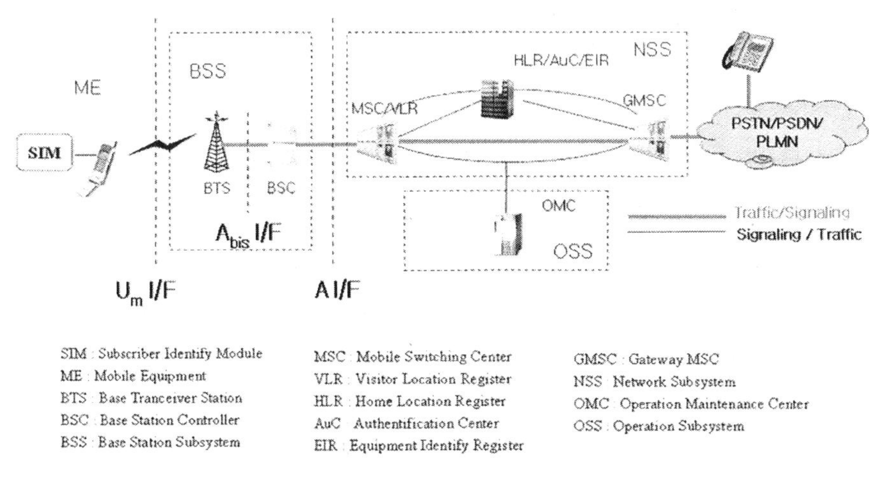

〈그림 7-12〉 GSM 이동통신망 구성도

(2) GPRS 시스템

GPRS의 기본개념은 GSM망을 기반으로 하여 IP 또는 X.25 프로토콜의 패킷 데이터망을 구현한 것으로 데이터 서비스를 제공하기 위해 8개의 타임슬롯을 모두 이용할 수 있으므로 유연하게 전파자원을 활용할 수 있고 상향링크와 하향링크의 타임슬롯의 개수를 다르게 이용할 수 있다.

GSM 이동통신망과 비교하여 큰 차이점은 패킷데이터 서비스 제공을 위한 별도의 망이 구성되어 있는데 SGSN과 GGSN이 패킷데이터망의 핵심이 된다. SGSN은 MSC와 유사한 기능을 수행하지만 일반적으로 패킷데이터 서비스에서 이용되며 IP 라우터 기능, 보안, 이동성 관리, 인증, QoS(Quality of Service) 관리 등의 기능을 담당한다. GGSN의 기능은 GMSC와 유사하지만 패킷데이터 서비스 제공에 활용되며 외부 패킷망의 연결, GPRS 방화벽, GGSN 간 로밍관리, PTM(Point to Multipoint) 센터 관리 등을 수행한다. <그림 7-13>은 GPRS 망 구성도를 보여 준다.

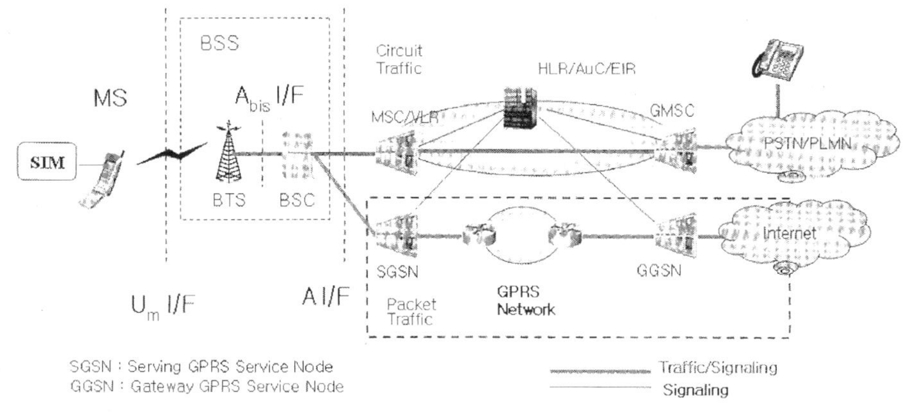

〈그림 7-13〉 GPRS 망 구성도

7.4. 3세대 이동통신

7.4.1. IMT-2000 기술

(1) 개요

3세대 이동통신은 ITU가 1992년 IMT-2000 서비스를 위한 주파수 대역을 분배하고 1999년 IMT-2000(International Mobile Telecommunications-2000) 시스템으로 cdma2000, WCDMA, CDMA TDD, UWC-136/EDGE, DECT 등 5개의 기술표준을 승인하면서 시작되었다. 3세대 이동통신은 기존 2세대의 음성과 저속의 데이터서비스 제공과 달리 인터넷 접속을 포함한 고속의 데이터 및 멀티미디어 콘텐츠를 제공할 수 있는 서비스이다. ITU는 2007년에 WMAN 기반 기술인 Mobile WiMax 기술을 6번째 IMT-2000 기술 표준으로 승인하였다.

우리나라에서는 cdma2000 1x 또는 cdma2000 1x의 발전 기술인 EV-DO(June, Fimm이라는 브랜드명) 기술, 최근 서비스를 시작한 WCDMA의 발전된 기술인 HSDPA(SHOW, T라는 브랜드명) 등의 IMT-2000 기술이 상용화되고 있다.

2000년 10월에 세계 최초로 한국에서 cdma2000 방식으로 IMT-2000 서비스가 시작되었다. IMT-2000은 전파를 전송매체로 하여 멀티미디어 서비스를 구현하기 위한 기술이다. IMT-2000의 서비스 구현 목표는 아래와 같다.

① 유무선 통합화와 세계 공통의 주파수 사용을 통하여 국제로밍 제공
② 멀티미디어 서비스 제공
③ 사용자가 정지하거나 걷는 정도의 속도로 움직일 때에는 최고 384Kbps, 고속 이
동체 안에서는 128Kbps, 움직이지 않는 상황에서는 최고 2Mbps 전송속도 제공

ITU에서 표준으로 승인한 5개 기술 중에서 실제적으로는 비동기식의 WCDMA
와 동기식의 cdma2000이 전 세계 대부분의 시장을 장악하였다. <표 7-3>은
IMT-2000 표준 기술의 특징을 나타낸다.

〈표 7-3〉 IMT-2000 표준 기술의 특징

구분	IMT-DS (IMT-2000 CDMA Direct Spread)	IMT-MC (IMT-2000 CDMA Multi Carrier)	IMT-TC (IMT-2000 CDMA TDD)	IMT-SC (IMT-2000 TDMA Single Carrier)	IMT-FT (IMT-2000 FDMA/TDMA)
일반명칭	WCDMA	cdma2000/1x EV DO	TD—CDMA/SCD MA	UWC—136＋I UWC—136HS	DECT＋
무선접속 방식	CDMA	CDMA	CDMA	TDMA	TDMA
주파수 재사용률	1	1	1	7	1
채널대역폭(MHz)	6	1.25	5/1.6	0.03/0.2/1.6	2
칩레이트(Kcps)	3840	1228.8	3840/1280	24.3/270.833/2600	960
Frame length(ms)	10	5, 10, 20, 26.266, 40, 80	10/10(5)	40/4.615/4.615	10
Time slot	15	−/16	15(7)	3(6)/8(16)/16~64	24
변조방식 (개선된 규격)	QPSK(16QAM)/ HPSK	QPSK/OQPSK(8P SK/16QAM)	QPSK(16QAM)/H PSK	π/4 DQPSK, 8PSK, GMSK, B—Offset—QAM Q—Offset—QAM	GFSK (π/2, π/4, 3π/8 DQPSK 16, 64QAM)
코딩방식	Convolution Turbo	Convolution Turbo	Convolution Turbo	Convolution ARQ	
음선 코덱(kbps)	AMR: 12.2, 5.9	QCELP EVRC: 8	AMR: 12.2, 5.9	US1: 7.4 AMR: 12.2, 5.9	ADPCM: 32
데이터 전송률(kbps) (개선된 규격	2000 (14400)	144 (3200)	2000 (14400)	수십/384/2000	562 (1152~6912)
전력(dBm)	단말기 24dBm	단말기: ~1.25W	단말기 24dBm	단말기: ~1.25W	4~24
기지국 반경	~수십km	~수십km	~3.5km	~수km	25~100m
서비스 지역	전 세계	전 세계	(중국)	미주 지역 일부	유럽 등

(2) IMT-2000 시스템 구성

IMT-2000 시스템이 디지털 이동통신시스템과의 차이점은 데이터 서비스의 보편화이다. 2000년 이후부터 급격하게 증가한 인터넷의 사용을 무선 분야까지 확대하기 위해 데이터를 음성과 분리하여 서비스를 제공하는 새로운 시스템이 추가되었다. 기지국으로부터 들어오는 음성 및 패킷데이터는 기지국 제어기에서 분리되어 음성은 과거의 교환기로 접속되고 데이터는 패킷 교환기로 별도의 경로로 서비스가 이루어지면서 인터넷망에 적합한 빠른 무선 접속 기술이 구현되었다.

비트 단위로 데이터를 보내는 디지털 통신에서는 수신 측에서 송신 측의 송신 시각을 정확히 맞추는 동기(Synchronization)가 요구된다. IMT-2000 기술은 cdma2000을 동기 IMT-2000 시스템이라 하고 WCDMA를 비동기 IMT-2000 시스템이라고 한다. 여기에서 비동기라 함은 송신 측과 수신 측 사이에 동기의 여부를 나타내는 것이 아니라 단말기와 기지국 사이에 동기를 맞출 때에 GPS 시간의 활용 여부에 따라 동기 시스템과 비동기 시스템으로 분류된다. <그림 7-14>는 IMT-2000 망 구성도를 나타낸다.

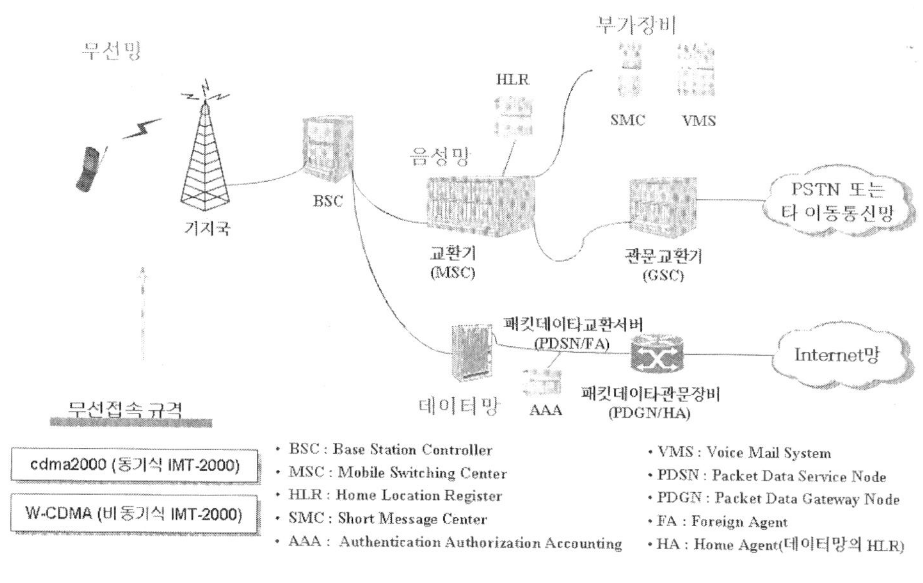

<그림 7-14> IMT-2000 망 구성도

(3) cdma 2000

cdma 2000은 기존의 IS-95A와 동일한 1.25MHz 대역폭을 이용하면서 무선접속 규격을 상당부분 변경하여 시스템 용량 증대, 데이터 서비스 속도를 크게 높임으로써 고속데이터 통신 서비스를 제공할 수 있다.

cdma2000 1x는 기본적으로 IS-95A와 역호환성(Backward compatibility)을 지원한다. 즉 기존의 단말기(IS-95)는 IS-95A/B 서비스만 가능하지만 신규 단말기(CDMA 2000 1x)는 기존 네트워크인 IS-95A/B와 신규 cdma 2000 서비스를 동시에 제공받을 수 있다.

cdma2000 1x 망과 기존 IS-95A 망과의 가장 큰 차이점은 cdma 2000 망은 음성과 같은 회선 서비스를 위한 망과 인터넷과 같은 패킷 서비스를 위한 망이 BSC에서 구분되어 있다는 점이다. <그림 7-15>는 cdma2000 망 구성도를 보여 준다.

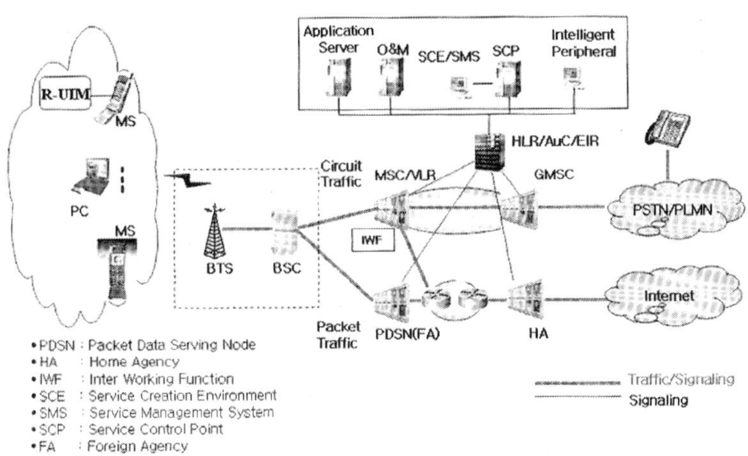

〈그림 7-15〉 cdma2000 망 구성도

(4) WCDMA

WCDMA(Wideband Code Division Multiple Access) 시스템은 1999년 ITU가 승인한 5개 IMT-2000 기술들 중의 하나이다. WCDMA는 2001년에 일본이 서비스를 시작하였고 이후 진화하여 2005년 이후에는 WCDMA HSDPA(High Speed Downlink Packet Access) 시스템이 본격적으로 상용화하기 시작하였다. WCDMA 시스템은 cdma 2000 시스템이 1개 채널로 1.25MHz를 사용하는 것과 비교하여 5MHz의 광

대역 주파수 대역폭을 사용하므로 동일한 기지국을 이용하여 더 많은 데이터를 이용할 수 있다.

WCDMA는 cdma 2000 시스템과 다르게 단말기와 기지국 사이에 동기를 맞출 때에 GPS를 이용하지 않는다. 비동기 방식에서는 기지국 고유의 스크램블 코드를 이용하여 각 기지국의 확인 및 핸드오프를 함으로써 각 기지국이 시간적으로 동기를 맞추지 않아도 된다. WCDMA는 GPS 수신기가 미국의 국방목적으로 사용되는 GPS 인공위성에 의존해야 하는 단점과 지적소유권 문제 등으로 GPS를 이용하지 않는 기술을 개발하였다.

WCDMA는 동기방식의 BSC 기능을 하는 RNC(Radio Network Controller)를 중심으로 회선 트래픽은 교환기(MSC)를 경유하여 처리되고 데이터 트래픽은 패킷단위로 SGSN(Serving GPRS Service Node)을 통하여 처리된다. RAN(Radio Access Network)은 기지국(RTS: Radio Transceiver Subsystems)과 기지국제어(RNC: Radio Network Controller)로 구성되어 있다. Node-B는 기지국 기능과 동일하다. RNC는 기지국으로부터 들어오는 음성 및 중/고속데이터를 회선망과 패킷망으로 분리하는 기능을 갖는다. SGSN은 GPRS망 기능과 같이 MSC와 유사하지만 일반적으로 패킷 데이터 서비스에 이용되며 IP 라우터 기능, 보안, 이동성 관리, 인증, QoS 관리 기능 등을 수행한다. USIM은 WCDMA망에서 GSM망의 SIM카드와 동일한 기능을 수행한다. <그림 7-16>은 WCDMA망 구성도를 보여 준다.

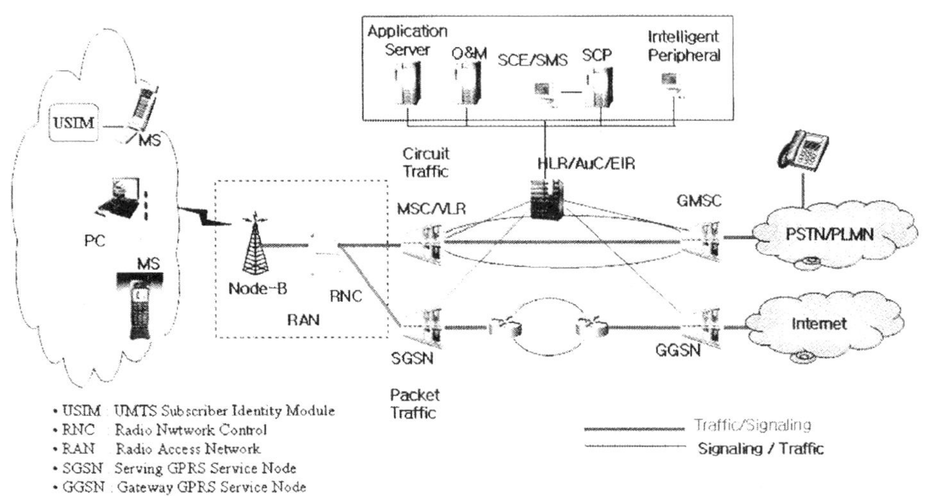

〈그림 7-16〉 WCDMA망 구성도

7.4.2. HSPA

국제표준화기구 3GPP(3rd Generation Partnership Project)는 WCDMA의 발전된 형태로 무선이동 환경에서 패킷 전송 속도를 획기적으로 향상시킬 수 있는 HSPDA(High Speed Downlink Packet Access) 기술을 2002년 3월에 표준화로 제정하였다.

HSPDA는 비동기 IMT-2000 시스템 진화 단계에서 R5(Release 5)에 포함된 기술이다. 기존의 WCDMA 시스템에서도 패킷 방식의 데이터 전송 서비스를 지원했으나 기존의 회선교환을 목적으로 설계된 무선접속 기반에서 고속의 멀티미디어 패킷 서비스를 제공하는 데에는 한계점이 노출되어 R5 시스템에서 새로운 무선접속 기술로 HSPDA가 도입되었다.

HSDPA의 최대 데이터 속도는 하향링크 14Mbps이다. 한편 상향링크 속도의 제약은 VoIP와 같은 양 방향 서비스의 제약이 되므로 이를 해결하기 위해 HSUPA(R6) 무선접속기술을 2004년 12월에 표준화하였다. HSUPA는 상향링크 최대 5.7Mbps의 속도를 갖는다. HSPA는 WCDMA와 비교하여 하향링크는 3~6배로 향상되었고 상향링크는 약 30~70% 향상되었다. HSPA는 낮은 전송지연 시간으로 VoIP 서비스 제공이 가능하게 되었다. HSPA는 현재 상용 서비스 중인 1x EV-DO보다 주파수 활용도를 더 높일 수 있다. 1x EV-DO가 음성서비스 위주의 ccdma2000 1x와 다른 FA를 사용하지만 HSPDA는 동일 FA에서 음성, 데이터, 영상 서비스를 함께 처리할 수 있기 때문에 주파수 활용도 측면에서 유리하다.

7.4.3. 1x EV-DO/Rev.A/B

미국 퀄컴사가 고속 무선 인터넷 서비스를 목적으로 개발한 HDR(High Data Rate) 시스템을 IMT-2000 시스템인 cdma2000의 진화된 규격으로 정의하고 cdma2000 1x EV-DO(Evolution Data Only)로 명명하여 표준화되었으며 2002년부터 상용서비스가 시작되었다.

2004년 3월에는 cdma2000 1x EV-DO Rev.A를 표준화하였다. cdma2000 1x EV-DO Rev.A는 상향링크의 속도를 증가시킴으로써 멀티미디어 및 VoIP 서비스 제공이 가능하게 되었다. 2006년 4월에 WCDMA 시스템과 경쟁할 수 있는 데이터 전송능력을 갖추기 위해 1.25MHz 3채널을 함께 전송할 수 있는 cdma2000 1x EV-DO

Rev.B를 표준화하였다. Rev.B는 광대역으로 Rev.A와 비교하여 Trunk 이득에 의한 용량과 주파수 다이버시티를 개선하고, 단일 캐리어 및 다중 캐리어 제공으로 단말기의 경제적 선택도 가능하다.

cdma2000 1x EV-DO Rev.A/B는 cdma2000 1x망과의 역호환성을 가지며 동일 기지국에서 함께 운용될 수 있다. <그림 7-17>은 1x EV-DO Rev.A망의 구성을 보여 준다.

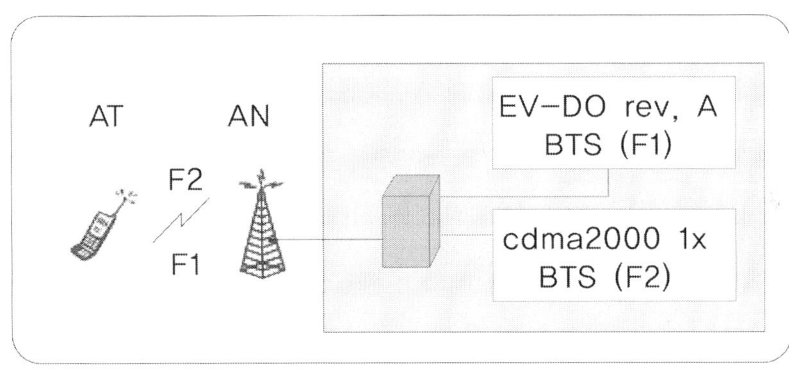

〈그림 7-17〉 1x EV-DO Rev.A망의 구성

7.4.4. 와이브로

와이브로 시스템은 IMT-2000 OFDMA TDD 기술 표준 규격의 하나로 우리나라에서 상용화한 시스템이다. 와이브로 서비스는 언제 어디서나 고속으로 무선 인터넷 접속이 가능한 휴대인터넷 서비스이다. 국내 휴대 인터넷 기술은 고정 광대역 무선 서비스 기술인 802.16d 기술에 이동성을 부여하는 방법을 채택하였다. 그리고 주파수는 2002년 당시 사용이 부진했던 WLL(Wireless Local Loop) 주파수를 휴대인터넷 서비스용으로 분배 변경하면서 상용서비스가 가능하게 되었다.

와이브로 서비스는 반경의 크기에 따라 피코셀(100m), 마이크로셀(400m), 매크로셀(1km)로 구분하고 최대 이동속도를 시속 60km로 규정하였으며 IP 기반 서비스가 기지국 간 및 기지국 제어기 간 핸드오프를 지원할 수 있도록 규정하였다. 또한 실시간 및 비실시간의 QoS를 보장해야 하며 다른 무선데이터망과도 연동되어야 한다. <그림 7-18>은 와이브로 시스템의 망 구성도를 나타낸다.

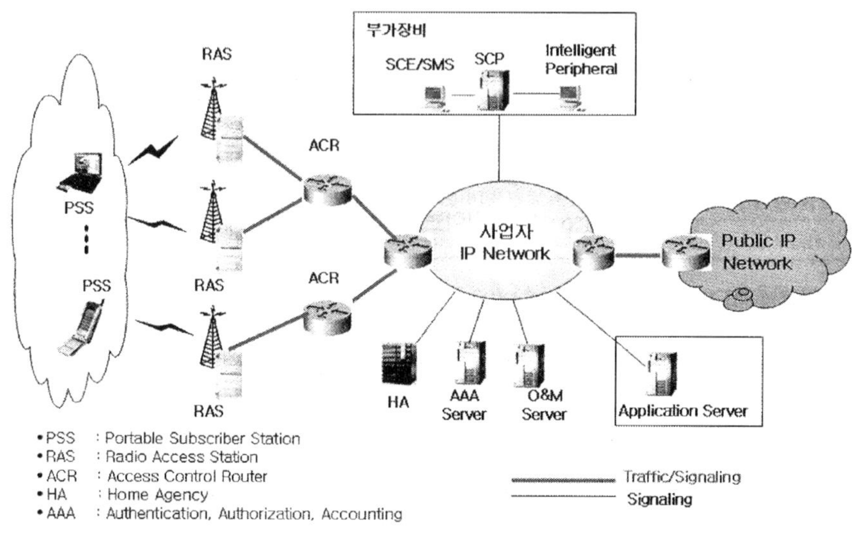

〈그림 7-18〉 와이브로 시스템의 망 구성도

와이브로 시스템은 단말기, 기지국, 기지국 제어국 등으로 구성되어 있으나 음성 및 패킷 데이터 교환을 위한 교환기가 별도로 존재하지 않는다. 각각의 망 구성 요소의 기능은 아래와 같다.

① 단말기(PSS: Portal Subscriber Station): 절전기능(Sleep mode 적용), 휴대인터넷 무선 접속 기능, IP 기반 서비스 접속 기능, IP 이동성 기능, 단말/사용자 인증 및 보안 기능, 멀티캐스트 서비스 수신 기능, 타 망과 연동 기능

② 기지국(RAS: Radio Access Station): 휴대인터넷 무선접속기능, 무선자원 관리 및 제어기능, 핸드오프 지원 기능, 인증 및 보안 기능, QoS 제공 기능, 하향링크 멀티캐스트 기능, 과금 및 통계정보 생성 및 통보 기능

③ 기지국 제어국(ACR: Access Control Router): IP 라우팅 및 이동성 관리 기능, 인증 및 보안 기능, QoS 제공 기능, IP 멀티캐스트 기능, 과금 서버에 과금 서비스 제공 기능, ACR 내의 RAS간 이동성 제어 기능, 자원 관리 및 제어 기능

와이브로 시스템에서 주요한 기술은 OFDM이다. OFDM(Orthogonal Frequency Division Multiplexing) 전송방식 기술은 주파수 간 간섭을 최소화하기 위해 주파수를 중심주파수가 직교하는 부채널로 잘게 나누어서 각 부채널을 통해 데이터를 병

렬로 전송함으로써 고속 데이터 전송이 가능해진다. OFDM은 FDM과 유사하지만 각 부채널의 중심주파수에 다른 주파수의 power가 0이 되도록 서로 겹치게 함으로써 대역폭을 획기적으로 절약할 수 있다는 점에서 커다란 차이점이 보인다. <그림 7-19>는 OFDM 전송기술의 개념을 나타낸다.

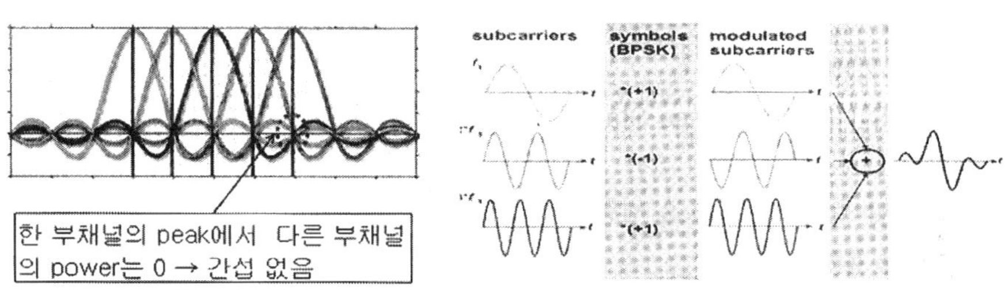

〈그림 7-19〉 OFDM 전송기술의 개념(참고문헌: 4세대 이동통신, 정우기 저, 복두출판사)

7.5. 4세대 이동통신

7.5.1. 개요

1세대의 아날로그 이동통신에서 사용된 FDMA 방식에서는 사용자의 증가에 따라 주파수 자원의 한계가 발생됨에 따라 시스템의 확정성이 문제가 되었다. 2세대 이동통신에서는 GSM과 CDMA방식의 디지털 기술이 적용됨에 따라 시스템의 사용자 수용능력이 증가하였다. 1세대와 2세대 기술 개발의 경험으로 무선 멀티미디어 서비스 제공이 가능한 3세대 이동통신 서비스가 출현하였으나 광대역 서비스를 제공하기에는 경제성이 부족하였다. 세계 이동통신업계들은 새로운 이동통신시스템의 경제성을 높여서 무선 멀티미디어 서비스를 활성화시킬 수 있는 4세대 이동통신 개발을 추진하게 되었다.

ITU는 4세대 이동통신서비스를 IMT-Advanced라고 정의하였다. IMT-Advanced는 전송속도가 100Mbps~1Gbps인 새로운 무선 접속기술이고 이동전화 측면에서는 고속이동 시 100Mbps 서비스를 제공하며 Local Area 측면에서 Nomadic과 정지 시에 1Gbps 서비스를 제공한다. 또한 IMT-Advanced는 기존의 IMT-2000, Enhanced

IMT-2000 및 Local Area Wireless Access 기술과 호환성을 유지한다.

IMT-Advanced를 네트워크 측면에서 보면 다양한 Access Network를 지원할 수 있는 IP 기반의 핵심망을 기본 개념으로 제시하고 있으며 기존의 2G, IMT-2000, WLAN, 유선 인터넷, 방송망의 호환성 지원 및 IP 기반의 네트워크 인지가 가능한 지능망을 제시하고 있다. <표 7-4>는 세대별 이동통신 시스템 비교를 보여 준다.

〈표 7-4〉 세대별 이동통신 시스템 비교

구분	1세대	2세대		3세대	4세대
통신 수단	아날로그	디지털 이동전화	PCS	IMT-2000	IMT-Advanced
주파수 대역	200~900MHz	800MHz	1.7~1.8GHz	2GHz	5GHz 이하
전송 속도	10kbpx	9.6/14.4/64kbps		144kbps~2Mbps	100Mbps 이상
제공 서비스	음성	음성 및 저속 데이터		멀티미디어	고품질의 멀티미디어
로밍 서비스	국내	국내, 지역별		지역의 확대	전 세계
서비스 시기	1981년	1991년		2000년	2010년 이후

7.5.2. 4세대 이동통신 서비스 전망

ITU를 비롯한 기술 개발자들은 IMT-2000의 시장 실패를 반성하고 미래 이동통신 기술을 사용하는 사람들의 생활에 필요한 기술을 개발하고자 하였다. 차세대 이동통신서비스의 형태는 오늘날의 사람 대 사람 통신과 함께 사람과 기계 간의 통신을 포함하며 향후에는 센서 서비스와 같은 기계 대 기계 간의 통신으로 발전할 것으로 예상된다. IMT-Advanced 서비스는 IMT-2000보다 50배 이상 빠른 속도로 정의되었으며 이에 따라 고속의 데이터 전송을 근간으로 하는 다양한 서비스가 예상된다.

IMT-Advanced 서비스는 다양한 전파통신 서비스의 콘텐츠를 공유하여 사용자에게 풍부한 콘텐츠를 제공할 수 있을 것이다. IMT-Advanced 서비스는 이동통신뿐만 아니라 고정통신, 방송 등을 포함하여 발전할 것이다. IMT-Advanced는 최상위의 다양한 서비스 및 어플리케이션을 중개할 수 있도록 서비스 플랫폼을 둔다. 서비스 플랫폼은 최상위의 각종 어플리케이션 서비스를 받아서 공통의 패킷통신망과 다양한 무선접속망을 이용하여 사용자에게 전달한다.

이동 멀티미디어 서비스는 유선통신망에서 제공되는 모든 서비스들을 제공할 수 있게 된다. 이동 멀티미디어 서비스에는 아래와 같은 서비스들이 제공될 것이다.

① 업무용 서비스: 업무관련 자료 검색을 위한 데이터베이스 액세스 서비스, 이
　동통신을 통한 멀티미디어 콘텐츠의 생성 및 검색 서비스, 화상회의 및 전자
　우편 서비스
② 개인용 서비스: 여가생활이나 오락, 쇼핑, 교육서비스
③ 공용 서비스: 교통관련 서비스, 긴급구난 서비스, 원격제어 및 모니터링 서비스

미래 통신망은 IP기반의 단일 통신망 인프라를 통해 음성 및 데이터 서비스를 유연하게 수용할 수 있는 네트워크로 발전할 것이다. 즉 IP 네트워크를 중심으로 이동통신망, 유선 전화망, 방송망, WLAN 등이 모두 하나의 네트워크로 통합되는 형태로 발전할 것이다. <그림 7-20>은 미래통신망의 개념을 나타낸다.

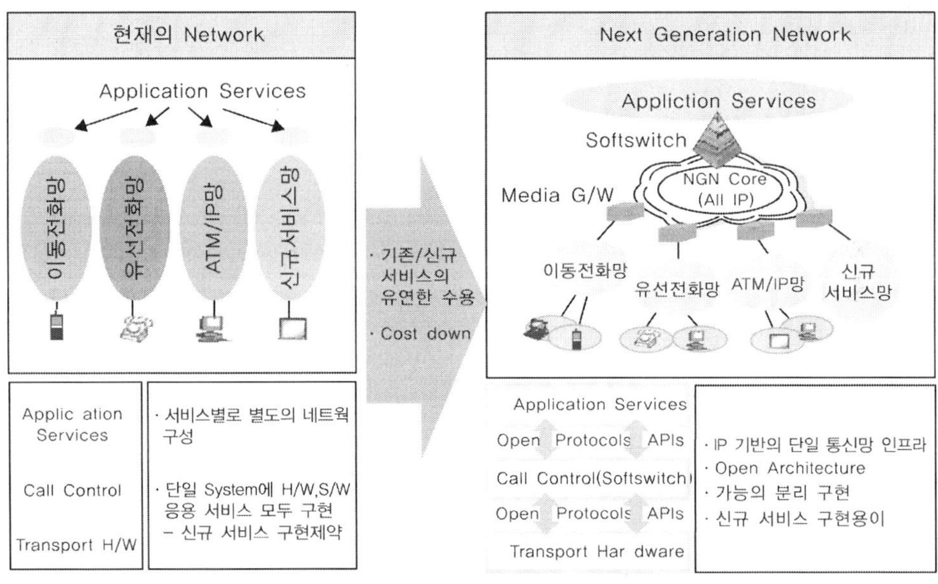

〈그림 7-20〉 미래통신망의 개념

7.5.3. 4세대 이동통신의 주요 기술

(1) OFDM(Orthogonal Frequency Division Multiplexing)

CDMA에서는 1초에 수백만 번 이상의 비트를 하나의 주파수에 전송함에 따라 비트 수가 높아지면 비트의 시간이 짧아지고 외부 잡음 등에 의해 정보를 잃을 가

능성이 높으므로 데이터 속도를 높이는 데 한계를 보이고 있다. CDMA와 같이 한 개의 반송파로 넓은 대역폭을 갖는 신호 대신에 각각 직교성(Orthogonality)을 갖는 여러 주파수에 데이터를 나누어 전송하면 더욱 짧은 시간의 비트를 만들어야 하는 어려움도 해결되고 잡음에 대한 저항력도 커질 것이다.

여러 개의 주파수를 사용하여 데이터를 전송하는 방식은 FDM에서도 사용되지만 OFDM에서는 주파수 간 직교성을 갖도록 겹쳐서 사용함으로써 주파수 효율을 극 대화시킬 수 있다. OFDM의 전송 스펙트럼에서는 하나의 주파수의 정점에서 다른 주파수의 성분이 0이 된다.

(2) MIMO(Multiple Input Multiple Output)

1990년대 후반에 루슨트 벨 연구소에서 제안된 MIMO 방식에서는 산란체가 많은 채널 환경에서 각 전송 안테나마다 서로 독립적인 정보를 보내면 각 정보의 공간 특성이 서로 달라서 동일한 시간과 동일한 주파수, 동일한 코드 상에 있어도 신호를 분리할 수 있다. 즉, 여러 개의 송신 안테나를 통해 신호를 전송하면 각각의 안테나로부터 송신된 전파신호는 수신 측에 각각 시간과 공간 위치가 달라서 분리된 신호로 입력되고 따라서 분리된 신호를 별도로 처리하여 원래의 신호를 복원할 수 있다면 안테나 수에 비례하여 데이터 속도를 높일 수 있게 된다.

(3) 스마트 안테나

스마트 안테나는 다수의 어레이(Array) 안테나의 위상을 제어하여 원하는 방향의 신호를 선택적으로 송수신하고 간섭 신호의 영향을 최소화시킴으로써 가입자 상호 간의 간섭을 대폭 감쇄시키는 기술이다.

스마트 안테나는 각 단말기 방향으로 독립된 빔패턴을 제공하여 통신 용량을 증 대시키고 통신 품질을 대폭 개선할 수 있는 지능형 기지국을 실현하는 기술이다. 또한 스마트 안테나 시스템에서는 각 단말기가 저전력으로 통화가 가능하므로 배터 리 수명이 획기적으로 개선될 수 있다.

(4) SDR(Software Defined Radio)

SDR은 다양한 방식의 무선통신 서비스를 하나의 하드웨어에서 단지 소프트웨어 변경만으로 통합, 수용하는 기술로서 시스템의 RF 부분을 제외한 기저대역(Baseband Part) 전체를 하나의 소프트웨어로 구현하는 기술을 말한다. SDR 기술은 기존의 통신 시스템에서 고려하지 못한 다중모드 변복조 처리, 광범위한 무선 신호처리 등을 범용 컴퓨터를 기반으로 실현하는 것이다. 이는 IMT-2000 시스템과 4세대 이동통신, 디지털 방송, ITS 등의 미래 출현 가능 시스템과 기존의 2세대 통신 시스템의 확장으로서의 의미를 지니는 21세기 무선통신의 새로운 기술로 부각되고 있다.

(5) UWB(Ultra Wide Band)

UWB 통신방식은 기존의 무선통신이 수십 kHz에서 수 MHz까지의 대역폭을 가지는 것과 비교하여 수백 MHz 이상 초광대역으로 신호를 확산시켜 통신하는 방식을 의미한다.

세계적으로 UWB 주파수는 3.1~10.6GHz 대역에서 허용전력 -41.3dBm/MHz 조건으로 사용하고 있고, 국내에서는 3.1~4.8, 7.2~10.2GHz 대역에서 -41.3dBm/MHz 조건으로 할당하고 있다. 초광대역으로 신호를 확산시킴에 따라 단위 Hz당 전력밀도는 현저하게 낮아지기 때문에 타 시스템에 전파간섭을 주지 않고 주파수를 상호 공유할 수 있는 획기적인 개념이다.

UWB는 미국 국방부가 군사적 목적으로 개발한 무선기술이다. UWB는 무선 데이터 전송을 위해 수 GHz대의 초광대역을 사용할 수 있을 뿐만 아니라 500Mbps~1Gbps의 초고속 전송속도를 가질 수 있다. 또한 전력소모량은 휴대폰과 무선랜(WLAN) 제품이 필요로 하는 전력량의 1/100 수준밖에 안 된다는 장점을 가지고 있다.

(6) CR(Cognitive Radio)

CR 기술은 주변 주파수를 인지하여 비어 있는 주파수를 활용하는데 기존 사용자가 사용하고 있거나 사용하려고 할 경우에는 기존 사용자에게 간섭을 주지 않는 다른 주파수로 이동하는 주파수 공유 기술이다.

새로운 서비스가 기존 서비스와 주파수를 공유하는 방법에는 Underlay 방식과 Overlay 방식 등의 두 가지가 있다. Underlay 방식에서는 기존 서비스와 비교하여 매우 낮은 전력을 이용함으로써 기존 서비스에 간섭을 주지 않고 사용한다. Overlay 방식에서는 기존 사용자가 시간적으로 이용하지 않는 것을 확인하고 기존 사용자에

게 간섭을 주지 않는 범위에서 주파수를 공유하는 방법으로 CR 기술에서 대표적인
기술이다.

(7) MEMS(Micro Electro-Mechanical System)

마이크로파/밀리미터파 주파수 대역은 현재의 무선통신 및 미래의 광대역 무선통
신의 매체가 되는 소중한 주파수 자원이다. 사용주파수가 증가함에 따라 기존의 아
날로그회로 설계방식으로 회로를 설계할 경우에 기판의 손실 및 기생 커패시턴스
등 여러 가지 기생 성분에 의해서 정확한 설계가 불가능하다. RF 회로들의 동작 주
파수대가 상승함에 따라 회로 소자들의 크기가 수 mm에서 수백 마이크로미터로
줄어들고 있음에 따라 MEMS 기술이 부각되고 있다.

미래의 무선통신 장비는 기기의 소형화 및 고성능화가 점차 요구되고 있으며 이
를 실현하기 위해 각 부품 간의 통합화와 단일칩화가 중요시되고 있다. 이를 위한
부품들의 소형화 방안으로 RF MEMS 기술이 활발히 연구되고 있다. MEMS 공정
을 이용하면 저손실 전송선로, 높은 Q의 인덕터, 손실이 적고 신호의 왜곡이 적은
스위치, 높은 Q의 커패시터, 각종 필터 등을 소형화할 수 있다.

(8) 전파 환경 연구

4세대 이동통신의 가능한 주파수 대역에 대해서 서비스 요구사항 정의, 트래픽 요
구, 스펙트럼 효율성, 무선 전송 특성, 글로벌 로밍 요구사항, 동적 스펙트럼 공유 방
안, IMT-2000 시스템의 진화 방향, 전파 특성 등에 관한 연구가 필요시되고 있다.

(9) 서비스 기술

다양한 멀티미디어 서비스를 개발해야 하고 이에 따른 과금 기술과 함께 사용자
의 QoS 요구사항을 만족시킬 수 있는 통신품질 연구도 중요시되어야 한다.

이동성 지원과 함께 이와 관련된 부가서비스 창출에도 관심이 필요하며 다양한
시스템과 다양한 서비스의 연동 기술도 요구된다. 가입자 정보를 보고하기 위한 정
보보호 기술도 더욱 발전시켜야 할 것이다.

8. 유비쿼터스 네트워크 BcN

8.1. BcN(Broadband convergence Network) 개념

유비쿼터스는 사람, 사물, 동물, 장소 등에 컴퓨터를 장착하여 이들을 네트워크로 연결함으로써 누구라도, 언제, 어디서나, 어떠한 서비스를 제공받을 수 있도록 구축하는 것을 목표로 한다. 이는 네트워크가 수용해야 할 정보의 양이 그만큼 증가함을 의미한다. 또한 유비쿼터스 시대에는 통신, 방송, 인터넷이 융합된 품질보장형 광대역 서비스도 제공하여야 한다.

세계 선진국에서는 차세대 통신망을 NGN(Next Generation Network)이라고 명명하여 All IP 네트워크 기술 구축에 박차를 가하고 있다. 종전에는 음성통신과 데이터 통신이 별도로 분리 운영되었으나 이들 서비스를 하나의 네트워크로 통합하기 위해 모든 정보를 IP패킷으로 전달하기 위한 표준화 작업을 시도해 왔다. 네트워크의 통합 운영의 방안으로 음성통신의 교환기능은 소프트스위치(Soft Switch) 개념을 도입하여 스위칭 기능과 제어 기능을 분리하고 각각의 교환기에 분산되어 있는 제어기능들은 소프트스위치에 통합 운영함으로써 경제적이고 효율적인 네트워크 개발에 노력해 오고 있다.

국내에서도 세계 선진국의 NGN 개발에서 기술적 우위를 갖기 위해 BcN 기술 개발에 심혈을 기울여 오고 있다. BcN의 목표는 유무선 통합, 통신과 방송의 융합, 모든 사물과 생활환경이 하나의 네트워크로 연결되는 유비쿼터스 환경 창출 등이다.

BcN의 필요성을 나열하면 아래와 같다.

① 음성 서비스 시장의 포화로 인해 수익률이 저하되고 있고 데이터 트래픽을 위한 투자비용도 수익으로 창출되고 있지 않기 때문에 음성과 데이터 트래픽의

통합 운영으로 비용을 절감하며 유무선 통합을 통하여 새로운 서비스를 창출
해야 한다.
② 초고속인터넷 서비스에서 광대역 멀티미디어 서비스로 사용자 요구가 변화하
고 있다. 이러한 사용자 요구사항을 만족시키기 위해서는 패킷 기반의 통합망
이 필요하다.
③ 컴퓨터와 메모리 기술, 광기술, IPv6 등의 기술 발전으로 인해 음성, 데이터,
영상 서비스 트래픽의 통합이 가능해졌으며 규제 완화로 인해 유무선 사업자
가 사업영역을 넓힐 수 있게 되었다.
④ 유비쿼터스 기간망 구축과 더불어 IT, BT, NT 등 미래 국가전략적 사업의 핵
심 인프라를 광대역화, 고품질화시키기 위해 국가적 통신 인프라 정책이 요구
된다.

BcN은 통신, 방송, 인터넷이 융합된 품질보장형 광대역 멀티미디어 서비스를 언
제 어디서나 끊어짐 없이 안전하게 광대역으로 이용할 수 있는 차세대 통합 네트워
크로 정의된다. BcN의 특징은 아래와 같다.
① 음성, 데이터, 유무선, 통신·방송 융합형 멀티미디어 서비스를 언제 어디서나
편리하게 이용 가능한 서비스 통합망
② 다양한 서비스 개발이 용이한 개방형 플랫폼(Open API) 기반의 통신망
③ 보안(security), 품질보장(Qos), IPv6 등이 지원되는 통신망
④ 단말 및 네트워크 환경 등에 구애받지 않고 다양한 서비스를 끊어짐 없이
(seamless) 이용할 수 있는 유비쿼터스 기간통신망

8.2. BcN의 기본구조

BcN은 IP 기반의 전송망으로 구축되어 다양한 접속망들이 상호 연동되는 광대역
통합망이다. 응용 및 제어계층은 개방형 API를 구현하며 소프트스위치를 도입한다.
전달계층은 IP 기반의 단일망으로서 QoS, 보안 등이 보장되는 광대역 전달기능을
갖는 네트워크이다. 접속계층은 광대역의 다양한 유무선 및 방송 네트워크들 간에

상호 연동기능을 지원하는 구조이다. 접속계층은 전화기, 통합접속장치, CATV 네트워크 단말기 등 각종 통신단말기를 전송매체를 통해 BcN에 접속할 수 있도록 해주는 계층이다. 예를 들어서 액세스 게이트웨이는 제어계층으로부터 호 제어를 받으며 모든 통신신호를 IP 데이터 스트림으로 변환하는 기능을 제공한다. 단말계층은 통합단말을 이용하여 직접 접속하고, 유비쿼터스 접속 환경이나 홈 네트워크를 통한 접속이 가능한 환경이다. <그림 8-1>은 BcN의 구조를 나타낸다.

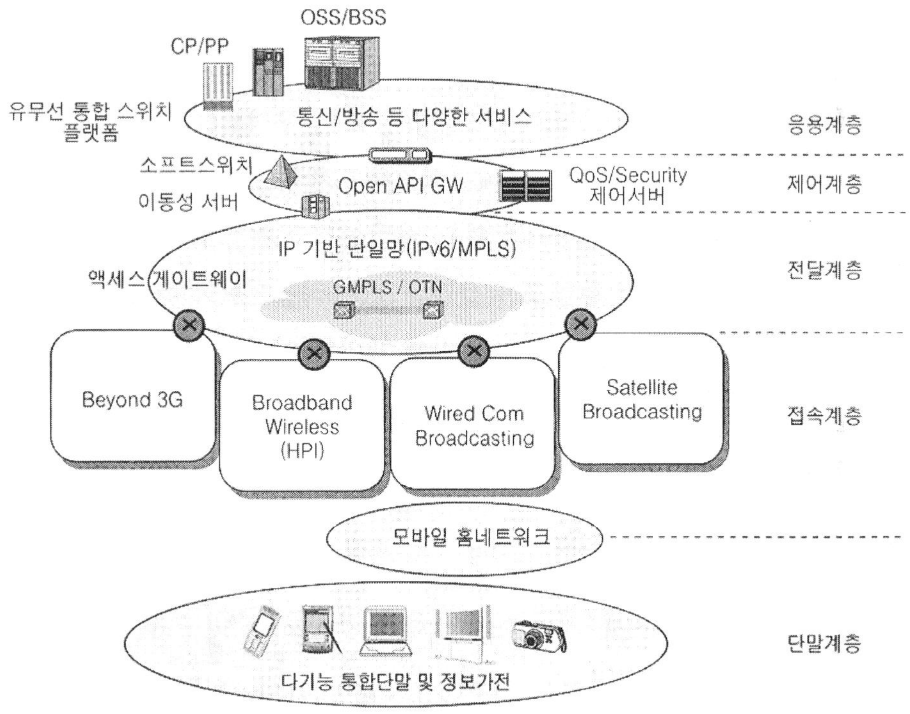

〈그림 8-1〉 BcN의 구조(참고문헌: 차세대 광대역통합망의 이해, 이정욱 저, 전자신문사)

BcN은 다음과 같이 3단계에 걸쳐서 진화한다.

① 1단계: 유무선 사업자별로 각 네트워크가 IP망으로 진화한다. 유선네트워크는 소프트스위치(Soft Switch), 미디어 게이트웨이(Media Gateway), 액세스 게이트웨이(Access Gateway) 등을 통해 회선 기반의 음성전화 서비스가 점차 IP 기반 서비스로 변화한다. 이동통신 네트워크에서도 3G를 진화시켜서 All IP 개념의 단일 IP 네트워크로 전환한다.

② 2단계: 여러 종류의 유무선 IP 네트워크들이 유무선 통합 IP 네트워크로 진화
   한다. 유무선 통합과 함께 통신과 방송의 융합, 휴대인터넷의 광대역 무선접
   속 서비스가 실현된다.

③ 3단계: 모든 통신 및 방송 네트워크들이 IP기반의 단일망으로 통합되어 유무
   선은 물론 통신과 방송의 융합이 완성되는 단계이다. 단대단 QoS와 보안이
   보장되고 4세대 이동통신의 도입과 함께 유비쿼터스 센서 네트워크(USN)가
   본격 구축된다.

8.3. BcN의 요구기술 및 특성

BcN 기술은 크게 서비스 계층, 제어 계층, 전달 계층 등으로 구분된다. 서비스
및 제어계층에서는 유선통신, 무선통신, 방송 등을 통합하기 위한 Open API표준화
기술이 필요하다. 또한 상호 운용성 기술, XML기반의 웹 서비스 기술, 네트워크와
연동하기 위한 시그널링 프로토콜 매핑 기술 등도 요구된다. 다양한 유무선 네트워
크 간 연결을 제어하고 음성과 멀티미디어 호를 처리하며, 게이트웨이의 제어를 위
한 소프트스위치와 같은 새로운 시스템 및 프로토콜의 개발이 요구된다.

전달계층에서는 단대단(end-to-end)에 맞춤형 품질이 보장되는 네트워크 기술이 필요
하다. 품질보장을 위한 QoS, MPLS 및 광대역 멀티서비스 제공을 위한 FTTH(Fiber
To The Home) 등이 요구된다. 또한 무선망, 방송망, USN망 등 이종망 간의 연동
과 통합을 위한 기술들이 필요하며, 다양한 IP망의 통합으로 인한 보안 문제가 해
결되어야 한다.

BcN 기술의 특성은 아래와 같다.

① 음성과 데이터가 IP 기반으로 통합된다.

② 유선과 무선의 통합으로 단일 식별번호, 인증 및 통합단말 등을 통해 유무선
   통합 광대역 멀티미디어 서비스를 제공한다.

③ 차세대 광대역통신망(FTTH 및 4세대 이동통신)을 기반으로 개인화 · 주문화
   된 고품질 양 방향 방송 서비스가 제공된다.

④ 단대단 QoS가 보장되고 SLA에 기반을 둔 고객의 품질 차별화가 가능하다.

⑤ 유선과 무선 접속계층, 전달 및 응용계층 등 네트워크 전체 계층에서 보안성
  이 보장되며, 표준 Open API 도입으로 통신 및 방송 응용 서비스가 네트워크
  외부로 개방된다.

⑥ 홈 네트워크 및 유비쿼터스 환경들이 네트워크 인프라를 통해 통합되고 홈 네트
  워크의 디바이스 제어 등의 기능을 함께 갖는 다기능 통합단말도 제공될 것이다.

⑦ 홈 네트워크, 정보가전, 센싱 컴퓨터 등의 광범위한 IP 주소 수요를 충족시키
  기 위해 가입자에서부터 네트워크 전체에 이르기까지 IPv6가 적용된다.

8.4. BcN의 4계층 표준모델

국내 차세대 통합망의 개발을 위해 2004년 2월에 BcN협의회를 통해 표준모델
개발을 시작하였다. BcN 표준모델은 4계층 즉, 서비스 및 제어계층, 전달망 계층,
가입자망 계층, 홈 및 단말계층 등으로 구분한다.

(1) 서비스 및 제어계층

서비스 및 제어계층에서는 1단계에서 제공할 수 있는 서비스 분류와 범위를 정의
하였다. 1단계에서 제공되는 서비스는 통화 기반 서비스, 데이터 기반 서비스, 방송
기반 서비스, 홈 기반 서비스 등으로 분류된다. 또한 이들 개별 서비스의 복합 형태
로 VoIP 서비스, 멀티미디어 영상통화 등의 음성ㆍ데이터 통합 서비스, 위치기반
서비스(LBS), WiBro 서비스와 같은 유무선 통합 서비스, T커머스(T-commerce),
DMB와 같은 방송ㆍ통신 융합 서비스 등이 있다. <표 8-1>은 서비스 및 제어계층
의 서비스 분류를 보여 준다.

〈표 8-1〉 서비스 및 제어계층의 서비스 분류

구분	주요 서비스	서비스(예)	내용
통화 기반 서비스	멀티미디어 통화	음성 및 영상통화 VMS, UMS	BcN 단말을 통한 음성 혹은 영상통화 서비스
	콘퍼런스	음성 및 영상 콘퍼런스	BcN 단말 간 다중세션 제어를 통한 다자간 통화서비스
데이터 기반 서비스	데이터 응용	게임	데이터 서버 기반으로 제공되는 서비스
	데이터 검색	웹 검색	웹 정보서버 기반으로 제공되는 서비스
	스트리밍	뮤직비디오	스트리밍 서버 기반으로 제공되는 서비스
	메시징	IM, SMS, MMS, 이메일	메시징 서버에 의해 저장 및 전달되는 서비스(즉시형, 비 즉시형)
방송 기반 서비스	아날로그	기존 TV방송	기존 아날로그방송 서비스
	디지털	DTV, 디지털 오디오, VoD	디지털방송 가입자망을 통해 제공되는 서비스
	데이터	프로그램 종속형, 독립형	IP 방송가입자망을 통해 제공되는 서비스
홈 기반 서비스	홈 GW 내 장비 제어 서비스	원격검침, 원격교육	홈 GW, 단말, 홈 응용서버 간 데이터의 송수신을 통해 제공하는 서비스(비디오, 오디오, 데이터)

(2) 전달망 계층

전달망 계층은 유선·무선·방송 등 여러 모형의 가입자망들을 통합 수용해야 하며 서비스 및 제어계층과 연동되어야 한다. 또한 QoS 보장, 보안, IPv6 등에도 중점을 두고 있다. 단계별 요구사항은 아래와 같다.

① 1단계: 일부 서비스 및 가입자 대상으로 MPLS 기반의 품질보장 서비스, 비정 상적 과다 트래픽 감시 등의 보안 모니터링 체계 구축, 일부 단말기 및 가입 자망에 IPv4/IPv6 동시 지원

② 2단계: MPLS 기반의 품질보장망의 확대구축 및 GMPLS망 도입, 유해 트래 픽 차단 등 침해 대응체계 구축, IPv6의 가입자망에 적용 확대 및 전달망에 부분적 적용

③ 3단계: GMPLS망 확대, 통합망 관리 등을 통한 단대단 품질보장, 비정상 트 래픽 제어 등 능동 보안체계 구축, IPv6의 모든 계층에 전면 적용

(3) 가입자망 계층

가입자망은 크게 유선가입자망과 무선가입자망으로 구분된다. 유선가입자망은 동 일한 하나의 매체를 통해 여러 이질적인 서비스를 제공할 수 있어야 하므로 서비스 별로 트래픽을 분리하고 제어할 수 있어야 한다. 또한 전송속도의 고속화를 통해

기존의 인터넷 서비스를 제공하면서 새로운 품질보장형 서비스가 가능해야 한다. 가입자망 계층은 HFC, xDSL, 이더넷, FTTX 등으로 구성된다.

무선가입자망에서는 멀티미디어 전송을 위한 전송기술, 망의 구조, 프로토콜 개발 등이 필요하며 핸드오버·보안 등의 기능이 제공되어야 한다. 또한 IP의 음성 서비스를 제공하기 위해서 종단 간에 QoS가 확보되어야 하고 이동통신망, WLAN, 방송망 등 기존의 다양한 무선데이터망과 연동될 수 있어야 한다.

(4) 홈 및 단말계층

홈 계층은 가정 내의 모든 정보단말·가전기기 등을 유무선 네트워크로 연결하여 누구나 기기, 시간, 장소 등에 구애받지 않고 다양한 홈 네트워크 서비스를 제공받을 수 있는 통신망으로 QoS 보장, 광대역 제공, 댁내 망관리, 보안, 상호 연동성 등의 기능이 제공되어야 한다.

BcN 단말은 SDR(Software Defined Radio) 및 SOC 기술의 발달로 인하여 음성과 데이터의 통합, 유선 및 무선의 통합, 통신과 방송의 통합 등으로 다양한 통합서비스를 제공할 수 있는 ALL IP 기반의 단말로 정의된다. 표준모델에서는 AII IP 단말, 초고속 데이터 서비스 단말, BcN 이동단말, 홈 네트워크 단말, 텔레매틱스 단말, BcN 영상단말 등으로 분류하고 있다.

8.5. BcN 서비스 예

(1) 음성과 데이터의 통합서비스

BcN에서 음성서비스는 소프트스위치가 호 제어를 담당하고 실제의 음성 데이터 전송은 품질을 보장할 수 있는 데이터 교환장비를 사용한다. 종전에는 음성서비스 네트워크와 데이터서비스 네트워크가 서로 분리되어 있었으나 BcN에 들어와서 이들이 서로 통합된 것이다. <그림 8-2>는 BcN의 음성서비스 모델을 보여 준다.

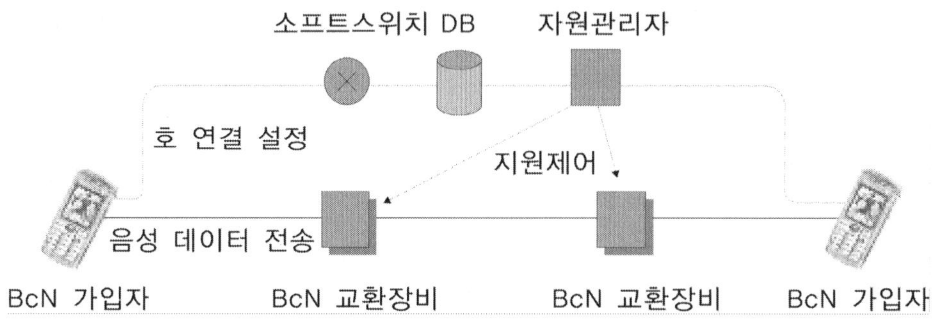

〈그림 8-2〉 BcN의 음성서비스 모델(참고문헌: 차세대 광대역통합망의 이해, 이정욱 저, 전자신문사)

　　호 처리 시나리오에 관하여 설명한다. 우선 단말은 소프트스위치에게 연결 요청 메시지를 보내면 소프트스위치는 트래픽 관리 서버에게 새로운 호 연결 수용 가능 여부를 질의한다. 트래픽 관리 서버는 요청한 호를 수락할 것인지를 결정하기 위해 VoIP 트래픽의 망 자원 상태를 모니터링한다. 트래픽 관리 서버는 평상적으로 각 서비스에 대한 망 자원 상태를 모니터링하며 이러한 데이터를 근거로 호 수락 여부를 판단하게 된다. 호 수락 여부를 결정한 트래픽 관리 서버는 판단 결과를 소프트스위치에게 통보한다.

　　소프트스위치는 트래픽 관리 서버로부터 호 연결을 수락받으면 송신 단말이 보낸 호 설정 요청 트래픽을 수신 단말에게 전송하며, 수신 단말은 송신 단말에게 응답 메시지를 보낸 후 음성(VoIP)세션을 설정한다. 이 세션을 통해 송신 단말은 음성 트래픽을 수신 단말에게 전송하여 통화가 진행된다.

　　통화가 종료된 후에는 송신 단말은 호 해제 메시지를 소프트스위치에게 보내고 이를 받은 소프트스위치는 수신 단말에게 호 해제 메시지를 송신한다. 수신 단말은 호 해제 요청에 대한 응답 메시지를 소프트스위치에게 보낸다. 소프트스위치는 트래픽 관리 서버에게 연결 해제에 따른 자원 해제를 알리며 트래픽 관리 서버는 정보를 업데이트함으로써 호 처리 시나리오가 종료된다. <그림 8-3>은 BcN의 호 처리 시나리오를 보여 준다.

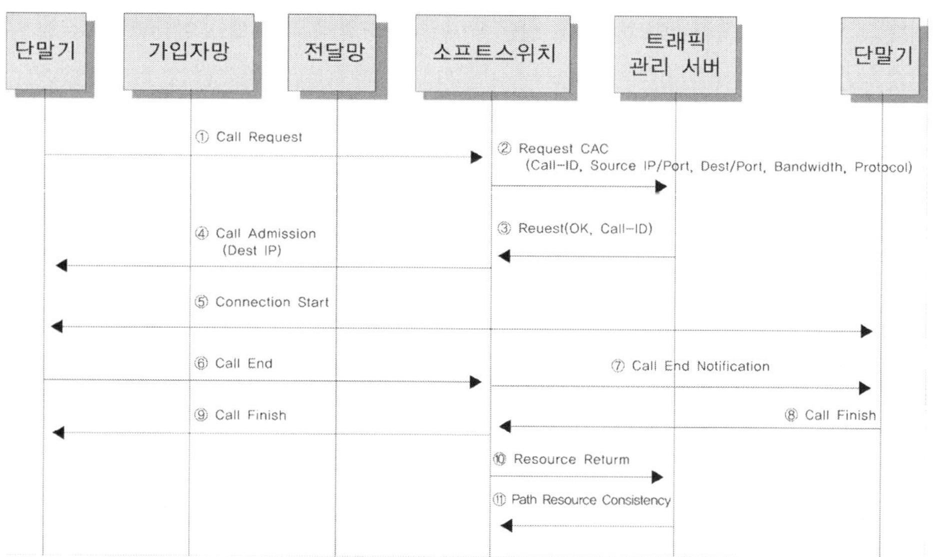

〈그림 8-3〉 BcN의 호 처리 시나리오

(2) 유선과 무선의 통합서비스

유무선 통합서비스는 유선통신의 이동성 제약과 무선통신의 저속·저품질 등의 약점을 상호 보완하여 시너지 효과를 극대화시키는 데에 그 목적이 있다. 유선과 무선의 통합서비스를 위해서는 우선 모든 단말들이 액세스망으로 무선구간을 확보해야 한다. 무선 경로를 확보한 후에는 사용자는 가입자에 대한 인증을 요청하고 인증 결과에 따라 사용자에게 응답하게 된다. 사용자 인증 절차를 마치면 이동단말은 휴대인터넷 트래픽을 AP에게 전달하게 되고 이 트래픽은 BcN의 전달망을 통해 수신 단말에 도착하게 된다. 송신 이동단말이 수신 이동단말에게 휴대인터넷 트래픽의 전송을 모두 마치면 사용자 등록이 해제된다.

유선과 무선의 통합서비스는 두 가지 방법, 즉 기존의 고정망 사업자가 무선 LAN 또는 WiBro를 도입하여 이동성을 제공해 주는 방법과, 이동통신 사업자와 고정통신 사업자 사이의 연동을 통해 이동성을 보장해 주는 방법이 있다.

(3) 통신과 방송의 융합 서비스

두 서비스가 서로 융합하는 방식은 한쪽의 서비스가 다른 쪽의 서비스를 수용하는 방식으로 전개되기 마련이다. 통신과 방송의 융합도 방송망의 양 방향 서비스를 위해 리턴채널을 통신망으로 사용하는 통신망과 방송망의 결합방식과, 통신망에 방송형 스트리밍 서비스를 제공하는 방식 등의 두 가지 방식이 있다. 통신망과 방송망이 결합된 형태로는 위성방송과 PSTN/IP망의 결합, 위성방송과 초고속인터넷의 결합, 케이블 TV와 케이블 인터넷의 결합 방식 등이 있다.

방송 측에서 통신을 수용하는 방식으로는 케이블 TV와 케이블 인터넷의 결합이 대표적이라고 말할 수 있다. 반대로 통신 측에서 방송을 수용하는 방식으로는 인터넷을 통한 IPTV 방송이 대표적이다. <그림 8-4>는 양 방향 데이터방송 서비스 시나리오를 보여 준다. 본 시나리오에서는 방송 프로그램을 시청하는 시청자가 추가로 정보 및 구매를 위한 질의를 하면 상향 채널을 통해 방송센터에 요청함으로써 방송을 통한 통신 서비스 제공이 가능함을 나타내고 있다.

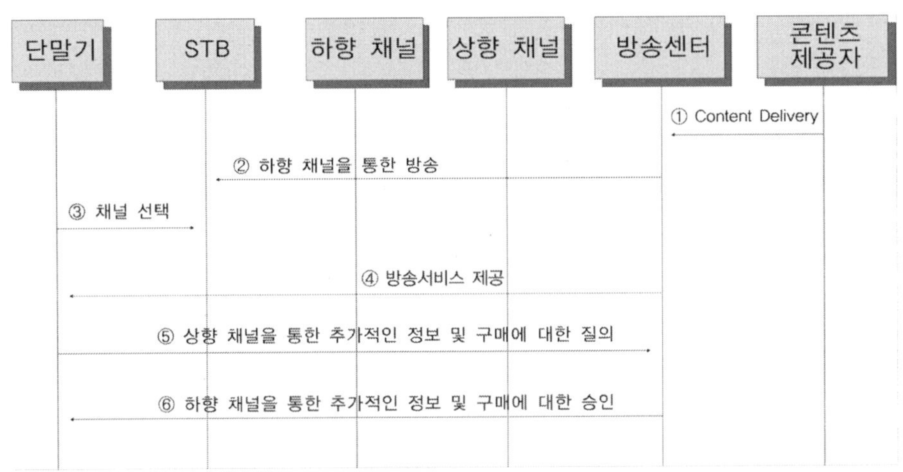

<그림 8-4> 양 방향 데이터방송 서비스 시나리오

(4) BcN 서비스 분석 및 전망

BcN이 도입됨에 따라 확산될 것으로 예상되는 대표적인 서비스들은 아래와 같이 요약될 수 있다.

① HDTV급 고품질 방송 스트리밍 서비스
② VoIP 서비스
③ 이종망 간 수직 핸드오버에 의한 유무선 통합형 서비스
④ 통신과 방송의 융합서비스

8.6. BcN 서비스의 품질

BcN 서비스 요소는 3가지, 즉 품질보장형 트랜스포트(transport), 컨트롤(control), 콘텐츠(contents) 등이다. 트랜스포트 서비스는 MPLS, VPN 등과 같은 품질보장형 패킷전용회선을 예로 들 수 있다. 컨트롤 서비스에는 호 제어를 위한 소프트스위치 등이 있고, 콘텐츠 서비스에는 VoD 서비스와 함께 e커머스 등과 같은 다양한 응용 콘텐츠가 있다.

BcN에서 제공하는 각종 서비스들의 품질을 보장하기 위해서는 우수한 전송 능력, 보안성, 서비스 오류가 발생하지 않는 안정성 등이 주요한 요소일 것이다. 따라서 BcN 서비스 품질 요소로는 3가지, 즉 대역폭, 보안성, 안정성 등이 해당한다. 우선 대역폭은 사용자가 요구하는 트래픽(transport, control, contents)을 위한 전달대역폭을 의미하며 보안성은 서비스 공급자의 통신망 보안과 사용자 트래픽(transport, control, contents)의 보안을 말한다. 안정성이란 서비스 공급자의 통신망 장애, 패킷 전달 손실 때문에 발생하는 트래픽(transport, control, contents) 손실을 방지해 주는 레벨을 말한다.

BcN의 음성 서비스를 예로 들어 보자. BcN의 음성서비스는 인터넷전화와 같이 패킷을 통한 음성서비스이지만 트래픽 관리 서버를 이용한 호 수락 여부 판단 기능이 포함되고 또한 단순한 IP 기능에서 MPLS기반 패킷 기술을 사용하기 때문에 인터넷을 통한 VoIP 서비스보다 품질이 우수하게 된다. BcN의 음성서비스 보안을 강화하기 위해서는 PSTN과 같이 하드웨어적인 네트워킹 기술이 확보되어야 할 것이다.

또한 안정성 레벨을 증진하기 위해서는 정전 시의 전력공급에 대한 대책을 마련해야 한다. PSTN에서는 교환기에서 댁내 전화기의 동작전력을 공급하기 때문에 상업용 전력에 정전이 발생해도 전화통화에는 문제가 발생하지 않았다. 그러나 BcN에서 FTTH를 사용할 경우 정전이 발생하면 전화기를 사용할 수 없게 된다. 이를 위해 광케이블과 전화접속용 동케이블을 동시에 구축하거나 FTTC-xDSL, FTTC-Ethernet 등도 고려하여야 할 것이다. <그림 8-5>는 BcN 서비스의 품질요소를 나타낸다.

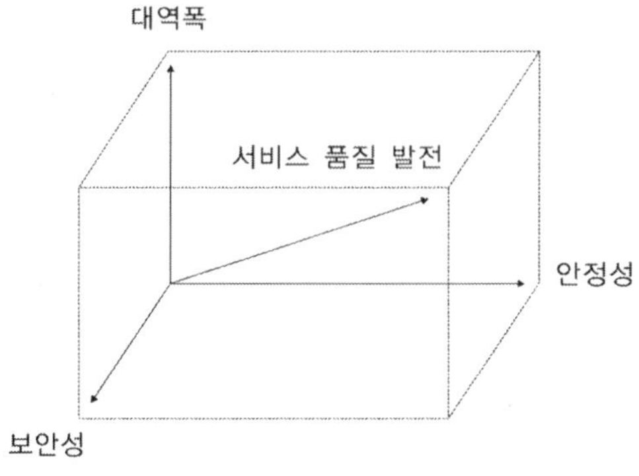

〈그림 8-5〉 BcN 서비스의 품질요소

8.7. NGN 표준화

국제표준화기구에서는 NGN(Next Generation Network)에 관한 다양한 기술과 서비스에 대한 표준화를 수행하고 있다. ITU-T와 ETSI(European Telecommunication Standardization Institute)에서는 각 스터디그룹(study group)별로 표준화를 추진하고 있으며, 이동통신망 분야에서는 3GPP/3GPP2가 표준화를 진행하고 있다. 또한 MSF(Multiservice Switching Forum), IETF(International Engineering Task Force) 등 여러 기관들이 서로 연계하여 표준화 작업을 하고 있다.

영국에서는 BT를 중심으로 백본망은 탠덤 교환기를 class4 소프트스위치로, 로컬 교환기를 class5 소프트스위치로 교체하며, 가입자망은 광대역 xDSL, 광 이더넷, 와이파이(WiFi), 무선랜 구축 계획을 수립하였다.

이탈리아는 이미 소프트스위치를 도입하여 서비스 중이며 2002년 4월까지 전국적으로 14개의 BBN PoP을 구축하여 밀라노와 로마 간의 모든 트래픽을 수용하였다.

미국은 2010년까지 모든 통신망을 회선 기반에서 패킷 기반으로 전환하여 음성, 데이터 및 IP VPN(Virtual Private Network) 서비스 제공을 목표로 한다. 인도네시아에서는 2003년에 NGN 구축을 위해 3단계 구축 전략을 세웠다. 1단계에서는 NGN을 도입하여 PSTN의 60%를 소프트스위치로 대체하고, 2단계에서는 NGN서비스를 본격화하여 PSTN 신설 및 증설을 중지하며, 3단계에서는 PSTN을 NGN으로 대체한다.

프랑스에서는 코어 NGN과 지역 NGN으로 구분하여 코어 NGN에서는 지역적으

로 분산되어 있는 미디어 게이트웨이를 IP over ATM으로 상호 연결하며, 지역 NGN
에서는 액세스망과 에지망에서 xDSL, 광섬유, SDH 등과 같은 다양한 액세스 기술
을 제공한다.

　일본에서는 2010년까지 광대역 서비스 플랫폼인 히카리 소프트 서비스와, 사용자
에게 언제 어디서나 어떠한 방법으로도 서비스 이용이 가능한 유비쿼터스 서비스를
추진 중이다. 중국의 차이나텔레콤(China Telecom)에서는 2002년부터 소프트스위
치 업체를 선정하기 위해 시범 테스트를 진행 중에 있다.

　우리나라는 2004년 2월에 '광대역통합망(BcN) 구축 기본계획'을 확정하고 세계
최초의 광대역통합망 구축을 통해 브로드밴드 IT 코리어(Broadband IT Korea) 건
설을 위한 핵심 인프라 제공에 관한 비전을 제시하였다. 광대역통합망을 성공적으
로 구축하기 위해 정부와 민간이 공동으로 BcN 구축의 비전, 로드맵과 발전 전략
을 제시하는 표준모델을 개발하고 이를 토대로 연구개발망을 구축 활용하여 기술
및 서비스를 표준화하고 상용망에 보급·확산시킬 계획을 수립하였다. <그림 8-6>
은 우리나라의 BcN 추진 체계를 보여 준다.

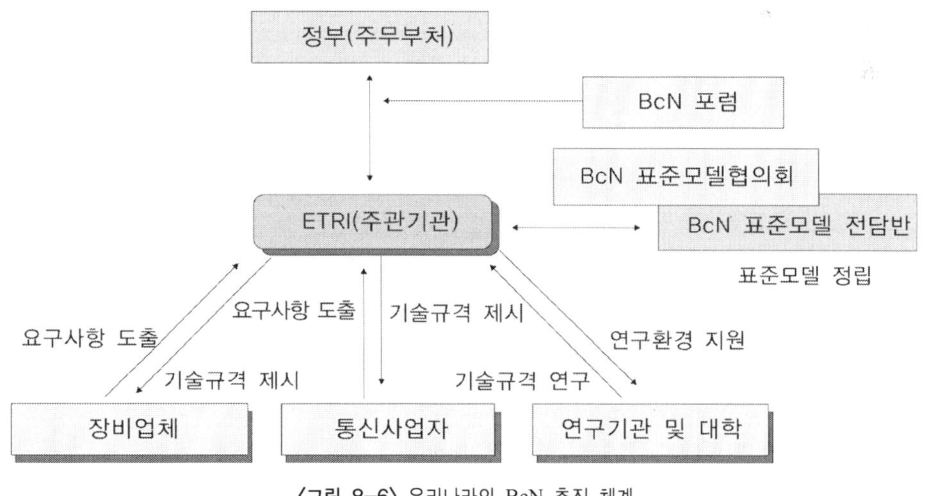

〈그림 8-6〉 우리나라의 BcN 추진 체계

8.8. BcN의 신기술

8.8.1. IMS(IP Multimedia Subsystem)

IMS(IP Multimedia Subsystem)는 서로 다른 기종과 영역의 서비스에서 IP 기반의 멀티미디어 서비스를 효과적으로 제공하기 위해 고안된 차세대 통신기술 체계이다. IMS는 주로 이동통신 분야에서 적용되었지만 앞으로 유무선 통합과 멀티미디어 서비스를 지원하기 위한 광범위한 사업영역에서 이 기술의 도입이 확대될 전망이다. IMS는 인터넷과 무선이동통신 환경을 통합해 주는 핵심 정보기술로 급부상하고 있으며, 각국의 유무선망 사업자들은 차세대 통신 세션 제어 플랫폼으로 IMS를 채택해 점진적인 도입을 추진하고 있다. 와이브로(WiBro)에서 IMS를 기반으로 커뮤니케이션 서비스와 다양한 응용서비스를 제공 중에 있으며, 광대역통합망(BcN) 시범 사업에 적용되고 있는 소프트스위치도 IMS 표준모델로 개발되고 있다.

IMS는 기존의 PSTN이나 GPRS 기반의 서비스를 패킷 전송을 통해 유무선 환경을 통합해 주는 ALL IP 개념의 네트워크 기반이다. IMS는 IETF에서 정의한 SIP(Session Initiation Protocol)를 기본으로 하고, 타 망 간의 연동을 용이하게 하기 위해 3G/2G를 기본으로 HFC/xDSL의 인터넷 기반과 와이브로 및 S-DMB 등의 통신기술과 융합하는 것 등이 핵심 내용이다.

IMS는 IP를 기반으로 양 방향 기술, 일 대 다수 간의 실시간 통화, IM(IP Multimedia)의 서비스, VPN, VoIP, 인스턴스 메시징 등의 다양한 서비스를 지원한다. 방송이 IP 기술과 합쳐지면서 단방향 멀티미디어 방송보다는 양 방향 멀티미디어 방송이 가능하다. phase I에서는 IPv4와 기존의 회선 기반의 네트워크가 존재하는 형태로 200kbps 이하의 양 방향 멀티미디어 방송을 지원하고, phase II에서는 기존의 회선망이 완전한 IP 기반의 패킷으로 대체되면서 1Mbps 이상의 고속 멀티미디어 전송이 가능해질 것이다. 또한 일부 PSTN망과 연결된 유무선통합망에는 IPv6의 도입이 예상된다. 새로 도입되는 SIP 프로토콜을 이용한 등록 및 멀티미디어를 담당하는 SCSF가 도입되며, IP기반의 사용자 이동성 관리와 인증을 위한 HSS가 추가된다. 그리고 기존의 PSTN망과 제어 연동이 되고 멀티미디어 서비스가 제공 가능한 GGSN이 추가된다. MIPv4/MIPv6를 사용하여 완전한 이동성을 보장하게 된다. 기

존의 사용자 인증방식이 하나의 통합망으로 이루어지는 것과 함께 여러 개의 IMS
가 하나로 합쳐지는 ALL IP매니지먼트(management) 형태로 발전할 것이다. <그림
8-7>은 IMS 기반의 유무선 통합망(3단계)을 보여 준다.

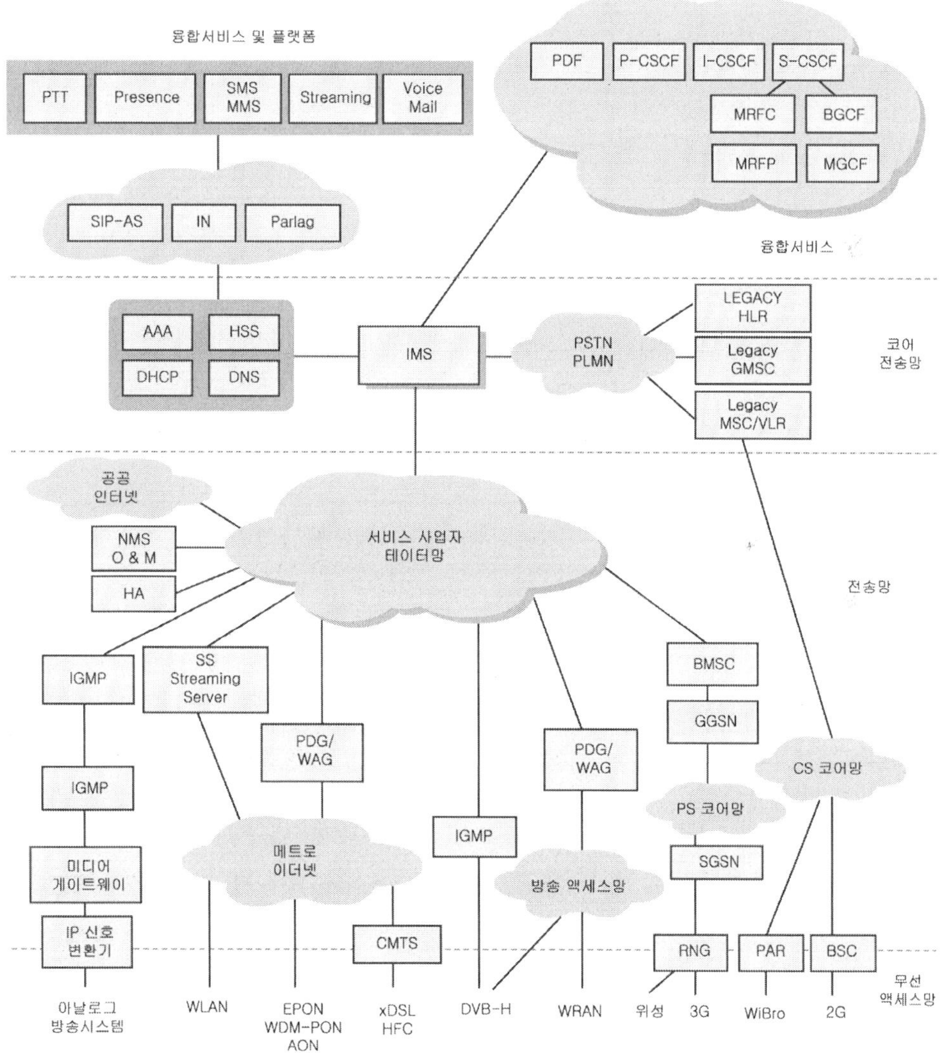

〈그림 8-7〉 IMS 기반의 유무선 통합망(3단계)

각각의 망은 WAG/PDG를 통해 IMS기반 통합망으로 연결될 수 있다. 따라서 데
이터가 간접연동(loosely coupled)과 같은 방식으로 인터넷을 통해 전달되는 것이
아니라 WAG/PDG를 통해 직접 코어망으로 접근할 수 있게 된다. 이는 직접연동

(tightly coupled)의 도입 단계로 볼 수 있으며 이에 따라 여러 가지 서비스가 도출될 수 있을 것이다. WAF/PDG 역할과 IMS 표준화는 3GPP. IETF 등에서 다루고 있다.

8.8.2. IP 멀티캐스팅

방송은 방송국에서 단방향으로 수신장치까지 전송되는 일 대 다수의 전송방식을 갖는다. 그러나 통신은 송신자와 수신자 간의 일대일 양 방향 방식으로 전송된다. 방송의 경우를 브로드캐스트 전송이라 하고 통신의 경우를 유니캐스트 전송이라 부른다. 통신에서는 브로드캐스트 대신에 멀티캐스트라는 방식으로 일 대 다 전송을 구현하고 있다. 멀티캐스트는 브로드캐스트와 같이 일 대 다 전송방식이지만 수신자가 명시적인 신호(IGMP: Internet Group Management Protocol)로 수신 여부를 결정한다는 면에서 차이가 있다.

BcN에서 멀티캐스트가 필요한 이유는 대역폭 사용의 절감과 함께 다자간의 참여 서비스를 제공하기 위해서이다. BcN에서 사용자들은 광대역폭 서비스를 제공받기 원하는데 1:n의 통신을 1:1 통신방식으로 제공한다면 n이 클수록 대역폭 손실은 그만큼 커지게 되기 때문에 멀티캐스트 기술을 이용하여 전체 대역폭 사용량을 절감할 수 있게 된다. 온라인 게임의 경우에는 참가하는 참가자가 동시에 여러 명이기 때문에 동일한 화면(view)을 여러 명에게 제공하기 위해서는 멀티캐스트 서비스가 가능해야 한다.

BcN 환경에서 멀티캐스트 서비스 제공의 어려움은 통신망 및 단말기들의 이질성과 함께 이동성 보장이다. 각 통신망의 성능 파라미터들이 서로 다르고 이를 제어하는 방식도 서로 다르기 때문에 멀티캐스트 서비스에서 이를 해결하는 문제가 용이하지 않다. 유무선 통합 서비스에서 멀티캐스트를 제공하기 위해서는 이동성을 보장해야 하는데 이 문제 또한 쉬운 문제는 아닌 것이다.

멀티캐스트 제공을 위해서는 멀티캐스트 주소, 멀티캐스트 라우팅 프로토콜, 멀티캐스트 그룹 제어 프로토콜 등이 필요하다. IPv4 주소체계에서 멀티캐스트는 class D에 할당된 주소를 사용한다. class D 주소는 1110으로 시작되는 32비트 주소로서 그 범위는 224.0.0.0~239.255.255.255에 해당한다. 이 주소는 특정 호스트에 할당되는 주소가 아니라 멀티캐스트 그룹(G)에 할당되는 주소이다.

통상적인 유니캐스트 통신에서 IP 헤더는 송신자 IP 주소, 수신자 IP 주소를 포함하지만 멀티캐스트는 하나의 송신자와 복수의 수신자가 존재하므로 수신자 IP 주소 필드에 특정 수신자 IP 주소를 표기하지 않고 멀티캐스트 그룹주소(G)가 표기된다. 멀티캐스트 송신자(방송서버)는 멀티캐스트 패킷을 송출하는 데에 특별한 프로토콜을 사용하지 않는다. 송신자의 패킷(S, G)이 최초의 라우터에 전달되면 라우터에서는 지정된 멀티캐스트 라우팅 프로토콜을 이용하여 라우팅을 수행한다.

멀티캐스트는 브로드캐스트와는 달리 지정된 일부 호스트만이 수신할 수 있다. 멀티캐스트 수신자인 개별 호스트는 멀티캐스트 패킷을 수신할 수 있는데 이때에 IGMP 프로토콜이 사용된다. IGMP 프로토콜을 이용하여 각 호스트는 자신이 원하는 멀티캐스트 그룹(G) 또는 채널(S, G)을 요청하여 수신할 수 있다. 멀티캐스트 그룹(G)을 요청하는 것은 송신자(S)와 상관없이 특정 멀티캐스트 주소(Class D)의 패킷을 요청하는 것이고 멀티캐스트 채널(S, G)을 요청하는 것은 송신자(S)와 멀티캐스트 주소의 쌍을 요청하는 차이가 있다. 멀티캐스트 그룹(G)만을 요청할 경우에는 복수의 소스가 동일 멀티캐스트 그룹(G)으로 패킷을 보내면 해당하는 모든 소스의 패킷이 수신자에게 전달된다.

멀티캐스트의 핵심기술은 멀티캐스트 라우팅 프로토콜이며 DVMRP, MOSPF, CBT, PIM-SSM 등이 제안되고 있는데 이들 중에서 PIM 프로토콜이 가장 많이 사용되고 있다. <그림 8-8>은 멀티캐스트 전송을 보여 준다.

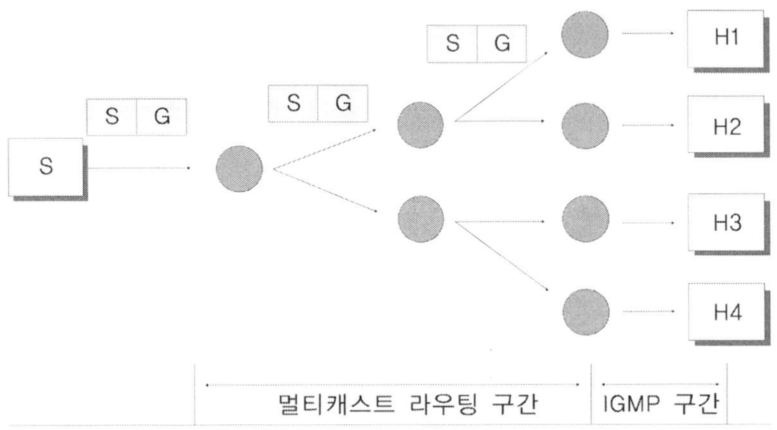

〈그림 8-8〉 멀티캐스트 전송(참고문헌: 차세대 광대역통합망의 이해, 이정욱 저, 전자신문사)

유무선통합망의 BcN 환경에서 멀티캐스트 전달망의 고려사항은 아래와 같다.

① 광대역성: 유선이 무선에 비해 더 큰 대역폭을 제공하고 있기 때문에 멀티캐스트 그룹에 가입된 노드가 유무선에 분산되어 있을 때에 이들 모두에게 동일한 화면(view)을 제공하기 위한 방안을 고려해야 한다.

② 이동성: 유니캐스트의 경우에는 핸드오프(handoff) 기능을 구현하면 이동성의 문제가 간단히 해결되지만 멀티캐스트의 경우에는 그룹에 가입된 멤버가 기존의 셀로부터 새로운 셀에 이동한 후 동일한 그룹의 멤버 존재 여부에 따라서 행동을 달리해야 한다.

③ QoS: BcN이 추구하는 가장 중요한 요소가 QoS인데 유무선 환경에서 멀티캐스트는 이러한 문제를 더욱 복잡하게 만든다. 멀티캐스트 트리를 구성할 때에 QoS를 고려하여 구성하게 되며, 노드들이 이동하는 경우 멀티캐스트 트리를 재구성해야 한다. 또한 유선과 무선의 QoS 성능이 서로 다르므로 유무선의 경계 부분에서 이러한 문제를 적절히 대응할 수 있는 기능이 요구된다.

④ 정보 보안: 유선과 무선을 경유하여 전달되는 환경에서는 단일망 환경에 비해 정보 보안과 관련된 사항들이 더 복잡하게 된다. 또한 멀티미디어 환경에서는 멤버들 간에 보안 수준이 서로 다르기 때문에 상호 협의가 필요하다.

⑤ 공통 응용 개발 환경(open API): 유무선 통합 환경인 BcN에서는 여러 종류의 응용을 개발하기 위한 API를 제공한다.

⑥ 확장성(scalability): 대부분의 멀티캐스트 프로토콜이 이용자가 적은 환경에서는 잘 동작하지만 이용자의 수가 증가함에 따라서 성능 문제가 대두된다. 또한 이용자의 분포에 따라서도 성능이 영향을 받게 되는데, 예를 들어서 하나의 서브 네트워크에 많은 노드가 모여 있는 경우 전체 노드 수에 비해 비교적 적은 메시지로 멀티캐스트 서비스 제공이 가능해진다.

8.8.3. IPv6

All IP 유무선 통합망의 규모는 현재 인터넷을 훨씬 뛰어넘을 것으로 예상하기 때문에 주소공간이 부족한 IPv4 대신에 IPv6가 기본 프로토콜로 채택될 것이다. IPv6 인터넷 프로토콜은 급속하게 발전하는 인터넷을 수용하기 위해 많이 수정되었으며, IP 주소 형식과 길이는 패킷 형식과 함께 변경되었다. ICMP와 같은 관련 프로토콜도 수정되었으며, 네트워크 계층에서 ARP, RARP, IGMP와 같은 프로토콜들도 역시 ICMP 프로토콜에서 삭제되거나 포함되었다.

IPv6가 도입되어야 하는 이유는 아래와 같다.

① 주소화 능력의 대폭 확장: IP 주소의 크기를 32비트에서 128비트의 길이로 확장함으로써 IP 주소의 고갈 문제를 해소하였다. IPv6 주소에는 유니캐스트, 멀티캐스트, 애니캐스트 등이 있다. 여기서 애니캐스트는 유니캐스트와 유사하지만 IPv6 호스트에 할당될 수 없고 IPv6 라우터에만 할당된다. 애니캐스트는 라우팅 프로토콜의 거리 측정에 의해 동일한 애니캐스트 주소를 갖는 인터페이스들 중에서 가장 짧은 인터페이스에 전달된다.

② 헤드가 40바이트 크기로 간소화: 헤더의 길이가 40바이트로 고정됨으로써 IP 데이터그램을 더욱 빠른 속도로 처리하게 되었다.

③ IPv6가 부가적 기능을 허용하는 새로운 옵션 부호화 방법을 도입해 새로운 기술이나 응용 분야에서 요구되는 프로토콜의 확장을 허용할 수 있게 되었다.

④ 흐름 레이블(flow label)과 우선권 설정: 무결점(non default quality) 서비스나 실시간 서비스와 같은 특별한 핸들링을 요구하는 송신자를 위해 특정한 흐름에 대해 패킷 레이블링(packet labeling)이 가능하다.

⑤ 암호화와 인증 옵션 기능이 추가되어 패킷의 비밀성과 무결성을 제공함으로써 보안성이 크게 개선되었다.

최근 들어 휴대형 무선기기들의 보급이 확대되고 WiBro, WiMAX, HSDPA 등의 고속무선 데이터통신 시스템의 등장에 따라 무선 환경에서 인터넷을 효과적으로 사용할 수 있는 이동성 관리 프로토콜이 필요하게 되었다. MIPv6(Mobile IPv6)는 IPv6 환경에서 이동성을 지원하기 위한 프로토콜로 제안되었고, 이동이 빈번한 셀룰러 환경에서 효율적인 이동성 지원을 위해 MIPv6의 핸드오버 성능을 개선한 HMIPv6(Hierarchical MIPv6)와 FMIPv6(Fast handovers for MIPv6) 등의 새로운 프로토콜에 대한 연구가 활발히 진행되고 있다.

모든 IPv4 네트워크가 IPv6 네트워크로 전환되기 전까지는 IPv4/IPv6 전환기술이 전 세계적으로 요구된다. IPv4/IPv6 전환기술에는 듀얼스택(dual stack), 6개의 터널링(tunneling) 기술(6 in 4, 6 to 4, ISATAP, DSTM, Teredo, Tunnel Broker),

6개의 트랜슬레이션(translation) 기술(SIIT, NAT-PT, TRT, SOCKs Gateway, BIS, BIA) 등이 있다. 이 기술들 중에서 듀얼스택과 터널링 기술이 가장 많이 사용될 것으로 예상한다. 듀얼스택은 하나의 시스템에서 IPv4와 IPv6를 동시에 처리하는 방식을 말한다. 터널링 방식에서는 IPv4 라우팅 인프라를 통해 전송되도록 IPv6패킷을 IPv4 헤더 내에 캡슐화시킨다.

8.8.4. 비디오 압축

방송은 통신에 비하여 수백 배의 대역폭이 필요하므로 통신과 방송의 융합기술에서는 비디오 압축기술이 필수불가결한 요소로 등장한다. 비디오 전송에서 화면의 움직임이 거의 없는 경우 연속된 두 개의 프레임은 동일한 정보를 포함하고 있기 때문에 동일한 정보를 두 번 보낼 필요가 없다는 관점에서 압축을 시행할 수 있다. 압축은 연속되는 프레임 간의 차이를 고려하여 시행하게 된다.

영상회의 및 영상전화용으로 H.261 표준이 개발되었으며 정지영상 부호화 표준으로 JPEG(Joint Photographic coding Experts Group)이 규정되었다. 통신·방송용으로도 이용할 수 있는 동영상 압축방식으로 MPEG(Moving Picture Expert Group) 등이 완성되었다.

광대역의 TV 영상신호를 여러 가지 전송대역의 통신망에 효율적으로 내보내기 위해서는 신호의 압축이 필수적이며 이에 따라 관련 표준화 단체를 중심으로 기술개발이 이루어졌다. 1990년대 초까지 일반 TV 한 채널당 전송속도가 6Mbps에 달했으나 현재는 2Mbps 이하로 전송이 가능해졌다. 신호 압축 분야의 표준을 관장하는 국제기구는 크게 ITU-T와 ISO/IEC로 나눌 수 있다. <표 8-2>는 신호 압축방식 표준을 보여 준다.

〈표 8-2〉 신호 압축방식 표준

표준기구	영상 부호화 표준	주요 응용 분야	제정 연도
ITU-T	H.261	영상전화, 영상회의	1990
	H.262	DVD, 방송용(DTV, HDTV)	1995
	H.263	영상전화, 영상회의	1995, 1998(H.263+)
	H.264	영상전화, 방송, 스트리밍	2003
ISO/IEC	11172-2(MPEG1)	Video CD	1993
	13818-2(MPEG2)	DVD, 방송용(DTV, HDTV)	1994
	14496-2(MPEG3)	스트리밍(모바일, 인터넷)	1999
	MPEG7	Multimedia Description & Indexing	2001
	14496-10(MPEG4/10)	영상전화, 방송, 스트리밍	2003
	JPEG	컬러 정지영상 부호화	1994
	JPEG2000	정지영상, 모션 JPEG 부호화	2000

MPEG2에서는 영상 압축 기능과 품질을 다양하게 선택할 수 있는 알고리즘으로 구성되어 있으며, 이를 위해 프로파일(profile)과 레벨(level)을 사용하고 있다. 각 프로파일은 서로 다른 파라미터를 가진 부분조합을 가지며, 부가적인 파라미터는 비트스트림(bitstream) 내에서 영상품질을 결정하는 확장(scalability) 파라미터의 부분조합으로 되어 있다. 레벨은 비트스트림 내의 파라미터에 가해지는 제약조건(화상의 크기 또는 비트율 등)을 나타내고 프로파일에서 지정한 알고리즘 구성에 따라 영상품질이 정해진다. MPEG2의 특성은 아래와 같다.

① 높은 압축률(약 1/30)을 실현하며 아날로그 TV방송에서 디지털 TV방송(HDTV) 영역까지 고화질을 제공한다.

② MPEG1과는 달리 다양한 영상 포맷에 대응이 가능하다.

③ 비트스트림의 가변 확장성(scalability)이 도입되었는데 여기에는 공간 확장성(spacial scalability)과 신호 대 잡음비 확장성(SNR scalability), 시간 확장성(temporal scalability) 등이 있다.

④ 부호화 비트스트림(coding bitstream)의 규칙이 MPEG1의 비트스트림과 MPEG2의 비트스트림을 섞어서 전송할 수도 있다.

⑤ MPEG2는 고품질화와 확장성을 제공하기 위해 부호기(coder)와 복호기(decoder)의 구성과 설계상에 선택의 폭을 크게 부여하고 있다.

MPEG4 비디오는 이동통신이나 무선 환경의 비디오 서비스에 적합한데 이는 낮은 비트율의 높은 압축율과 내장된 오류 내성(error resilience), 콘텐츠를 객체(object) 개념을 통해 조작이 가능하기 때문이다. 또한 영상의 내용과 배경을 분리하여 각각 별개의 객체로 지정할 수 있고, 각 객체의 상대적인 중요도에 따라 압축률을 다르게 설정할 수 있으며, 전송과정에서 우선순위에 차별을 둘 수 있다.

H.264 표준은 방송 · 통신, 무선 네트워크를 통한 비디오 영상회의, VoD, 스트리밍 서비스, 대화형 비디오 서비스와 같은 다양한 분야에 적용된다. 또한 H.264는 저비트율 · 저프레임률 · 저해상도에서부터 SDTV, HDTV와 같은 고비트율 · 고프레임률 · 고해상도를 가진 비디오까지 넓은 적용 범위를 가지고 있다. H.264 표준에서는 높은 부호화 효율과 네트워크 환경에 강인한 부호화를 위해 다중 블록모드를 위한 움직임 보상, 1/4 화소단위 움직임 보상, 다중 참조 프레임을 이용한 움직임 보상, 무게 예측, 루프 필터와 같은 효과적인 기술들이 채택되었다.

인터넷을 통한 비디오 전송에서 품질보장을 위해 고려해야 할 사항은 대역폭(bandwidth), 지연(delay), 손실(loss) 등이 있다. 비디오 전송 시에 고려해야 할 사항은 아래와 같다.

① 최소한의 대역폭을 가져야 적당한 화질을 유지할 수 있다.

② 일반 데이터에 비해 스트리밍이나 실시간 비디오 전송은 끊어짐 없이 계속 재생되어야 하므로 프레임 비트열이 제 시간에 도착하지 못하고 늦게 도착하면 손실과 같다.

③ 비트 에러나 패킷손실로 인해 손실이 어느 정도 이상 높아지면 화질을 알아볼 수 없게 되므로 비디오를 인코딩과 디코딩하는 과정에서 이를 고려해야 한다. 패킷손실에 대비하여 순방향 에러 보정(FEC: Forward Error Correction), 재전송, 에러 복구, 에러 은닉 등 에러 컨트롤이 필요하다.

8.8.5. 콘텐츠 서비스

방송과 통신의 융합이 가속화됨에 따라 방송 콘텐츠를 중심으로 한 멀티미디어 콘텐츠의 소비 환경도 양 방향 방송, 다매체, 다채널화되고 있다. 또한 이종망과 다양한 단말을 수용하는 등 복잡 다양한 형태로 변화하고 있다. 콘텐츠의 변화는 다매체 · 다채널 방송 환경에서 방대한 양의 고품질 방송 콘텐츠가 생성되어 디지털 콘텐츠가 주류를 이룰 것이다. 콘텐츠의 종류도 기존의 비디오 중심에서 영상, 텍스트, 그래픽 등의 멀티미디어 콘텐츠로 변화하고 응용 SW, 게임, 웹페이지 등 새로운 형태의 콘텐츠도 출현할 것이다. 특히 여러 종류의 개별 콘텐츠들이 유기적으로 조합하여 다양한 대화형이나 소비 환경 맞춤형의 소비 경험을 제공하는 패키지(TV anytime package, MPEG21 digital item) 형태의 콘텐츠로 변화해 나아갈 것이다.

PDA, Desktop PC, Laptop PC, PVR, Mobile phone 등의 다양한 단말기 환경 속에서 방대한 멀티미디어 콘텐츠를 언제 어디서나 자유롭게 소비할 수 있는 기술이 필요한데 이것을 콘텐츠 적응(content adaptation) 기술이라고 한다. 콘텐츠 적응 기술은 크게 두 가지로 구분할 수 있다. 하나는 비디오·이미지·오디오·텍스트와 같은 콘텐츠 모달리티의 변화 없이 주어진 제약조건에 따라 콘텐츠 자체의 품질을 변화시키는 콘텐츠 스케일링(content scaling) 기술이며, 다른 하나는 콘텐츠가 갖는 모달리티를 다른 모달리티로 변환하는 모달리티 변환(modality conversion) 기술이다.

MPEG21은 사용자가 구조화된 멀티미디어 콘텐츠인 디지털 아이템을 다양한 환경에서 상호 호환적으로 편리하게 생성, 교환, 소비할 수 있는 방법을 정의하고 실현할 수 있는 멀티미디어 프레임워크를 구축하는 것이다. 디지털 아이템 적응(DIA)은 디지털 아이템을 사용자 특성과 네트워크·터미널의 특성을 고려해 적응 가능하게 하고 향상시킴으로써 투명하고 증감된 접근을 제공한다. <그림 8-9>는 MPEG21 DIA 개념을 나타낸다.

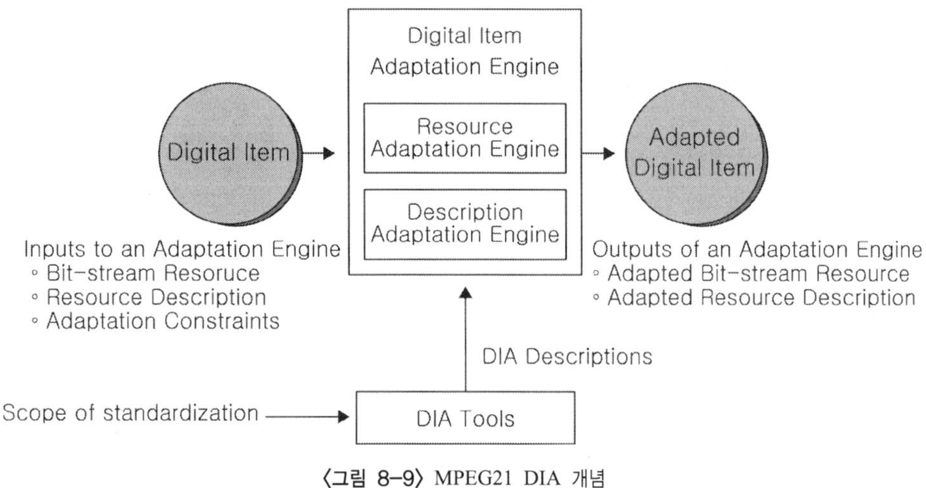

〈그림 8-9〉 MPEG21 DIA 개념

대역폭과 단말기의 제한조건에 관계없이 인터넷을 통해 최상의 정보접근과 합의된 QoS를 제공하기 위해 UMA(Universal Multimedia Access)에 대한 연구가 진행 중이다. UMA는 이종망 환경에서 멀티미디어 콘텐츠를 네트워크 환경과 사용자 단말에 최적화된 형태로 변환해 전달하고 소비하는 기술이다. 요소기술에는 콘텐츠 적응변환기술, 내용 기반의 콘텐츠 변환을 위한 콘텐츠 분석기술, 관련 메타데이터 기술, 영상통신기술, 응용서비스기술 등이 있다. UMA 기술은 다양한 콘텐츠 제공자에 대해 사용자가 원하는 콘텐츠를 쉽게 찾고 선택·접근하기 위해 관련 기술들 간의 인터페이스와 프로토콜을 표준화하여 통합을 이룰 수 있게 한다. 또한 다양하고 광범위한 매체를 통해 전달되는 멀티미디어 자원을 투명하고 효율적으로 이용할 수 있도록 하는 수단을 제공한다. UMA기술은 멀티미디어 프레임워크에 대한 기술 표준인 MPEG21의 응용분야로서 다양한 이종단말이나 이종망에서 UMA서비스를 위한 디지털 아이템 적응(DIA)이다.

UCA(Ubiquitous Content Access) 서비스 기술은 통신과 방송 융합 환경에서 소비자가 원하는 방송 콘텐츠를 이종망을 통해 다양한 단말에서 시간과 장소에 제한받지 않고 E2E QoS가 보장된 품질로 단절 없이 서비스하기 위한 인포스트럭처(info-structure) 기술이다. 요소기술에는 표준 멀티미디어 프레임워크 및 맞춤형 소비를 제공하는 메타데이터 기술, 스케일러블 미디어 부호화 및 전달·적응 기술, 네트워크 및 스트림 처리기술 등이 있다. UCA 서비스 환경에서는 방송사와 같은 콘텐츠 제공자는 OSMU(One-Source Multi-Use)의 경제적 효율성을 보장받을 수 있고, 소비자 입장에서는 자신의 단말 종류에 관계없이 방송서비스를 언제 어디서든 끊어짐 없이 제공받을 수 있게 된다.

8.8.6. 차세대 웹

웹의 초기에는 사용자가 정보를 웹 공간에 올릴 수 있는 방법은 스스로 서버를 세팅하고 HTML 페이지를 작성하여 업로드하는 방법 외에는 없었다. 웹의 기술적 정의인 HTTP 규약에 의해 HTML 문서를 주고받는 수준에 머물렀다. 모든 웹은 정적인 페이지들과 각 페이지 내부의 링크들로 이루어졌으며, 이러한 페이지와 링크는 대부분 수동으로 작성되었다. 이와 같이 초기의 웹에서는 인터넷의 속성을 이용하여 각 서버들은 다른 서버들에 올라가 있는 웹페이지들과 링크되어 분산된 네트워크를 이루었다.

이와 같은 단순한 웹이 상업화·고도화되면서 콘텐츠 관리시스템(CMS: Content Management System)으로 관리되는 동적인 웹으로 진화하였다. 이런 시스템은 포털(portal)이라고 불리는 새로운 사업형태를 지원하게 되었는데 포털은 기존의 파편화된 웹이 아니라 특정 회사가 이메일·뉴스·검색·커뮤니케이션 등 사용자가 필요로 하는 모든 서비스를 원스톱으로 제공하는 새로운 개념의 서비스였다.

그러나 이러한 중앙집중적인 웹 패러다임은 다시 새로운 변화를 맞이하게 된다. 서버 하드웨어와 인터넷 회선비용이 급감하면서 개인 또는 개인이 준하는 작은 회사들이 기존 거대 포털들이 제공하는 수준의 서비스를 손쉽게 제공하게 되었고 서버와 서버 간에 다양한 정보를 주고받을 수 있는 웹서비스(WebService) 등의 새로운 기술들이 출현하게 되었다. 또한 블로그(blog)나 SNS(Social Networking Service)와 같이 사용자들이 간단하게 자신의 콘텐츠를 생산해 공유할 수 있는 서비스들이 개발되었는데 이것이 바로 Web 2.0이다. <그림 8-10>은 웹 패러다임의 변화를 나타낸다.

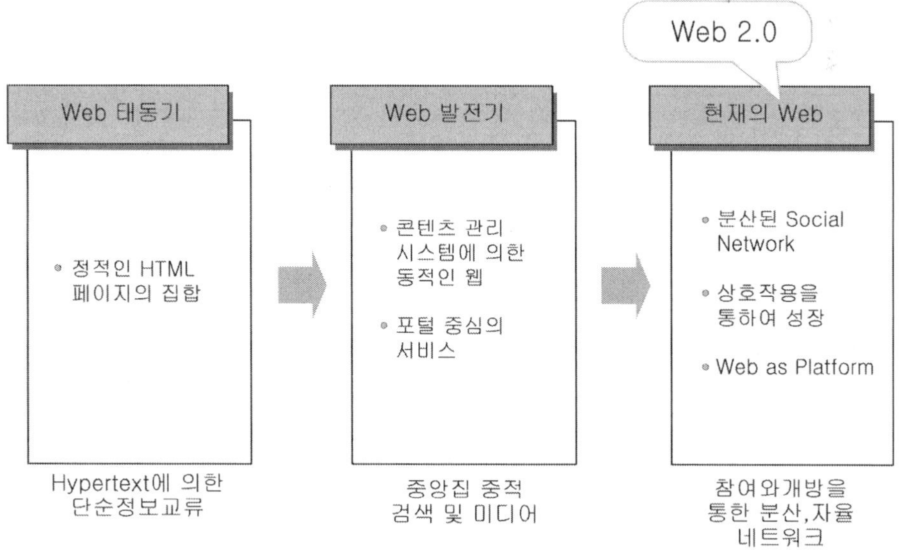

〈그림 8-10〉 웹 패러다임의 변화(참고문헌: 차세대 광대역통합망의 이해, 이정욱, 전자신문사)

Web 2.0은 웹 자체의 속성보다는 인터넷의 분산된 네트워크의 속성을 지향한다고 말할 수 있다. Web 1.0이 중앙집중적이고 경제적인 시스템이라면, Web 2.0은 네트워크 경제의 특성을 가지고 다양한 객체들과 더 많은 관계를 유지함으로써 수익을 창출하는 구조를 가지고 있다.

Web 2.0의 특징은 아래와 같다.

① The Web As Platform: 사용자 혹은 다른 회사에 자사가 가진 경쟁력의 일부를 제공함으로써 상호 간에 더 큰 이득을 취하기 위한 토대

② Harnessing Collective Intelligence: 각자 자신들의 능력을 보일 수 있게 함으로써 전체 서비스가 성장한다.

③ Data is the Next Intel Inside: 각사의 핵심 역량은 고유한 데이터나 메타데이터가 되어야 한다.

④ End of the Software Release Cycle: 사용자 입맛에 맞는 빠른 서비스 개발이 요구된다는 의미이다.

⑤ Lightweight Programming Models: 상기와 동일한 의미에 해당한다.

⑥ Software Above the Level of a Single Device: 다양한 하드웨어와 소프트웨어 플랫폼을 지원해야 한다.

⑦ Rich User Experience: 기존의 웹브라우저에서는 경험하기 어려웠던 다이내믹한 사용자 인터페이스를 제공해야 한다.

8.8.7. P2P 네트워크

인터넷 변화들 중의 하나는 분산 환경에서 불필요한 제3자의 개입 없이 간편하고 이해가 쉬운 논리적 관계를 실현한 개인 대 개인으로 통신 인프라를 구축하는 것이다. P2P는 인터넷 환경에서 기존의 클라이언트·서버 서비스를 능가하고, 사용자 입장에서 편리하고 효율적인 인터넷의 새로운 창을 제공하고 있다. P2P는 커뮤니티를 자연스럽게 구성하며 커뮤니티의 요구에 따라 서비스를 제공할 수 있는 폐쇄적 공간을 제공할 수 있다. P2P는 열린 인터넷 공간에서 이해관계가 성립되는 불특정 다수 간에 망 운영자의 간섭 없이 커뮤니티를 구축할 수 있는 장점과 함께 분산처리 환경에 적합한 능력을 보유하고 있다. P2P 서비스에는 인스턴트 메시지, FS(File Sharing), VoIP(Skype), 인터넷 방송(UCC, PPLive, PPStream) 등이 있다.

P2P 네트워크 인프라는 그 구성 방식에 따라 구조화(structured)와 비구조화(unstructured)

방식으로 구분할 수 있다. 또한 자원 검색 방식에 따라 집중(centralized)과 분산(distributed) 구조로 구분되기도 한다. P2P 네트워크에서는 기존의 클라이언트ㆍ서버 모델과는 달리 자원이 다수의 피어에 분산되어 있기 때문에 여러 자원들을 관리하고 검색하는 기술이 필수적이다.

P2P 서비스는 초기에는 IM(Instant Messaging), 파일 공유 응용으로 시작되었으나 지금은 다양한 형태의 P2P 응용으로 발전하였다. <표 8-3>은 P2P 서비스의 종류를 나타낸다.

〈표 8-3〉 P2P 서비스의 종류

구분	서비스	사례
파일 저장 및 공유서비스	P2P 파일시스템	Ivy, Kosha
	P2P 저장시스템	Oceanstore, Past, CFS
	P2P 파일 공유시스템	Bit Torrent
멀티캐스트, 라우팅 및 특수 서비스	멀티캐스트 시스템	SCRIBE
	P2P 웹 캐싱	Squirrel, Coral
	P2P DNS	CoDNS, CoDoNS
	인터넷 라우팅	RON
	차세대 인터넷 아키텍처	I3
	일반적인 바인딩 서비스	OpenDHR, SFR
멀티미디어 및 통신서비스	멀티미디어 스트리밍	PPlive, PPstream
	VoIP	Skype
	게임	Kart Rider

국내의 경우 P2P 서비스는 주로 IM, 파일 공유에 집중되어 있는 편이다. 네이트온ㆍ버디버디ㆍ쿨메신저 등의 인스턴트 메시징 서비스를 제공하는 업체와 소리바다ㆍ프루나ㆍ고부기 등의 파일 공유서비스를 제공하는 업체들이 있다. 국외 P2P 서비스에는 MSN 메신저와 같은 IM, eDonkey와 같은 파일 공유 응용 외에, 멀티미디어 스트리밍, 웹 캐싱, P2P 게임 등이 있다. P2P 기반의 VoIP 서비스 업체인 Skype는 세계 최대의 인터넷전화 업체로 성장하였다.

P2P 관련 표준화 활동은 IETF(Internet Engineering Task Force)와 ITU-T 등의 국제표준화 기구들을 중심으로 수행되고 있다. IETF의 P2P-SIP WG는 세션 설치 및 관리가 중앙서버보다는 단말들의 집합체에 의해 완전히 또는 부분적으로 처리되는 설정의 SIP(Session Initiation Protocol)을 이용하기 위한 메커니즘과 가이드라인

을 개발하는 것이다. IRTF(Internet Research Task Force)의 P2P RG(Peer-to-peer Research Group)는 12개의 연구그룹(RG)들 중의 하나로 2003년 말에 시작되어 오랫동안 안정적으로 연구를 수행해 오고 있다. P2PRG의 설립목적은 연구자들에게 근본적인 P2P 관련 이슈들을 폭넓게 연구할 수 있도록 포럼을 열고 연구 결과를 IETF에 제출하는 데에 있다.

ITU-T의 특정화된 13개의 SG(Study Group)들 중 SG17은 보안, 개발언어, 통신 소프트웨어 분야의 표준을 담당하고 있으며, 그 아래에 보안통신 서비스 분야를 담당하는 Q.9/17이 있는데 이곳에서 P2P 보안 이슈가 다루어지고 있다. 3GPP는 PCG(Project Coordination Group)를 중심으로 하위 4개의 TSGs(Technical Specification Groups)로 구성되어 있다. 이 중 TSG Service and System Aspects의 하위 그룹인 TSG SA WG5 Telecom Management에서는 기존의 TM(Telecommunication Management) 아키텍처에 P2P 인터페이스를 추가하기 위한 방법론에 대해서 표준화된 문서를 작성하고 있다.

9. 무선 네트워크

9.1. 개요

무선통신은 유선통신과 다르게 두 지점 간에 전선을 통하지 않고 전파를 통하여 신호를 교신할 수 있는 기술이다. 무선통신은 해상을 항해하는 선박과의 통신을 시작으로 전선 설비를 구축할 수 없는 상황에서 각광을 받기 시작했으며, 특히 긴박한 전시 상황에서는 진가를 발휘해 왔었다. 무선통신은 방송 분야에도 활용되어 라디오와 TV 서비스를 통해 우리들의 가정에 정보와 오락 기능을 제공해 오고 있다.

무선통신 네트워크는 휴대전화나 무선 LAN 등이 대표적이지만 통신거리에 따라 <그림 9-1>과 같이 분류된다. 무선 광역통신망의 무선 WAN(Wide Area Network)은 일상생활에서 없어서는 안 되는 휴대전화와 관계가 있다. 휴대전화는 아날로그의 제1세대(1G)에서 출발하여 디지털 기술을 이용한 제2세대(2G) 휴대전화를 사용하여 오다가 음성뿐만 아니라 데이터 서비스 등의 멀티미디어 서비스를 제공받을 수 있는 제3세대(3G) 휴대전화가 상용화되었다. 3세대 휴대전화는 비록 멀티미디어 서비스 제공이 가능하지만 유선 네트워크에서와 같은 광대역 서비스와 함께 QoS 보장 등이 미흡하며 국제 로밍 기능에 문제점이 대두되어 제4세대 휴대전화 서비스 등장을 앞두고 있는 상황이다.

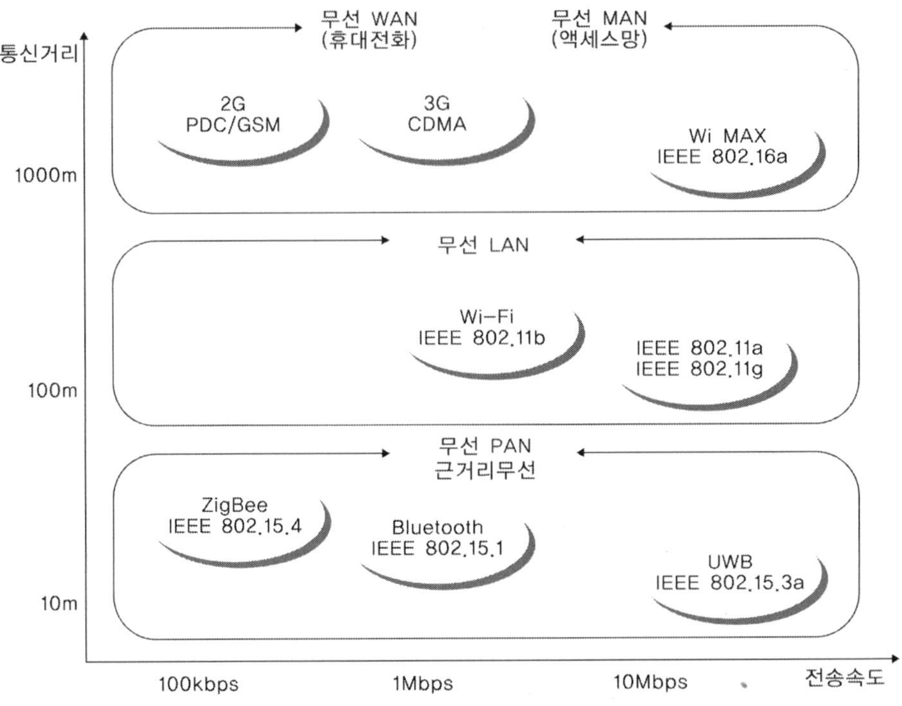

〈그림 9-1〉 무선통신 네트워크 분류(참고문헌: ZigBee 개발핸드북, 엄두섭 외 역, 홍릉과학출판사)

무선 MAN(Metropolitan Area Network)은 인구밀도가 낮은 지역에서 저렴한 가격으로 접속 서비스가 가능한 도시지역 무선 액세스망이다. 무선 MAN의 통신범위는 휴대전화와 무선 LAN의 중간에 위치하고 있다. 2003년 1월에 'WiMAX'라는 이름으로 알려진 IEEE 802.16a가 표준 무선 MAN으로 승인되었다. 10~66GHz의 주파수를 사용하는 IEEE 802.16a는 수십 킬로 범위를 커버할 수 있으며 최대 70Mbps의 통신이 가능하다.

무선 LAN(Local Area Network)은 이미 사무실이나 가정에 보급되어 있으며 시판되는 Notebook PC에 있어서 필수기능으로 되어 있다. 무선면허가 없어도 사용 가능한 2.4GHz대를 이용하며 11Mbps의 통신 속도가 가능한 무선규격 IEEE 802.11b(Wi-Fi)의 등장을 계기로 무선 LAN은 이미 폭넓게 사용되고 있다. 54Mbps의 고속 통신이 가능한 IEEE 802.11a와 IEEE 802.g 규격으로 변화해 발전하고 있다.

근거리 무선 네트워크의 무선 PAN(Personal Area Network)은 개인의 행동범위(수십m 이내)를 커버하는 무선통신 네트워크이다. 무선 PAN은 모바일 기기와 헤드세트를 연결하거나 PDA와 데스크톱 PC 사이의 통신에 적용된다. 미래의 흐름은 개인화로 사람 가까이에 있는 기기는 사람을 인식하고 일반적 방식보다는 개인화된 방식에 의해 서비스가 제공될 것이다. 예를 들면 자동차는 운전자의 키 코드에 따라 각 개인에 적합한 상태(좌석, 실내온도, 음악)를 인식할 것이며, TV 수상기는 사용자의 규칙적인 프로그램과 시청 습관을 인식한다. <그림 9-2>는 무선 PAN의 표준화 기구를 나타낸다.

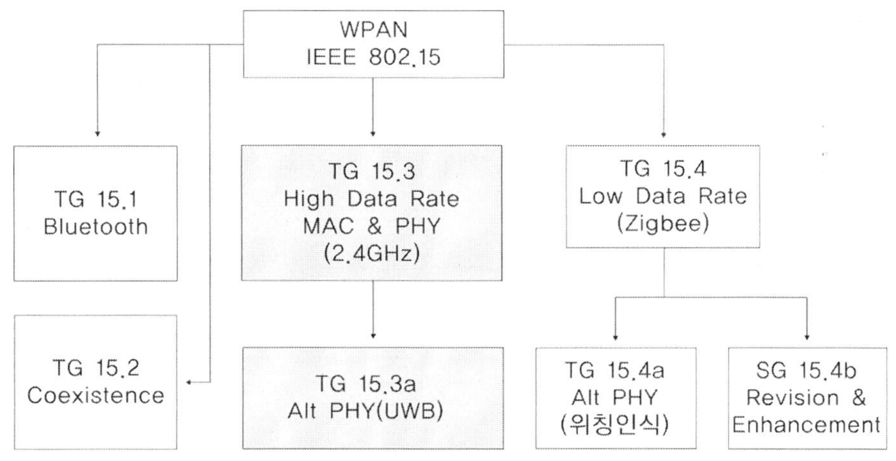

〈그림 9-2〉 무선 PAN의 표준화 기구(참고문헌: 유비쿼터스, 김형훈 저, 오옴사)

IEEE 802.15 근거리 무선 워킹 그룹에서 이미 승인된 규격에는 다음과 같은 것들이 있다.

① IEEE 802.15.1: 1Mbps 정도의 중간 전송속도를 가지는 PAN 기술의 블루투스 규격

② IEEE 802.15.2: 블루투스와 무선 LAN이 공존(Coexistence: 동일한 장소에서 서로 영향을 주지 않고 동시에 사용하는 것)하는 기술사항 검토

③ IEEE 802.15.3: 고속의 전송속도 PAN인 WiMedia의 규격이다. 주로 동영상과 음성 등의 멀티미디어 신호에 관한 표준 제정을 목표로 한다. 현재 그룹 활동의 중심은 IEEE 802.15.3a로 이전되었다.

④ IEEE 802.15.4: 낮은 전송속도의 PAN 규격이다. 주로 무선센서 네트워크를 목표로 한다.

⑤ IEEE 802.15.5: 메시 네트워크에 필요한 물리층과 미디어 액세스 층의 제안에 관여한다.

9.2. 무선 LAN

무선 LAN 기술로 가장 먼저 등장한 기술은 적외선이나 협대역 마이크로웨이브를 이용하여 작은 사무실 정도의 규모에서 유선설비를 대체하는 것이었다. 그러나 적외선 통신은 통신 노드 사이에 가시선(line of sight)이 확보되어야 통신이 가능하며 사물 투과성이 없고 또한 햇빛으로부터의 간섭으로 인하여 통신속도가 제한적이었다. 협대역 마이크로웨이브는 이더넷 수준의 전송속도를 가질 수 있으나 주파수 대역이 매우 높아서(19GHz) 송수신 단말기의 구조가 복잡하다는 단점이 있었다.

따라서 주파수 인증이 필요 없는 ISM대역을 이용한 WLAN 기술이 등장하게 되었다. ISM 밴드는 국가별로 다르지만 2.4GHz 대역에서 80MHz와 5GHz 대역에서 100~500MHz의 큰 폭의 주파수 대역으로 정의된다.

IEEE 802.11은 1997년에 채택된 WLAN에 관한 IEEE 표준규격이다. WLAN의 표준모델은 <그림 9-3>과 같다.

사용자 단계	조절단계	관리단계
MAC 하부계층	MLME	SME
PLCP 하부계층	PLME	
PMD 하부계층		

802.11 MAC & PHY

〈그림 9-3〉 WLAN의 표준모델

PLCP(PHY. Layer Convergence Procedure) 계층은 MAC이 PMD(Physical Medium Dependent) 계층과 최소한의 관계를 가지고 동작할 수 있도록 중간에서 매개체 역할을 수행한다. PLCP 계층의 제어로 MAC과 물리계층 사이에서 프레임 교환이 이루어질 수 있다. PMD는 둘 이상의 단말기 사이에서 무선으로 데이터를 주고받을 수 있는 방법을 제공한다.

PLME(PHY. Layer Management Entity)는 MAC 관리 요소들과 관련된 지역적인 물리계층 함수들을 관리하며 PMD 계층의 개체와 상호 계층 간 또는 관리개체에 의해서 접근되는 MIB(Management Information Base) 특성들을 관리한다. MLME(MAC Layer Management Entity)는 PLME와 상호 동작을 수행하기 위해서 필요하다. SME(Station Management Entity)는 계층에 독립적이며 계층에 특정된 파라미터 값을 설정한다. 또한 다양한 관리계층으로부터 독립된 상태를 파악하고 관리하는 역할을 담당한다. 이렇게 다양한 개체 사이에서 상호 간의 동작은 프리미티브를 통해서 이루어지며 이를 위해 SAP(Service Access Point)가 사용된다.

9.2.1. 물리계층

802.11b는 2.4GHz의 ISM 밴드를 사용하며 변조방식으로 CCK(Complementary Code Keying)를 사용한다. CCK 코드는 64개의 8비트 코드이며 잡음과 다중경로 혼신을 방지할 수 있는 수학적 특성을 가진다. CCK는 DSSS(직접 시퀀스 확산 스펙트럼) 코드에 고도의 수학공식을 적용하기 때문에 다량의 정보전송이 가능하며 11Mbps까지 전송이 가능하다. 802.11b에서는 높은 데이터 전송률을 제공하고 다중 전송에서 전파의 간섭에 민감하지 않도록 하기 위해 DSSS(Direct Sequence Spread Spectrum)를 사용하며 FHSS(Frequency Hopped Spread Spectrum)도 지원한다.

802.11a에서는 OFDM을 변조방식으로 사용하는데 RF 대역이 5GHz UNII(Unlicensed National Inforamtion Infrastructure) 대역을 사용하도록 정의되어 있으며 6~54Mbps 까지의 8가지 전송모드를 가진다. 802.11b에서는 11Mbps를 지원하는 3개의 비중첩 채널을 지원하지만, 802.1a에서는 54Mbps의 8개 비중첩 채널을 지원하게 되고 또한 전송률도 높으므로 802.11b보다 많은 사용자를 가질 수 있다.

802.11g는 기존의 2.4GHz대역을 사용하면서 하위 규격과 호환이 용이하고 고속의 데이터 전송이 가능하다. 802.11g는 802.11a에서 사용되는 OFDM과 802.11.b의 CCK 를 조합한 변조방식을 사용한다. <표 9-1>은 IEEE 802.11 시리즈의 특성을 나타낸다.

〈표 9-1〉 IEEE 802.11 시리즈의 특성

	802.11a	802.11b	802.11g
Modulation	OFDM	DSSS	OFDM
Carrier Frequency	5GHz	2.4GHz	2.4GHz
Max. Physical rate	54Mbps	11Mbps	22Mbps
Medium access control/	CSMA/CA	CSMA/CA	CSMA/CA

Max. Range	30m	100m	50m
Connectivity	Connectionless	Connectionless	Connectionless
Multicast	Yes	Yes	Yes

HiperLAN2는 물리계층에서 사용하는 변조방식으로 OFDM을 사용하며 동일한 5GHz UNII 대역을 사용한다. 그러나 HiperLAN2는 이더넷에 기반을 둔 802.11과 다르게 ATM(Asynchronous Transfer Mode) 기반 TDMA 방식의 MAC 프로토콜을 정의하고 있다.

IEEE 802.11에서는 3종류의 물리계층, 즉 FHSS(Frequency Hopping Spread Spectrum), DSSS(Direct Sequence Spread Spectrum), IR(Infra Red) 등이 있다. 802.11에서는 기존의 많은 적외선 장비와의 호환성을 염두에 두었으나, 그다지 많이 사용되지는 않는다. 850~950nm의 적외선을 사용하며 옥내 사용에 제한되어 있다. 기본적으로 1Mbps를 지원하며 2Mbps까지도 지원할 수 있게 되어 있다. 여기서는 FHSS와 DSSS에 관하여 설명한다.

(1) FHSS

1Mbps와 2Mbps를 최대 전송속도로 갖는 두 가지 모드가 정의되어 있다. 각 모드에서 2.4~2.5GHz 사이에 n개의 1MHz 크기 주파수 대역을 정의한다. 일본에서는 n=23이지만 대부분의 지역에서 n=79이다. 하나의 채널은 주파수 호핑 순서(FS: FH sequence)로 정의되며 이는 기본 주파수 호핑 순서(BFS: Base Hopping Sequence)를 기반으로 만들어진다. 즉 i번째 호핑에서 BFS가 취하는 대역을 $b(i)$, 채널 x가 선택하는 대역을 $fx(i)$라고 할 때에 이들 간에는 $fx(i)=[b(i)+x]\mathrm{mod}(79)+2$의 함수관계가 성립한다. $b(i)$는 1~79 사이의 번호가 매겨진 대역을 채널 간 상호 간섭을 최소화하는 형태의 특정한 순서로 배열한 것으로서 인접 $b(i)$ 간의 주파수대역 간격은 6MHz(즉 여섯 대역이 폭) 이상이다.

FHSS에서는 GFSK(Gaussian Frequency Shift Keying) 변조방식을 사용한다. <그림 9-4>는 FHSS 프레임 구조를 나타낸다. 프리앰블에서 SYNC(Synchronous)는 시스템 클럭과 전송주파수의 동기화에 사용되며 SFD(Start Frame Delimiter)는 프레임 동기화에 활용된다. 헤더의 PLW(PDU Length Word)는 데이터 비트의 길이를 옥텟 수로 표기하며 PSF(PDU Signalling Field) 필드는 프레임의 전송속도에 대한 정보를 포함한다.

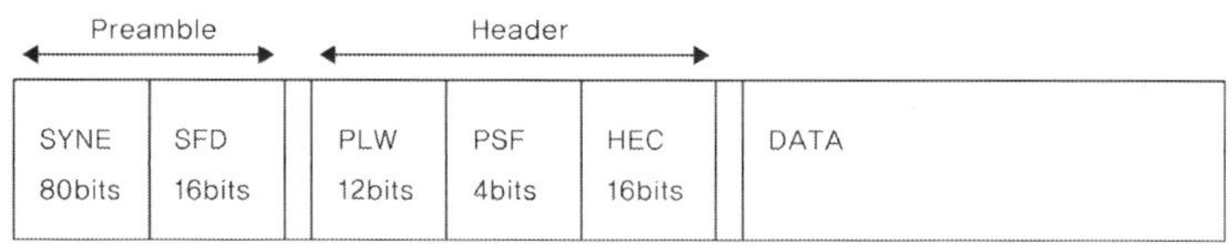

〈그림 9-4〉 FHSS 프레임 구조

(2) DSSS

직접확산(DSSS)은 원래의 신호에 유사잡음(PN: Pseudo Noise) 부호라고 하는 신호를 합쳐서 보다 넓은 대역의 신호로 확산시켜서 송신하는 방법을 말한다. 간단히 말하면 DSSS는 [11011001110000110101001000101110]와 같이 긴 PN 부호열로 원래의 비트 '0' 신호를 나타내는 통신방식이다. PN 부호열이 길면 길수록 통신에 필요한 전송량이 증가한다. 종래의 데이터 전송속도를 유지하기 위해서는 당연히 변조한 신호의 전송속도를 빨리하지 않으면 안 되기 때문에 넓은 대역폭에 확산시켜서 전송하게 되는 것이다. 송신 측에서는 스펙트럼 확산으로 인하여 보다 낮은 전력밀도와 보다 넓은 스펙트럼 분포가 된다. 수신 측에서는 좁은 대역폭에서 발생한 잡음과 간섭을 받아도 역확산에 의해 희망 전파를 베이스밴드 신호에 가까운 파형으로 복원시킬 수 있지만, 간섭파는 반대로 확산되어 낮은 전력밀도로 되기 때문에 간섭에 대한 영향을 감소시킬 수 있게 된다.

IEEE 802.11의 DSSS에서도 1Mbps와 2Mbps의 두 가지 전송속도를 지원한다. <그림 9-5>는 DSSS 프레임 구조를 보여 준다. 프리앰블 부분은 길이가 서로 다르지만 FHSS와 동일하다. 헤더 부분의 Signal 필드는 적용된 변조방식을 나타내고 Service 필드는 아직 사용되고 있지 않으며 Length 필드는 데이터 부분의 길이를 전송시간의 형태로 표현한다.

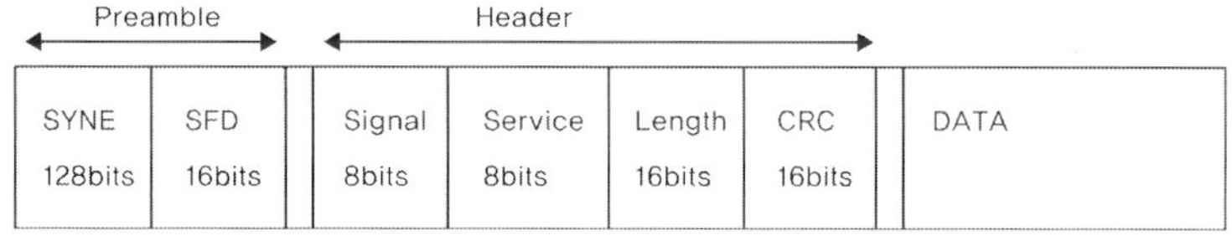

〈그림 9-5〉 DSSS 프레임 구조

9.2.2. MAC(Medium Access Control)

유선 LAN에서는 CSMA/CD를 사용하지만 무선 LAN에서는 CSMA/CA를 채택한다. CSMA/CD는 버스에 흐르는 전류의 변화로 패킷의 충돌을 감지할 수 있지만(Collision Detection), 무선 네트워크에서는 충돌 여부를 감지할 수 없기 때문에 충돌을 가급적 회피할 수 있도록 송출 시점을 선택하여 패킷을 송출한다.

CSMA/CA에서는 CSMA/CD에서와 같이 패킷을 송출하기 전에 다른 노드가 매체를 사용 중인가를 미리 확인한다. 매체가 사용되고 있지 않음을 확인한 시점으로부터 임의의 시간 동안을 기다린 후에도 역시 매체가 사용 중이지 않으면 그때부터 패킷을 송출한다. <그림 9-6>은 CSMA/CA 프로토콜 동작과정을 나타낸다.

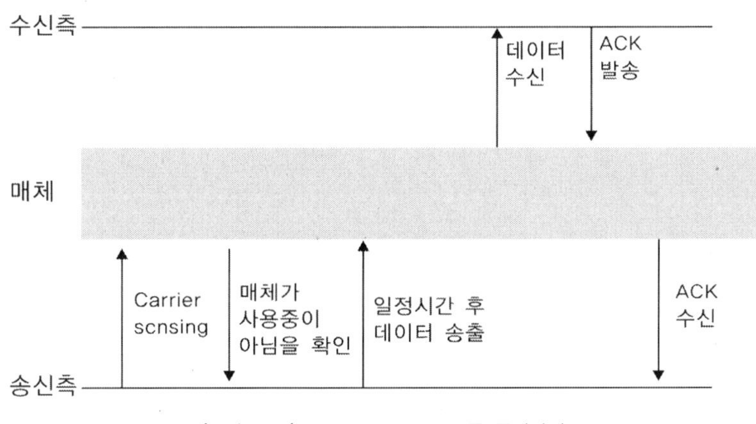

〈그림 9-6〉 CSMA/CA 프로토콜 동작과정

무선 LAN의 MAC은 여러 종류의 물리계층에 대해 모두 공통적인 특성을 가지고 있고, 데이터 전송률에 대해서도 독립적인 특성을 가지고 있다. 무선 MAC의 기능에 추가적으로 아래와 같은 기능들이 필요하다.

① 사용자가 데이터를 상대방으로 전송하는 것을 제어
② 핵심 프레임 동작을 제어
③ 유선 네트워크 백본과의 상호작용 제공

무선 LAN에서 무선 매체 접근 방식으로 두 가지 방식, 즉 PCF(Point Coordination Function)와 DCF(Distributed Coordination Function)가 있다. PCF는 무경쟁 서비

스를 제공하며 선택적으로 운영된다. PCF는 DCF의 상위에 위치한다. PCF는 현재 구현되어 있는 곳이 거의 없다. <그림 9-7>은 무선 LAN의 매체접근 방식 구분을 보여 준다.

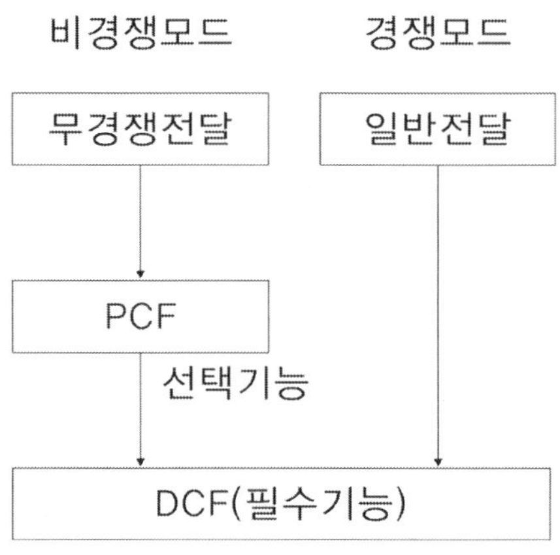

〈그림 9-7〉 무선 LAN의 매체접근 방식 구분

DCF는 CSMA/CA의 매체 접근 방식의 기초이다. DCF에서는 경쟁모드로 동작하므로 다른 단말기의 송신 데이터와 충돌이 발생할 우려가 있기 때문에 임의의 백오프(Back off)를 사용한다. 경쟁모드로 동작하는 단말 수가 많으면 많을수록 충돌될 확률이 높기 때문에 이러한 환경에서는 RTS/CTS 클리어링 기법을 사용하기도 한다. 무선 매체 접근을 요구하는 모든 단말기에 대해서 하나의 FIFO 전송 큐만을 사용한다. <표 9-2>는 DCF와 PCF의 차이점을 보여 준다.

〈표 9-2〉 DCF와 PCF의 차이점(참고문헌: 유비쿼터스, 김형훈 저, 오옴사)

구분	특성
DCF	• 필수기능 • 경쟁(Contention) 모드 • 비동기식 전송방식 • 802.11 MAC의 기본 매체 접근방식 제공 • 무선 매체 접근에 있어서 단말기 간의 우선순위 고려 않음 • 사용자가 요구하는 QoS를 지원하기 힘듦
PCF	• 선택기능 • 비경쟁(Contention Free) 모드 • 동기식 전송방식 • 중앙제어식 폴링 기능 • 트래픽 특성에 따른 서비스는 비지원 • 실효성이 낮음

DCF에서 무선 단말이 데이터를 송신하고자 할 때에는 전송매체의 유휴상태를 확인해야 한다. 무선매체 사용 중 여부를 감지하는 방법으로는 두 가지, 즉 레벨 감시방법과 NAV(Network Allocation Vector) 등이 있다. 레벨 감시방법은 물리계층에서 무선 주파수의 에너지 레벨을 감시하는 방법을 말한다. NAV 방식에서는 송신 단말이 데이터를 송신할 때에 송신기간을 예측하여 NAV 기간 동안 전송매체를 점유한다. 다른 단말들은 카운터를 동작시킴으로써 언제 NAV 기간이 종료됨을 알 수 있다.

DCF에서는 단말기의 무선 매체가 유휴상태임을 감지한 이후에 다음 동작까지 기다려야 할 최소한의 시간을 정의하기 위해 IFS(Inter Frame Space) 개념을 도입한다. 무선 매체가 비록 유휴상태라고 해도 멀리 떨어져 있는 단말이 이미 데이터 전송을 시작했을지도 모르는데 이러한 경우 어느 정도의 시간을 기다리지 않고 전송을 시작하면 충돌이 발생할 우려가 있으므로 IFS동안 기다리게 하는 것이다. IFS는 전송 우선순위를 제공하며 IFS의 값이 작을수록 높은 우선순위를 갖게 된다. <그림 9-8>은 DCF 매체접근 방식을 보여 준다.

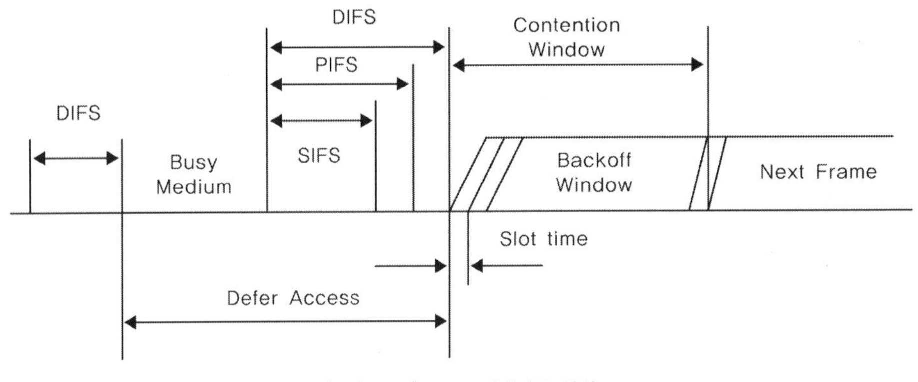

〈그림 9-8〉 DCF 매체접근 방식

무선 LAN에서 사용되는 OFS의 종류는 다음과 같다.

① SIFS(Shorter Inter Frame Space): IFS 중에서 가장 높은 우선순위를 가지며 CTS(Clear To Send)와 ACK(Acknowledge) 프레임을 전송하기 전에 기다리는 시간을 말한다. 즉 CTS와 ACK 프레임은 전송 매체가 유휴한 상태로부터 SIFS 동안 기다린 후에 전송되어야 한다.

② PIFS(Point Inter Frame Space): PCF로 동작할 때 AP(Access Point)가 다른

단말기보다 우선적으로 매체 접근 권한을 얻기 위해서 사용된다. SIFS와 슬롯시간을 합친 시간에 의해 결정된다.

③ DIFS(Distributed Inter Frame Space): DCF로 동작하는 모든 단말기들이 데이터와 관리 프레임을 전송할 때에 사용되며 PCF 기반의 전송보다 낮은 순위를 가지고 있고 PIFS와 슬롯시간을 합친 값이다.

④ EIFS(Extended Inter Frame Space): DCF 기반의 단말기에서 프레임 전송에 오류가 발생할 때에 수신 단말기에게 ACK 프레임을 보낼 수 있는 충분한 시간을 주기 위해서 사용된다.

하나의 송신 단말기가 DIFS 기간 이후에 데이터를 전송하면 수신 단말기는 SIFS 기간을 기다린 후에 ACK 신호를 송신 단말기에 보낸다. ACK 신호가 보내지고 난 후에 무선 매체는 DIFS 기간 동안 유휴상태로 유지되다가 Contention Window가 새로 시작된다. <그림 9-9>는 DCF의 데이터 송수신 절차를 보여 준다.

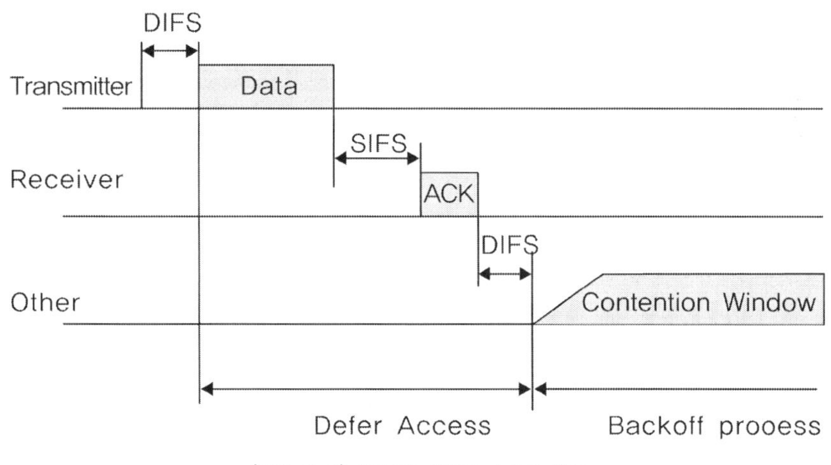

〈그림 9-9〉 DCF의 데이터 송수신 절차

무선 LAN의 MAC은 감추어진 단말기에 대한 대처방안으로 가상 캐리어 탐지 기능을 제공하기 위해 RTS(Request To Send)/CTS(Clear To Send)를 사용한다. RTS/CTS 제어 프레임들을 통해서 송신과 수신 측의 지속기간에 대한 정보가 전달된다. 즉 RTS 프레임 제어 데이터에 RTS 프레임을 보낸 후 수신 측으로부터 ACK를 받을 때까지의 시간을 명기함으로써 동일한 무선 매체를 사용하는 다른 단말기

들에게 전송매체가 점유될 기간을 알려 줄 수 있다. <그림 9-10>은 RTS와 CTS의
교환절차를 보여 준다.

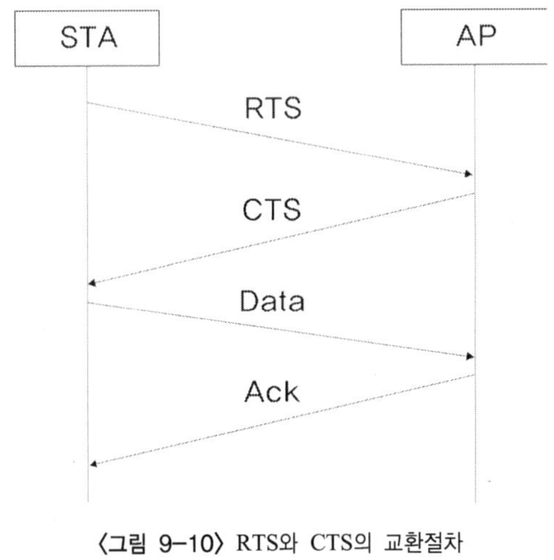

<그림 9-10> RTS와 CTS의 교환절차

RTS와 CTS의 교환절차를 통해서 수신 단말기에 인접해 있는 숨겨진 단말기를
포함한 다른 단말기들은 전송 중에 있는 단말기가 있으면 새로운 전송을 시도하지
않고 NAV 시간을 설정한다. 이 NAV가 설정된 단말기들은 해당 NAV값이 0이 되
기 이전에는 매체접근을 위한 경쟁을 시도 하지 않는다. <그림 9-11>은 RTS/CTS
전송과정을 나타낸다.

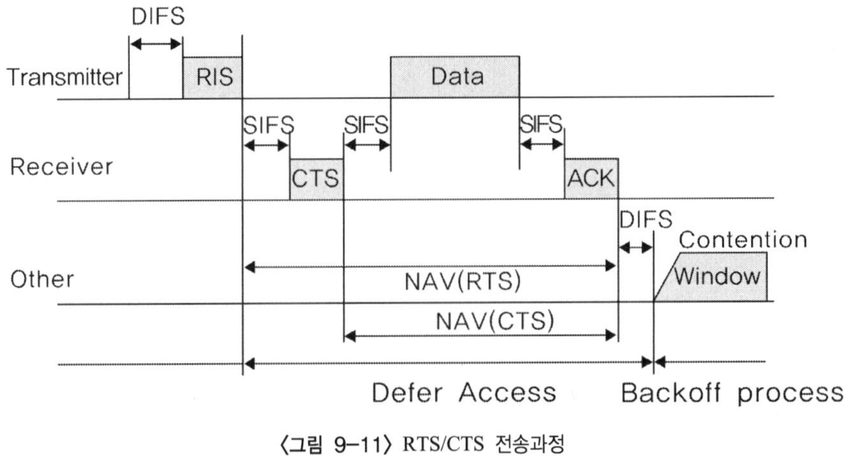

<그림 9-11> RTS/CTS 전송과정

9.2.3. 메시 네트워크(Mesh Network)

무선 LAN 네트워크는 무선 단말기와 AP(Access Point)로 구성되는데 AP는 다른 네트워크와 연결하기 위해서 유선이라는 전송매체를 사용한다. AP를 사용하는 무선 LAN 네트워크에서는 아래와 같은 경우에 어려운 상황에 놓이게 된다.
① 배선이 준비되지 않은 지역으로 네트워크가 확장되는 경우
② 구축된 무선 네트워크의 범위 밖으로 확장되는 경우
③ 매우 짧은 기간 동안만 네트워크가 구성되는 경우

무선 LAN 네트워크에서 AP를 설치하기 어려운 환경에서 제시되고 있는 방법이 바로 무선 메시 네트워크이다. 무선 메시 네트워크에서는 어떤 노드가 다른 노드들과 여러 개의 연결성을 그물 형태로 가지기 때문에 어느 구간에서 접속 장애가 발생하더라도 다른 경로를 통해서 목적 노드에 도달할 수 있다. 무선 메시 네트워크의 장점은 아래와 같다.
① 경로에 대한 자동 구성능력이 있다.
② 자가 치유능력이 있다.
③ 일부 노드의 경우에는 무선만으로도 통신이 이루어질 수 있다.
④ 동적 라우팅과 복수 개의 경로 사용을 통한 로드 밸런싱이 이루어질 수 있으므로 트래픽을 분산시킬 수 있다.

9.3. 블루투스

9.3.1. 개요

블루투스는 반경 10m 이내의 근거리에 있는 두 개 이상의 통신 기기 사이에서 음성 및 데이터 전송을 위한 개방 표준규격이다. 블루투스는 1994년 에릭슨의 이동통신그룹(Ericsson Mobile Communication)에서 휴대폰과 주변기기들 간의 소비전력이 적고 가격이 싼 무선 인터페이스를 연구하면서 시작되었다. 블루투스는 각종

정보기기뿐만 아니라 가전제품 등을 포함하는 네트워크를 구성하여 어떠한 유무선 망과도 연동할 수 있게 한다.

블루투스는 반경 10m의 범위에서 최대 8개의 정보기기를 포함할 수 있다. 데이터 교환의 필요에 따라 초기화를 주도한 기기가 하나의 주장치(master unit)가 되고 이에 응답한 나머지 모든 기기들이 종속장치(slave unit)가 된다. 주장치는 모든 제어를 관장하며 종속장치들과는 점대점(point to point) 혹은 점대다중점(Point to multipoint)의 형태로 연결되고 종속장치들 간의 통신도 주장치를 거쳐서 간접적으로 이루어진다. 하나의 주장치 관리하에 구성된 ad-hoc 타입 네트워크를 피코넷 (piconet)이라고 부르며 블루투스의 기본네트워크의 단위가 된다. 넓은 지역을 커버하기 위해서는 피코넷 단위로 게이트웨이를 지정하고 이를 통해 피코넷 간의 연결을 설정하는데 이렇게 확장된 형태의 네트워크를 스캐터넷(scatternet)라고 부른다. <그림 9-12>는 블루투스 애드 혹 네트워크를 나타낸다.

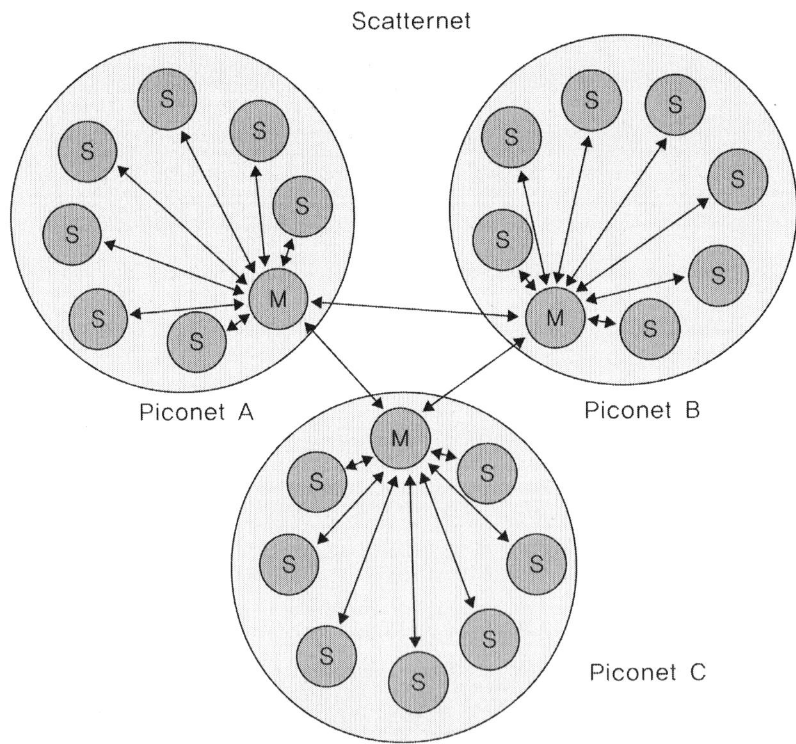

〈그림 9-12〉 블루투스 애드 혹 네트워크(참고문헌: 정보통신세계, 차동완 저, 영지문화사)

9.3.2. 특징

블루투스는 통신기기 사이에 케이블 없이 2.4GHz대의 ISM 밴드를 이용하여 PC 와 노트북 혹은 휴대통신기기 사이에서 1Mbps의 속도로 정보를 교환할 수 있다. 블루투스는 개인 사용자 단위 네트워킹을 위한 PAN(Personal Area Network) 기반의 무선 네트워킹 기술이지만 도달거리와 속도향상을 통하여 홈 네트워크 시장에도 진출해 있다. 블루투스는 휴대폰을 중심으로 노트북, PC, PDA 등 개인 사용자를 위한 정보기기의 케이블을 대체하는 기술로 자리 잡을 수 있다.

블루투스의 장점은 아래와 같다.

① 케이블이 필요 없다.

② 간단한 네트워크 구성 가능

③ 접속기기를 모두 동시에 글로벌하게 이용 가능

④ 상호 접속성을 이용한 새로운 제품 개발 가능

블루투스 SIG(Special Interest Group)는 블루투스의 활성화를 위해 다음과 같은 노력을 기울이고 있다.

① 관련 지적 소유권 무상 제공

② 칩 셋의 저가격화

③ 저 소비전력

④ 소형 경량화

블루투스는 정보기기에 9mm×9mm 크기의 칩을 장착하는 것만으로 구현된다. 버전 1.0에서는 2.4GHz ISM 대역을 사용하고 폭이 1MHz인 79개의 채널로 분할하여 802.11과 비슷한 주파수 호핑에 의한 확산대역방식을 채택하고 있다. 초당 최대 1,600번의 주파수 호핑으로 홉 하나의 간격은 625μs이고 이 간격이 데이터 교환의 기본단위인 슬롯 시간이다. 동일한 주파수 대역을 사용하고 있는 다른 프로토콜과 비교하여 블루투스는 짧은 패킷을 사용하고 보다 빠른 주파수 호핑을 통해 간섭을 최소화하고 있다.

블루투스는 GFSK 변조방식을 사용한다. 블루투스에서는 전력 수준이 Class 1, 2, 3(100mW, 2.5mW, 1mW)으로 구분된 상태에서 장비 간 간섭을 최대한 줄이기 위해 전력제어(power control)를 수행한다.

블루투스의 패킷 송수신 방법으로 마스터와 슬레이브가 교대로 송수신하는 TDD(Time Division Duplex) 방법이 사용되며 다음과 같은 특성이 있다.

① 마스터가 먼저 패킷을 보낸다.

② 짝수 슬롯은 마스터가 사용한다.

③ 홀수 슬롯은 슬레이브가 사용한다.

④ 셀이 좁은 경우에 효과적이다.

⑤ 거리가 멀게 되면 효율이 떨어진다.

9.3.3. 블루투스 패킷 구조

블루투스의 패킷은 접속 코드, 패킷 헤더, 페이로드 등으로 구성된다. 액세스코드는 채널의 동기화, 옵셋 보정, 피코넷 지정 등에 사용되고, 헤더는 패킷의 유형 및 장치 식별 등의 정보를 가지며 페이로드에는 송수신 데이터가 위치한다.

액세스 코드에는 프리앰블(4bit), 동기(60bit), 트레일러(4bit) 등이 포함된다. 또한 Inquiry Access Code(IAC), Device Access Code(DAC), Channel Access Code(CAC) 등의 코드가 사용된다. 헤드의 구성은 다음과 같다.

① Active member address(3bit): 주장치가 종속장치들로부터의 응답을 구별하기 위한 어드레스

② Type code(4bit): 트래픽의 종류와 페이로드가 지속되는 슬롯의 수를 종속장치에게 알려 주기 위해 사용된다.

③ Flow control(1bit): 흐름제어와 오류 검사 정보

④ ARQN(1bit): ARQ 시에 송신완료 패킷의 수신확인에 사용된다.

⑤ Sequence number(1bit): 새로운 패킷인지 재전송된 패킷인지를 구별하는 데에 사용된다.

⑥ Check sum(8bit): 헤더오류검사에 사용된다.

데이터를 전달하는 패킷에는 두 종류의 패킷, 즉 SCO(Synchronous Connection-Oriented Link) 패킷과 ACL(Asynchronous Connectionless Link) 패킷 등이 있다. SCO 패킷은 실시간 서비스에 사용되며 미리 슬롯을 예약해야 하고, ACL은 비실시간 서비스

에 사용되며 주장치에 의해 할당된 슬롯을 통해 전달된다.

데이터 전달용 패킷 이외에 Common packet으로 ID, FHS 등이 있다. ID 패킷은 IAC, DAC 등의 액세스코드만으로 구성되고 Inquiry, Page state에서 사용된다. FHS(Frequency Hop Synchronization)은 송신 측의 블루투스 디바이스 어드레스 및 Clock 등의 정보를 송신할 때에 사용된다. <그림 9-13>은 블루투스 패킷 구조를 보여 준다.

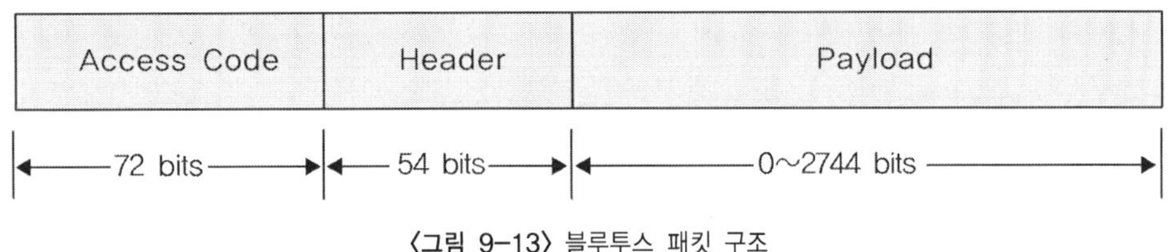

〈그림 9-13〉 블루투스 패킷 구조

9.4. UWB

9.4.1. 개요

UWB는 미국 국방부가 1960년대에 군사적 목적으로 처음 개발한 기술로서 아주 짧은 펄스를 넓은 대역으로 확산시켜 통신하는 기술이다. 대부분의 기본적인 무선 기술들이 반송파라는 기준 주파수 파형의 형태를 변화시켜서 정보를 전달하는 데 비하여 UWB는 반송파를 사용하지 않고 0과 1처럼 일정한 주기와 파형을 가지고 있는 전기적인 신호인 펄스를 1초에 수십억 회 발산하는 방법을 사용하며 이를 통해 정보를 전달한다. 초광대역 신호는 정보신호가 규칙성이 있는 펄스열로 구성되고, 폭이 좁은 펄스의 광대역 특성에 의해 신호 에너지를 넓은 주파수 대역에 분산시키게 된다. 이와 같은 이유로 잡음과 유사한 스펙트럼 모양으로 보이게 됨에 따라 중간에 이를 식별하거나 차단하기 어렵다는 특징을 가지므로 보안 유지에 적합하다. UWB는 짧은 펄스를 이용하여 신호를 광범위 대역으로 확산시키고 신호의 EIRP(Effective Isotropic Radiated Power) 레벨을 낮추어 기존의 무선 통신시스템과 주파수 대역을 공유할 수 있도록 한 기술이다.

UWB는 펄스를 사용하기 때문에 저전력의 특성을 가지며 또한 반송파를 사용하지 않고 기저대역에서 통신이 이루어지므로 송수신기 구조가 간단해져서 저가의 제품 생산이 가능해진다. UWB의 물리계층은 IEEE 802.15 S3a에서 규정되며 전송속도로는 10m의 거리 내에서 110Mbps, 200Mbps, 480Mbps 등을 지원할 수 있다. 무선통신 시스템을 설계할 때에 UWB 시스템이 사용하고 있는 펄스의 여러 가지 특성 때문에 안테나 설계 및 다른 비슷한 주파수에서 사용하는 전송 시스템과의 관계들을 공통적으로 고려해야 한다.

9.4.2. 특징

UWB의 장점으로 펄스의 길이가 매우 짧고, 낮은 에너지 밀도를 가지고 있기 때문에 다른 서비스와의 간섭이 최소화된다는 것을 가장 먼저 나타낼 수 있고 또한 높은 보안성, 높은 데이터 전송특성, 정확한 거리 및 위치 측정에 높은 해상도를 갖는다. 매우 짧은 펄스를 가지고 있기 때문에 직접파와 반사파의 경로차가 조금만 나더라도 두 신호의 구분이 용이해져서 다중 경로 페이딩의 영향을 받지 않게 된다.

그러나 단점으로는 최대 전력과 방사전력이 FCC(Federal Communications Commission)의 규제하에 있으며, 안테나의 크기가 크고, 수신기 측에서 동기화 시간이 높아야만 한다는 점 등이 있다. 기존 시스템과 주파수를 공유하므로 UWB의 송신출력이 제한을 받게 된다. 또한 실내 채널 환경에서 경로 손실이 발생할 경우에 이를 보상하기 위해서 레이크 수신기를 사용해야 한다. 여기서 레이크 수신기는 서로 다른 경로로 도착하여 지연이 서로 다른 다중 경로 신호들을 결합하여 보다 더 나은 신호를 얻을 수 있게 해 주는 수신장치를 말한다. <그림 9-14>는 UWB의 주파수 특성을 나타낸다.

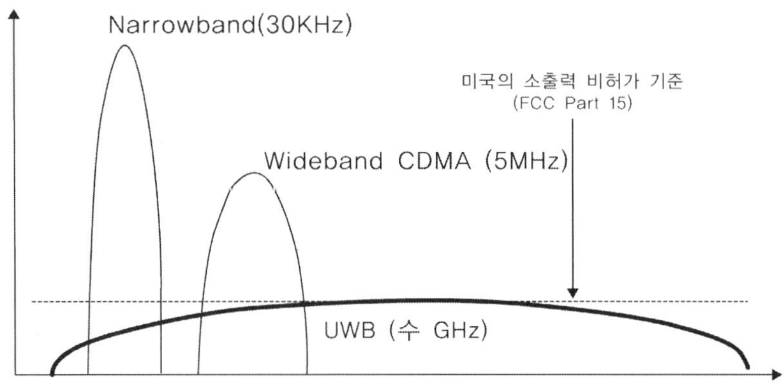

〈그림 9-14〉 UWB의 주파수 특성(참고문헌: 유비쿼터스, 김형훈 저, 오옴사)

UWB의 특징을 요약하면 아래와 같다.

① 매우 짧은 간격(Ultra short duration)을 가지는 펄스

② 매우 높은 프랙토리얼(Fractorial) 대역폭(0.25 이상)

③ 높은 주파수 전송량

④ 채널 용량이 주파수에 의해 결정

⑤ 다른 무선 시스템의 간섭에 대한 방어력 높음.

⑥ 다중 접근 확산 스펙트럼

⑦ 다중경로 전송에 강인한 특성

⑧ 기존 무선 주파수에 대해 랜덤 잡음으로 표현

⑨ RF 에너지의 광대역 전력 분산

⑩ 기존 무선시스템과 간섭 없이 주파수를 공유할 수 있음.

⑪ 미국의 비허가 소출력 제도에 부합하여 주파수 자원을 중복하여 사용 가능

⑫ 서비스 거리에 제약이 있음.

⑬ 간단한 RF 구조로 인해 소비전력이 적음.

⑭ 정밀한 위치 인식 및 추적이 가능

9.4.3. MAC

UWB는 다중 접속이 시도되는 경우에 영상과 음성 신호가 혼합된 멀티미디어 데이터를 실시간으로 전송할 수 있고, 동일 영역에 존재하는 여러 개의 UWB 기기가

동시에 동작할 수도 있다. 이러한 상황에서 패킷 충돌 예방을 위한 MAC 프로토콜이 IEEE 802.15.3에 규정되어 있다.

IEEE 802.15.3의 슈퍼 프레임 중에서 프레임의 제일 앞부분에 위치한 비콘은 피코넷의 타이밍 할당 셋과 관리 정보를 전송하기 위해 사용된다. 그 뒤의 CAP(Contention Access Period)는 명령과 비동기 데이터 전송에 사용된다. CSMA/CA 방식을 사용하며, PNC(PicoNet Controller)는 CAP를 기능적으로 MTS(Management Time Slot)로 대체할 수 있다. CFP(Contention ree Period)는 MTS(Management Time Slot)와 GTS(Guaranteed Time Slot)들로 구성된다.

802.15.3의 MAC에서 사용되는 채널 접근 방법에는 2가지, 즉 CSMA/CA를 사용하는 충돌 기반의 채널 접근(CBCA: Contention Based Channel Access) 방식과, TDMA를 사용하고 GTS(Guaranteed Time Slots)/CTA(Channel Time Allocation)를 이용하는 비충돌 기반의 채널 접근 방식(CFCA: Contention Free Channel Time Allocation) 등이 있다. 충돌 기반의 채널 접근에서는 디바이스가 임의의 시간에 전송매체가 유휴 상태에 있을 때에 전송을 시작하게 되며, 백 오프 카운터가 0이 되면 디바이스는 자신의 프레임을 전송하는 백 오프 절차를 수행하게 된다. 두 번째 방법에서 제시하는 GTS와 CTA에 관해서는 우선 GTS는 보장된 시작 시간과 유지 기간을 가지고 있는 단일 시간 슬롯을 의미하고, 동적 GTS와 임의 정적 GTS가 있다. CTA는 채널 시간을 할당하며 CTA를 변경하려 할 때에 디바이스는 채널 시간 요청 명령을 사용한다.

IEEE 802.15.3의 MAC 요구사항은 다음과 같다.

① 빠른 연결 시간
② Ad-hoc 네트워크
③ 일정 수준의 품질을 가지는 데이터 전송
④ 보안
⑤ 동적 멤버십
⑥ 효율적인 데이터 전송

9.5. ZigBee(IEEE 802.15.4)

9.5.1. 개요

ZigBee는 무선 통합 리모컨, 빌딩 제어, 장난감 등에 사용하기 위한 저속, 저가격, 저소비 전력의 무선전송 기술이다. IEEE 802.11 무선 LAN 기술이 저속의 전송속도와 소비전력 측면에서 문제점이 대두되고 있고 IEEE 802.15.1의 블루투스는 복잡도가 나날이 증가함에 따라 가격 및 배터리에 문제점이 노출되고 있다. 이러한 단점을 극복하기 위해 IEEE 802.15.4는 무선 통합 리모컨, 가전기기 컨트롤러, 빌딩 제어 등에 사용하기 위한 저속, 저가격, 저소비전력의 무선전송 기술 표준을 제정하였다. 이러한 표준화 활동결과를 밑바탕으로 하여 상호연동 테스트와 상위계층에 대한 구체적인 표준화 활동이 ZigBee 연합에 의해 수행되고 있다. ZigBee는 블루투스보다 낮은 20~250kbps의 낮은 전송속도와 매우 저렴한 가격, 매우 긴 배터리 수명, 간단한 구조 및 연결성 등을 제공함에 따라 매우 작은 영역 내에서 무선연결을 필요로 하는 분야에 적용되고 있다.

IEEE 802.15.4 규격은 3개의 주파수 대역에서 27개의 채널을 갖는다. <그림 9-15>는 ZigBee의 채널별 전송속도를 보여 준다.

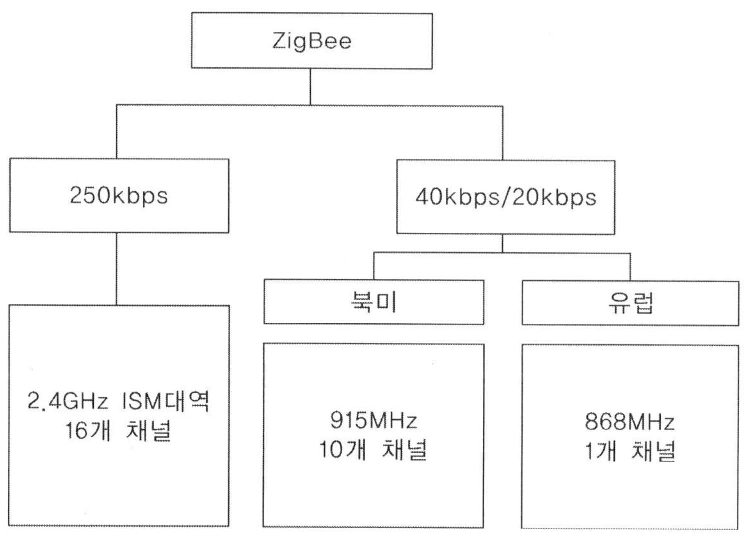

〈그림 9-15〉 ZigBee의 채널별 전송속도

9.5.2. 아키텍처

IEEE 802.15.4 태스크 그룹과 ZigBee 연합은 종래의 OSI 기본 참조모델을 간단화하여 IEEE 802.15.4 ZigBee를 규격화하고 있다. 종래의 제4층 트랜스포트층으로부터 제7층 어플리케이션층까지의 4층을 통합하여 ZigBee의 어플리케이션층으로 재정의함으로써 4가지 층으로 구성된 아키텍처를 제안하였다. <그림 9-16>은 ZigBee의 모델을 보여 준다.

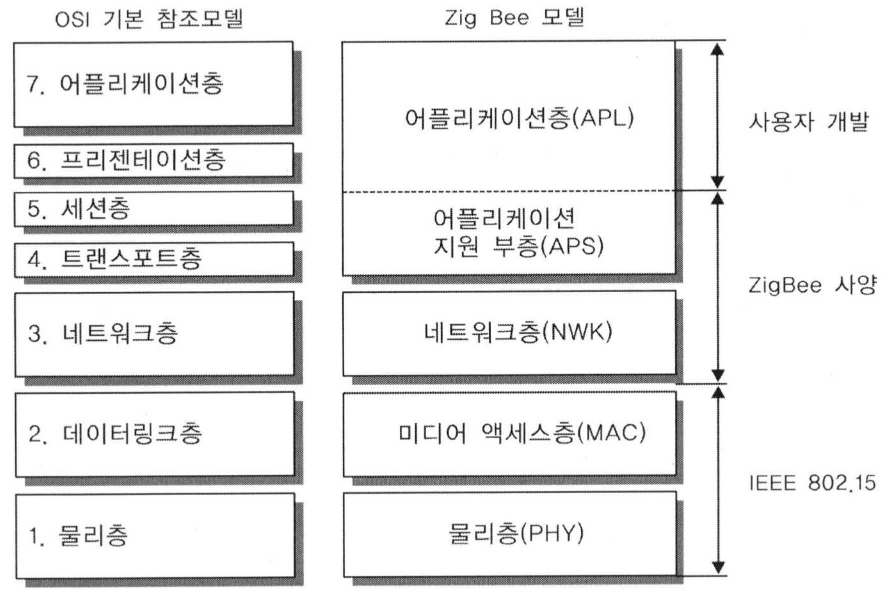

〈그림 9-16〉 ZigBee의 모델(참고문헌: ZigBee 개발 핸드북, 엄두섭 외 저, 홍릉과학출판사)

물리층(PHY층), 네트워크층(NWK층), 어플리케이션층(APL층)은 각각 OSI 기본 참조모델의 각 층에 대응하고 있다. 각 명칭과 역할의 변경은 없다. IEEE 802.15.4의 미디어 액세스 층은 종래의 OSI 기본 참조모델의 데이터링크층에 대응되지만 MAC층이라고 부른다. ZigBee 어플리케이션층 중에는 사용자 통신 어플리케이션 구축을 쉽게 하도록 어플리케이션 지원 부계층(APS층)이 규정되어 있다. <표 9-3>은 IEEE 802.15.4 ZigBee 아키텍처의 구성 및 기능을 나타낸다.

〈표 9-3〉 IEEE 802.15.4 ZigBee 아키텍처의 구성 및 기능

층의 명칭	약칭	주요 기능
어플리케이션층	APL	사용자의 통신 어플리케이션
어플리케이션 지원부층	APS	어플리케이션 간의 논리적 통신경로 확립, 어플리케이션 간의 데이터 교환, 어플리케이션 간의 메시지 착신확인 및 재전송요구
네트워크층	NWK	네트워크 관리, 라우팅 관리, 네트워크 내에서 메시지 전송
미디어 액세스층	MAC	1홉 내에서 메시지 전송, 1홉 내에서 착신확인 및 재전송요구
물리층	PHY	통신에 사용되는 주파수, 채널, 변조방식, 프레임 구조

9.5.3. 응용분야

ZigBee가 가장 먼저 적용될 분야로서 홈오토메이션 및 홈네트워킹이 주목받고 있다. 또한 센서와 결합하면 대규모 센서 네트워크를 구성할 수 있기 때문에 휴대용 장비를 가지고 원격 빌딩 시스템을 제어할 수 있게 된다. 또한 자기 신체에 ZigBee를 장착하면 신체의 상태 및 건강도가 센서에 의해서 주기적으로 체크되어 무선으로 서버에 전달하는 건강시스템을 휴대용으로 구축할 수 있다. <그림 9-17>은 ZigBee의 응용분야를 보여 준다.

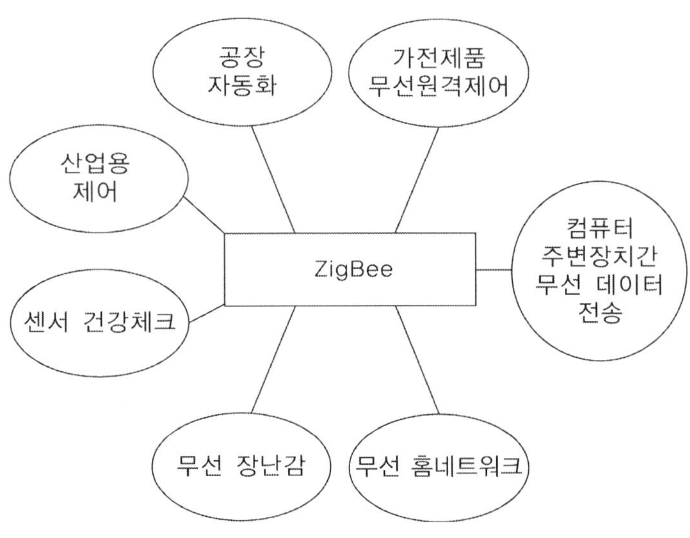

〈그림 9-17〉 ZigBee의 응용분야

9.6. 이동 IP(Mobile IP)

9.6.1. 개요

이동통신의 최대 장점은 단말기의 위치에 상관없이 통화연결이 가능하다는 것이다. 즉 단말기의 이동성이 보장됨에 따라 현 위치에서 다른 위치로 이동하면서도 통화가 끊기지 않고 연속하여 통화할 수 있다는 점이 이동통신의 커다란 장점이다.

이동단말기가 단말기 고유의 전화번호를 가지고 있듯이 노트북도 고유의 IP 주소를 가지고 있다. 이동통신에서 전화번호를 이용하여 두 가입자 사이를 통화연결하듯이 인터넷에서도 IP주소를 사용하여 두 송수신 장치 사이에서 데이터를 송수신할 수 있게 되어 있다. IP주소는 네트워크(서브넷)를 나타내는 부분과 호스트를 지정하는 부분으로 나누어진다. 만일 어떤 단말기가 다른 서브넷에 연결된다면 단말기 자신의 IP주소는 서브넷에 연결되어 있는 다른 단말기들과 서브넷이 다르고 또한 서브넷으로부터 새로이 IP주소를 할당받아야 한다. 노트북을 가지고 새로운 장소로 이동할 때마다 그 지역의 서브넷으로부터 할당받은 IP를 세팅해 가면서 인터넷을 통하여 데이터통신을 수행하는 것은 여간 불편한 일이 아닐 것이다.

Mobile IP는 단말기가 다른 지역의 네트워크에 연결되어도 단말기의 IP주소를 변경하지 않고 데이터를 주고받을 수 있도록 해 주는 기술이다. 이동된 단말기들과 데이터를 주고받는 다른 단말기들은 단말기의 이동 사실을 모른 채로 종전과 같이 데이터를 송수신할 수 있게 된다.

9.6.2. 이동 IP(Mobile IP)의 구성요소

이동 IP 시스템의 구성 요소에는 MN(Mobile Node), HA(Home Agent), FA(Foreign Agent) 등이 있다. MN은 이동하는 단말을 의미하며 자신의 IP는 어느 위치에 관계없이 변화하지 않는다.

HA는 MN이 원래 소속한 서브넷의 라우팅을 관장하는 에이전트이다. HA는 자신의 네트워크 소속인 MN의 홈 주소인 고정적 IP 주소를 가지고 있을 뿐만 아니라 다른 지역으로 이동한 MN이 현재 접속되어 있는 서브넷의 FA로부터 할당받은 임시주소(COA: Care Of Address)를 동시에 갖는다. MN으로 보내지는 데이터그램들은 HA가 MN 대신에 수신한 후에 다시 MN의 현 COA로 전송한다. 이때에 HA는 원래의 데이터그램 앞에 COA를 목적지로 하는 IP 주소를 갖는 헤더를 끼워 넣는 캡슐화 작업을 수행한다.

FA는 HA로부터 터널링(Tunneling) 방식으로 전달받은 데이터그램을 자신의 지역으로 이동해 있는 MN으로 송신한다. 이때에 FA는 역 터널링(De-tunneling), 또는 역 캡슐화(De-capsulation)를 수행한 IP 메시지를 MN에게 전달한다. <그림 9-18>은 이동 IP의 구성요소를 나타낸다.

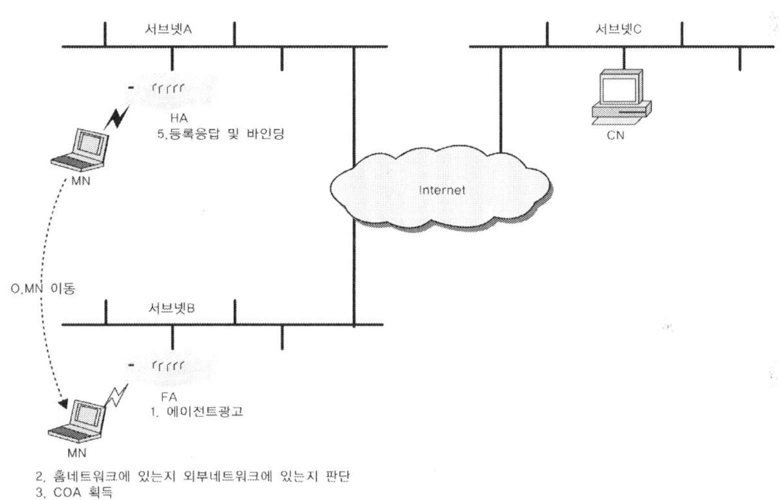

〈그림 9-18〉 이동 IP의 구성요소(참고문헌: 정보통신세계, 차동완 저, 영지문화사)

9.6.3. 동작 과정

이동 IP의 동작 과정은 크게 세 가지, 즉 에이전트 발견(Agent Discovery), 등록(Registration), 터널링(Tunneling) 등의 조합으로 이루어진다.

(1) 에이전트 발견(Agent Discovery)

각 에이전트는 자신의 네트워크에 에이전트 광고(Agent Advertisement) 메시지를 계속 보낸다. MN은 이 메시지를 받아서 자신이 home 네트워크에 연결되어 있는지 아니면 외부 네트워크에 연결되어 있는지를 판단한다. 만일 MN이 다른 네트워크로 이동해 있다는 것을 알게 되면 MN은 그 네트워크의 COA를 획득한다. COA는 MN의 현 위치를 말해 주는 것으로서 HA에게 COA를 통보하여 자신의 데이터그램을 COA 주소로 다시 보내 달라고 할 때에 사용된다.

(2) 등록(Registration)

MN이 COA를 획득하여 이를 HA에게 알리고 등록한다. MN은 HA에게 등록요청메시지(Registration Request Message)를 보낸다. 등록요청 메시지를 수신한 HA가 MN의 현재 위치를 가리키는 바인딩 리스트(Binding List)를 갱신하고 이 사실을 등록 응답 메시지(Registration Response Message)를 통해 MN에게 전달한다. 바인딩이라는 것은 MN의 홈 주소와 이동 주소를 매핑시키는 과정이라고 말할 수 있다. FA는 자신의 네트워크에 접속 중인 방문자의 리스트(Visitor List)에 이 MN을 추가하고 이 사실을 MN에게 알림으로써 등록과정을 마친다.

(3) 터널링(Tunneling)

MN에게 전송할 데이터그램이 있는 상대노드(CN: Correspondent Node)는 MN의 위치에 관계없이 HA로 데이터그램을 전송한다. HA는 바인딩 리스트를 조사하여 MN의 현재 위치한 서브넷을 확인한 후에 이 데이터그램을 캡슐화하여 FA까지 터널링으로 보낸다. <그림 9-19>는 이동 IP의 데이터그램 흐름도를 나타낸다.

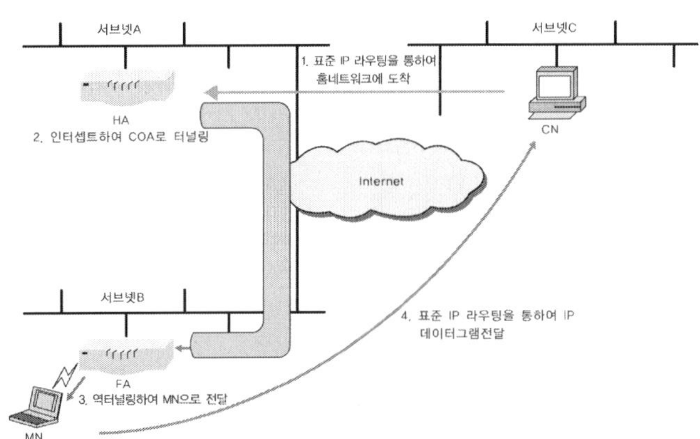

〈그림 9-19〉 이동 IP의 데이터그램 흐름도

FA는 터널링으로 수신한 캡슐화된 데이터그램을 역 터널링하여 CN에서 보내진 원래의 데이터그램을 추출하고, 방문자 리스트를 조회한 후에 해당 MN에게 전송한다. MN이 CN으로 보내는 데이터그램은 HA를 통하지 않고 직접 표준 IP 라우팅 방식으로 CN에게 보내진다.

10. 지능형 로봇

10.1. 로봇의 정의

로봇이라는 용어는 1920년 극작가 Karel Capek이 그의 대본 "Rossum's Universal Robots"서 체코어로 '일'이라는 단어를 뜻하는 robota라는 용어를 사용한 것이 그 시초가 되었다. 이후에 로봇의 정의는 여러 가지로 서술되었다. 로봇을 "프로그래머가 기술하는 규칙들로 명령 내려진 동작을 인지하는 전기-기계적인 결합체"라고 정의하는 사람들도 있으며, 『Mobile robots』라는 책에서는 로봇을 "동작을 인지하는 지능적인 연결체"라고 서술하고 있다. 또한 일반적으로 대부분의 사람들은 로봇이 어떤 입력에 대해 어떤 출력을 만들어 내고, 이동하는 기계라는 데에 동의한다. 미국 로봇협회(Robot Institute for America)에서는 "로봇은 여러 가지 작업을 수행하기 위하여 자재, 부품, 공구, 특수장치 등을 프로그램 된 대로 움직이도록 설계된 재프로그램이 가능하고 다기능을 가진 매니퓰레이터(manipulator)이다"라고 정의하고 있다. 사람들의 로봇 정의들을 종합해 보면 로봇은 아래와 같이 정의될 수 있다.

"로봇은 인간에게 프로그램되어져서 주위상황을 잘 인식하고 여러 가지 동작과 작업을 수행하며 자기 스스로 운동을 조절하여 움직일 수 있는 기계이다."

로봇의 역사를 살펴보면 1700년대에 태엽장치를 사용하여 움직이는 기계오리를 만든 것이 시초였다고 한다. 1745년에는 천을 짜는 패턴을 기억시키기 위해 초창기의 컴퓨터와 매우 비슷한 천공카드를 사용한 기계적인 직조장치가 개발되었으며 1880년경에는 이러한 천공카드로부터 데이터를 받아들이는 기계가 발명되었다.

1950년경에 디지털 컴퓨터가 사용된 후부터 로봇이라고 할 만한 기계가 만들어졌는데 1954년에 George Derol Jr.는 'Umimation'이라는 로봇제어 시스템을 개발하여 최초의 산업용 로봇특허를 받았다. 이후 1960년 후반에 Stanford Research Institute 에서 설계된 Shaky라는 로봇이 진정한 최초의 로봇이었다. 이 로봇은 TV카메라를 사용하고 작은 컴퓨터에서 정보를 처리함으로써 벽돌을 쌓아올리는 작업을 수행할 수 있었다. 그 당시에 미국은 로봇 기술의 진보에도 불구하고 로봇의 이점에 관한 확신이 없었다. 이에 반해 일본 회사들은 산업용 로봇을 개발하여 로봇기술을 개척 하는 선두 그룹이 되었다. 1970년경에 로봇은 몇 천 가지의 작업 분야에 뛰어들었 는데 조립 공정에서 작은 부품들을 다루기 위해 PUMA라는 작은 로봇이 개발되어 생산품을 증가시키고 에러율을 낮추면서 자동차 산업에 혁명을 일으켰다.

1980년부터 1987년까지는 로봇 산업의 죽음 시기였다. 자동차 산업 때문에 로봇 산업이 완전히 사라지지는 않았지만 자동제조업체의 생산 삭감으로 인해 로봇회사 의 어려움도 그만큼 커졌다. 이후 1987년부터 1992년까지는 로봇 산업이 안정화 단계로 접어들어 천천히 슬럼프에서 벗어나게 되고 큰 시장을 형성하게 되었다.

초기에는 산업용 로봇이 중점적으로 시장을 형성했다면 1990년대 이후부터는 산 업용 로봇의 수요가 한계점에 이르렀다고 판단한 로봇업체들이 산업용에서 벗어나 우리의 일상생활에 침투하기 시작했다. 로봇 강국 일본은 국책연구사업으로 로봇 관련 프로젝트를 지원해 오고 있으며 소니나 혼다와 같은 세계적인 대기업이 나서 서 서비스 로봇의 종류인 엔터테인먼트 로봇, 인간형 로봇 등 여러 개발품을 발표 하고 있다. 한편 미국은 '뇌와 기계와의 인터페이스 기술' 개발을 통하여 로봇과 생 명체의 접목을 측면 지원함으로써 획기적인 서비스 로봇 개발에 필요한 기반기술 확보에 심혈을 기울이고 있다. MANUS라는 장애인용 재활 로봇을 상품화하는 등 각종 서비스 로봇 개발에 강한 전통을 가지고 있는 유럽 지역에서는 독일, 영국, 프 랑스 등이 중심이 되어 인간중심의 환경 만들기라는 주제로 다양한 로봇 프로젝트 를 진행하고 있다. <표 10-1>은 로봇의 발전 역사를 나타낸다.

〈표 10-1〉 로봇의 발전 역사(참고문헌: 로봇공학개론, 이장명 외 저, 도서출판 진영사)

1960년	1970년	1980년	1990년	2000년	2010년	2020년
산업용 로봇의 탄생과 성장			전환기	차세대 로봇의 탄생과 성장		
산업용 로봇의 탄생(유압), 일본에서 투자 시작	전기모터를 이용한 로봇	현대적 산업용 로봇의 탄생과 확산	산업용 로봇의 성숙기, 로봇 시스템의 지능화, 퍼스널 로봇의 탄생	퍼스널 로봇의 성장/확산, IT/BT의 접목 중요	서비스 로봇의 성장/확산, 로봇 수=자동차 수	필드 로봇의 성장/확산, 로봇산업규모=자동차산업규모

Unimation	Yaskawa Nachi Fanuc	PUMA DDARM SCARA	Micro Factory, AIR Cell, Cluster Tool	오락용 경비용 청소용 교육용	빌딩, 병원, 사회시설의 유지/보수	극한작업로봇, 농업, 건설, 군사

로봇의 구성에 대해 살펴보자. 로봇 매니퓰레이터는 기본적으로 링크(link)와 관절(joint)로 구성되어 있어서 개방연쇄(open kinematic chain)를 이루고 있다. 링크는 관절과 관절을 연결해 주는 구조물을 의미하며 관절은 운동이 실제적으로 행해지는 부분을 뜻한다. 회전관절(rotary, revolute)은 두 링크 사이에 상대적인 회전을 일으키고, 직선관절(linear, prismatic)은 두 링크 사이에 상대적인 직선운동을 일으킨다. 메니퓰레이터의 관절은 전기, 유압, 또는 공압으로 작동된다. 관절 수는 매니퓰레이터의 자유도(degree-of-fredom: DOF)를 결정한다. 전형적으로 매니퓰레이터는 위치 선정을 위해 3자유도, 방향을 위해 3자유도가 필요하므로 적어도 6자유도는 가져야 한다. 6자유도보다 더 작은 자유도를 가진 팔은 작업공간 내에서 임의의 방향을 가지고 모든 점에 도달할 수가 없다. 장애물을 돌아서 도달하거나 장애물 뒤에 도달해야 하는 적용분야에서는 6자유도보다 더 많은 자유도가 요구된다. 링크의 수가 증가하면 매니퓰레이터를 제어하기가 급격히 어려워진다. 6개보다 더 많은 링크를 가진 매니퓰레이터를 여유자유도(kinematically redundant) 매니퓰레이터라고 한다.

우리들은 로봇을 만화 영화에서 처음으로 접하게 되었다. 1963년부터 방영된 아톰은 일본 최초의 TV 애니메이션으로 전 세계의 소년 소녀들에게 꿈과 희망을 심어 주었다. 아톰뿐만 아니라 로봇태권브이, 마징가제트, 에반게리온 등의 로봇도 있다. 만화 영화에서는 로봇이 인간보다 훨씬 우수한 기능과 성능을 가진 것으로 묘사하고 있지만 오늘날 실제 로봇은 그러하지 못하다. 반도체, 컴퓨터, 소프트웨어 기술이 발달되어 오고 있고 전 세계적으로 오랜 기간에 걸쳐서 로봇을 연구하고 많은 예산을 투입했지만 인간에 버금가는 로봇기술 개발은 아직도 요원한 실정이다. 많은 미래학자들은 앞으로 100년 이내에 인간의 능력을 뛰어넘는 로봇 기술이 출현하리라 예상하고 있다. 로봇 기술의 구현을 생각해 보면 인간의 능력이 얼마나 대단한 것인가를 실감하게 된다.

10.2. 로봇의 종류

10.2.1. 로봇의 분류

국제로봇협회(IFR: International Federation of Robot)에서는 로봇을 크게 서비스 로봇(Service Robot)과 제조업용 로봇(Industrial Robot)으로 분류하고 있다. 제조업 로봇은 제조업 분야에서 생산자동화를 위한 로봇이고, 서비스 로봇은 그 이외의 로봇, 즉 가정이나 특정한 전문영역에서 서비스를 제공하는 로봇을 의미한다. <표 10-2>는 로봇의 분류를 나타낸다.

〈표 10-2〉 로봇의 분류

중분류	소분류		종류
서비스 로봇	개인용 로봇		• 가사 지원(청소, 정리정돈, 경비, 심부름 등) • 노인 지원(보행보조, 생활지원 등) • 재활 지원(간병, 장애자 보조, 재활훈련 등) • 작업 지원(근력 강화기) • 여가 지원(오락, 테마파크, 게임, 헬스케어 등) • 교육(가정교사, 교육 기자재용) • 이동 지원(개인이동 시스템, 탑승형 로봇)
	전문로봇	공공 서비스 로봇	• 공공 서비스(안내, 도우미, 도서관 등) • 빌딩 서비스(경비, 배달, 청소) • 사회안전(경비)
		극한작업로봇	• 사회 인프라(활선, 관로, 고소 작업용) • 재난극복(화재진압, 인명구조) • 군사(지뢰제거, 경계, 전투, 로봇 갑옷 등) • 해양(탐사, 자원 개발 지원)
		기타 산업용 로봇	• 건설(건설 지원, 건설 유지보수, 해체 지원) • 농림, 축산(농약 살포, 과실 수확 지원) • 의료(수술, 간호, 진료, 치료, 교육)
제조업용 로봇			• 자동차 제조(핸들링, 용접) • 전자제품 제조(도장, 조립, 핸들링 등) • 디스플레이/반도체 제조 • 조선(용접, 블라스팅, 도장)

2007년 현재 전 세계에는 650만 대의 로봇이 활약하고 있는데 이 중에서 100만 대가 제조업 로봇이고 나머지 550만 대는 서비스 로봇이라고 한다. 서비스 로봇은 대수만 많지 청소로봇을 제외하면 대부분이 움직이는 장난감 수준에 불과하다. 숫자상으로는 서비스 로봇이 제조업 로봇보다 훨씬 많으나 가격을 고려하면 그 비중

은 금세 역전되고 만다. 최근에 인기몰이를 하고 있는 휴머노이드는 로봇의 용도에 따른 분류라기보다는 로봇의 운동 메커니즘에 의한 분류이다. 즉 사람처럼 팔과 다리를 가지고 이족보행을 하는 로봇을 휴머노이드라고 부른다.

10.2.2. 제조업용 로봇

국제로봇협회에서는 제조업용 로봇을 "자동적으로 제어되고, 재프로그램할 수 있으며, 3개 이상의 축을 가지는 다목적 매니퓰레이터(Manipulator)"라고 정의하고 있다. 컨베이어 벨트를 따라 가는 자동차 생산 라인에서 부품을 조립하거나 나사를 조이거나 용접을 하는 로봇이 바로 제조업용 로봇이다. 제조업용 로봇에는 아래와 같은 종류가 있다.

① 직교 로봇: X, Y, Z 방향으로 직선 운동을 하는 로봇이다.
② 수직 다관절 로봇: 모든 축이 회전축으로 구성되어 있고 용접과 도장 등의 작업에 가장 많이 사용된다. 회전축만으로 구성되어 있어서 제어에 어려움이 있다.
③ 이송형(핸들링) 로봇: 자동차 조립 공정과 항공기 및 조선 등 중공업 분야의 중량물 이송작업에 주로 활용된다.
④ 점 용접용(스폿웰딩) 로봇: 용접하려는 2개 이상의 금속을 맞대거나 겹쳐서 단시간 내에 많은 양의 전류를 흘려 접촉면에 발생하는 전기 저항열을 이용하여 용접을 수행한다.
⑤ 호 용접용(아크웰딩) 로봇: 스폿 용접과는 달리 용접되어야 할 이음부를 따라 용접봉을 움직이는 연속작업을 수행한다.

10.2.3. 서비스 로봇

세계 인구의 고령화 현상, 장애인 복지, 홈케어, 댁내 보안 등에 대한 수요 증가와 함께 삶의 질 향상이라는 측면에서 개인용 서비스 로봇의 필요성이 증대되고 있다. 서비스 로봇은 개인 서비스 로봇과 전문 서비스 로봇으로 구분된다. 개인 서비스 로봇은 노인 보행지도나 생활지원과 같은 노인지원 서비스, 가정교사나 교육 기자재와 같은 교육 서비스, 청소나 정리정돈과 같은 가사 지원 서비스를 제공할 수 있다. 전문 서비스 로봇은 극한 상황에서의 작업이나 공공 서비스에 이용되는 로봇을 말한다. 안내나 도우미와 같은 공공 서비스 로봇, 화재 진압이나 인명 구조의 극한 작업 로봇, 군사용 로봇 등이 여기에 해당된다. 해외의 서비스 로봇에는 아래와 같은 것들이 있다.

① 에논(Enon): 후지츠의 생활지원 로봇으로서 방문객을 마중해 회의실까지 안내해 줄 수 있고 장애물을 피할 수도 있다. 머리 부분에 내장되어 있는 3대의 센서가 눈앞의 상황을 3차원으로 파악한다.

② 와카마루: 미쓰비시중공업의 로봇으로서 일반적인 가정이나 사무실 환경에서 동작이 가능하며 유선·무선·무선LAN 등을 이용하여 서버와의 통신을 통해 다른 로봇 및 관객의 반응을 관측할 수 있다.

③ 도요타의 바이올린 연주 로봇과 휠체어 로봇: 바이올린 연주 로봇은 두 다리로 걷는 인간형 로봇이며 17개의 관절을 가지고 있어서 섬세한 동작까지 구현할 수 있다. 휠체어 로봇은 고령자가 가까운 거리를 이동할 수 있는 수단으로 제작되었다.

국내의 서비스 로봇에는 아래와 같은 것들이 있다.

① 아이로비: 유진로봇의 홈로봇으로서 첨단 로봇 기술과 e러닝 기술이 접목된 인터넷 기반 실생활용 로봇이다. 홈 모니터링, 방문자 확인, 생활 스케줄링 관리, 영상쪽지, 동화 구연 등의 다양한 지능적인 기능을 자율기능과 유무선 네트워크를 통해 수행한다.

② 로보이드 큐보: 인터넷 기반 정보·콘텐츠를 제공한다. 음성합성 및 음성인식 기능을 가진다.

③ 미르: 보안 기능을 가지고 있어서 침입자 발생 시 로봇 몸체에 부착된 센서에 의해 감지된 영상을 카메라로 촬영한 후 휴대폰으로 전송하고 영상 확인이 가능하다. 외부에서 휴대폰으로 로봇을 원격 조정하면서 실시간 모니터링 및 원격 촬영을 할 수 있고 음성인식, 멀티미디어, 실시간 정보 전달 등 엔터테인먼트 기능을 가진다.

④ 트랜스봇: 2족 보행과 자동 변신이 가능하다. 주행과 전투 게임이 가능한 엔터테인먼트 로봇이다.

⑤ 다흰: 다사로봇에 제작된 로봇으로서 건물 내 로비를 돌아다니며 방문객에게

각종 편의를 제공하고 교통정보, 위치정보, 뉴스정보, 날씨정보 등을 제공한다.

10.2.4. 휴머노이드

휴머노이드(Humanoid)는 'Human'이란 단어와 '~와 같은 것'이라는 접미사 'oid'의 합성어이다. 말 그대로 휴머노이드는 외모가 사람과 비슷하고 두 발로 걷는 로봇이다. 만화영화에 등장하는 로봇태권브이, 기동전사 건담, 마징가제트, 철인 28호 등은 모두 두 발로 걷는 이족 보행의 휴머노이드 로봇들이다.

해외의 휴머노이드 로봇에는 아래와 같은 것들이 있다.

① 아시모(Asimo): 자동차 회사 혼다가 1986년부터 휴머노이드 로봇에 관한 연구를 시작하여 2000년 두 발로 걸을 수 있는 로봇을 개발하였다. 초등학생 정도의 외모를 가지며 사람의 얼굴이나 음성을 인식할 수 있고 다양한 동작으로 감정을 표현할 수도 있다. 시각 센서, 바닥 센서, 초음파 센서를 통해 주위 환경을 인지할 수 있고, IC 카드를 이용하여 사람과 상호작용이 가능하다. 손님 마중, 쟁반 위에 올려서 음료수 운반, 카트를 이동시킬 수도 있다.

② 후지쯔의 홉: 혼다의 아시모와 소니의 큐리오가 전시용인 반면 후지쯔의 홉 시리즈는 연구자용 판매를 전제로 개발되었다. 거꾸로 물구나무서기, 앉았다 일어서기, 종이에 이름쓰기 등을 할 수 있다. 카메라, 마이크로폰, 스피커, 표정용 LED, 음성인식, 음성합성 기능, 화상인식 기능 등이 있어서 사람과 대화가 가능하다. 또한 손과 팔의 조작, 거리 센서, 악력 센서 등을 추가해서 동작의 표현력을 강화시켰다.

③ 소니의 큐리오(Qrio): 제어계 및 전원계를 탑재한 자립형 휴머노이드로서 두 다리 중 어느 하나가 지면에 닿지 않아도 무게 균형을 유지할 수 있는 기술을 적용하여 두 발로 보행이 가능할 뿐만 아니라 넘어뜨리면 낙법 자세를 취할 수도 있다. 2개의 카메라로 상대방이 누군지를 인식할 수 있으며 머리 부분에 내장된 7개의 마이크를 통해 방향성을 인식하고 사람의 음성을 듣고 소리를 분석하여 누가 이야기 하고 있는지를 알 수 있다.

국내의 휴머노이드 로봇에는 아래와 같은 것들이 있다.

① 카이스트의 휴보(Hubo): 2002년 1월 인간형 로봇 개발을 시작하여 2004년도
에 걷기 시작하였으며 41개의 관절 모터를 가지고 있어서 몸이 자연스럽게
움직일 수 있다. 앞걸음, 뒷걸음이 가능하고 사람과 함께 춤을 출 수도 있다.
손목에 실리는 힘을 감지해 악수할 때 적당한 힘으로 손을 아래위로 흔들 수
있으며 손가락 다섯 개가 따로 움직이기 때문에 가위바위보를 할 수 있다.

② 한국과학기술원의 마루와 아라: 네트워크 기반 로봇으로서 뇌 역할을 담당하
는 것은 6대의 컴퓨터로 구성된 외부의 서버이다. 무선 네트워크를 인간형 로
봇에 본격적으로 적용한 것은 이 로봇이 세계 최초이다.

③ 한국생산기술연구원의 에버원: 한국 고유의 여성 얼굴과 신체적 특징을 재현
하였다. 실제 여성의 모습과 같은 얇은 팔과 작은 얼굴 크기로 만들기 위해
35개의 초소형 전기모터와 제어기를 사용하였다. 외모와 행동, 감정 표현까지
인간과 닮은 로봇으로 상대방의 얼굴 인식과 시선 맞추기가 가능하고 희로애
락의 표정과 행동의 재현뿐만 아니라 음성과 입술이 동기화되어 간단한 대화
도 가능하다.

10.3. 지능형 로봇 이해

10.3.1. 지능형 로봇 개념

제조업 분야에서 자동생산을 목적으로 활용되고 있는 로봇, 즉 제조업용 로봇과
지능형 로봇은 차이점이 존재한다. 제조업용 로봇은 프로그램된 대로 순차적인 작
업을 수행하는 자동기계이다. 한번 만들어진 기계의 동작은 수정이 불가능하지만
제조업용 로봇은 다시 프로그램하면 새로운 동작을 수행할 수는 있다. 그러나 여전
히 프로그램된 순서대로 행동한다는 특징은 변하지 않는다.

지능형 로봇은 어떤 행동을 할 때에 미리 결정해 놓은 순서대로 수행하는 것이
아니라 새로운 상황이 발생하면 그 상황에 대처할 방법을 스스로 고안하고 계획하
여 그에 따라 행동한다. 지능형 로봇은 자연계의 생물체와 마찬가지로 주어진 상황
의 변화에 자율적으로 대처할 능력을 갖추어야 한다.

지능형 로봇과 제조업용 로봇은 활동하는 환경이 서로 다르다. 제조업용 로봇은 공장의 생산라인과 같이 구조화된 환경이라서 상황의 변화가 크지 않고 혹여 상황이 변한다고 해도 예측이 가능하므로 그 상황에 맞추어 미리 프로그래밍으로 대처할 수 있다. 그러나 지능형 로봇은 인간과 함께 생활해야 하기 때문에 공장의 생산라인과는 달리 환경의 변화가 시시각각 발생한다. 인간에게는 안락한 거실일지라도 로봇에게는 결코 편안할 수가 없다. 인간은 인지, 감성, 행동 능력이 로봇과 비교하여 탁월하기 때문에 가정에서 발생하는 일들에 대해 그다지 놀라지 않는 일에 대해서 지능형 로봇은 인간보다 기능과 성능이 떨어지기 때문에 인간처럼 자연스럽게 행동하지 못한다.

인간이 지능형 로봇을 필요로 하는 것은 인간의 일을 도와줄 수 있는 도우미 역할을 기대하고 있기 때문이다. 지능형 로봇이 인간을 위해 주로 설거지와 빨래를 해 주기를 바란다고 한다. 그러나 설거지의 경우만 해도 인간은 그다지 어렵지 않은 일이지만 로봇 기술로 이를 구현한다는 것은 보통 일이 아니다. 설거지를 하기 위해서는 우선 접시를 인식해야 하고 설거지 완료한 접시와 아직 완료하지 않은 설거지를 구분할 수 있어야 한다. 또한 접시를 떨어뜨리지 않고 적당한 힘을 줘서 잡을 수 있는 섬세함도 요구된다. 설거지를 할 수 있을 정도로 섬세한 손을 만들어 내려면 현재의 기술로는 상당한 비용이 들어간다. 로봇 사용자들이 비싼 돈을 지불하여 설거지용 지능형 로봇을 사려 하지 않을 것이다.

지능형 로봇은 사용자 친화적인 인터페이스를 갖추어야 한다. 예를 들어서 로봇에게 어떠한 명령을 내릴 때에 키보드를 사용하라 하면 누구라도 그 로봇에 불만을 표출할 것이다. 로봇은 인간의 힘든 노동을 대신해 주기도 하지만 지능적 비서 역할도 수행한다. 인터넷에 연결하여 사용자가 필요로 하는 정보를 검색해 준다. 또한 도둑의 침입이나 가스의 누출과 같은 사고가 발생할 때에 주인의 핸드폰이나 119로 전화를 걸어 줄 수도 있고, 홀로 사는 노인이 다쳤을 때에 가족에게 연락을 해 줄 수도 있다. 지능형 로봇은 노동 도우미와 정보 도우미 기능에 감성 도우미 기능을 갖는다. 지능형 로봇 사용자는 마치 인간과 대화하듯 자연스럽게 로봇과 이런저런 대화를 나눌 수 있다. 인간의 표정 변화를 감지하여 현재 감정상태가 어떤지를 파악한 후 그에 맞는 감정표현과 함께 그에 맞는 대화도 할 수 있다.

로봇이 지금까지 널리 보급되지 못하고 있는 이유는 로봇의 성능에 비해 가격이 너무 비싸기 때문일 것이다. 로봇의 능력을 증진시키기 위해서는 품질 좋은 센서와 강력한 컴퓨팅 파워가 필요하므로 로봇의 가격이 비싸지게 된다. 이를 개선하기 위해 네트워크 로봇이 등장하였다. 네트워크 로봇에서는 강력한 컴퓨팅 기능을 네트워크를 통해 서버로 분산시킨다. 네트워크 강국인 우리나라에서 2004년부터 2007년에 걸쳐 시행된 URC(Ubiquitous Robotic Companion) 프로젝트는 이러한 네트워크 로봇의 개념을 이용하여 로봇 산업의 돌파구를 찾아보려는 시도였다.

URC는 지금까지의 독립형 로봇으로부터 벗어나기 위한 노력이었다. 네트워크를 통해 로봇에게 요구되는 기능을 분담하여 기술적 제약성을 완화하고, 로봇 자체의 가격을 낮춰서 기존의 독립형 로봇이 가지고 있는 문제를 해결하는 것이 목표라 할 수 있다. 하나의 서버가 여러 종류의 다양한 로봇을 제어하기 위해서는 서버와 로봇 사이의 표준화 문제가 중요 이슈로 떠오르게 된다.

10.3.2. 지능형 로봇의 핵심기술

로봇은 기계, 전자, 컴퓨터를 비롯한 첨단기술의 종합 시스템이라고 말할 수 있다. 로봇 기술은 인간처럼 인식하고 판단할 수 있게 해 주는 지능기술(IT, BT, 뇌공학), 로봇의 행동을 제어하는 기구 제어기술 및 부품 기술 등으로 구성된다. 지능기술에는 인공시각, 인공청각, 인지추론, 적응공학, 휴먼인터페이스 기술 등이 포함된다. 제어기술에는 로봇 팔, 다리, 적응제어, 소프트웨어 기술이 있다. 부품기술에는 센서, 구동기, 제어기 등이 있다.

(1) 구동부

로봇이 컴퓨터와 다른 가장 큰 특징은 움직인다는 것이다. 로봇의 동력원은 전기, 유압, 공압 등이 있으나 지능형 로봇에서는 모터의 힘을 이용한다. 독립적으로 움직일 수 있는 관절마다 모터가 하나씩 필요하므로 자유도가 높을수록 상당히 많은 수의 모터가 필요하다. 모터의 크기가 커지면 로봇의 덩치가 커지고 그에 따라 다시 출력이 더 큰 모터가 필요하게 되므로 지능형 로봇에 사용되는 모터는 일반적인 모터보다 훨씬 소형이면서도 강력한 힘의 특수 모터를 사용하게 된다.

모터를 컨트롤하는 정밀도도 매우 높아야 한다. 특히 휴머노이드처럼 두 발로 걷거나 손가락으로 무엇을 잡는 것과 같은 정밀한 작업에서는 고정밀 모터 컨트롤은 필수조건이 된다. 로봇을 움직이는 힘은 대개의 경우 전기로서 배터리를 사용한다. 배터리의 용량이 크고, 사이즈와 무게는 작은 것이 선호된다. 배터리를 사용하기 때문에 로봇에 들어가는 모든 기기는 저전력이 절대적인 조건 중의 하나이다.

로봇의 두뇌부는 컴퓨터인데 일반 PC와는 아래와 같이 달라야 한다.

① PC와는 달리 움직이므로 그만큼 진동이나 충격에 강해야 한다.

② 로봇의 몸체에 장착되어야 하므로 작고 콤팩트해야 한다.

③ 저전력으로 동작해야 하고 가격이 싸야 한다.

(2) 센서

로봇의 중요한 특징은 자율성인데 이는 주위의 환경이나 대상을 인지하고, 그에 따라 스스로 반응한다는 것이다. 이를 위해서 인간이 시각, 청각, 촉각, 후각, 미각 등과 같은 오감을 통하여 주위 환경이나 대상을 인지하듯이 로봇에게도 그러한 감각기관 역할을 수행하는 센서(Sensor)가 필요하다. 이러한 센서에는 디지털 카메라(시각센서), 마이크(청각센서), 터치센서(Touch Sensor), 거리 센서 등이 있다.

로봇 청소기에 달려 있는 충돌 센서는 일종의 터치센서에 해당한다. 거리 센서는 장애물과 충돌을 미연에 방지하기 위한 목적으로 사용되며 주로 초음파와 적외선 센서를 사용한다. 초음파 센서는 어두운 동굴 안에서도 자유롭게 움직이는 박쥐의 감각기관과 동일한 원리를 사용한다. 발신부에서 초음파를 발사하고 그 신호가 장애물에 부딪혀서 되돌아오는 시간을 재서 거리를 계산한다. 거리 센서가 초음파나 적외선처럼 사람의 감지영역을 벗어나는 소리와 빛의 신호를 이용하는 것은 물론 사람을 위한 것이다. 거리를 센싱하는 로봇으로부터 사람에게 방해를 주지 않게 하기 위함인 것이다. 거리 센서로 레이저를 사용할 수도 있지만 가격이 비싸다는 단점이 있다.

후각 센서에는 누출된 가스 냄새를 인지하는 센서, 화재 연기를 감지해 내는 센서 등이 있다. 로봇 자신의 움직임을 측정할 수 있는 가속도 센서, 나침반처럼 지구의 자기장을 인지해서 자신의 방향을 인식하는 자기 센서, 주위 온도를 측정하는 온도 센서 등과 같이 로봇의 목적과 역할에 따라 수많은 종류의 센서들이 로봇에 사용된다.

(3) 외형 디자인

로봇의 외형 디자인은 지능형 로봇을 하루 빨리 우리 가정으로 끌어들이는 데 있어서 무시할 수 없는 중요한 요소들 중의 하나이다. 로봇의 외형 디자인은 그저 예쁘고 매력적이기만 하면 되는 것이 아니다. 로봇의 기능적인 측면을 고려해야 한다. 로봇을 움직이게 하는 모터 배치, 각종 보드의 배치, 로봇의 다른 부분으로부터 방해받지 않도록 각종 센서 배치 등이 필요하다. 이와 같이 외형 디자인은 기구, 구조, 재료, 가공기술, 형상, 스케일, 색상 등이 종합적으로 고려되어야 한다. 로봇의 외형 디자인에서는 기능적인 측면 못지않게 사용자와의 감성적인 상호작용도 고려해야 한다. 사용자가 친밀감을 느끼며 사용자와의 상호작용이 자연스럽고 편안하게 이루어질 수 있도록 디자인되어야 한다.

(4) 운동 지능

사람의 뇌는 대뇌, 소뇌, 뇌간으로 구분된다. 뇌간은 생명 유지와 관련된 호흡, 심장운동, 혈관의 수축 및 이완 등을 책임지므로 인간의 지능적 활동은 대뇌와 소뇌에서 담당한다. 대뇌는 사고 작용과 감정적인 부분 등을 관장하고, 소뇌는 몸의 평형 유지, 운동중추, 조건반사와 같은 감각기관의 활동을 조정하는 등의 역할을 수행한다.

로봇의 운동 지능은 인간의 소뇌에 해당한다. 두발로 걷는 로봇의 경우에 단순히 넘어지지 않고 서 있도록 제어하는 것만도 복잡한 동역학적 계산을 필요로 한다. 실제로 두 발로 걷는 로봇 하나를 실시간으로 제어하기 위해서는 5~6대의 컴퓨터가 동원된다.

매니퓰레이터(Manipulator)라고 불리는 로봇 손의 경우에도 복잡하긴 마찬가지이다. 앞에 놓인 컵 하나를 집는 동작에서도 팔을 어떻게 움직여야 손이 컵의 위치에 적절하게 접근할 수 있을지를 계산하고, 자기 몸체의 다른 부분이나 장애물과 충돌이 일어나지 않도록 당연히 계산에 넣어야 한다. 접근을 올바르게 했다고 해도 손의 힘을 너무 세게 잡으면 깨져 버릴 것이며 너무 약하게 잡으면 미끄러져 버리기 때문에 어느 정도의 힘으로 들어 올려야 할지도 결정해야 한다. 이러한 기능은 손끝에 달린 센서를 통해 작용과 반작용의 힘을 측정해 가면서 실시간으로 가해지는 힘을 연속적으로 조절해 가야 한다. 향후 점점 더 복잡하고 섬세한 작업을 수행하기 위해서는 운동 지능의 발전이 필수적이라고 말할 수 있다.

10.4. 인간과 로봇의 상호작용

10.4.1. 상호작용 이해

인간과 로봇의 상호작용(Human-Robot Interaction: HRI) 기술은 로봇이 사람의 말, 몸짓, 표정, 목소리 등을 통해 사람의 의도를 종합적으로 판단하고, 그에 맞는 행동을 하기 위한 기술이다. 인간과 로봇 상호작용 기술의 목적은 협동성, 편리성, 친밀성 등이다. 협동성은 사람과 로봇이 현재 상황에서 서로 이루고자 하는 일과 계획을 공유해야 한다는 의미이다. 즉 로봇이 사람이 원하는 일을 정확히 이해할 수 있다면 로봇은 사람을 번거롭게 하지 않고 사람과 협력하여 주어진 일을 원활하게 수행할 수 있을 것이다. 편리성은 사람이 로봇에게 일을 시킬 때에 키보드로 입력해야 하는 것과 몇 마디 말로 명령을 내리는 것과의 차이점으로부터 쉽게 이해할 수 있다. 친밀성은 사람과 로봇 간의 정서적 사회적 관계에 대한 의미 부여를 말한다. 로봇이 사람의 감정 상태를 이해하고 이에 대해 대응할 수 있어야만 진정으로 로봇이 인간의 동료와 도우미가 될 수 있는 것이다.

인간과 로봇의 상호작용에서 협동성을 추구하기 위해서는 인지적 상호작용, 사용자의 편리성을 증대시키기 위해서는 멀티모달 상호작용, 인간과의 친밀한 관계를 형성하기 위해서는 감정 상호작용 기술 등이 요구된다. <그림 10-1>은 상호작용을 위한 3가지 구성요소를 보여 준다.

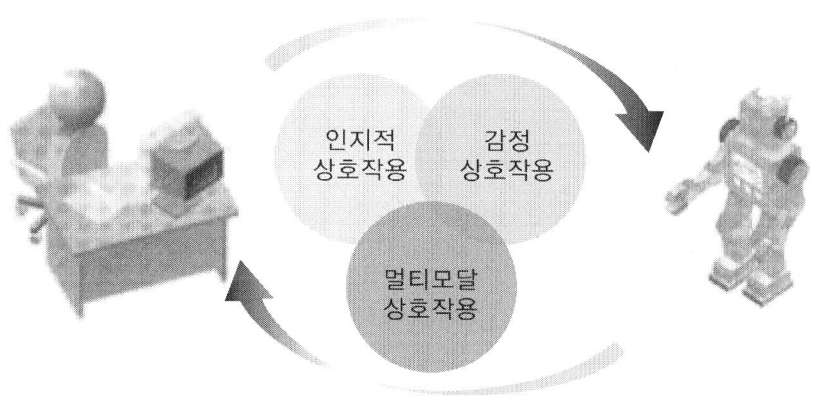

〈그림 10-1〉 상호작용을 위한 3가지 구성요소
(참고문헌: 유비쿼터스 컴퓨팅 개론, 양순옥 외 저, 한빛미디어)

(1) 인지적 상호작용

인지적 상호작용은 사용자의 의도를 파악하여 로봇이 사용자를 최대한으로 편하게 대해 주는 상호작용을 말한다. 단순한 명령어에 따라 행동을 하는 것이 아니라 명령을 내리는 인간 행동에 대한 유추와 판단이 가능하다. 예를 들어서 "목이 마르니 마실 것을 가져와라"라는 명령을 내렸을 때에 주인이 목이 마를 때에는 어떤 종류의 음료를 가져다주어야 하는지를 판단한다. 또한 주인의 목소리를 판단하여 얼마나 목이 마른지에 대한 판단이 가능하여 얼음이 담긴 차가운 주스를 가져다줄 수도 있을 것이다. 주스를 마신 주인이 "음악 좀 틀어라"라고 명령을 내렸을 적에 로봇은 주인이 쉴 때에는 어떤 종류의 음악을 좋아하는지를 확률적으로 계산하고 판단하여 음악을 선정한 후 틀어 줄 것이다.

(2) 멀티모달(Multi-modal) 상호작용

모달(modal)은 모달리티(modality: 양식, 양상)를 뜻하며 시각, 청각, 촉각 등 각각의 감각 채널을 의미한다. 멀티모달 상호작용은 우리가 일상생활에서 보고, 듣고, 만지는 모든 것을 종합하여 사물을 판단하고, 다른 사람과 교류하는 것을 의미한다. 멀티모달 상호작용 기능은 로봇이 사용자의 의도를 파악하고자 할 때에 사용자의 표정과 몸짓을 함께 판단하여 행동에 대한 오류를 최대한 줄인다. 로봇이 멀티모달 상호작용 기능을 가지게 되면 주인의 명령과 관련된 정보를 계속 기억할 수 있고 이러한 정보들을 다시 사용하여 주인의 의도를 정확하게 파악하는 데에 활용된다. 또한 오감에 대한 센서를 이용하여 얼굴이나 몸짓에 나타나는 감정 상태까지도 파악할 수 있어서 정밀하고 적절한 행동도 가능해진다. <그림 10-2>는 멀티모달 상호작용 기본 구조를 나타낸다.

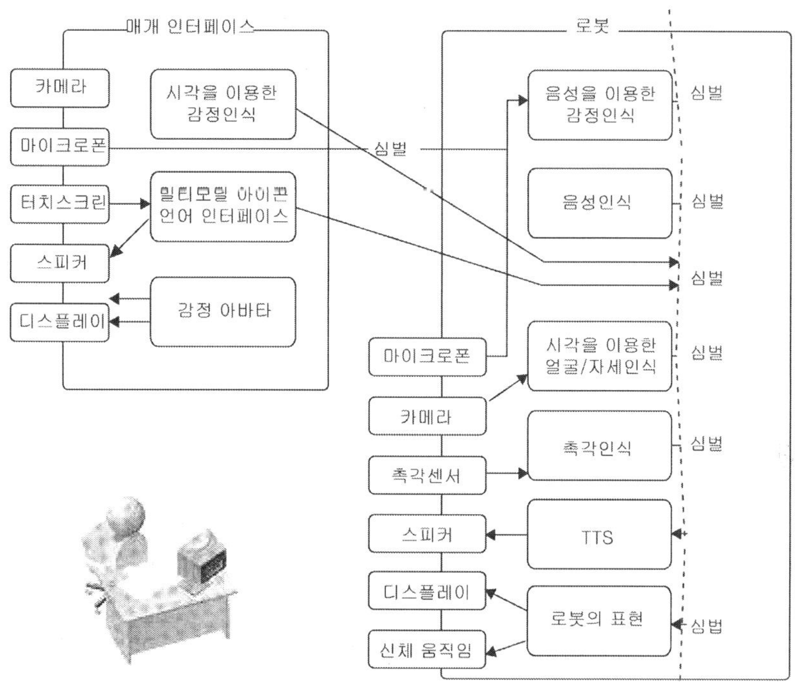

〈그림 10-2〉 멀티모달 상호작용 기본 구조

(3) 감정 상호작용

감정 상호작용 기술은 로봇이 감정을 인식하고 표현하는 기술이다. 인간의 감정을 이해할 수 있고 그에 따라 각각 다른 행동을 나타낼 수 있는 로봇이 더 인간에게 친근한 로봇이 될 것이다. 그러나 사람의 감정은 본인 자신조차 자각하기 힘들 만큼 복잡하기 때문에 로봇의 감정 상호작용 기술의 진척은 더욱 어렵게 진행되고 있다. 사람의 수많은 감정이 시각이나 청각, 또는 후각이나 촉각 중 어느 하나의 감각만으로 표출되는 것은 아니지만, 인간이 감정을 표출하는 데 있어서 표정과 목소리에 의지하는 면이 많다.

로봇은 시각 기술과 음성 분석 기술을 통해 사용자의 감정 상태를 유추하게 된다. 시각 기술을 이용하여 로봇은 사람 얼굴의 표정을 인식하고, 음성인식 기술을 이용하여 사람의 어조, 말의 세기 등을 총괄하여 사용자의 현재 감정 상태를 파악한다. 사용자 감정 상태를 인식한 로봇은 사용자가 짜증이 났다고 판단하면 사람을 귀찮게 하는 질문을 삼가며 사람이 즐거운 상태일 때에는 로봇도 그 기분에 동조하면서 즐거운 표정을 지을 수 있게 된다.

10.4.2. 상호작용을 위한 로봇의 주인 찾기

인간과 로봇의 원활한 상호작용을 위해서는 우선 로봇이 인간처럼 여러 가지 인식 행동을 취할 수 있어야 한다. 자기 주인을 인식할 수 있어야 하고 얼굴을 보고서 누구인지 알아볼 수 있어야 할 것이다. 또한 목소리를 듣고서 누구인지도 알아낼 수 있어야 한다. 로봇이 인간과 자연스럽게 상호작용을 수행하기 위해서는 인간 행동에 대한 인식 기능이 우선적으로 갖추어져야 한다.

(1) 사용자 인식

주인을 알아본다는 것은 로봇의 가장 기본적인 기능 중의 하나이다. 로봇은 주인이 필요로 할 때에 자기가 알아서 찾아가 능동적인 서비스를 제공해 주어야 할 의무가 있다. 이런 임무를 수행하기 위해서는 당연히 상대가 누구인지를 파악할 수 있어야 한다. 아버지에게 제공해야 할 서비스와 어머니에게 제공할 서비스, 아이들에게 제공할 서비스는 당연히 달라지기 때문이다.

사용자를 인식하는 방법은 크게 소유물에 의한 방법, 기억 내용에 의한 방법, 사용자의 신체특징에 의한 방법 등으로 구분된다. 소유물에 의한 방법의 예로서 특정 카드를 소지한 사람이 주인이라고 인식하는 방법이 있으며, 기억내용은 패스워드나 암호와 같은 것을 말한다. 이러한 방법들은 사용자 인식을 위해 널리 사용되고 있지만 스스로 능동적인 서비스를 제공해야 하는 로봇에서는 사용하기 곤란하다. 결국 사용자의 신체특징을 이용하는 방법인 생체인식(Biometrics)을 활용하면 소유물과 같은 분실의 위험도 없고, 기억내용과 같은 망각의 문제도 없는데다가 위조가 어렵기 때문에 안전하고 편리한 신원확인 수단으로 많이 활용되고 있다. 지문인식이나 홍채인식의 경우에는 널리 활용되고 있다.

그러나 생체인식은 사람이 로봇에게 어떠한 행동을 보여 줘야 하기 때문에 사용자의 불편함이 야기된다. 따라서 비교적 먼 거리에서 사람이 의식적으로 협조하지 않아도 인식이 가능한 기술을 갖추어야 한다. 이러한 기술에는 얼굴인식과 화자인식이 사용되고 있다.

(가) 얼굴인식

로봇이 사람을 알아볼 수 있도록 하기 위해서는 먼저 그 사람이 누구인지를 가르쳐 줘야 하는데 이러한 과정을 사용자 등록이라고 한다. 사용자 등록을 마쳐서 인식 대상이 될 여러 사람의 얼굴 정보를 기억하고 있다가 사람과 마주치면 그 얼굴이 기억하고 있는 사람 중 누구의 얼굴과 가까운가를 판단하여 인식이 이루어지는 것이다. 그러나 사람의 얼굴이 로봇의 카메라를 통해 받아들여질 때에는 같은 사람이라도 매우 다양한 포즈로 나타나기 때문에 로봇이 사람을 구별하기란 쉽지 않은 문제이다.

카메라를 통해 받아들인 영상에는 여러 가지 잡음도 포함되어 있고 또한 얼굴과 상관없는 배경 등도 포함되므로 이러한 불필요한 부분을 제거해야 하는데 이러한 과정을 전처리(Preprocessing)라고 한다. 전처리된 영상을 바탕으로 인식에 중요한 특징을 추출하는 과정을 특징추출이라고 하는데 이 부분이 인식 알고리즘의 핵심에 해당한다.

얼굴인식의 경우, 이전에는 눈과 눈 사이의 거리, 눈과 코의 거리, 인중의 거리 등 얼굴의 각 컴포넌트 간의 기하학적인 위치 관계를 특징으로 삼았는데, 최근에는 고유얼굴(Eigen Face)을 만들어 두고 입력된 영상을 구성하기 위한 고유얼굴의 계수들을 특징으로 사용하는 방법이 많이 사용되고 있다.

(나) 화자 인식

사람의 목소리는 각자 다른 특성을 가지고 있기 때문에 음성 신호를 잘 분석하여 그러한 특성을 찾아내고 구별할 수 있다면 목소리만 듣고서도 누구인지 알아낼 수 있는데 이러한 능력이 바로 화자 인식이다. 우리가 듣는 모든 소리에는 대개 여러 가지 주파수가 섞여 있다. 사람의 목소리도 마찬가지로 여러 주파수 영역의 신호가 섞여 있기 마련이다. 상식적으로 굵은 저음의 남성 목소리에는 저주파 성분이 강할 것이고 맑고 높은 여성의 목소리에는 고주파 성분이 강할 것이다. 이와 같이 주파수 영역에 따른 신호를 분석함으로써 사람을 구분하고자 한다.

사람이 말을 할 때에 시간에 따라 음의 고저가 변화하는데 음의 고저 변화율을 주파수라고 한다. 화자인식을 위해서는 우선 시간에 따라 변화하는 신호를 주파수 영역으로 변환하는데 이러한 기술에는 FFT(Fast Fourier Transform)가 있다. 일반적으로 여성의 목소리는 남성의 목소리에 비해 시간의 흐름에 따라 높은 주파수 성분으로 구성되어 있는데 사람마다 주파수 성분의 구성은 제각각 서로 다르기 마련이다. 이렇게 사람마다 주파수 영역별의 신호세기가 다르므로 그 신호세기를 분석하면 화자가 누구인지를 알 수 있겠지만 실제로는 간단한 문제가 아니다. 동일한 사람의 말이라고 해도 말의 내용에 따라 주파수 영역의 신호세기의 분포가 달라지기 때문이다.

화자인식에서는 이러한 차이를 해결하기 위하여 통계적인 방법을 사용한다. 통계적인 정확성을 보장할 수 있을 만큼의 샘플 수를 확보해야 하기 때문에 발성의 길이가 너무 짧으면 인식률은 아무래도 떨어질 수밖에 없다. 얼굴인식과 마찬가지로 화자인식도 자체만으로 충분한 신뢰도를 확보하기가 쉽지 않기 때문에 사용자 인식을 위한 다른 방법들과 효율적으로 병용하는 방법을 필요로 하게 된다.

(다) 준생체 특징을 이용한 사용자 인식

생체인식에서 이용되는 생체특징은 사람마다 다르고 또한 평생에 걸쳐 변하지 않는 것이다. 지문이나 홍채와 같은 것은 이러한 조건을 만족하는 대표적인 생체특징이라고 말할 수 있다.

가정에서 로봇이 접하게 되는 사용자는 대개 4~5명에서 많아야 10명 이내이므로 로봇이 인식하고자 하는 특징이 평생토록 변하지 않는 높은 신뢰도를 가질 필요는 없을 것이다. 평생토록 불변하는 기존의 생체특징에 비해 일정한 시간 내에서만 불변하는 특징을 준생체특징이라고 한다. 준생체특징에는 키, 몸무게, 체형, 옷 색깔 등이 있다. 옷 색깔은 생체특징이 아니긴 하지만 사람이 옷을 갈아입을 때에 10분마다 자주 갈아입지는 않기 때문에 준생체특징에 포함시킨다.

로봇이 사용자를 인식할 때에 생체특징 대신에 준생체특징을 활용하는 것은 사용자의 편리성과 함께 자연스러움을 고려하기 때문이다. 로봇이 사용자를 인식한답시고 사용자에게 지문 채취를 요구하고 홍채 인식을 위해 카메라를 똑바로 쳐다보도록 강요한다면 이는 로봇이 주인을 귀찮게 하는 무례함이 될 것이다.

(2) 사용자 상황인식

사용자 인식은 관찰된 정보(얼굴 사진이나 음성 신호)를 바탕으로 그 사람이 누구인지를 파악하는 것을 말한다. 로봇이 사용자에게 서비스를 제공하기 위해서는 누구인가를 인식할 수 있어야 할 뿐만 아니라 그 사람이 어디서 무엇을 하고 있는가도 파악할 수 있어야 한다. 로봇이 사용자의 상대적인 위치를 알기 위해서는 로봇으로부터 사용자까지의 거리와 방향을 알 수 있어야 한다. 이와 같은 로봇의 능력을 사용자 위치인식이라고 부른다.

로봇이 사용자에게 서비스를 제공하기 위해서는 사용자가 '무엇을 하고 있는가' 라는 이른바 행동인식을 할 수 있어야 한다. 행동인식은 단순한 인식에서부터 복잡한 인식까지 그 범위가 넓다. 예를 들어서 '사용자가 거실로 걸어간다'라는 행동인식은 비교적 간단하지만 거실에서 책을 읽고 있는지, 텔레비전을 보고 있는지, 신문을 읽고 있는지를 구별하는 것은 쉬운 일이 아니다.

(가) 영상정보를 통한 사용자 위치인식

사람의 위치인식은 로봇 자신을 원점으로 하여 사람이 어느 방향, 어느 거리에 있는지를 파악한다는 뜻이다. 이 중에서 방향인지는 로봇 자신의 고개가 중앙에서 어느 정도 고개를 돌리고 있는지를 나타내는 중앙 편차와, 카메라의 렌즈에 따라 결정되는 시야(FOV: Field of View)와의 비례적인 관계에 의해 중앙에서 몇 도 방향에 사람이 존재하는지를 판단할 수 있게 된다.

로봇으로부터 사람까지의 거리를 판단하는 방법으로는 특정한 신호를 발사해서 그 신호가 튀어 돌아오는 시간을 가지고 각 점까지의 거리를 파악할 수 있지만 가격이 비싸게 되는 단점이 있다. 비교적 저가의 장비로는 스테레오 카메라, 즉 두 개의 일반 카메라를 병렬적으로 설치하고, 두 카메라에 투영된 영상 간의 시각에 따른 차이를 분석함으로써 대상까지의 거리를 인지하는 방식이 있다. 그러나 이 방식은 카메라 간의 거리나 방향 등이 정확하게 고정되어야 하는 등 설치상 번잡스러운 문제가 발생한다. 또한 스테레오 카메라는 가까운 거리에 있는 사물의 위치를 파악할 때 그 영향력을 발휘한다.

사람은 3차원적인 정보를 얻어서 뛰어난 인식 및 추론 능력으로 정확한 위치인식이 가능하지만 여기서는 로봇이 평범한 2차원 카메라를 가지고 사람의 위치를 파악하는 방식을 서술하고자 한다. <그림 10-3>은 단안 카메라로 사람까지의 거리를 구하는 방법을 나타낸다.

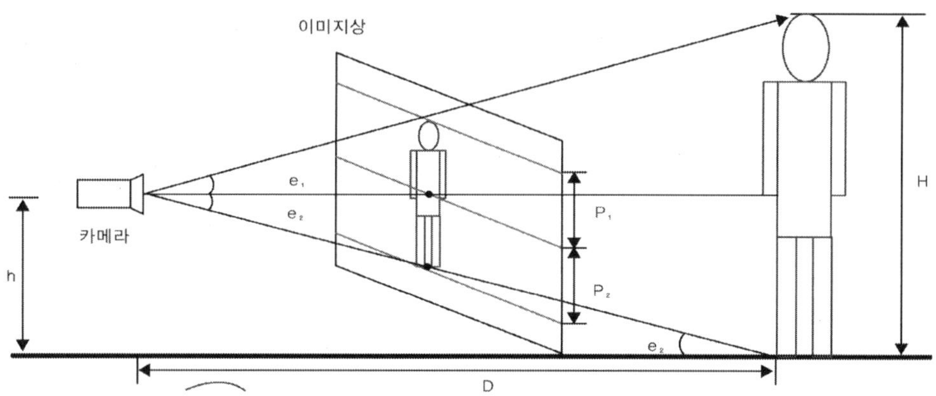

〈그림 10-3〉 단안 카메라로 사람까지의 거리를 구하는 방법(참고문헌: 지능형 로봇, 이재연 외 저, 전자신문사)

카메라에서 사람의 발끝을 향하는 각도, θ_2는 영상 내에 반영된 위치에서 구해 낼 수 있다. 카메라에서 사람까지의 거리를 D라고 하면, $\tan(\theta_2) = h/D$이고, 이 중에서 h와 θ_2는 모두 이미 알고 있는 값이므로 $D = h/\tan(\theta_2)$라는 식으로 구할 수 있다. 동일한 방법으로 사람의 키 H도 구할 수 있다.

(나) 음성 정보를 통한 사용자 위치인식

누군가가 로봇을 부르면 로봇은 소리가 난 방향을 추정해야 하는데 이러한 기술을 음원추적(Sound Source Localization)이라고 부른다. 가장 간단한 경우는 마이크를 두 개 사용하여 음원추적을 수행하는 것이다. <그림 10-4>는 음원추적의 원리를 나타낸다.

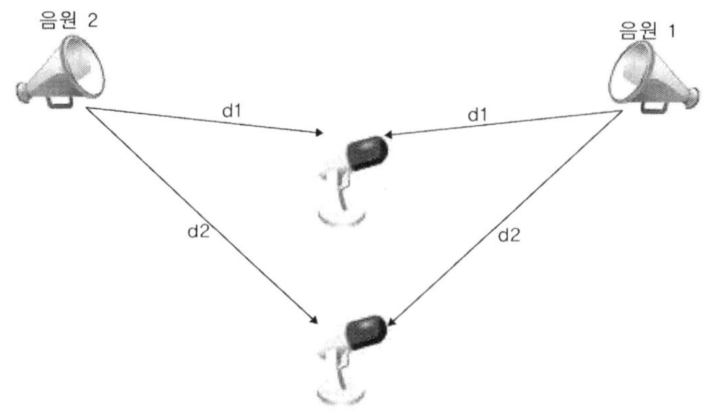

〈그림 10-4〉 음원추적의 원리

공기 중에서 소리 속도는 섭씨 15도일 때 340m/sec이므로 음원에서 출발한 소리가 두 개의 마이크에 도달한 시간의 차이로 d1과 d2의 거리 차이를 얻을 수 있고 이러한 거리 차이를 통해 소리가 난 방향을 알아낼 수 있다. <그림 10-4>에서와 같이 2개의 마이크만 있을 경우에는 180도 범위 내에서만 소리의 방향을 추정할 수 있다. <그림 10-4>에서 음원1의 d1, d2와 음원2의 d1, d2가 각각 서로 동일하므로 두 개의 음원을 구별할 수 없다. 이를 해결하기 위해서는 마이크를 3개 두면 된다.

음원 추적만 가지고 음원의 거리까지 얻을 수는 없다. 잡음이 존재하는 환경 내에서 소리가 도착하는 시간차를 활용하여 거리를 얻어 내기에는 무리가 따른다. 실제로 로봇에서는 특정한 방향에서 소리가 날 경우 고개를 돌리거나 몸을 돌려서 카메라로 영상을 획득하여 누가 소리를 냈는지를 판단하고 있다.

그런데 귀가 둘밖에 없는 사람은 어떻게 소리가 앞에서, 뒤에서, 위에서, 아래에서 난 것인지를 알 수 있을까? 로봇에서 음원의 고도를 파악하기 위해서는 고도가 서로 다른 마이크를 하나 더 추가할 필요가 있다. 사람의 경우에는 머리가 일종의 필터 역할을 함으로써 그런 고도의 인식이 이루어지는 것으로 알려져 있다.

(다) 지능화된 환경 및 센서를 통한 사용자 위치인식

사용자 위치인식을 수행하기 위하여 로봇 자체에 센서를 부착하는 대신에 주변 환경에 고정적으로 장착되어 있는 카메라, 마이크, 기타 여러 센서를 이용하여 주변 상황을 파악한 후 로봇에게 알려 주는 방법이 있다. 로봇에 센서가 내장되는 경우에는 센서의 위치가 변수가 되지만, 센서가 환경에 내장되어 있으면 센서의 절대적인 위치가 고정되어 있으므로 상수가 된다.

예를 들어서 <그림 10-5>에서와 같이 위치를 알고 있는 수신기 3개가 있다고 하자. 사람이 소지하고 있는 송신기에서 수신기에 도착하는 시간을 측정하면 사람으로부터 각 수신기까지의 거리를 알 수 있다. 각 수신기로부터 사람까지의 거리를 반지름으로 하여 원을 구성하면 3개의 원이 중첩되는 지점이 생기는데 이곳이 바로 사람의 위치가 되는 것이다. 이러한 원리는 (구)정보통신부가 추진했던 URC(Ubiquitous Robotic Companion) 프로젝트에 채택된 바 있다.

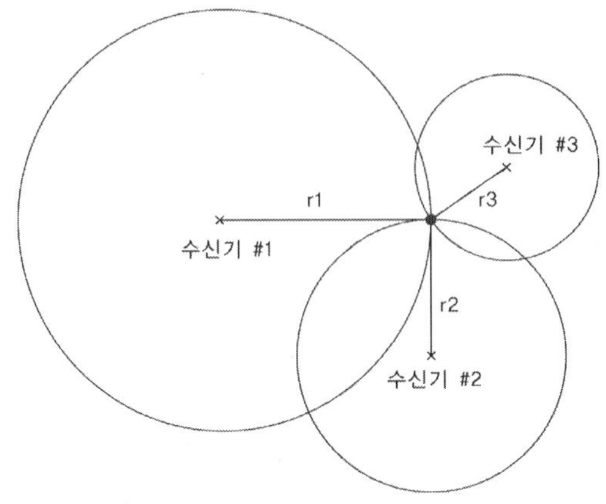

〈그림 10-5〉 수신기 3개를 사용한 위치인식의 원리

　이러한 센서를 사용하는 방식은 정확성이 뛰어나긴 하지만 사람이 센서를 소지해야 한다는 불편함이 있다. 사용자의 위치인식을 위해서는 조금 더 어렵긴 하지만 카메라나 마이크를 이용한 기술이 사용되고 있다. 카메라가 고정되어 있으면 배경제거(Background Subtraction) 기술을 활용할 수 있게 된다. 배경제거 기술은 말 그대로 고정된 카메라에서 미리 찍어 둔 배경영상을 저장해 놓고 있다가 '배경+전경' 화면을 찍고 나서 배경영상을 없애면 '전경' 화면만을 얻을 수 있으므로 사용자 인식에 많은 도움이 될 수 있다. 로봇에 카메라가 부착되어 있으면 카메라의 위치가 계속 변화하므로 배경 영상이 달라져서 이와 같은 기법을 활용할 수 없다.

　그러나 주변 환경에 여러 가지 센서들을 부착하는 일은 로봇의 사용자 입장에서 성가신 일이 될 수 있으며 더군다나 사생활 침해로까지 번질 수가 있다. 예를 들어서 카메라로 자기 주변의 상황을 찍는 것은 로봇이 자기를 인식하기 위한 작업인데 주변상황 영상이 인터넷으로 돌아다닌다면 이는 커다란 사생활 침해 문제가 되는 것이다. 이를 막기 위해서는 보안연구가 병행되어야 하며 카메라는 인터넷으로 연결되지 않고 오직 로봇의 사용자 인식을 위한 컴퓨터와만 서로 연결되도록 구성해야 할 것이다.

(라) 행동인식 기술

　'위치'의 시간에 따른 변화가 곧 '이동'이라는 행동을 의미한다. 로봇이 서비스를 제공하기 위해서는 사용자가 걷는다거나, 앉고 일어서는 것과 같은 행동을 파악해야 한다. 목욕탕에 들어가서 오랫동안 나오지 않는 독거노인을 대상으로 하는 로봇에게는 핵심적인 기능에 해당한다.

행동인식의 경우에는 인식하고자 하는 행동에 따라 적용되는 기법 등이 크게 달라지기 때문에 아직은 구체적인 기술 개발에 어려움이 있다. 지금까지는 주로 주어진 센싱 정보를 어떻게 해석하고 인식할 것인가 하는 방법론에 집중되어 있어서, 인식 결과를 시계열상으로 배열하고 이러한 히스토리를 이용하여 유용한 정보를 추론해 내는 기술은 상대적으로 소홀하게 다루어지고 있는 듯하다.

10.4.3. 상호작용을 위한 로봇의 주인 의사 인식

로봇이 주인을 위한 어떤 서비스를 제공하기 위해서는 우선적으로 주인이 나타내는 의사표현을 알아차릴 수 있어야 한다. 로봇이 주인의 의사를 인식하는 기술로는 음성인식, 제스처 인식, 주인 추적 등이 있다.

(1) 음성인식

화자인식에서는 말의 내용과 상관없이 그 말을 한 사람이 누구인지를 인식하는 것인데 음성인식은 누가 그 말을 한 것인가는 관계없이 그 말의 내용을 인식하는 것이다. 사람은 성대와 구강의 형태, 입술의 모양, 혀의 위치 등에 따라 다양한 음성을 만들어 내게 된다. 생성된 소리로부터 사람이 선택했던 발성기관의 형태, 즉 사람이 발성하고자 했던 의도를 추정하는 과정이 이른바 음성인식에 해당한다.

음성인식은 로봇에 국한된 기술이 아니다. 컴퓨터에게 어떠한 명령을 입력할 때에 키보드나 마우스가 아닌 음성으로 명령을 입력하면 사용자의 편리성은 그만큼 높아질 수 있을 것이다. 그러나 로봇은 컴퓨터와 사정이 다르다. 가장 큰 문제는 로봇이 소리를 받아들일 마이크와 발화자의 거리가 멀다는 것에 있다. 컴퓨터에서는 마이크가 컴퓨터에 붙어 있지만 로봇의 경우에는 마이크가 로봇에 장착되어 있고, 발화자인 사람은 로봇과 떨어져 있는 상태에서는 말소리가 작게 들릴 뿐만 아니라 주변의 잡음도 많이 섞여 들어가게 되고 또한 로봇 자체의 소음도 있기 마련이기 때문에 음성인식에 많은 어려움이 발생한다.

현재의 로봇에서는 음성인식이 주로 명령형 인식에 집중되어 있다. 예를 들어서 "집안 청소를 깨끗이 하라"라는 말 대신에 짧게 "청소"라고 명령하는데 이것도 그리 쉽지만은 않다. 물론 청소라는 말은 로봇의 음성인식 시스템에 미리 등록되어 있어야만 인식이 가능하다. 사용자들이 로봇으로부터 서비스를 받고자 할 때에 가장 불편한 것들 중의 하나가 바로 로봇이 음성인식을 제대로 하지 못하는 데서 온다고 한다. 로봇 연구자들은 로봇이 받아들이는 음성신호의 질을 개선하기 위해 특정 방향의 음성신호를 강조하는 등의 방법으로 잡음의 영향을 최소화하거나 잡음에 강인한 인식기술 개발과 더불어 사용자들이 자연스럽게 음성명령을 내릴 수 있는 인터페이스 구축에 심혈을 기울이고 있다.

(2) 제스처 인식

심리학자들의 말에 의하면 사람이 대화 상대에게 메시지를 전달할 때에 언어적 메시지 비중은 20%에 불과하고 나머지는 몸짓, 표정, 기타 심리적 발현 등의 신체언어로 전달된다고 한다. 제스처 인식이란 사람의 신체언어를 로봇이 인지하도록 하는 기술을 의미한다.

제스처 인식이 말에 의한 명령의 보조적인 수단에 그친다고 볼 수 없는 것이 로봇이 너무 멀리 떨어져 있어서 음성인식이 제대로 작동되기 곤란한 경우에는 로봇을 가까운 곳으로 불러야 한다. 이러한 경우에는 제스처 인식이 보조적이라기보다 주된 역할을 담당하게 된다. 사용자가 로봇에게 어딘가로 가라 명령하면서 손가락을 가리킬 때에 손가락 제스처를 인식하는 일은 보조적이 아니라 필수적인 기능에 해당한다.

제스처를 인식하기 위해서는 우선 비교적 먼 거리에서도 사람이 거기 있다는 것을 파악할 수 있어야 한다. 그다음에는 사용자의 머리를 중심으로 팔은 어디에 있는지를 인식해야 한다. <그림 10-6>은 머리 위치를 중심으로 한 손 움직임 영역 판정을 나타내고 있다. 머리 영역이 검출되고 난 후, 관심영역(관심 있는 제스처에서 손이 움직일 위치)을 자동적으로 지정한 결과를 보여 주고 있다.

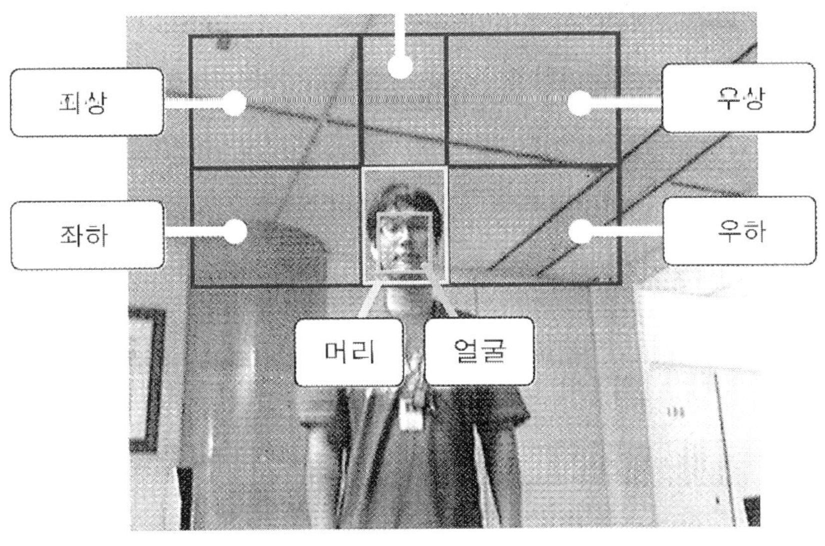

〈그림 10-6〉 머리 위치를 중심으로 한 손 움직임 영역 판정
(참고문헌: 지능형 로봇, 이재연 외 저, 전자신문사)

(3) 주인 따라 다니기

로봇 사용자는 로봇에게 "이리 와"와 "따라와"라는 명령을 자주 내리는데 이때에 로봇은 주인을 잘 따라다녀야 한다. 이 기능은 사용자의 의도를 로봇에게 전달하는 기능과는 약간 차이가 있지만, 로봇의 중요한 기본기능이면서도 사용자와의 연속적인 상호작용을 필요로 한다.

로봇이 사용자를 따라다니는 것은 사용자가 명령을 내린 것을 로봇이 인식한 후 어떻게 그 사용자에게 접근해 갈 것인가 하는 문제인데 영상인식 측면에서 보면 이것은 추적(Tracking) 문제에 해당한다. 사람을 추적하는 데 있어서 가장 널리 사용되는 특징은 옷 색깔이다. 옷 색깔을 모델링한 후, 연속되는 모델링된 색깔과 유사한 특징을 보이는 영역을 찾아 나감으로써 대상물이 어떻게 움직여 갔는지를 검출할 수 있다. 대상영상에서 각 화소별로 추적 대상이 되는 사람의 옷 색깔의 모델에 포함될 확률을 평가하는 영상을 가지고 추적을 수행한다. 대상물의 현재 위치가 검출되고 나면, 로봇은 자기에 대한 사용자의 상대위치 정보를 이용하여 사용자에게 접근하는 방향을 실시간으로 조절함으로써 사용자를 따라다닐 수 있게 된다. 이 기술은 아직까지 현실 상황에서 충분히 대처할 만큼 안정적이지 못하다. 로봇이 움직임에 따라 시시각각 변화하는 조명도 문제이지만 추적 대상 이외의 사람이 나타나거나, 그 사람이 추적대상인을 가려 버린다면 풀기 어려운 난제에 속하게 된다. 로봇이 사람 추적에 실패할 경우에는 다른 행동, 예를 들어서 "주인님, 어디 계세요?"라는 행동을 로봇이 취할 수 있다면 사용자가 자신의 위치를 로봇에게 알려 줄 수 있을 것이다.

10.5. 로봇의 상황인식

10.5.1. 상황인식 이해

상황인식(Context-Aware Recognition)이란 로봇이 당면한 상황에 따라 가장 적합한 처리를 선택하고 실행하는 것을 말한다. 여기에서 상황이란 로봇의 위치, 사용자의 위치, 로봇이 가지고 있는 능력(LCD 디스플레이의 유무, 카메라 및 음성장치 등의 장착 여부, 이동 가능 영역 등)이나 로봇이 활동하는 환경 등 서비스에 영향을 줄 수 있는 여러 가지 요인들을 나타내는 것이다.

상황인식은 이와 같이 자기가 활동하는 환경과 관련된 여러 가지 지식과 사용자에게 제공하고자 하는 서비스 간의 최적의 결합을 찾아내는 기술을 의미하며, 이러한 기술을 이용하여 로봇은 일상생활에서 부닥치는 여러 가지 상황에 대처할 수 있게 된다.

상황인식이라는 용어는 1994년에 실리트(Schilit)와 타이머(Theimer)에 의해 최초로 논의되었는데, 이들이 말하는 상황은 '위치'를 의미하는 것으로 근접한 사람과 사물의 확인 및 이러한 실체의 변화를 의미하였다. 그러나 이러한 정의는 다른 응용에 활용하는 데에 어려움이 있다. 상황을 주위 환경 또는 처해 있는 상황으로 정의한 경우도 있지만 이러한 정의도 실제로 적용하기에는 부족한 점이 많다.

실제 적용했다는 측면에서 가장 근접한 정의는 쉴리트와 파스코(Pascoe)에서 얻을 수 있다. 쉴리트는 상황을 "어디에 존재하고 누구와 함께 있으며, 주변에 무슨 자원이 있는지"라고 정의하였고, 파스코는 상황을 "특정 관심이 가는 실체의 물리적 개념적 상태의 부분 집합"으로 정의하였다.

　데이(Dey)와 어보우드(Abowd)는 상황을 "사용자와 응용 프로그램 간의 상호작용에 관련된 개체들, 즉 사람, 장소, 사물의 상태를 나타내는 데 활용되는 모든 정보"라고 정의하였다. 이러한 정의들을 종합해 보면 상황이란 본질적으로 "실세계(Real World)에 존재하는 실체(Entity)의 상태를 특징화하여 정의한 정보"라고 정의할 수 있으며, 상황 정보의 대상이 되는 실체로는 인간이나 인간 모임, 물리적 또는 계산 대상의 위치나 신원, 상태 등을 포함한다.

　상황의 사례를 분류하는 방법 중에는 퍼코프(Perkop)와 버네트(Burnett)에 의한 외부적(External) 범위와 내부적(Internal)범위로 구분하는 방식, 호퍼(Hofer)의 물리적(Physical)과 논리적(Logical) 상황으로 구분하는 방식이 주로 사용된다. 외부적(물리적) 상황은 위치, 빛, 소리, 움직임, 촉감, 온도나 공기 압력 등 하드웨어 센서로 측정 가능한 상황을 의미하며, 내부적(논리적) 상황 정보는 사용자의 목표, 업무, 업무상황, 비즈니스 처리, 사용자의 감정상태 등과 같이 사용자에 의해 주어지거나 사용자의 상호작용을 관찰함으로써 얻어지는 것들이다.

　상황 정보는 아래와 같이 분류할 수 있다.

① 사용자 상황
　－신원 상황(ID, 성명)
　－신체 상황(맥박, 혈압, 체온, 음성)

② 물리적 환경 상황
　－공간 상황(위치, 방향, 속도)
　－시간 상황(일자, 시각, 계절)
　－환경 상황(온도, 습도, 조도, 소음)
　－장소 상황(실내, 자동차, 실외, 야외)

③ 컴퓨팅 시스템 상황
　－가용 자원(배터리, 디스플레이, 인터넷, 시스템)
　－가용 상황(자원, 장비, 시설)
　－접근 상황(사용자, 허위정보, 인접성)

④ 사용자-컴퓨터 상호작용 이력
　－이력 상황(사용자, 서비스, 시간)
　－장애 상황(시간, 사용자, 서비스)

⑤ 기타 미분류 상황

10.5.2. 로봇의 상황인식 활용

로봇에서 상황인식이란 로봇 내부에 내장된 기기가 주변상황을 감지하여 적절하고 유용한 서비스를 제공하는 것을 의미한다. 이러한 기술은 의료, 교육, 재난 구호, 디지털 홈, 로봇 서비스, 사무실 환경, 여행 도우미 등과 같은 다양한 분야에 걸쳐 활용되고 있다. 그러나 상황정보의 종류가 매우 많고 수집해야 하는 자료의 양이 방대하여 시스템을 구상하기가 쉽지 않다.

국내 ETRI의 CAMUS(Context-Aware Middleware Ubiquitous Service) 시스템은 인프라에서 센서를 통해 받아들여진 정보를 분석, 저장하고 이벤트를 통지하여 작업관리자에게 작업을 지시하는 상황인식 엔진 역할을 수행한다. CAMUS는 가정이나 u시티 환경 등에서 u로봇의 능동적이고 지능적인 상황인식을 지원하는 표준 플랫폼 'u로봇 서버 미들웨어' 기술로, 네트워크에 기반을 두어 다양한 종류의 지능형 로봇 응용서비스를 보다 쉽게 개발하고 활용하기 위한 로봇 소프트웨어 기술을 말한다. 이 기술은 로봇 자체에서 제공하기 힘든 다양한 기능을 기존 광통신망 등 초고속 통신 인프라 망을 통해 홈 네트워크 시스템이나 다른 서버와 연동하여 다수의 이종 로봇에게 안정적으로 제공해 준다.

CAMUS에서 실세계는 실공간(Physical Space)과 가상공간(Cyber Space)으로 구성된다. 실공간은 실제객체(Physical Object)들로 구성되어 있으며, 사람은 이러한 실제객체와의 상호작용을 통해 일을 수행한다. 가상공간은 실공간을 추상화한 것으로 실제객체들을 매핑한 전산자원들로 모델링된다. 실공간과 가상공간은 매핑된 수단을 통해 상호작용이 가능하다.

실공간 내에 존재하는 각종 센서나 기기들의 실제자원은 가상공간에서 그 기능을 수행할 수 있도록 전산자원으로 만들어져야 한다. 이와 같이 실공간 내 다양한 자원의 실제 기능은 가상공간에서 제어하고 수행할 수 있는 프로그램을 서비스 에이전트라고 정의한다.

10.5.3. 상황정보모델

센서가 측정한 아날로그 정보는 디지털 정보로 변환되어 센서 네트워크로 보내지고 센서 미들웨어 등을 통해 저장, 공유되며 추론에 활용된다. 사용자에게 편리한 유비쿼터스 컴퓨팅 서비스를 제공하기 위해서는 수집된 정보는 사용자의 정보와 결합되어 생활의 한 단위로 나타낼 수 있는 고차원 상황 정보로 분석 및 추론되어야 한다. 이러한 상황 정보 및 사용자 정보 중에서 서비스를 제공하는 데 필수적인 정보만을 얻기 위해서는 잘 작성된 모델을 바탕으로 정보들을 정형화하여 저장한 후 체계적이고 효율적으로 공유할 수 있어야 하는데 이를 위해서 상황 모델이 요구된다.

상황 모델은 아래와 같은 것들이 있다.

① 킷값 기반 모델: 키값(Key-value) 기반 모델은 가장 간단한 형태의 모델링 방식으로 정보를 나타내고 다루기가 쉽다. 표현은 텍스트 형식으로 표현된 값을 이용하는 패턴 매칭 등의 질의는 처리할 수 있지만, 정형화된 형식을 필요로 하는 효율적인 정보 검색에는 부적합하다. 이 방식을 통해 사용자, 위치, 주변의 정보, 컴퓨터 장치 시간 등으로 동적인 상황 정보를 나타내고 있다.

② 마크 업 기반 모델: 이 모델은 태그, 속성 그리고 내용을 계층구조로 나타내어 재귀적 형태를 가진다. 이 모델은 간단하고 유연하여 구조화되어 있고 편재되어 있는 컴퓨팅에 적합하지만 응용프로그램 수준에서 계층 구조화된 정보를 해석해야 하고 정보들 간의 복잡한 관계를 정의하기가 힘들다는 단점이 있다.

③ 그래픽 기반 모델: 이 모델은 통합 모델링 언어(Unified Modeling Language: UML)와 같은 강력한 그래픽 기반의 기능을 이용하여 표현된다.

④ 객체지향 기반 모델: 이 모델은 유비쿼터스 컴퓨팅 환경의 복잡한 동적 상황을 객체지향기술을 이용해 추상화하여 나타낸다. 이 모델은 새로운 타입의 상황 정보의 추가 및 인스턴스 업데이트 등이 분산된 시스템에서 용이하게 하는 장점이 있다.

⑤ 로직 기반 모델: 이 모델은 사실(Fact), 표현(Expression), 그리고 규칙(Rule)의 정형화된 표현을 사용하여 상황을 나타낸다. 상황 정보는 사실이라는 형식으로 나타내지고, 규칙을 통해서 새로운 사실이나 표현을 추론해 낼 수 있는 장점이 있다.

⑥ 온톨로지 기반 모델: 이 모델은 정보를 구조화하는 데 매우 효과적이며 상호 관계성 및 부분적인 상황 정보를 쉽게 표현할 수 있다. 원래 온톨로지(Ontology)라는 용어는 철학에서 현실에 대한 개념과 관계를 연구하는 분야에 사용되었으며, 인공 지능 등의 분야에서 특정 분야의 용어와 관계들을 정형화하여 나

타내는 데 활용되기 시작하였다. 의학, 생물정보학 등에서 개념과 관계를 정리하여 주석 정보를 제공하고 다른 사람 또는 컴퓨팅 에이전트 등과 공유하는 데 많이 사용되고 있다.

10.6. 로봇의 지능과 감성

10.6.1. 로봇의 지능

인간은 수천 년 동안 인간이 어떻게 생각하는지에 대해 이해하려고 노력해 왔다. 그리고 기계도 인간처럼 생각하고 행동할 수 있지 않을까라는 질문에 답을 얻기 위해 인공지능이 시작되었다. 이와 같이 인공지능의 목표는 사람이 사물에 대해 인지하고 이해하고 예측하고 판단하고 행동하는 능력을 기계가 가질 수 있도록 하는 것이다. 인공지능이 처음 등장하였을 때에는 세계적으로 지대한 관심을 받다가 뚜렷한 연구 성과가 없었기에 주춤하였지만 지금은 지능형 로봇 개발에 핵심적인 요소로 인식되고 있다.

인공지능(AI: Artificial Intelligence)의 정의는 크게 4가지, 즉 인간처럼 생각하는 시스템, 인간처럼 행동하는 시스템, 이성적으로 생각하는 시스템, 이성적으로 행동하는 시스템 등으로 정의된다. 가설과 실험을 통한 경험을 기반으로 하는 인간 중심의 접근 방식과, 수학과 공학의 조합을 통해 이루어진 이성 중심의 접근 방식이 합쳐진 것이다. 여기에서 이성적이란 인간의 감성을 제외한 규칙이 있는 논리적인 부분을 의미한다.

인공지능 기술이 발전하면서 로봇에 적용되기 이전에 아래와 같이 다양한 분야에 적용되었다.

① 체스를 두는 컴퓨터인 딥 블루(Deep Blue)가 체스 챔피언 게리 카스파로프(Garry Kasparov)를 물리쳤다.

② 불확실한 상황에서 추론을 수행하는 기술인 퍼지 논리(Fuzzy Logic)가 공장의 제어 시스템에서 광범위하게 사용되고 있다.

③ 인공신경망은 침입 탐지 시스템에서 컴퓨터 게임까지 다양한 분야에 사용되

고 있다.

④ 필기체 인식 시스템이 수백만의 PDA에서 사용되고 있다.

　인간은 컴퓨터와 같이 정보의 저장소가 있으나 모든 자극에 대한 기억을 가지고 있지는 않다. 인간의 기억 메커니즘은 3단계로 구성되어 있다. 자극에 대한 순간적인 기억은 1/4~2초 사이에 피부, 시각, 청각 세포에 의해 기억된다. 이러한 기억은 감각 메모리(Sensory Memory)의 기억체계를 가지고 있으며, 주의(Attention) 과정을 통해 작업 메모리(Working Memory) 체계로 이동한다. 작업 메모리에 있는 기억들은 길게는 30초 정도까지 기억 장소에 유지되며, 반복 과정을 거쳐서 장기기억(Long-term Memory) 체계로 이동한다. <그림 10-7>은 인간의 기억 메커니즘을 나타내고 있다.

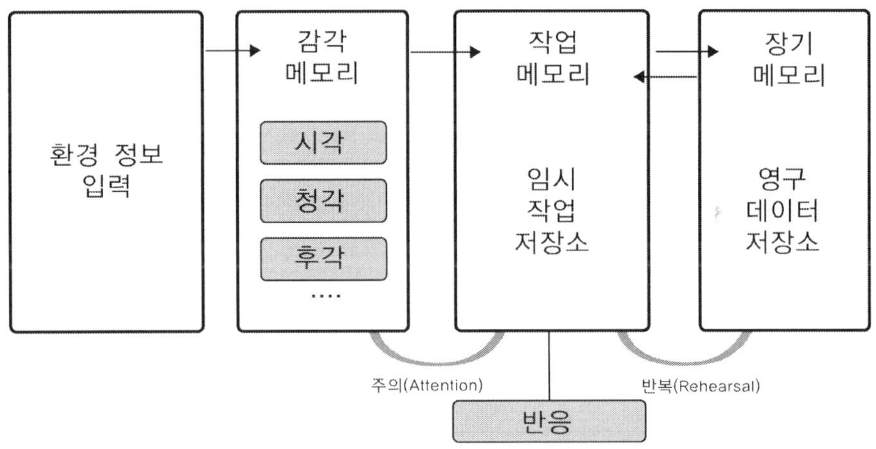

〈그림 10-7〉 인간의 기억 메커니즘(참고문헌: 지능형 로봇, 이재연 외 저, 전자신문사)

　로봇은 계속적으로 누적되는 정보의 양적 문제와 필요한 정보를 선별하는 상황 판단 및 버려야 할 정보에 대한 판단이 쉽지가 않다. 따라서 로봇에게도 메모리 관리 체계를 두어 정보를 관리할 수 있도록 해야 한다. 로봇이 감지한 센서 입력 데이터를 감각 메모리에 잠시 두었다가, 주의 시스템을 이용하여 관심이 있는 정보만을 작업 메모리에 저장하고 관심이 없는 정보는 바로 버리고 계속적으로 반복되어 사용되는 정보는 장기 메모리에 저장하도록 한다. 로봇이 존재하는 환경에 따라 누적되는 데이터와 반응이 서로 달라져 태생이 같은 로봇이라고 해도 서로 다른 개성을 가진 로봇을 만들 수 있게 된다.

10.6.2. 로봇의 감성

에크만(Ekman)과 그 동료들은 인간의 얼굴 표정이 환경과 문화에 상관없이 보편적으로 나타내는 의미가 같다는 것을 증명하였고, 얼굴 표정을 통해 행복(Happiness), 슬픔(Sadness), 두려움(Fear), 화남(Anger), 혐오(Disgust), 놀람(Surprise) 등의 6가지 기본 감성을 표현할 수 있다고 주장하였다. 에크만의 6가지 기본 정서(Emotion)는 약간 확장하거나 수정되어 로봇의 감성 표현에 가장 많이 적용되고 있다. 로버트 플러칙(Robert Plutchick)은 두려움(Fear), 놀람(Surprise), 슬픔(Sadness), 혐오(Disgust), 화남(Anger), 기대(Anticipation), 기쁨(Joy), 수용(Acceptance) 등의 8개 기본 감성을 조합하여 수백 가지의 감성을 생성할 수 있다고 주장하였다.

로봇에서 감성은 감성 인식, 감성 생성, 감성 표현기술 등으로 구분할 수 있다. 로봇 감성 기술의 모델은 심리학에서 인간을 모델링한 감성 모델을 적용하고 있으며 인지과학적인 접근 방법에도 연구가 이루어지고 있다. 최근 생물체와 보다 가까운 로봇을 개발하기 위해 다양한 센서들이 개발되고 있으며 자연스러운 인간과 로봇의 상호작용을 위한 연구가 진행되고 있다. 센서, 음성, 시각, 상황 인지 기술 등 다양한 입력 정보를 통해 인간과 유사한 감성을 표현하고, 인간의 감성 상태를 파악해 인간과 상호작용이 가능한 형태의 사회적 로봇에 대한 연구가 활발히 이루어지고 있다. 특히 시각 센서와 청각 센서뿐만 아니라 촉각 센서를 통해 사람과의 상호작용에서 인식될 수 있는 감성적 상황지각(Emotional Context Perception)에 대한 연구가 진행되고 있다.

로봇의 감성 인식 방법에는 아래와 같은 것들이 있다.

① 시각 센서를 통한 감성 인식: 말을 사용하지 않은 의사소통 방법으로는 얼굴 표정과 몸짓이 있다. 얼굴 표정은 자신의 감성상태를 나타내는 수단으로뿐만 아니라, 상대방의 감성상태를 알 수 있는 중요한 요인이 된다.

② 청각 센서를 통한 감성 인식: 음성을 통한 사람의 감성 상태를 인식할 때에는 감성상태에 따른 구조화된 발화를 찾기가 어렵기 때문에 일반적으로 화자들에게 주어진 문장들을 감성상태에 따라 말하도록 하여 화자마다 감성상태에 따른 발화를 생성한다. 그러나 이러한 방법은 화자가 의식해서 감성상태에 따라 발화하기 때문에 실생활에 나타나는 감성에 따른 발화와는 차이가 있을 수 있고 또한 화자 간의 차이도 존재한다. 카즈노리 코마타니(Kazunori Komatani)

는 불특정 다수의 감성 상태를 인식할 수 있도록 발화의 기본 주파수, 크기, 길이와 발화 간의 시간을 기반으로 계산된 29개의 특징을 제안하였다.

③ 촉각 센서를 통한 감성 인식: 커뮤니케이션 로봇 프로젝트(Communication Robot Project)에서는 접촉의 압력을 측정할 수 있는 접촉 센서를 이용하여 때리는 행동과 가볍게 치는 행동, 그리고 쓰다듬는 행동과 같은 접촉행동을 인식할 수 있는 방법을 제안하였다. MIT에서는 로봇에 신체 전부에서 접촉을 느낄 수 있도록 감각 피부(Sensitive Skin)를 설치하였는데 감각 피부는 힘 센서와 열 센서로 구성되어 있다. 이러한 접촉 센서를 통해 로봇은 사용자에게 느낄 수 있는 9가지의 접촉 행동을 인식할 수 있다.

10.7. 상황정보의 정의와 표현

센싱 정보가 한 종류의 데이터만을 가질 때에는 상황정보의 정의와 표현에 커다란 어려움이 없었다. 그러나 최근에 센서 관련 기술이 발전되어 센서의 단가가 낮아졌고 다양한 기능을 가진 센서가 등장하고 있으며 그 흐름에 맞춰 상황 인식 미들웨어에서도 많은 종류의 센서를 사용하게 되고 다양한 데이터를 받게 됨에 따라 데이터를 정의하고 표현해야 할 필요성이 대두되었다.

상황정보의 정의는 사용자에게 좀 더 정확한 서비스를 제공하기 위하여 필요하다. 상황정보의 표현은 센싱된 상황 정보가 한 개인에게 국한되는 것이 아니기 때문에 상황정보에 대하여 전반적으로 표현함으로써 다수의 사용자에게 정보를 제공하기 위해 필요하다.

10.7.1. 시맨틱 웹

시맨틱 웹(Semantic Web)은 '컴퓨터가 정보의 의미를 이해하고 의미를 조작할 수 있는 웹'이라고 말할 수 있다. 문서의 각 부분을 컴퓨터가 이해할 수 있는 형식으로 기술(Description)할 수 있다면 복잡하게 얽혀져 있는 정보 자원들 사이의 의미적 연관성을 얻을 수 있는 것이다.

월드와이드웹(World Wide Web: WWW)에 있는 문서의 내용은 기본적으로 인간만이 이해할 수 있으며 컴퓨터에게는 단지 데이터에 불과하다. 만약 데이터들 간에 연관성을 표현할 수 있는 구조가 더해진다면 데이터는 정보로서의 의미를 가지게 된다. 정보는 에이전트의 추론을 통해 새로운 정보를 만들어 내게 되는데 정보들이 체계화되어서 의사결정이나 행동에 영향을 줄 수 있다면 이것은 '지식'이라고 말할 수 있다. 지식이 보다 광범위하게 상황적 정보와 연결되어서 문제 해결의 상황에 따라 유연하게 적절한 반응을 도출한다면 이것을 '지혜'라고 부를 수 있다. 월드와이드웹이 단순히 문서의 의미적 내용을 컴퓨터가 알지 못하는 수준이라면 시맨틱 웹은 정보와 지식을 처리할 수 있는 웹의 환경이라고 말할 수 있다.

10.7.2. 시맨틱 웹 지원 언어

시맨틱 웹 지원 언어에는 자원 기술 프레임워크(Resource Description Framework: RDF), 온톨로지 추론 계층(Ontology Inference Layer: OIL), DARPA 에이전트 마크 업 언어(DARPA Agent Markup Language: DAML) 등이 있다.

(1) RDF

RDF는 주어-술어-목적어 형식의 문법을 사용한다. 특정 대상(Subject)이 특정 속성(Property)에 대하여 특정 값(Value)을 가지고 있음을 표현하고 주어에 해당하는 대상과 목적어에 해당하는 값, 동시에 해당하는 속성을 웹사이트 주소(Uniform Resource Locators: URL)로 지정하여 의미 손실 없이 정보가 교환될 수 있도록 정보를 호환성 있게 표현한다.

(2) RDFS(Resource Description Framework Schema)

RDFS는 RDF를 기반으로 하여 대상 자원이 속하는 클래스와 속성에 대한 정의를 가능하게 하는 스키마 언어이다. 특성과 값의 관계를 미리 정의함으로써 자원 간의 상호 관계성을 표현할 수 있다.

(3) DARPA 에이전트 마크 업 언어(DAML)

DAML은 객체 및 객체들 간의 관계를 묘사하기 위한 XML(eXtensible Markup Language)보다 훨씬 더 많은 기능을 가지며, 의미론을 표현하고, 웹사이트들 간에 보다 높은 차원의 상호 운용성을 구축하도록 설계되었다.

(4) 온톨로지 추론 계층

온톨로지는 제한된 단어에 명세를 제공하기 위해 사용된다. 이런 온톨로지를 위한 웹 기반 표현과 추론 계층을 위하여 온톨로지 추론 계층(Ontology Inference Layer: OIL)이 제안되었다.

(5) 온톨로지 웹 언어

온톨로지 웹 언어(Ontology Web Language: OWL)는 문서에 포함된 정보를 응용하여 자동 처리하고자 할 때에 활용된다. OWL을 이용하면 임의의 어휘를 구성하는 용어(Term)의 의미와 용어들 간의 관계를 명시적으로 표현할 수 있다. 이와 같이 용어와 용어들 간의 관계를 표현한 것을 온톨로지라고 한다. OWL은 XML, RDF, RDFS보다 더 많은 의미 표현 수단을 제공함에 따라 웹상에서 기계가 해설할 수 있는 콘텐츠를 작성하는 데 이들 언어보다 더 뛰어나다.

10.8. 로봇과 내비게이션

10.8.1. 로봇의 내비게이션 필요성

이동이 가능한 로봇에게 어떤 일을 시키려면 작업장소를 지정해 주어야 하고 또한 작업이 끝난 후에 돌아올 장소도 지정해 주어야 한다. 로봇이 이러한 일을 수행할 수 있으려면 첫 번째로 지도(Map)가 있어야 한다. 로봇에게는 아직까지 인간처럼 다양한 정보를 분석하고 활용할 수 있는 능력이 없으므로 로봇의 지도에는 꼭 필요한 정보, 예를 들어서 장애물의 유무, 움직일 수 있는 공간에 대한 정보 정도만 필요하다. 로봇 주행에 필요한 지도로는 공간을 작은 사각형으로 나누고 해당 사각형 영역에 장애물이 있는지 없는지를 표시한 형태가 일반적이다. 두 번째로는 로봇 자신이 어디에 있는지 알아야 한다. 아무리 세밀한 지도를 가지고 있다고 해도 그 지도에서 자기위치인식(Localization)을 하지 못하면 작업을 수행할 수 없을 것이다.

자기위치인식에 사용되는 방법은 아래와 같다.

① 엔코더, 자이로스코프 등의 장비를 이용하여 움직인 거리를 스스로 파악한다. 엔코더는 모터나 바퀴의 회전 속도 또는 회전 각도를 측정할 때 사용되는 센서이다. 자이로스코프는 물체가 회전할 때 발생하는 코리올리의 힘을 이용하여 각속도를 측정할 수 있는 센서로서 엔코더보다 정확한 값을 출력한다.

② 자연적 랜드마크를 사용한다.

③ 인공적 랜드마크를 사용한다.

④ 위치인식 시스템에서 수신된 신호를 이용하여 삼각 측량법 등의 기법으로 위치를 파악한다. 야외에서는 GPS 신호를 이용하여 현재의 자기 위치를 인식할 수 있고, 실내에서는 초광대역(Ultra-Wideband) 주파수를 이용한 UWB 시스템이나 라디오주파수를 이용한 RFID 시스템 등으로 위치 인식이 가능하다.

10.8.2. 로봇의 길 찾기

로봇이 부여받은 작업을 수행하기 위해서는 로봇 내부에서 적절한 이동경로를 생성해야 하는데 이를 경로 계획(Path Planning)이라고 한다. 경로를 만드는 데에는 두 가지 경우, 즉 전역적(Global) 경로계획과 지역적(Local) 경로 계획이 있다. 전역적 경로계획에서는 미리 알려진 정보 혹은 지도를 이용하여 시작점에서 목적지까지 로봇이 움직일 수 있는 공간을 알아내고 그중에서 가장 빠르게 갈 수 있는 경로를 찾는다. 지역적 경로 계획은 로봇이 실제로 이동할 때에 장애물 부근에서 장애물을 피하기 위해 원래 계획된 길을 벗어나서 새로운 길을 만드는 것을 말한다.

전역적 경로계획으로는 A* 알고리즘이 있다. 이 알고리즘의 기본 개념은 격자지도 내에서 로봇의 출발 지점부터 목표 지점까지의 이동 비용을 최소화하는 방향으로 경로를 생성한다는 것이다. <그림 10-8>은 A*알고리즘의 비용계산을 보여 준다.

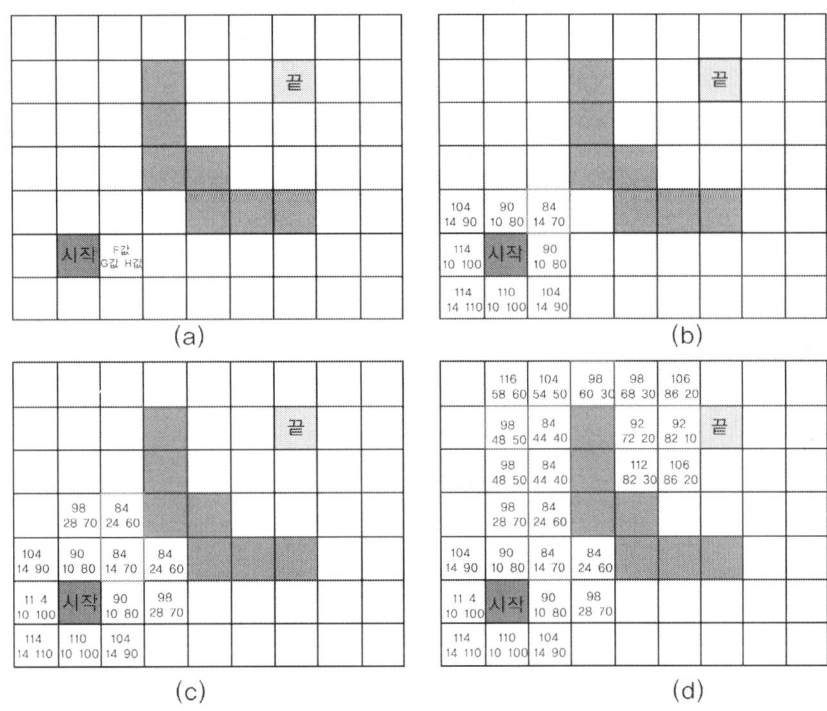

〈그림 10-8〉 A* 알고리즘의 비용계산(참고문헌: 지능형 로봇, 이재연 외 저, 전자신문사)

이동비용을 계산하기 위해서 각 격자마다 G값과 H값을 계산하고 이들의 합인 F값을 얻는다. G값은 중심 격자에서 해당 격자까지의 거리를 나타내는 값으로 중심 격자의 상하좌우 위치에 있는 격자의 경우에는 10(격자 하나의 크기를 10으로 가정)을 주고, 대각선 방향의 격자는 14($10\sqrt{2}$≒14)값을 준다. 여기에서 중심격자라 함은 3×3 격자의 한가운데 격자를 의미한다. H값은 해당 격자에서부터 끝점까지 장애물을 무시하고 수직, 수평으로만 이동할 경우 필요한 격자의 수에 곱하기 10을 한 값이다. G값과 H값을 더한 값이 F값인데 이 F값이 최종 이동 비용이 된다. F값이 제일 작은 격자를 찾아서 단계별로 반복하여 최종 목적지까지 이동하는 것이다.

지역적 경로계획은 장애물이 생기는 경우에 적용된다. 장애물이 생기는 경우는 두 가지, 즉 기존에 로봇이 가지고 있는 지도 정보가 잘못되어 장애물 표시가 빠져 있는 경우와 물체, 다른 로봇, 사람 등 움직이는 장애물이 로봇의 가는 방향에 나타나는 경우 등이다. 일반적으로 로봇은 물체와의 충돌을 방지하기 위해 전방이나 측·후방에 물체와의 거리 혹은 충돌 여부를 감지할 수 있는 센서를 부착한다. 이를 통해 장애물이 감지될 경우, 경로를 변경하거나 장애물의 움직임 패턴을 예측하여 충돌이 일어나지 않도록 로봇 자체의 속도를 변경시키게 된다.

　지역적 경로계획에서 사용되는 기법으로 포텐셜 필드 방법(PFM: Potential Field Method)이 있다. 이 방법에서는 로봇이 목표점으로부터 끌어당기는 힘을 받고, 장애물로부터는 미는 힘을 받는다고 간주하여 이들 두 힘의 합력 방향으로 로봇이 진행한다. <그림 10-9>는 포텐셜 필드 방법을 나타낸다.

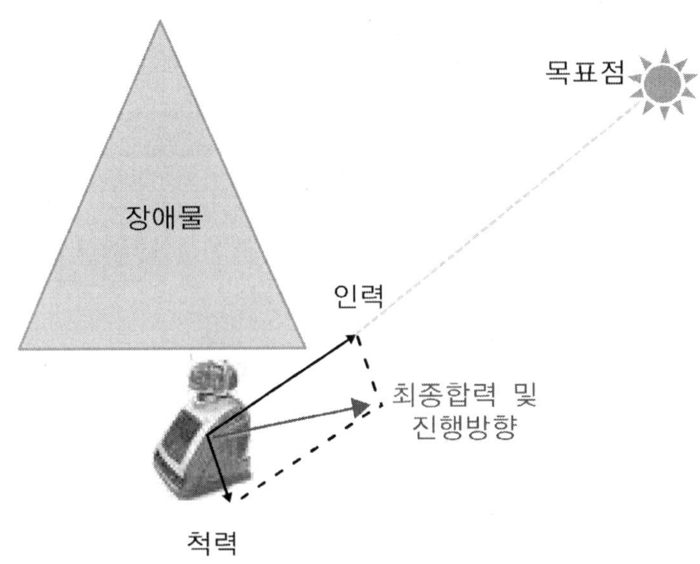

〈그림 10-9〉 포텐셜 필드 방법(참고문헌: 지능형 로봇, 이재연 외 저, 전자신문사)

10.9. 로봇 제어 소프트웨어

10.9.1. 행위기반 로보틱스

　로봇의 전통적인 제어구조는 감지-계획-행동(SPA: Sense-Plan-Act)에 기반을 둔다. 센서를 통하여 주변 정보를 감지하는 인식(Perception) 모듈은 감지한 센서의 입력을 다음 모듈인 모델링(Modeling) 모듈이 원하는 포맷으로 바꾸어 준다. 모델링 모듈은 인식 모듈에서 전달받은 데이터들을 기반으로 로봇이 인식하고 있는 주변 세계의 모델을 수정하는 일을 한다. 모델링 결과를 바탕으로 어떤 일을 수행할

것인가를 계획하고 이러한 계획대로 모터를 구동하여 액추에이터를 제어하는 흐름
이 바로 SPA 구조이다. <그림 10-10>은 SPA 구조를 보여 준다.

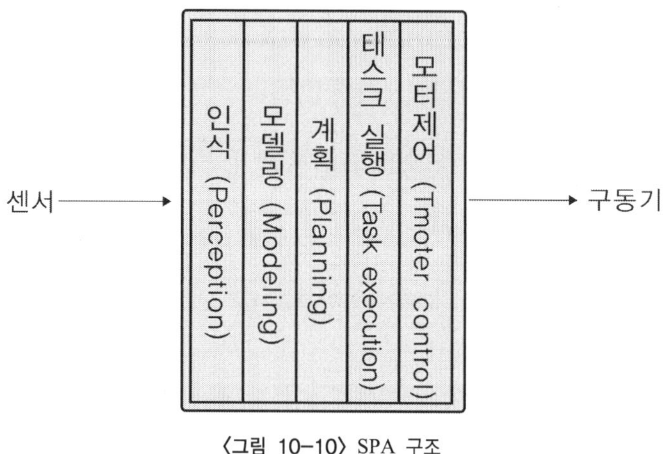

〈그림 10-10〉 SPA 구조

SPA 구조는 서로 독립적으로 구성되어 있기 때문에 모듈 개발에 있어서 단순하
다는 장점이 있다. 그러나 이 방법은 센서에서 입력을 받는 시점에서 구동기에 적
절한 대응을 하기까지 모든 단계를 거쳐야 하기 때문에 너무 오랜 시간이 걸리는
단점이 있다.

이러한 문제점을 보완하기 위해 포섭구조(Subsumption Architecture)가 제안되었
다. 기존의 접근방식이 범용적 인지를 목적으로 한 것이라면 포섭구조에서의 센싱
은 각 행동을 수행하기 위해 필요한 정도의 인지만을 수행하여 인지과정이 빠르고
상대적으로 간결하기 때문에 반응시간을 단축할 수 있게 된다. 또한 포섭구조는 각
계층 간의 동시성을 보장해 주며, 하위 계층이 상위 계층에 대해 의존적이지 않고
점진적인 개발을 하는 데 좋은 구조를 가진다. 그리고 각 동작은 여전히 SPA 구조
로 수행된다. <그림 10-11>은 포섭 구조를 보여 준다.

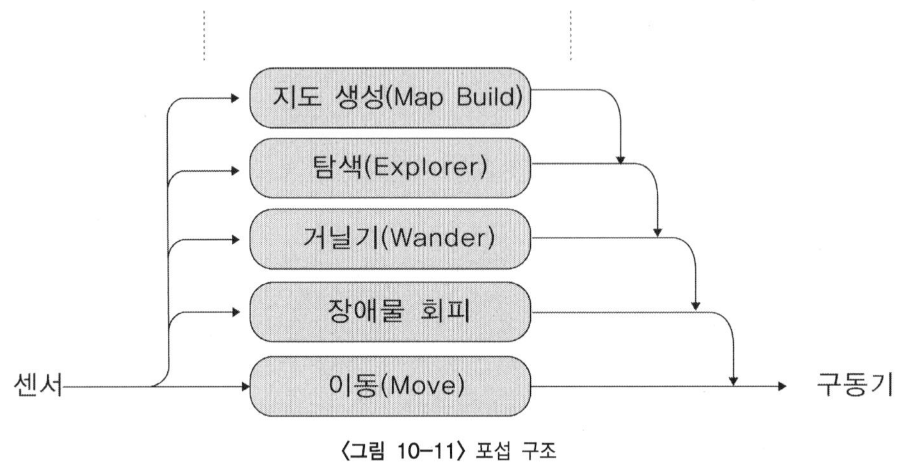

<그림 10-11> 포섭 구조

포섭구조와 같은 행위기반 로보틱스 접근방식은 곤충수준의 지능을 표현할 수는 있어도 그 이상의 복잡한 태스크를 수행할 수는 없다. 따라서 전통적인 SPA의 계층적 구조의 장점과 행위기반 로보틱스의 장점을 조합하여 하이브리드(Hybrid)형 제어구조가 나타나게 되었다. 하이브리드형 구조에서는 SPA에서와 같이 로봇이 전반적인 계획을 세우면서도 센서들의 입력에 대해서는 포섭구조와 같이 빨리 대응할 수 있도록 한다. 하이브리드형 구조의 가장 큰 특징은 SPA에서 계획(Planning) 부분만을 분리했다는 것이다. 시스템은 전반적으로 3부분으로 나누어지며 센서의 입력을 받아서 모터를 구동하는 반응 제어(Reactive control) 부분과 센서의 입력을 받아 로봇의 전반적인 움직임을 관장하는 심의 제어(Deliberative control) 부분, 그리고 이들 두 부분을 서로 조정해 주는 순차 제어(Sequential control) 부분이 있다.

반응제어는 장애물 피하기와 같은 간단하면서도 즉각적인 일을 처리하는데 여기서는 계획이라는 개념도 필요 없기 때문에 반응 시간이 매우 빠르다. 심의 제어는 경로 설정과 같은 복잡하면서도 미래에 할 일들을 계획하는 부분으로서 수행시간이 늦기 마련이다. 그러나 빠른 반응성이 요구되는 일들은 반응제어 부분에서 수행하기 때문에 SPA에서와 같은 문제점이 발생하지 않는다. 순차제어는 반응제어와 심의 제어의 동작을 조정해 주는 부분으로서 심의제어의 계획을 순차적인 수행단계로 나누어 차례대로 반응제어에게 명령을 내린다. <그림 10-12>는 하이브리드형 구조를 나타낸다.

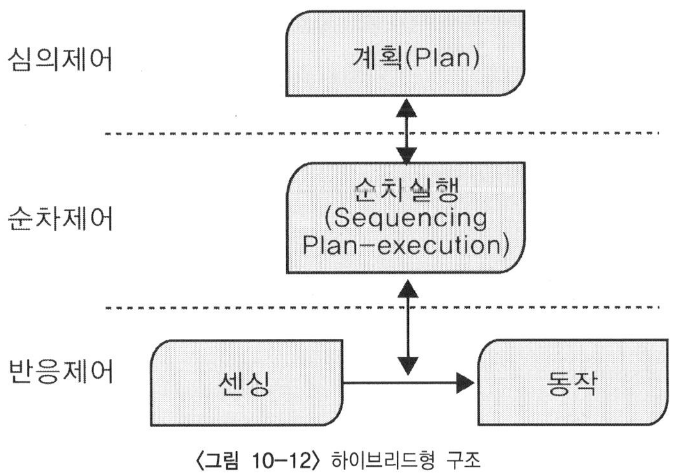

〈그림 10-12〉 하이브리드형 구조

10.9.2. 로봇 소프트웨어 구조

산업용 로봇은 특정 작업만을 수행하기에 충분한 정도의 하드웨어와 소프트웨어를 가지지만, 지능형 로봇은 다양한 센서와 모터, 엑추에이터들이 있음은 물론 이들을 제어하고 외부와 통신을 하는 등 다양한 일들을 수행하는 여러 개의 프로세싱 유닛들이 존재하여 다수의 마이크로프로세서, 컨트롤러, 디지털 신호 프로세서(DSP: Digital Signal Processor), ScO(System on Chip) 등이 네트워크로 연결된 분산 구조로 발전하고 있다.

이렇게 다양한 분산 모듈이 복잡하게 얽혀서 구성되어 있는 로봇을 제어하기 위해서는 로봇 내부의 제한된 자원을 모듈 간에 효율적으로 이용하면서 여러 모듈에서 동시에 일어나는 다양한 일들을 통합하고 조화시킬 수 있는 소프트웨어 구조가 요구된다. 지능형 로봇은 이런 로봇 소프트웨어 구조를 바탕으로 분산 노드에 다양한 소프트웨어 컴포넌트들을 탑재하고 이들 컴포넌트들을 조합하여 로봇 응용을 완성하게 된다. 각각의 컴포넌트들은 여러 벤더에서 개발되므로 호환성의 문제는 표준화된 소프트웨어 구조를 통해 해결될 수 있다. 각 컴포넌트 제작사들은 다른 컴포넌트에 독립적으로 개발하며 전체 시스템은 표준화된 소프트웨어 구조를 통해 통합할 수 있다.

로봇 응용은 컴포넌트들의 조합으로 구성되는데 컴포넌트 간의 결합도를 낮추기 위한 방법으로 포트를 통한 컴포넌트의 사용방법이 추천된다. 컴포넌트 모델은 포

트라는 개념으로 컴포넌트들을 연결하고 상호 간 통신을 하도록 한다. 각각의 컴포
넌트는 외부에 공개된 인터페이스 이외에는 알 수 없는 블랙박스가 되며 외부 인터
페이스가 변경되지 않는 범위 내에서는 내부 구현을 자유롭게 변경할 수 있게 된다.
<그림 10-13>은 포트를 통한 컴포넌트 간의 연결을 보여 준다.

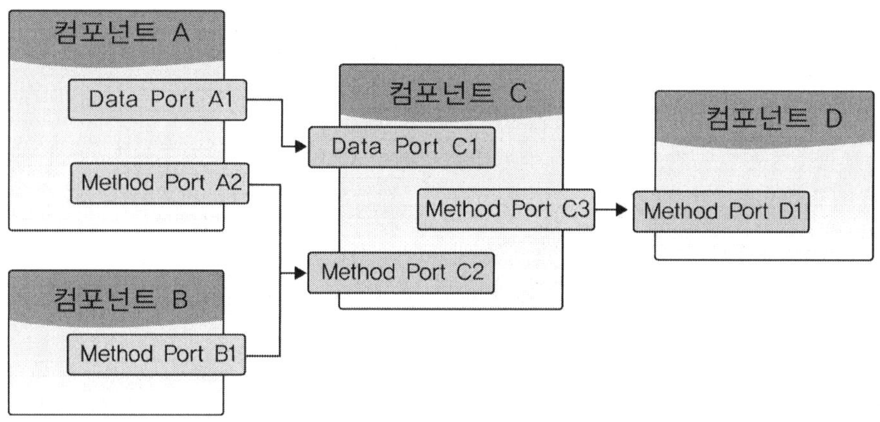

〈그림 10-13〉 포트를 통한 컴포넌트 간의 연결(참고문헌: 지능형 로봇, 이재연 외 저, 전자신문사)

11. 임베디드 시스템

11.1. 임베디드 시스템 이해

11.1.1. 개요

유비쿼터스 컴퓨팅이라는 것은 사물, 장소, 동물, 사람 등의 어느 곳에서도 컴퓨터가 장착되어 이들이 서로 네트워크로 연결되어 있어서 언제, 어디서, 누구라도 어떠한 서비스든지 제공받을 수 있는 시스템을 의미한다. 메인프레임 컴퓨터나 개인용 컴퓨터와는 달리 어느 곳에서도 컴퓨터가 장착될 수 있기 위해서는 임베디드 시스템 기술이 요구된다.

임베디드 시스템(Embedded System)은 '내장되어 있는'이라는 의미인 임베디드라는 단어에서 알 수 있듯이 '특정한 작업과 기능을 수행하도록 설계되어 있는 하드웨어와 소프트웨어를 포함하는 전자제어 시스템'이라고 정의할 수 있다. 임베디드 시스템은 외부의 간섭 없이 독립적인 기능을 수행할 수 있는 시스템으로 하드웨어 단독적인 구현과, 하드웨어와 소프트웨어의 결합 등으로 구성될 수 있다. 보통 마이크로프로세서(micro processor)와 소프트웨어가 들어 있는 ROM으로 구성되며, 전원이 켜지자마자 특정 목적을 수행하는 어플리케이션(application)이 동작하고 이 어플리케이션은 전원이 정지될 때까지 계속적으로 동작하게 된다.

일반적인 임베디드 시스템에서는 키보드, 모니터, 시리얼 통신, 대용량 저장매체 등이 모두 포함되어 있는 것이 아니며 이들 중 시스템에 필요한 용도에 따라 부분적으로 구성하게 된다. <그림 11-1>은 임베디드 시스템의 개념을 나타내고 있다.

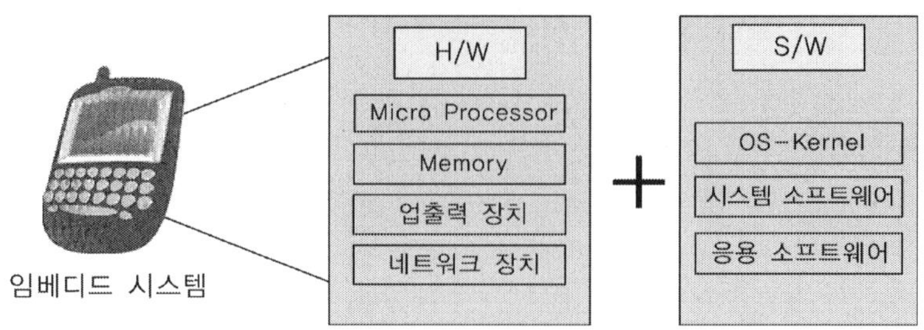

〈그림 11-1〉 임베디드 시스템의 개념

11.1.2. 임베디드 시스템의 특징

범용컴퓨터 시스템에서는 각종 다양한 응용 프로그램의 전반적인 고성능 실행이 시스템 구성의 목적이 되지만, 임베디드 시스템에서는 특정한 목적을 수행하기 위해 설계되고 또한 그 특정한 목적을 수행하기 위한 최적의 하드웨어와 소프트웨어로 구성되어야 할 필요성이 있다. 임베디드 시스템의 특징은 아래와 같이 요약될 수 있다.

① 대량 생산 제품의 가격을 절감하기 위해 저용량의 메모리와 저가격의 CPU를 사용한다.

② 소프트웨어뿐만 아니라 하드웨어도 전용 제품을 개발하게 되는 경우가 많다.

③ 기계를 제어하는 경우에는 실시간 동작이 요구된다.

④ ROM 내부에 소프트웨어가 장착되어 시중에 판매되고 나서 버그가 발견되면 제품회수나 혹은 ROM 교환 작업에 많은 어려움이 발생하므로 최근에는 ROM 대신에 플래시 메모리를 사용한다.

⑤ 임베디드 시스템에서는 사용자가 재프로그램하거나 갱신하지 않으므로 개발단계에서 범용 컴퓨터보다 자유롭게 운영체제와 시스템 구성을 선택할 수 있다.

⑥ 소프트웨어는 대부분 C언어로 기술되지만 어셈블리 언어도 사용된다.

⑦ 디버그는 ICE(In-Circuit Emulator) 기기를 사용한 퍼스널 컴퓨터를 CPU에 접속하여 원격으로 수행한다.

⑧ 임베디드 시스템에서는 기존 시스템이 차지하고 있던 하드웨어의 비율을 소프트웨어화하여 감소시킬 수 있으며 하드웨어 구성요소는 시스템 온 칩(System on Chip)화의 방향으로 감소시킬 수 있다.

⑨ 실현하기 어려웠던 기능의 실현, 기능의 고도화, 다기능화, 장치의 초소형화가
  동시에 가능해진다.

11.1.3. 임베디드 시스템의 하드웨어 구성요소

임베디드 시스템에서는 마이크로프로세서 또는 마이크로컨트롤러를 중심으로 주
변 지원 로직(support logic)과, 프로그램 및 데이터를 저장하는 메모리가 필요하고,
외부와 데이터를 입출력할 수 있는 I/O 디바이스가 적어도 하나는 있어야 한다. 마
이크로프로세서는 범용 컴퓨터 시스템에서 사용되고 있는 칩과 비슷한 구조이지만
마이크로컨트롤러(Micro Controller)는 단일 집적회로 내에 프로세서, 메모리, 일부
I/O 장치 등이 내장되어 있는 구조이다.

하드웨어 관점에서 보면 고성능 임베디드 시스템은 일반적인 컴퓨터와 큰 차이가
없고, 소형 임베디드 시스템은 컴퓨터의 기능 대부분을 칩(chip) 하나에 내장하고
있는 마이크로컨트롤러를 프로세서로 사용한다. 마이크로컨트롤러는 CPU, 소용량
내부 메모리(ROM, RAM), 입출력 장치 등을 가지고 있으며, 이들은 내부에 시스템
블록으로 구현되어 있다. <그림 11-2>는 임베디드 시스템의 마이크로컨트롤러를 나
타내고 있다.

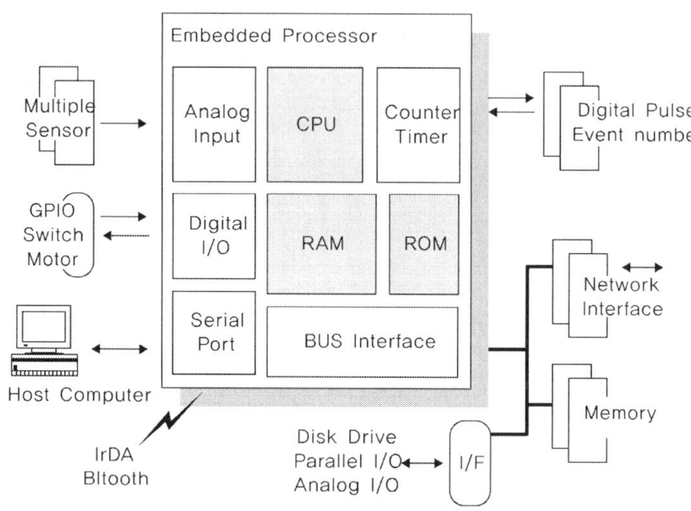

〈그림 11-2〉 임베디드 시스템의 마이크로컨트롤러
(참고문헌: 임베디드 시스템, 임광일, 한신대학교출판부)

① 디지털 I/O: 소프트웨어를 통하여 핀 단위로 디지털 입력이나 디지털 출력을 설정할 수 있는 포트이다. 디지털 입력은 스위치의 상태, 버튼 누름의 상태, 다른 장비의 디지털 상태를 읽어 들이는 데에 사용되며, 디지털 출력은 외부 디바이스를 켜거나 끌 때 그리고 외부 디바이스에게 상태를 전달하는 데에 사용된다.

② 직렬 포트(Serial Port): 호스트 컴퓨터 혹은 다른 임베디드 시스템과의 네트워크 구성을 위한 직렬통신에 사용된다. 부가적으로 USB, 이더넷, IrDA, Bluetooth 등의 인터페이스를 포함하기도 한다.

③ 카운터와 타이머: 멀티태스킹을 위하여 주기적으로 내부 인터럽트를 발생시키거나, 외부시스템에게 전송 신호를 발생시킬 때에, 모터에 제어 펄스를 송신하는 데에 사용된다.

④ 버스 인터페이스(BUS Interface): 주로 고성능 마이크로컨트롤러에서 제공되고 있으며 내부 주소, 데이터, 제어 버스를 외부로 확장시켜서 다양한 주변기기와 연결하여 고성능의 특정한 기능을 수행시킬 때에 활용된다.

11.1.4. 임베디드 시스템의 소프트웨어 구성

임베디드 소프트웨어는 일반적인 컴퓨터가 아닌 각종 전자제품이나 정보기기 등에 설치되어 있는 내장된 소프트웨어를 말한다. 초창기의 임베디드 시스템은 전자회로를 사용하여 기본적이고 단순한 기능을 제공하는 구조였으나, 이후 펌웨어(Firmware) 또는 모니터 프로그램(Monitor Program)을 내장하고 특정기능을 수행하도록 발전하였다. 최근에는 마이크로프로세서의 가격이 낮아지고 소형화와 더불어 고성능화가 진행됨에 따라 제품 경쟁력의 핵심이 하드웨어 생산기술에서 소프트웨어 최적화 기술로 이동됨에 따라 임베디드 소프트웨어는 기술집약적 고부가가치 산업으로 발전하고 있다.

임베디드 소프트웨어의 특징은 아래와 같다.

① 실시간 처리 지원: 비행 제어시스템이나 항법시스템 등에서는 허용되는 시간 내에 작업을 처리하지 않으면 큰 손실이나 위험이 초래될 가능성이 있다.

② 고도의 신뢰성: 소프트웨어의 오동작 및 작동중지 등이 없어야 한다.

③ 최적화 기술 지원: 경량화, 저전력 지원, 자원의 효율적 관리 등의 하드웨어를 최적화하는 기술을 지원해야 한다. 예를 들어서 MP3, 휴대폰 등은 작고 휴대성이 강조되어야 한다.

④ 특정 목적 및 전용 소프트웨어 개발: 예를 들어서 PMP, 디지털 카메라 등의 정보가전 기기에서는 특수한 영상 처리, 디지털 압축 알고리즘 등의 소프트웨어를 개발해야 한다.

⑤ 네트워크 및 멀티미디어 처리기능 지원: 단독형 시스템으로서 동작되어야 하고 또한 유무선 네트워크를 통해 연결될 수 있어야 하며 멀티미디어 정보를 처리해야 한다.

⑥ 다양한 솔루션과 개발 도구 필요: 다양한 기종과 규격의 마이크로프로세서에 최적화된 별도의 솔루션이 제공되어야 하며, 고난도의 임베디드 소프트웨어 어플리케이션을 빠르고 안정되게 개발하기 위해서는 사용하기 쉬운 개발 도구가 필요하다.

임베디드 소프트웨어의 주요 기술 분야에는 임베디드 기본 응용, 임베디드 미들웨어(Middleware), 임베디드 시스템 S/W, 임베디드 시스템 개발도구, 임베디드 S/W 플랫폼 등이 있다.

(1) 기본 응용

운영체제 위에서 사용자들이 직접 사용하는 소프트웨어로서 휴대형 정보가전기기 등에 탑재되어 있는 멀티미디어 플레이어, 게임 프로그램 등이 여기에 속한다.

(2) 미들웨어

미들웨어는 각기 분리된 2개의 프로그램 사이에서 매개 및 연결 역할을 담당하는 프로그램을 말한다. 주로 복잡한 이기종 환경에서 응용 프로그램과 운영체제 환경 간에 원만한 통신을 제공하며 개발 환경 제공, 자원 관리, 기기제어, 데이터 전송 처리 등의 기능을 수행한다.

(3) 시스템 소프트웨어

하드웨어를 관리하고 응용프로그램을 실행하는 데 필요한 가장 기본적인 소프트
웨어로서 운영체제, 각종 언어 컴파일러, 라이브러리 프로그램, 링커, 텍스트 에디터
등과 각종 하드웨어 및 주변장치를 구동하는 데 필요한 드라이버 프로그램이나 네
트워크 프로그램이 포함된다.

(4) 시스템 개발 도구

임베디드 시스템 개발에 도움을 주는 여러 장치 및 소프트웨어 등을 말한다. 이
러한 개발도구에는 작성된 소프트웨어를 타깃(target) 시스템에서 동작할 수 있도록
2진 코드로 변환해 주는 크로스 컴파일러(cross compiler), 디버깅을 위한 모니터
프로그램, 각종 주변장치에 대한 디바이스 드라이버 등이 개발도구로 이용된다.

(5) 임베디드 소프트웨어 플랫폼

플랫폼이란 컴퓨터 시스템의 하드웨어와 소프트웨어를 구현하는 환경 또는 기술
기반 등을 의미한다. 컴퓨터시스템을 계층적으로 구분하면 가장 하위계층은 집적회
로 수준의 하드웨어 계층이고 가장 상위계층은 응용프로그램 계층이지만 어느 계층
에서 그 계층 아래의 모든 계층들을 플랫폼이라고 부른다. <그림 11-3>은 임베디드
소프트웨어의 플랫폼 구성을 보여 주고 있다.

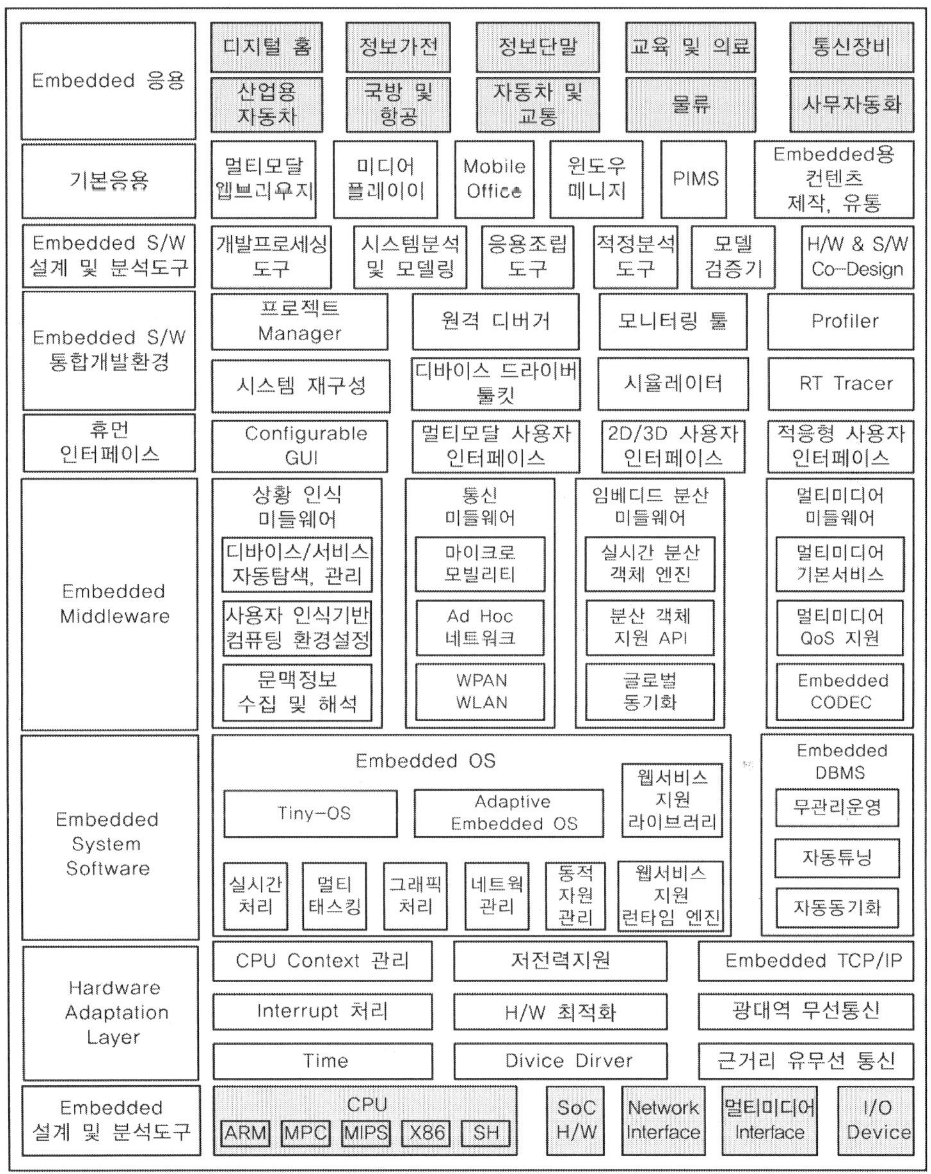

〈그림 11-3〉 임베디드 소프트웨어의 플랫폼 구성

11.1.5 임베디드 시스템의 운영체제 이해

임베디드 시스템은 일반적인 컴퓨터 시스템과는 달리 특정한 작업만 수행하도록
설계된다. 초기의 임베디드 시스템은 특별한 운영체제 없이 간단한 프로그램으로

시스템 기능을 구현하였다. 최근 임베디드 시스템은 규모가 커지고 네트워크나 멀티미디어 기능이 필요하게 됨에 따라 운영체제의 도입이 요구되었고 특히 실시간 동작을 위해서도 실시간 운영체제가 필요하게 되었다.

임베디드 운영체제는 독립형 운영체제, 전용 운영체제, 실시간 운영체제, 범용 운영체제 등으로 분류된다.

(1) 독립형 운영체제(Standalone Operating System)

소규모 임베디드 시스템에서는 별도의 운영체제를 사용하지 않고 독자적으로 프로그램을 개발한다. 특정 기능만 수행하도록 프로그램을 개발하는 경우이며 구동 시작부터 임베디드 응용프로그램이 즉시 수행된다.

(2) 전용 운영체제(Special Purpose Operating System)

임베디드 시스템을 개발하는 초기부터 전용 운영체제를 제작해 놓고서 그 위에서 응용 프로그램을 작동시키는 방법이다.

(3) 실시간 운영체제(RTOS: Real-Time Operating System)

주어진 작업을 정해진 시간 이내에 처리해야 하는 임베디드 시스템에서 도입되며 응답속도(response speed), 인터럽트(interrupt), 효율성(efficiency), 이식성(portability) 등에서 우수한 성능을 가지도록 설계된 운영체제이다. 실시간적 요소를 충족시키기 위해서는 모듈화, 선점형 멀티태스킹, 실시간 스케줄링, 통합 개발환경 등이 지원되어야 한다.

실시간 시스템에는 경성 실시간 시스템(Hard Real-Time System)과 연성 실시간 시스템(Soft Real-Time System)으로 분류된다. 경성 실시간 시스템은 전투기의 비행제어 시스템, 핵발전소의 제어시스템, 인공위성의 제어시스템 등과 같이 실시간을 위배할 경우에 치명적 손실이 발생하는 시스템을 말한다. 연성 실시간 시스템은 정해진 시간 내에 작업이 완료되지 않더라도 치명적인 손상이 발생되지 않는 시스템이다.

대표적인 상용 실시간 운영체제에는 아래와 같은 것들이 있다.

① VxWorks: WindRiver사의 실시간 운영체제로서 안정적인 OS시스템과 개발 환경을 가지고 있으나 고가의 라이선스 정책 때문에 소규모 시스템 개발업체에서는 채택하기 어렵다.

② Nucleus: Mentor Graphics사의 실시간 운영체제로서 저작권(royalty)이 없기 때문에 널리 사용되고 있다. 인공위성, 엘리베이터, 휴대전화, 기지국 등 네트워크 분야에서 강세를 보이고 있다.

③ Windows CE: 실시간 운영체제 및 임베디드 시스템 시장을 위해 Microsoft사가 개발하였다. 차세대 모바일 장치 및 메모리를 적게 차지하는 장치를 신속하게 개발할 수 있는 환경을 제공한다.

(4) 범용 운영체제(GPOS)

데스크톱 컴퓨터 또는 서버 등에서 주로 사용되는 범용 운영체제에는 Windows 95/98/2000, Windows XP, UNIX, DOS, Mac OS, OS/2 등이 있다. 대용량 시스템에는 적합하지만 RTOS보다 실시간 성능이 떨어진다. 제품화되고 있는 대부분의 임베디드 시스템에는 상용 운영체제를 사용하는데 이들은 개발 시스템에 대한 초기화 코드, 운영체제의 소스코드와 개발 툴 등이 함께 제공되어 쉽게 응용 개발할 수 있는 장점이 있다. 그러나 상용 운영체제는 상당한 규모의 비용이 들고, 확장성 및 호환성 측면에서 부족할 뿐만 아니라 시스템 개발을 위한 전문적인 노력이 요구된다. 최근에 널리 채택되고 있는 임베디드 리눅스(Embedded Linux)는 이러한 문제점을 해결해 줄 수 있다.

임베디드 리눅스는 임베디드 시스템에서 동작하는 리눅스 커널로서 임베디드 시스템에서 동작하는 데 필요한 기능을 갖추고 있다. 임베디드 리눅스의 특징은 아래와 같다.

① 뛰어난 기술적인 성능, 견고성, 보안 기술 등이 검증됨.

② 개발 환경: POSIX 호환, GNU 도구 사용

③ 폭넓은 응용(정보가전 분야, 휴대통신 분야, 네트워킹 장비 분야)과 하드웨어 지원

④ 다양한 종류의 네트워킹, 파일 시스템, 프로토콜 지원

⑤ 프로그램 공개: 공개 소프트웨어 정책을 통해 개발자에게 소스 코드 공개

11.2. 임베디드 시스템 개발 과정

11.2.1. 시스템 설계 및 개발 단계

모든 시스템을 개발할 때에는 시스템 구현을 체계적으로 수행하기 위한 개발단계가 요구된다. 물론 임베디드 시스템 개발에서도 마찬가지이다. 임베디드 시스템의 설계 및 개발 단계의 시작은 제품의 정의로부터 이루어지며 여기에는 제품의 요구사항, 기능 요구사항, 성능, 가격 등이 포함될 수 있다. <그림 11-4>는 시스템 설계 및 개발 단계를 보여 주고 있다.

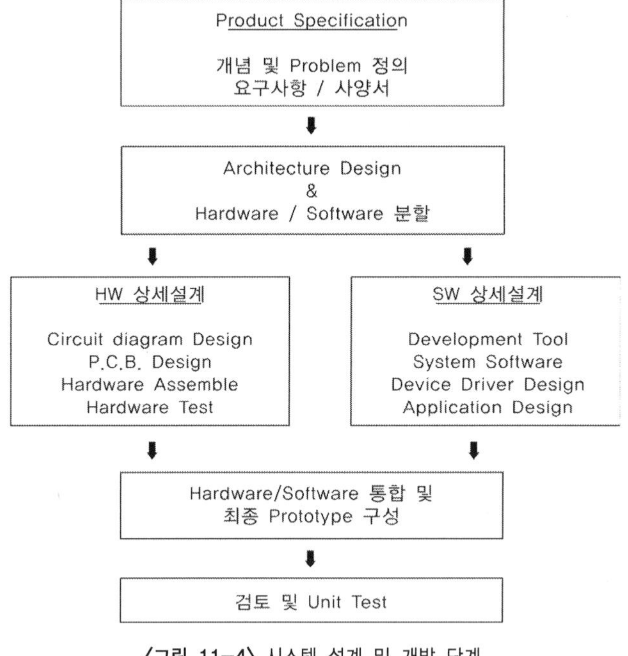

〈그림 11-4〉 시스템 설계 및 개발 단계

(1) 요구사항

본 제품을 사용하게 될 사용자의 요구사항을 정의한다. 이러한 사용자 요구사항은 시장조사와 예측을 통하여 정의되며 때로는 제품개발자들의 아이디어로 사용자 요구사항을 예측하여 정리하기도 한다. 특히 신종 제품의 경우에는 사용자들이 제품에 대한 개념마저 확립되어 있지 않는 경우도 있기 때문에 개발자가 사용자 입장에서 여러 가지의 요구사항을 정의하게 된다.

일반적으로 요구사항이라고 말하면 사용자 입장에서 본 요구사항을 의미하지만 시스템 개발 단계에서 요구사항은 사용자 요구사항과 설계 요구사항으로 구분된다. 사용자 요구사항은 시스템을 블랙박스로 놓고서 시스템의 기능, 성능, 신뢰도, 가격 등을 정의한 것이고, 설계 요구사항은 사용자 요구사항을 만족시키기 위한 기술적 목표시스템에 해당한다고 말할 수 있다.

설계 요구사항에는 아래와 같은 항목들이 포함된다.

① 처리능력: MIPS(Millions of Instruction Per Second), 즉 1초 동안 처리하는 연산 횟수가 이용되며, 프로세서의 선정기준이 된다.

② 메모리: 실행 소프트웨어와 데이터를 저장할 메모리(ROM/Flash Memory/RAM)의 크기는 하드웨어 설계자가 적절한 크기를 결정하고 소프트웨어가 개발되는 과정에서 실제 크기를 조정할 수 있어야 한다.

③ 개발 비용: 대량 생산의 경우보다 소량생산의 경우 특히 시스템의 비용을 정확하게 추정하여야 한다.

④ 생산되는 제품의 수: 소량 생산의 경우에는 독자적으로 개발한 하드웨어 부품보다는 상용 부품을 사용하는 편이 적절하다.

⑤ 예상 수명: 시스템이 평균적으로 얼마나 오랫동안 지속적으로 동작해야 하는지를 판단해야 한다.

⑥ 신뢰성: 아이들의 장난감과 우주왕복선의 신뢰도는 다를 것이다.

(2) 하드웨어 설계

임베디드 시스템이라고 해도 기본적인 구조는 상용 컴퓨터와 크게 다를 것이 없다. 우선 프로세서를 선정하고 설계요구사항에 명시된 메모리 규모를 설계하며 입출력 상태를 감시 및 실행하는 입출력 장치, 그 이외에 네트워크 장치, 센서, 구동기 등을 선정해야 한다.

하드웨어 개발자는 선정된 프로세서, 메모리 및 주변 I/O 장치를 이용하여 회로도를 설계한다. 회로도를 설계한 후에는 PCB에 각 부품의 위치를 설정하고 부품 사이의 연결을 회로도에 맞추어 구현시켜야 한다. 회로도, 아트워크 및 PCB 설계를 위한 툴에는 OrCAD, Power logic, Mentor, PCAD, CADSTAR, CSiEDA5, PowerPCB

등이 있다. 아트워크나 PCB 설계 시 부품배치는 각 신호간의 간섭이나 노이즈 및 EMI, EMC 문제 등을 고려하여 실행되어야 한다.

(3) 소프트웨어 설계

하드웨어 설계 단계에서 프로세서 선정이 필요하듯이 소프트웨어 설계 단계에서는 운영체제의 선정이 중요시된다. 운영체제의 선정은 운영체제의 필요성, 실시간 기능, 시스템 메모리의 크기 등에 따라 결정한다. 임베디드 시스템에서 많이 사용되는 운영체제로는 상용 RTOS(VxWorks, pSOS, VRTX, uCOS 등), WinCE, 임베디드 리눅스, 임베디드 JAVA 등이 있다.

소프트웨어 설계 단계에서 운영체제 선정 못지않게 커널 및 디바이스 드라이버 포팅도 중요하다. 임베디드 시스템의 운영체제의 커널을 시스템에서 실행할 수 있도록 프로세서 관련 처리, 메모리 관리, 트랩 및 인터럽트 처리, 타이머 등을 설정 및 수정을 통하여 운영체제의 스케줄러가 정상적으로 실행될 수 있도록 커널을 포팅한다. 이후 LCD, 네트워크 어댑터, 오디오, 키보드, HDD, USB, UART 등의 디바이스를 구동하는 데에 필요한 디바이스 드라이버 프로그램을 대상 하드웨어에서 구현되도록 포팅한다. 운영체제의 커널 포팅과 디바이스 드라이버 프로그램 포팅이 완료되어 시스템이 안정화되면 응용 소프트웨어 개발을 시작할 수 있게 된다.

(4) 최종 프로토타입(prototype)의 구성 및 통합

하드웨어와 소프트웨어 기능 블록들을 모아서 최종 프로토타입 시스템을 구성하는 단계이다. 하드웨어와 소프트웨어가 각각 독립적으로 동작할 때에는 발견되지 않았던 각종 오류들이 발견되는 단계이기도 하다.

(5) 검토 및 유닛(unit) 테스트

검토는 오류 검출의 중요한 수단이며 설계자가 놓쳤던 오류를 검토자가 점검하고 해결책을 찾는 과정이라고 볼 수 있다. 유닛 테스트는 일반적으로 독립적인 테스트 담당자가 제품의 요구사항 및 사양을 충족시키는지를 확인하기 위해 수행되며, 이 단계에서 검출된 오류의 수정은 많은 비용이 소요될 수도 있다. 이후에 베타 테스트 등을 통하여 피드백 되는 정보를 수집하여 개발에 반영하고 최종적으로 생산 단계에 들어가게 된다.

11.2.2. 프로세서 선정

임베디드 시스템 설계단계에서 상위수준 설계 중의 하나인 프로세서 선정은 하드웨어 설계에서 가장 중요한 과정이다. 프로세서 선정 시에 고려되어야 할 사항들은 아래와 같다.

① 인터페이스: 프로세서가 보유하고 있는 인터페이스의 종류를 고려한다.

② 메모리: RAM의 정확한 용량을 산정하기 위해서는 Buffer, Stack, FIFO 등의 크기를 고려한다. 단일 칩 마이크로컨트롤러의 경우에는 내부 RAM의 크기가 작으므로 메모리 용량을 확장하기 위해서는 외부에 RAM을 추가할 필요가 있다. ROM의 크기는 프로그램 코드와 변환 테이블의 크기에 따라 정해진다.

③ 입출력: 마이크로컨트롤러를 프로세서로 선정하고서 외부 메모리를 사용하지 않으면 외부 핀들을 입출력 용도로 사용할 수 있다.

④ 인터럽트: 프로세서에서 외부장치와의 데이터 입출력은 주로 인터럽트로 실행되며 프로세서의 성능을 좌우하는 중요한 기능이다. 따라서 프로세서가 가진 인터럽트의 종류와 기능은 중요한 프로세서 선택요소가 된다.

⑤ 실시간 처리 기능: 실시간 처리 시스템에서는 프로세서의 처리 속도, 인터럽터의 처리능력, 메모리 접근속도 등이 고려되어야 한다. 통신, 모터제어, 영상처리 등의 기능을 수행하는 경우에는 전용프로세서가 내장된 프로세서를 선택하는 것이 유용하다.

⑥ 개발 환경: 새로운 프로세서를 선택하는 것은 새로운 개발도구 및 환경을 구축하고 사용하는 것이다. 따라서 개발환경은 프로세서 선택에 중요한 결정요소이며 개발 장비가 얼마나 보편적인지도 고려해야 한다.

11.2.3. 운영체제 선정

소프트웨어 설계단계에서 운영체제 선정은 매우 중요한 과정이다. 소프트웨어 엔지니어들은 자신만의 RTOS를 직접 작성하여 사용할 수도 있지만 다양한 운영체제 제조사로부터 선택하여 사용한다. 이러한 경우에 선택하고자 하는 운영체제의 주요한 기능과 특성을 파악하고 있어야 하며, 최소한의 외부 인터페이스와 관계를 이해해야만 설계에 활용할 수 있다. 운영체제를 구입하는 가장 주된 이유는 자체적으로 직접 개발한 운영체제보다 좀 더 신뢰성이 높기 때문이다.

시중에 나와 있는 운영체제는 기능, 성능, 가격 측면에서 매우 다양하다. 단순한 운영체제는 기본적인 스케줄러와 몇 개의 시스템 콜만을 제공하며 저가이면서 소스코드도 제공된다. 복잡한 운영체제는 단순한 스케줄러 이상의 많은 유용한 기능들을 가지고 있으며 실시간 성능을 보장하고 ROM에 탑재되는 코드의 개수에 따라 로열티를 지불해야 한다. 실시간 운영체제들 중에서 인기 있는 제품으로는 WindRiver사의 VxWorks, Integrated사의 pSOS, Microtec사의 VRTX 등이 있다. <표 11-1>은 실시간 운영체제의 체크 목록을 보여 주고 있다.

〈표 11-1〉 실시간 운영체제의 체크 목록(참고문헌: 임베디드 시스템, 임광일 저, 한신대학교출판부)

체크 목록	내용
언어/프로세서 지원	사용하고자 하는 프로그래밍 언어와 선택된 프로세서를 지원하는 공급자
도구의 호환성	ICE, 컴파일러, 어셈블러, 링커, 소스코드 디버거와 함께 동작되는지 확인
서비스	운영체제의 다양한 서비스 - 큐, 시간지연, 세마포어 등 소프트웨어를 설계할 때 필요한 서비스 지원 여부
성능	성능요구를 만족하는가?(설계된 하드웨어에서 확실하게 적용되는가)
소프트웨어 구성요소	프로토콜 스택, 통신서비스, 실시간 데이터 서비스, 웹서비스, 가상머신, 그래픽 라이브러리 등의 구성요소 및 통합 여부
디바이스 드라이버	일반적으로 해당 디바이스 드라이버를 지원 여부
디버깅 툴	어려움, 결함을 찾아내는 디버깅 툴의 지원 여부
표준 호환성	안정성 및 응용프로그램의 요구에 대하여 호환성 표준
기술 지원	제품을 구입한 뒤 일정기간, 약정을 통하여 지원서비스 또는 훈련과 컨설팅 제공 여부
소스 vs 오브젝트 코드	라이선스를 구매할 때, 소스코드 제공 여부
평판	거래처 확인

11.2.4. 개발도구 및 환경

임베디드 시스템의 개발도구 및 환경은 하드웨어 분야와 소프트웨어 분야로 구분된다. 하드웨어 개발 장비에는 오실로스코프(Oscilloscope)와 로직 분석기(Logic Analyzer)가 있다. 이 장비들은 하드웨어의 모듈이나 IC 칩에서 출력되는 신호의 동작 유무, 신호의 세기, 주파수, 타이밍 등을 파형 및 수치 등으로 보여 준다.

오실로스코프는 외부와 상호작용을 관찰하거나 개발 보드의 신호에 대한 전압, 파형왜곡, 지연시간 등을 측정할 수 있다. 오실로스코프는 비교적 적은 수의 신호를 관찰하는 데에는 유용하지만, 0과 1의 논리(logic)값만을 분석하고자 할 때에는 신호측정 개수가 많은 로직 분석기를 사용한다. 오실로스코프는 보통 4개 정도의 신호 파형을 측정하지만, 로직 분석기는 100개 이상의 신호 선을 측정할 수 있으므로 어드레스 버스와 데이터 버스의 실제 신호 값 측정에 활용된다.

소프트웨어 개발 도구에는 통합 개발환경(IDE: Integrated Development Environment) 소프트웨어, 운영체제 등이 있다. 사용자가 작성한 프로그램은 컴파일되어 재배치 가능한 모듈이 되고, 링커와 로더는 이 모듈들을 묶어서 특정 메모리 영역으로 변환시킨다. 이러한 과정을 통합 개발환경 소프트웨어를 사용하여 자동적으로 수행시킬 수 있다. 임베디드 시스템은 고유한 하드웨어로 동작하므로 하드웨어가 어떻게 구성되는지를 통합 개발 소프트웨어에 환경설정해 주어야 한다.

시스템 개발 도구 중에는 하드웨어와 소프트웨어 기능의 중간적 위치에서 사용되는 장비들이 있는데 여기에는 ICE(In-Circuit Emulator) 장비와 BDM(Background Debug Mode) 또는 JTAG(Joint Test Action Group) 디버거 등이 있다. ICE는 프로세서와 나머지 시스템 간의 상호작용 정보를 가로채서 보여 주는 장비이고, BDM과 JTAG 디버거는 프로세서의 특별한 핀을 통해서 프로세서 자체에 내장된 기능을 사용하는 디버깅 장비이다. 일반적으로 ICE는 타깃 시스템(Target system)의 프로세서와 메모리를 사용하지 않고 자체 내장된 프로세서와 메모리를 사용한다. 원격 디버거는 임베디드 소프트웨어 상태를 관찰하고 제어하는 데 유용하지만, ICE는 프로그램으로 동작하는 프로세서의 상태를 확인할 수 있다.

11.3. 임베디드 하드웨어

11.3.1. 프로세서

임베디드 시스템 개발과정에서 가장 먼저 수행해야 하는 것들 중의 하나가 바로 하드웨어의 핵심인 프로세서를 선정하는 일이다. 프로세서를 선정한 후에 운영체제를 선정하고 개발 환경을 구축하여 시스템을 개발하는 과정을 거치게 된다.

임베디드 프로세서는 PC용 또는 서버용 프로세서와 비교할 때 저가격, 저전력, 적은 프로그램 메모리가 중요한 부분을 차지한다. 임베디드 시스템에서는 소형이고, 이동성이 강조되는 경우가 많으므로 배터리를 전원으로 사용하게 되므로 전력소모가 작아야 한다. 또한 프로그램 크기를 줄임으로써 저가격 제품을 생산해야 한다.

임베디드 시스템에서는 뛰어난 계산능력과 낮은 전력소모의 장점을 가지고 있는 RISC 계열 프로세서를 많이 활용하고 있다. 임베디드 시스템에 가장 많이 사용되고 있는 프로세서들은 다음과 같다.

(1) MCS-51

Intel사에서 개발된 마이크로컨트롤러 계열 중에 가장 기본이 되는 MCS-51 계열 마이크로컨트롤러는 8051이다. 8051은 8비트 단일 칩에 프로세서 코어와 RAM, ROM, 4개의 병렬 입출력 포트, 직렬포트, 타이머 등을 내장하고 있다. MCS-51 계열 마이크로컨트롤러들은 현재 많은 칩 제조회사에서 출시하고 있으며 내부 프로그램 메모리의 유무, 유형(ROM/Flash), 크기 등에 따라 여러 가지로 분류된다. <그림 11-5>는 MCS-51 계열의 하나인 8051의 내부 블록도를 나타내고 있다.

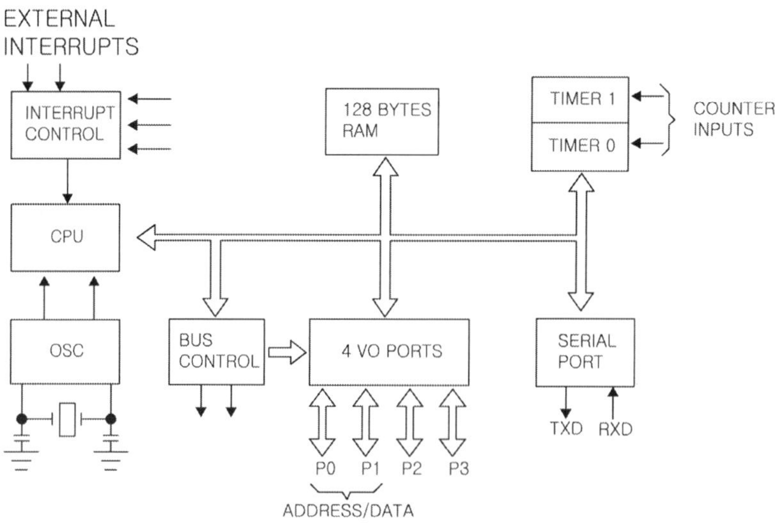

〈그림 11-5〉 8051의 내부 블록도

(2) AVR

AVR은 미국의 ATmel사에서 제공하는 RISC(Reduced Instruction Set Computer) 구조의 고속 8비트 마이크로컨트롤러이다. 기본적으로 8비트 데이터처리 구조를 가지며 저리속도가 빠르고 I/O 및 인터럽트 능의 자원이 풍부하여 중소형 규모의 산업용 제어기에 적합하다.

AVR은 임베디드 환경에 적합한 저전력 소모를 가진 칩으로서 내장된 메모리와 외부 접속장치의 규모에 따라 Tiny(ATtiny), Classic(AT90S), Mega(ATmega, ATxmega)로 분류하고 있다. <그림 11-6>은 AVR 코어 내부 블록도를 보여 주고 있다.

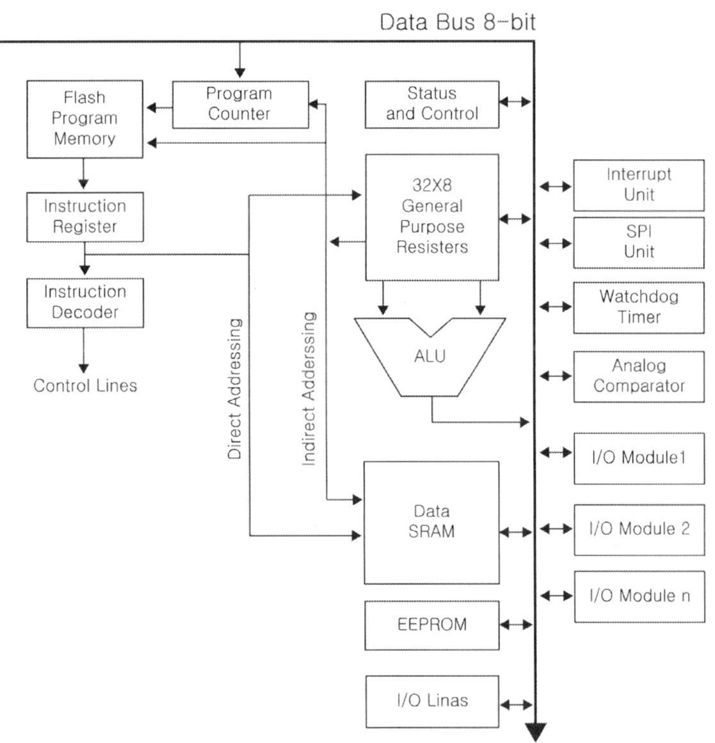

〈그림 11-6〉 AVR 코어 내부 블록도

(3) PIC

PIC(Peripheral Interface Controller)는 1980년대 후반에 G.I(General Instrument) 사에서 독립한 마이크로칩 테크놀로지(Microchip Technology)에서 개발 및 생산되고 있다. 동작 전원범위가 넓고, 소비전류가 적은 소형 제품 제작에 적합하다. 프로그램

과 데이터가 별도의 메모리 공간을 가지고 있는 하버드 구조(Harvard Architecture)
로 구성되어 있다. 또한 명령어가 싱글워드이므로 명령어 패치와 실행이 동시에 가
능하므로 싱글 사이클로 빠르게 동작한다. <그림 11-7>은 PIC 코어의 내부 블록도
를 나타낸다.

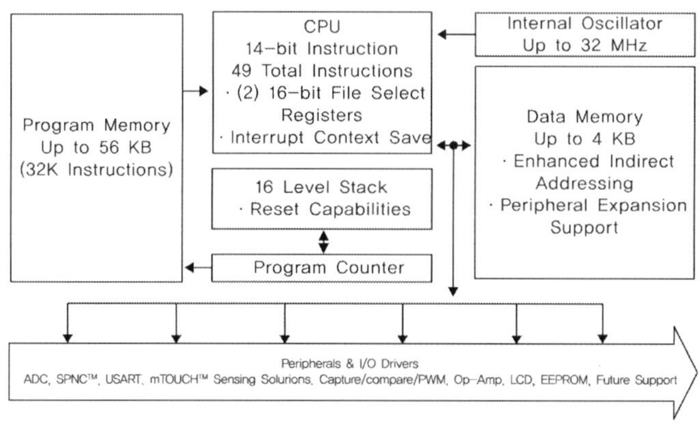

〈그림 11-7〉 PIC 코어의 내부 블록도

(4) ARM 계열

ARM은 'Advanced RISC Machine 아키텍처'를 의미하며 영국 Acron Computer
Limited사에서 개발된 32비트 RISC 프로세서이다. ARM사는 직접 프로세서를 제
작하지 않고 설계도인 코어(core)만 개발하며, 그 설계 내용(Hardware IP/Software
IP)을 각 회사에게 라이선스를 받고 판매한다. Intel, 삼성 등 각 회사에서는 ARM
아키텍처를 이용하여 반도체를 구현하며, 각 회사마다 제조 공정이 다르기 때문에
동일한 ARM 코어를 사용하더라도 서로 다른 프로세서가 된다. ARM 코어는 1985
년 V1의 ARM1이 개발된 이후 V6의 ARM11에 이르기까지 아키텍처는 계속 발전
되어 오고 있다.

모든 ARM 프로세서는 특정 ISA(Instruction Set Architecture)로 구현되며 한 개 이
상의 ARM 코어를 가질 수 있고 하위 버전은 상위 버전과 호환성을 유지한다. ARM
ISA를 채용한 제품은 ARM 코어 외에 메모리관리장치(MMU), 캐시, TCM(Tightly
Coupled Memories) 프로세서 등 다양한 주변기기를 내장하는 프로세서 형태로 출
시되므로 인텔, 삼성, ATmel 등 반도체 회사마다 라이선스를 받아 특화된 제품을
생산하고 있다.

(5) PowerPC 계열

PowerPC 프로세서는 1991년에 IBM의 RISC 워크스테이션 RS/6000에서 사용된 POWER(Performance Optimization With Enhanced RISC) 구조를 모델로 하여 IBM, Motorola, Apple사가 제휴하여 만든 프로세서로서 32/64비트 RISC 아키텍처를 가진다. PowerPC 프로세서는 가장 널리 사용되고 있는 Intel 팬티엄 프로세서의 대안으로 개발되었으며, 개인용 컴퓨터에서 표준 개방형 운영체제를 적용시킬 수 있는 강력한 성능의 프로세서를 목표로 개발되었다. 최초의 저가 기기용 PowerPC 601이 개발된 이후 휴대 기기용 PowerPC603, 64비트 PowerPC620 등 많은 시리즈의 프로세서가 개발되었다.

(6) MIPS 계열

MIPS(Microprocessor without Interlocked Pipeline Stages)는 MIPS사에서 개발된 RISC 프로세서이다. MIPS의 대표적인 32비트/64비트 RISC 프로세서는 64비트 어드레스와 64비트 데이터 버스를 가짐으로써 높은 성능을 가지는 프로세서이다.

MIPS 아키텍처는 다양한 용도에 사용되지만 특히 비디오 처리용으로 많이 사용되고, 높은 연산 처리를 필요로 하거나 그래픽 처리를 많이 해야 하는 제품에 사용되고 있다.

11.3.2. 메모리

메모리는 프로세서가 처리하는 프로그램과 데이터를 저장하는 장치로서 계층구조, 즉 속도, 크기, 사용방법 등에 따라 단계적인 구분을 갖는다. 일반적으로 메모리의 종류에는 휘발성에 따라 크게 나누어지며 휘발성(volatility)이라는 것은 저장된 데이터가 전원이 제거되더라도 유지되는가를 의미한다. 휘발성 메모리에는 RAM이 있고 비휘발성 메모리에는 ROM과 플래시(Flash) 메모리가 있다. <그림 11-8>은 메모리의 구분을 보여 주고 있다.

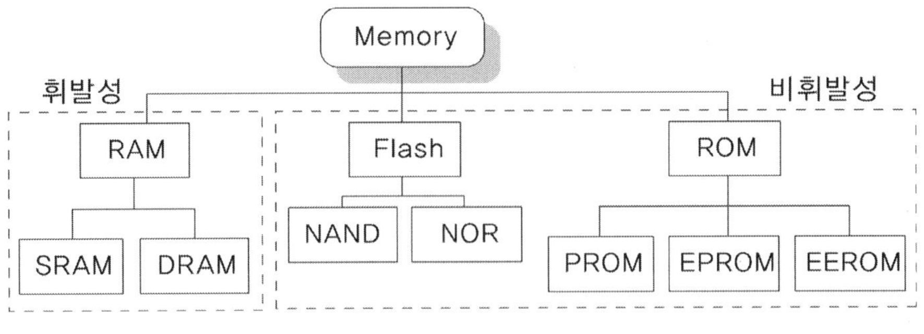

〈그림 11-8〉 메모리의 구분

(1) RAM(Random Access Memory)

RAM은 임의접근 메모리로서 프로세서가 프로그램과 데이터를 쉽게 쓸 수 있는 임시저장 공간이다. RAM은 휘발성 메모리이기 때문에 RAM에 있는 정보를 저장하려면 시스템 전원이 꺼지기 전에 영구 저장 공간으로 옮겨 놓아야 한다.

RAM에는 SRAM(Static RAM)과 DRAM(Dynamic RAM)이 있다. SRAM은 MOS(Metal-Oxide Semiconductor)로 구현된 플립플롭으로 구성되며 DRAM보다 동작속도가 빠르다. SRAM은 비트당 가격이 높아서 작은 용량의 메모리나 외부 캐시 메모리에 주로 사용된다. DRAM의 메모리 셀은 한 개의 트랜지스터(transistor)와 한 개의 커패시터(capacitor)로 구성되며 집적도가 높아서 주기억장치 등의 대용량 메모리에 주로 사용된다. DRAM은 커패시터의 충전과 방전을 이용하여 정보를 저장하므로 주기적으로 재충전(refresh)시키지 않으면 안 된다.

(2) ROM(Read Only Memory)

ROM은 읽기 전용 메모리로 비휘발성(non-volatile) 메모리이다. 전원을 켰을 때에 바로 동작하는 프로그램과 데이터를 저장하기 위해 사용되며 I/O 초기화, 운영체제를 적재하는 부트로더(bootloader) 프로그램, 응용프로그램 등에 사용된다. ROM에는 Mask ROM, PROM(Programmable ROM, EPROM(Erasable Programmable ROM), EEPROM(Electrically Erasable Programmable ROM) 등이 있다.

(3) 플래시(Flash)

플래시 메모리는 비휘발성으로 EEPROM보다 집적도가 높고, 상대적으로 작은 크기에 대용량이고, 고속으로 데이터를 읽어 내기가 가능하며, 전기적으로 삭제가 가능하다는 장점이 있기 때문에 임베디드 기기에 많이 활용되고 있다.

플래시 메모리에는 NOR형과 NAND형의 두 가지 종류가 있다. NAND형은 일반 메모리처럼 단순하게 데이터 버스와 어드레스 버스를 사용하여 읽을 수 없고 소프트웨어적으로 작업을 수행해야 하므로 대용량 데이터 저장용으로 사용된다. 반면에 NOR형은 읽기, 쓰기가 바이트 단위로 가능하지만 속도가 느리다는 단점이 있으며 코드저장용으로 사용되어 직접 실행이 가능하다.

11.3.3. 주변 장치(Peripheral)

주변 장치는 프로세서와 메모리를 제외한 모든 입출력장치를 의미한다. 주변장치는 키패드 또는 디스플레이처럼 휴먼 인터페이스에서부터 네트워크 또는 머신 인터페이스까지 다양한 장치들이 있다.

프로세서와 입출력 장치 사이에는 입출력 제어장치와 입출력장치 인터페이스가 구성된다. 입출력 제어장치는 데이터의 버퍼링(buffering), 제어신호의 논리적 변환, 제어신호의 물리적 변환, 오류 제어 등의 기능을 수행한다. 입출력 장치 인터페이스는 신호의 변환, 동기화 등을 담당한다. <그림 11-9>는 입출력 장치의 연결을 보여 주고 있다.

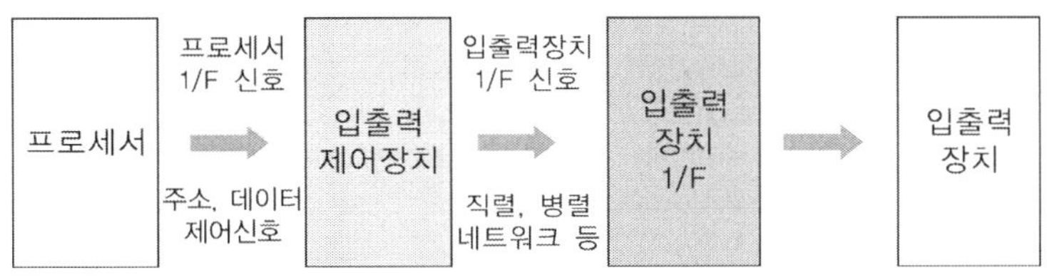

〈그림 11-9〉 입출력 장치의 연결

(1) 입력 장치

인간이 사용하는 문자, 숫자, 음성, 영상 등의 정보를 프로세서가 처리할 수 있도록 이진 데이터로 변환시켜 주는 장치이다. 입력장치에는 키보드, 자기 입력장치, 광학적 입력장치, 화면이용 입력장치, 아날로그신호 입력장치, 패턴인식 입력장치 등이 있다. 여기에서 화면이용 입력장치는 디스플레이 화면에 나타나는 정보에 따라 입력하는 장치로 터치스크린(touch screen), 라이트 펜(light pen), 마우스(mouse) 등이 있다. 아날로그신호 입력장치는 온도, 습도, 거리, 압력 등과 같이 연속적으로 변화하는 아날로그 신호를 디지털 정보로 변환하여 입력하는 장치이다.

(2) 출력장치

출력장치는 프로세서로부터 처리결과를 받아서 사용자에게 볼 수 있는 형태로 변환시켜 주는 장치이다. 출력장치에는 영상 출력장치, 프린터, 도형 출력장치, 아날로그신호 출력장치, 음성 출력장치 등이 있다.

(3) 버스 시스템

컴퓨터 시스템에서 프로세서, 메모리, 입출력장치들 사이에 데이터가 이동할 수 있는 통로(data path)가 있어야 하는데 이러한 통로를 버스(bus)라고 한다. 프로세서는 주소 버스(address bus), 데이터 버스(data bus), 제어 버스(control bus) 등의 3버스 시스템이 있다. 데이터 버스는 양 방향 버스로서 프로세서와 메모리 및 입출력 제어장치들 사이에 데이터를 전달하는 데 사용되며 신호선의 개수인 버스 폭(bus width)은 정보의 전달 단위(8/16/32/64비트)가 된다. 주소 버스는 프로세서가 액세스하려는 메모리 또는 입출력제어장치의 주소를 전달한다. 제어 버스는 메모리나 입출력제어장치를 읽고 쓸 때 프로세서에서 출력되는 읽기 신호, 쓰기 신호 등이 있고 입력신호로는 인터럽트, reset, clock 등이 있다. 표준화된 버스에는 아래와 같은 것들이 있다.

① ISA(Industry Standard Architecture): 8비트 확장 슬롯(extended slot)을 사용한 산업계의 표준 버스로서 초기에는 PC/XT에서 채용되어 4.77MHz의 동작 속도를 지원하였으며, PC/AT의 등장으로 8/16비트의 데이터 버스를 수용하고

8MHz의 속도로 동작하였다. 32비트를 지원하는 시스템에서는 EISA(Extended Industry Standard Architecture)로 개선되었다.

② PCI(Peripheral Component Interconnect): 마이크로프로세서와 독립된 새로운 지역버스 방식으로 Intel, IBM, DEC 등 여러 회사가 공동으로 제안하였으며 고속의 신뢰성 있는 입출력 버스 환경을 제공한다.

③ PCMCIA(Personal Computer Memory Card Association): PCMCIA는 휴대 용 컴퓨터와 주변 기기를 연결하기 위한 표준을 제정할 목적으로 설립된 국 제협회로서 PC카드(PCMCIA 카드)를 개발하였다. PCMCIA의 특징은 적은 전력소비와 간편한 설치가 가능하며, 일반적인 주변기기보다 가벼워서 주로 노트북, PDA와 같은 다기능 시스템의 확장에 사용된다.

(4) 통신 장치

통신장치는 임베디드 시스템과 외부장치와의 데이터 송수신을 할 수 있도록 인터 페이스해 주는 장치를 말한다. 이러한 통신 장치에는 직렬포트 통신, 이더넷, USB, IEEE-1394, I2C, SPI, CAN 등이 있다.

① 직렬포트(Serial port) 통신: 직렬포트 통신은 1비트 단위로 송수신하는 방식으 로서 모뎀, RS-232C, RS-485, X.25 등이 있다. 가장 많이 사용되는 직렬통신 은 프로세서와 키보드 사이의 RS-232C 표준방식으로 1960년대에서부터 사용 되었으며 국제적으로 표준화한 데이터 통신규격의 하나이다. RS-232C 통신장 치는 직렬포트에 비동기 직렬인터페이스 칩(UART: Universal Asynchronous Receiver Transmitter)을 이용하여 구동된다.

② 이더넷(Ethernet): 이더넷은 LAN(Local Area Network) 통신 표준의 하나인 IEEE 802.3으로서 CSMA/CD(Carrier Sense Multiple Access with Collision Detection) 프로토콜을 사용하고, 전송속도는 10Mbps이었으나 최근에는 10Gbps 까지 개발되었다.

③ USB(Universal Serial Bus): USB는 규격이 서로 다른 키보드, 마우스, 프린 터, 모뎀, 스피커 등을 비롯한 주변기기를 PC에 접속하기 위한 인터페이스를 공통을 사용하기 위해 개발되었다. USB는 PnP(Plug & Play) 기능을 지원하 므로 전원을 끄지 않고서도 주변장치 연결이 가능하다. USB는 용도에 따라 다양한

전송 속도, 즉 Hi-speed(480Mbps), Full Speed(12Mbps), Low Speed(1.5Mbps)를 선택할 수 있다.

④ IEEE-1394: IEEE-1394는 USB와 여러 면에서 비슷하며 이들 두 가지 연결기술을 시스템에 동시에 적용할 수 있다. IEEE-1394는 다른 전송 방법들이 주변 장치의 연결만을 고려한 것과는 달리 컴퓨터 및 주변기기 등뿐만 아니라 캠코더, VCR, 프린터, PC, TV, 디지털 카메라 등과 같은 가전제품 간의 데이터를 실시간으로 쉽고 적은 비용으로 연결하는 데 사용된다.

⑤ I2C(Inter-Integrated Circuit): 두 개의 회선이 필요하며 하나는 클록 신호용의 SCL(Serial Clock)이고 다른 하나는 실제 데이터 전송을 위한 SDA(Serial Data)용이다. 주로 사용되는 응용분야는 사용자 설정 값을 저장하기 위한 NVRAM 연결, 저속의 DAC/ADC 연결, 모니터의 조정, 지능형 스피커의 볼륨 변경, 진단 정보수집 등의 제어 목적에 사용되며 전력 소모가 적어서 휴대폰이나 이동형 장치들에 많이 사용된다.

⑥ SPI(Serial Peripheral Interface): SPI는 원래 모토롤라의 기기에서 사용되었으며 3-와이어 직렬 버스로 주로 I2C 등장 이전까지 자주 사용되던 통신 프로토콜이다. I2C와 마찬가지로 보드 내에 있는 여러 디바이스 간의 데이터 교환을 위해 사용되었다.

⑦ CAN(Controller Area Network): CAN은 1985년 자동차 전장품 개발업체 Borsch사에서 차량 네트워크용으로 개발되었다. CAN은 차량용으로 개발되었지만 철도 분야에서 지하철, 경전철, 장거리 열차 내의 여러 가지 응용제어, 우주 항공기 분야에서 상태 센서, 내비게이션 시스템, 기내 데이터분석에서부터 엔진 제어 시스템, 의료기기 분야에서 수술실의 조명, 테이블, X-레이 머신, 환자 침대 등을 제어하는 데에 적용되고 있다.

(5) 무선통신 장치

무선통신 장치는 유비쿼터스 컴퓨팅을 실현하기 위한 임베디드 시스템의 이동성을 부여하는 핵심장치라고 말할 수 있다. 무선통신 기술은 서비스 영역 범위에 따라 WAN(Wide Area Network), MAN(Metropolitan Area Network), LAN(Local Area Network), PAN(Personal Area Network) 등으로 구분된다. <표 11-2>는 서비

스 영역의 범위, 데이터 전송속도 등에 따라 무선 네트워크 통신 구분을 보여 주고
있다.

<표 11-2> 무선 네트워크 통신 구분

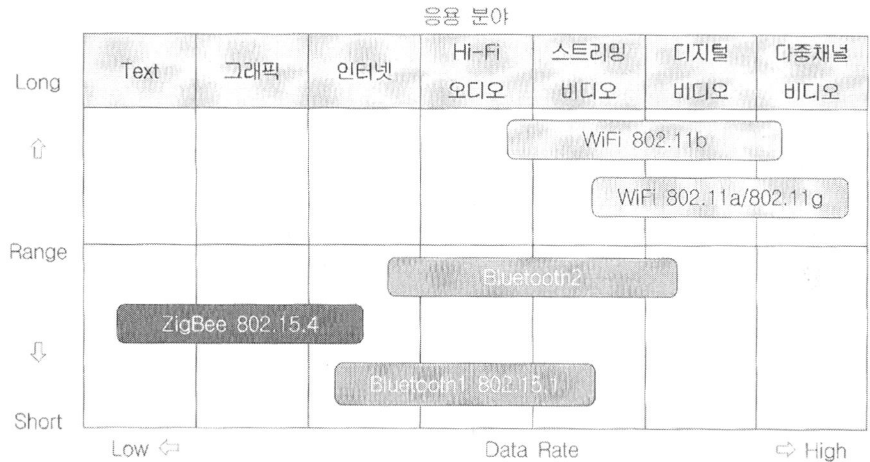

이동성 임베디드 기기에서 가장 많이 사용되고 있는 대표적인 무선통신 기술에는
무선랜(Wireless LAN), 블루투스(Bluetooth), ZigBee, IrDa(Infrared Data Association)
등이 있다.

(가) 무선 LAN(Wireless LAN)

무선 LAN은 유선 LAN의 확장으로 구현된 무선 데이터통신 시스템으로서 네트
워크를 오디오(하이파이)처럼 편리하게 쓰게 된다는 의미로 와이파이(Wi-Fi)라고도
부른다. 1999년 9월 미국 무선랜협회(WECA: Wireless Ethernet Capability Alliance,
2002년 WiFi로 변경)가 표준으로 정한 IEEE 802.11b와 호환되는 제품에 와이파이
인증을 부여한 뒤 급속하게 성장하였고, 우리나라에는 2000년에 도입되어 대학과
기업을 중심으로 활성화되고 있다. 무선 LAN에는 802.11a, 802.11b. 802.11g 등
여러 표준규격이 있다.

(나) 블루투스(Bluetooth)

블루투스는 근거리 무선통신 규격의 하나로, 반경 10~100m 안에서 각종 전자 정보통
신기기를 무선으로 연결하여 제어하는 기술규격을 말한다. 블루투스는 PAN(Personal
Area Networks)의 산업표준으로서 IEEE 802.15.1 규격을 사용한다. 블루투스는 모든

나라에서 허가 없이 이용할 수 있는 주파수 2.45GHz의 ISM 대역(Industrial Scientific Medical band)에서 FHSS(Frequency Hopping Spread Spectrum) 무선통신기술을 채택하고 있다.

(다) ZigBee

ZigBee는 Home network의 무선기술인 HomeRF의 Low rate version으로 1998년에 시작되었으며, Firefly, RF-Lite로 변경된 후에 최종적으로 ZigBee로 명명되었다. ZigBee라는 어원은 Zigzag 패턴의 꿀벌(Bee)과 같이 자유롭고 효율적인 무선통신을 의미한다. ZigBee는 전력 소모 측면에서 배터리가 수개월에서 수년간 지속될 수 있는 장점을 가지고 개인 무선통신(WPAN) 환경에서 저속 무선데이터통신 목적의 경제적인 솔루션이라고 말할 수 있다.

(라) IrDA(Infrared Data Association)

IrDA는 1994년부터 IBM, HP 등에서 공동으로 시작된 통신표준으로 적외선(IR, Infrared)을 사용하는 직렬통신 방식이며 노트북, 휴대전화기, PDA 등의 주변장치에 널리 사용되고 있다.

11.4. 임베디드 소프트웨어

11.4.1. 개요

임베디드 소프트웨어는 임베디드 시스템에 탑재되는 시스템소프트웨어, 미들웨어, 응용소프트웨어를 의미한다. 임베디드 소프트웨어는 임의, 단독, 개별적으로 동작하지 않으므로 일반 컴퓨터의 소프트웨어와는 용도가 다르다. 임베디드 소프트웨어는 하드웨어와 밀접한 관계가 있으므로 소프트웨어에 작은 변화가 발생하게 되면 처리 결과에 큰 차이가 발생할 수 있다.

임베디드 소프트웨어의 목적은 임베디드 장치의 기능과 성능을 향상시키는 데에 있다. 휴대전화, 자동차, 디지털 카메라, 카내비게이션 등의 소비자 제품에서 전기밥솥, 세탁기, 냉장고 등의 가전제품의 제어에 이르기까지 임베디드 시스템을 필요로 하는 장치의 종류는 매우 다양하다. 임베디드 시스템은 실시간 시스템이 주를 이룬다. 실시간 시스템은 정해진 시간 내에 결과를 출력해야 하는 시스템이다.

임베디드 소프트웨어 개발자에게는 풍부한 기능을 가지는 임베디드 시스템 개발과 함께 개발기간 단축이라는 상반된 개발 요구사항이 주어진다. 이러한 개발 상황에서는 커널을 독자적으로 개발할 여유가 없고 시판 커널을 외부에서 조달하는 것이 현실적이다. 또한 정해진 임베디드 시스템의 하드웨어 자원 중에서 풍부한 기능의 거대한 프로그램을 실행시키기 위해서는 종래의 프로세서 능력으로는 완전하게 대응할 수 없다. 이러한 문제를 해결하기 위한 방법으로 멀티프로세서를 생각할 수 있다. 결국 임베디드 소프트웨어 개발자는 커널을 구매하여 사용함으로써 개발 기간을 단축할 수 있고 멀티프로세서를 도입함으로써 임베디드 시스템의 풍부한 기능을 구현할 수 있게 된다.

최근의 임베디드 시스템 분야에서는 시스템 자체가 커지고 네트워크나 멀티미디어 기능이 요구될 뿐만 아니라 임베디드 시스템이 해야 할 일들이 많아지고 복잡해지면서 운영체제 도입이 필요하게 되었다. 임베디드 시스템에 설치할 수 있는 운영체제에는 실시간 운영체제(RTOS: Real Time Operating System)와 범용 운영체제(General Purpose OS) 두 가지가 있다. 현재 시중에서 주류를 이루고 있는 임베디드 OS들 중 대부분은 RTOS이며 RTOS가 임베디드 OS라고 해도 손색이 없을 정도이다. 데스크톱 시장처럼 특정 OS가 임베디드 OS 시장을 점유하는 것이 아니기 때문에 종류만 해도 수를 헤아리기 어렵다. 이들 RTOS는 선점형 멀티태스킹을 지원하며 POSIX를 지원하고 있다.

임베디드 시스템에서도 범용 시스템 정도는 아니지만 요구되는 서비스의 고기능화에 의해 실행되는 프로그램 규모와 처리 단계가 비대화되고 있다. 임베디드 시스템에서는 범용 MPU와 전용 칩에 의한 기능 분담이 일반화되고 있다. 전용 칩에는 화상과 음성을 전문으로 다루는 신호처리용 DSP와, 압축·신장용 칩, 부동 소수점 연산 칩 등이 유명하다. 이러한 구성에서는 전용 칩은 입출력 디바이스와 같이 특수 디바이스로서 순차처리로 다룰 뿐이고 커널이 적극적으로 복수 MPU를 관리하는 경우는 없다. 임베디드 시스템에서 복수의 MPU를 사용하는 경우 MPU와 메모리를 한 세트로 하여 버스를 복수 준비하는 소결합 시스템(loosely coupled system)이 일반적이다. 이 경우 각 MPU는 전용 커널이 존재하고 이것에 의해 제어된다.

임베디드 소프트웨어 산업은 마이크로프로세서가 개발되고서부터 모든 산업분야에 융합되어 왔다. 마이크로프로세서가 개발되기 이전에는 전기회로 혹은 전자회로 구성으로 각종 제어장치를 구현하였으나 마이크로프로세서가 등장한 이후에는 소프트웨어를 통한 여러 가지 기능을 실현할 수 있게 됨에 따라 임베디드 산업이 급속도로 성장하게 되었다. <그림 11-10>은 임베디드 소프트웨어 산업의 발전 동향을 보여 주고 있다.

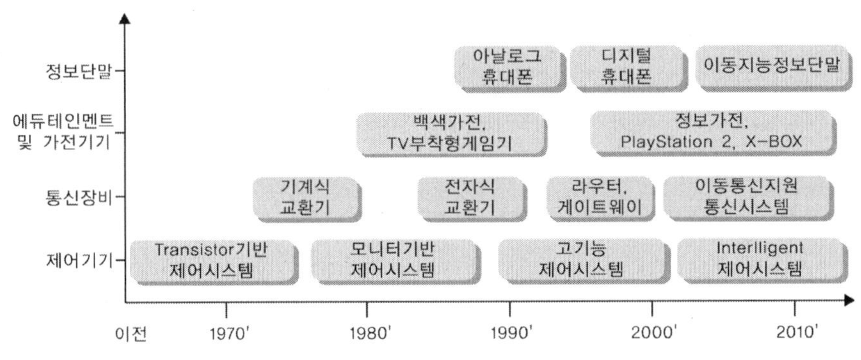

〈그림 11-10〉 임베디드 소프트웨어 산업의 발전 동향
(참고문헌: 임베디드 컴퓨터 시스템, 정환묵 편저, 내하출판사)

11.4.2. 임베디드 소프트웨어 구성

범용 시스템과 마찬가지로 임베디드 소프트웨어도 크게 OS와 어플리케이션으로 구분된다. OS(Operating System)는 다양한 시스템에서 공통으로 사용되고 다른 소프트웨어의 처리를 가능하게 하는 구조를 제공하는 소프트웨어이다. 응용 프로그램(Application Program)은 OS가 제공하는 구조를 이용하여 특정 문제를 컴퓨터에서 처리할 수 있도록 하는 소프트웨어이다. OS는 커널, 디바이스 드라이버, 미들웨어 등으로 구성된다. 커널(Kernel)은 어플리케이션의 실행·감시·제어 등을 수행한다. 디바이스 드라이버는 커널을 사용하여 입출력 디바이스를 제어하고 어플리케이션이 입출력을 편리하게 할 수 있도록 해 준다.

범용 시스템에서 디바이스 드라이버 프로그램은 OS에 내장되어 제공된다. 그러나 임베디드 소프트웨어에서는 제품에 따라 사용하는 디바이스가 다르고 디바이스의 조작 방법에 대한 요구가 크게 다르기 때문에 고정된 디바이스 드라이버의 기능을 OS 기능에 내장하는 것만으로는 쓸모가 없게 된다. 미들웨어는 디바이스 드라이버와 커널이 제공하는 기본기능을 이용하여 어플리케이션에 범용적으로 편리한 기능을 제공하는 모듈이다. 미들웨어의 기능에는 파일 시스템, GUI, 통신 등의 일반적인 기능에 추가하여 동화상의 압축·복원을 행하는 MPEG, 정지화상의 압축·복원을 행하는 JPEG 등과, HTML 문서를 표시하기 위한 브라우저 등이 있다. 임베디드 시스템에서는 커널, 디바이스 드라이버, 미들웨어 등은 기능단위의 패키지로 판매되고 있다. 임베디드 시스템의 개발에서는 이들 패키지, 즉 소프트웨어 부품을 조합하여 사용자 스스로의 OS를 구축하는 경우가 많다. <그림 11-11>은 임베디드 소프트웨어 구성을 보여 주고 있다.

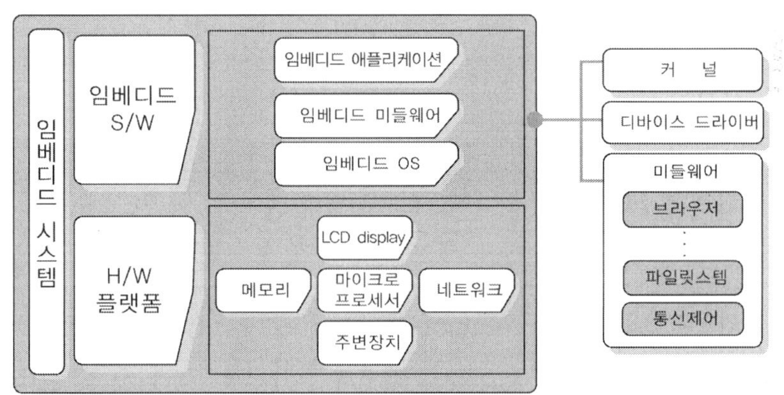

〈그림 11-11〉 임베디드 소프트웨어 구성

11.4.3. 실시간 커널

실시간 시스템을 구축하기 위해 인터럽트가 사용된다. 컴퓨터의 주변기기(입출력 디바이스)는 CPU와는 독립된 타이밍으로 동작하기 때문에 처리요구가 언제 발생할지 알 수 없다. 이러한 요구에 즉시 응답하여 이벤트 구동(event driven)을 실현하기 위해서 인터럽트가 사용된다.

인터럽트는 주변 기기가 요구하는 것으로서 현재 실행하고 있는 프로그램 진행을 중단하고 미리 정해진 인터럽트 루틴을 실행한 후에 다시 원래 프로그램으로 되돌아오는 과정을 말한다. 인터럽트에는 내부 인터럽트와 외부 인터럽트가 있다. 내부 인터럽트는 명령인터럽트와 예외인터럽트로 구분된다. 명령인터럽트는 시스템 콜 호출명령, 트랩 명령 등과 같이 명령실행에 의해 발생된다. 예외인터럽트는 정의되지 않은 명령어를 실행한다든지 혹은 부정 어드레스로의 액세스 등과 같이 정상동작에서 벗어날 때에 발생한다. 내부 인터럽트는 이상 사태의 검출과 커널 기능 호출에 사용된다.

외부 인터럽트는 외부의 하드웨어로부터 발생되는 비동기적 예외 이벤트에 해당한다. 외부 인터럽트는 이상 인터럽트와 입출력 인터럽트로 분류할 수 있다. 이상 인터럽트는 전원 이상 등으로 발생하고 입출력 인터럽트는 입출력 동작의 완료, 입출력 장치의 상태 변화 등에 의해 발생한다. <그림 11-12>는 인터럽트 체크의 일반적인 흐름을 나타내고 있다.

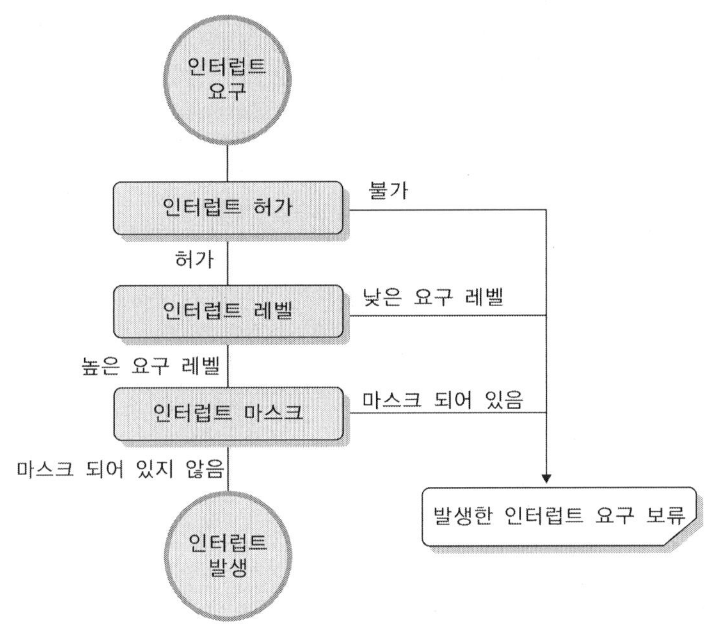

〈그림 11-12〉 인터럽트 체크의 일반적인 흐름
(참고문헌: 임베디드 컴퓨터 시스템, 정환묵 편저, 내하출판사)

인터럽트가 발생하면 미리 정해진 해당 인터럽트 루틴으로 실행을 옮기게 되는데 해당 인터럽트 루틴의 시작 어드레스를 인터럽트 벡터라고 한다. 인터럽트 벡터를 모아서 저장해 두는 장소를 인터럽트 벡터 테이블이라고 부른다.

인터럽트는 외부 이벤트이며 프로그램과 커널의 처리 중에도 발생한다. 즉, 인터럽트 처리루틴(혹은 인터럽트 핸들러)의 우선순위는 실행 중의 프로그램과 커널보다 높다. 인터럽트 처리 중에도 인터럽트가 발생할 수 있는데 이러한 방식을 다중 인터럽트라고 한다. 다중 인터럽트에서는 현재 처리 중인 인터럽트보다 우선순위기 높은 인터럽트가 새로이 발생하면 높은 인터럽트로 실행 순서를 옮기게 된다.

실시간 시스템에서는 다중프로그램이 구현된다. 다중프로그램(multiprogramming)이란 복수 개의 프로그램을 어떠한 트리거에 의해 바꾸면서 실행하는 방식을 말한다. 다중프로그램 환경에서 교체되는 프로그램의 단위를 태스크(task)라고 한다. 자원관리 측면에서는 태스크를 프로세스, 스레드라고 부르기도 하고 다중프로그래밍의 경우에는 각각 멀티프로세스, 멀티스레드라고 부른다.

어떤 태스크가 다른 태스크에 의해 중단되는 것을 선점(preemption)되었다고 한다. 우선순위가 낮은 태스크가 실행되고 있는 도중에 우선순위가 높은 태스크가 발행할 경우에는 현재 실행 중인 태스크를 잠시 중단시키고 우선순위가 높은 태스크를 먼저 실행시킨다. 우선순위가 높은 태스크의 실행을 마치면 우선순위가 낮은 태스크로 되돌아가서 중단되었던 지점부터 다시 실행하게 된다. 선점은 RTOS에 적합한 구조라고 말할 수 있다.

태스크는 커널의 스케줄링 알고리즘에 따라 실행되는 데 반해 인터럽트 서비스 루틴은 하드웨어 인터럽트와 주어진 우선순위에 따라 자동적으로 실행된다는 점이 다르다. 즉 인터럽트 서비스 루틴은 태스크 스케줄링과 비교하여 매우 단순하다고 말할 수 있다. 태스크 스케줄링 방식에는 이벤트 구동(event driven) 방식과 시분할(time sharing) 방식이 있다. 이벤트 구동 방식은 각 태스크마다 우선순위를 지정하여 우선순위 순서대로 실행하는 방식으로서 실시간 처리 시스템에 필수적이다. 시분할 방식은 일정시간마다 태스크를 교체함으로써 멀티프로그래밍을 구현하는데 실시간 시스템에는 적합하지 않다.

11.4.4. 임베디드 시스템의 소프트웨어 설계

임베디드 시스템의 소프트웨어를 설계할 때에 모든 것을 스스로 제작하는 것은 불가능하므로 필요로 하는 기능이 보편화되어 시판된다면 디바이스 드라이버와 미들웨어를 커널과 마찬가지로 구입하는 것이 검토되어야 한다. 일반적으로 임베디드 시스템의 소프트웨어 설계 절차는 다음과 같은 단계로 이루어진다.

① 전체 시스템 처리를 인터럽트 처리와 우선순위를 고려한 태스크로 나누는 태스크 분할을 수행한다.

② 임베디드 처리와 태스크, 혹은 태스크 간의 동기 및 통신 방법을 설계한다.

③ 임베디드 시스템 설계에서는 프로세스를 중심으로 설계하고 이것에 기능분할, 모듈 분할 등의 일반적인 소프트웨어 설계 기술을 부가한다.

④ 보유하고 있는 소프트웨어 자산의 유용, 새롭게 작성하는 소프트웨어를 부품화하고 자산화하여 재사용할 수 있는 방법에 대해 고려한다.

⑤ 개발 툴과 개발 언어 등 임베디드 소프트웨어를 개발할 때의 툴을 개발 규모와 개발 체제에 따라 선택한다.

11.5. 임베디드 시스템의 응용분야

임베디드 시스템은 마이크로프로세서를 활용하는 시스템들 중에서 PC를 제외한 시스템으로 볼 수 있다. 따라서 최초의 임베디드 시스템은 최초의 마이크로프로세서인 인텔 4004를 탑재하여 개발된 전자계산기로 볼 수 있다. 자판기, 복사기 등의 단순한 산업, 정보기기에서부터 최신의 거의 모든 전자제품은 임베디드 시스템이라고 말할 수 있다. 사람, 동물, 사물, 장소 등에 컴퓨터가 장착되는 유비쿼터스 시대에는 임베디드 시스템을 통한 각종 서비스들을 누구라도, 언제, 어디서나 사용할 수 있게 된다. 따라서 유비쿼터스 컴퓨팅은 곧 임베디드 시스템을 의미한다고 말할 수 있다.

(1) 정보가전 분야

단일기능 기기로만 작동해 왔던 가전제품에 정보통신기능이 부가됨에 따라 양 방향 통신 단말장치로 지능화가 이루어지고 있으며 디지털 TV, 오디오 시스템, DVD, 게임기 등 AV 제품들은 초고속정보통신망에 연결되어 에듀테인먼트 부분으로 발전하고 있다. 가정용 로봇 예를 들어서 가사도우미 로봇, 교육용 로봇, 애완용 로봇 등도 임베디드 시스템에 해당한다. 에어컨이나 보일러 등의 생활기기도 홈 네트워크를 통하여 원격제어, 원격검침으로 자동화되고 홈오토메이션, 홈 시큐리티, 건강검진서비스 등으로 발전하고 있다. 사무용 기기에서는 전자우편, 영상회의, 원격보고 등으로 다양하게 변화하고 있다.

(2) 산업 및 제어 분야

산업 및 제어분야에서의 임베디드 시스템은 공정 및 계측 등의 한정된 영역의 공장 자동화에서 제품의 수주부터 출하까지 모든 생산활동을 효율적이고 유기적으로 결합시키는 시스템 기술로 발전되었다. 공장자동화 시스템은 자동창고, 산업로봇, 수치제어 공작 기계, 무인운송, 품질검사 장치 등으로 구성되고 제품의 수주, 설계, 품질검사, 자재관리, 창고관리 등도 자동화되었다.

(3) 통신 및 방송 분야

통신 및 방송장비의 종류는 휴대폰 등의 이동통신 단말기로부터 기지국 장비, 중계기, 교환기, 라우터, 고속 스위치, 허브, LAN 등에 이르기까지 통신 전반에 걸쳐 다양하다. 통신 및 방송 분야에서는 멀티미디어 등의 다양한 서비스 제공과 함께 고성능, 고품질의 지능적인 임베디드 시스템 기술이 필수적으로 적용되고 있다.

(4) 특수 첨단 분야

우주, 군사, 의료 등 고도의 기술을 요구하는 특수 첨단 분야에는 점차적으로 기능의 지능화, 복잡성, 다양한 지원 등으로 발전하고 있다. 특히 항공 및 우주 분야는 전자, 통신, 컴퓨터 공학이 종합화된 분야이며 위성항행시스템, 레이더, 비행제어, 항공기전자장치, 자동항행 장치 등을 포함한다. 군사장비에는 각종 군용 전자통신장비, 전제제어 무기 등으로 임베디드 시스템이 광범위하게 사용되고 있다. 의료기기 분야에서도 각종 센서의 개발과 함께 인체에서 발생하는 각종 신호를 수치로 보여 주는 다양한 측정 및 진단장비에 첨단 임베디드 기술이 채택되고 있다.

12. 유비쿼터스 보안 기술

12.1. 보안의 역사적 배경

고대 국가가 형성되고서부터 국가 간의 이권이 중요한 외교문제가 되었고, 상업의 발달로 개인과 개인 간의 이권에 따른 비밀 보존을 위해 보안이 필요하게 되었다. 원시적인 방법으로 스테가노그래피(steganography)라는 방법이 사용되었다. 이러한 방법에서는 사람의 머리를 깎아 문신을 통해서 비문을 입력한다든지, 나뭇가지에 달린 열매의 유무에 따라 표현하거나, 종이에 양초로 쓴 글씨를 불에 그슬려 보면 글자가 나타나는 방식이 사용되었다.

12.1.1. 고대의 암호화 방법

고대에 사용되었던 암호화의 한 가지 방법으로 문자를 뒤섞어 보내는 방법을 사용했는데 일정한 규칙에 의해 문자를 뒤섞어 보내는 방식을 전치암호(transposition cipher)라고 한다. 기원전 400년 그리스인이 사용하기 시작했던 스키테일(scytale) 암호가 전치암호의 예에 해당한다. 스키테일 암호는 주로 전시에 사용되었는데 전쟁터에 나가는 군인들은 스키테일이라는 막대기를 가지고 나갔었다고 한다. 이 막대기는 양끝의 직경이 서로 다른데, 이 막대기에 기다란 양피지를 둘둘 말아서 가로로 글을 써넣은 뒤 다시 펴는 방법으로 암호문을 만들었다. 암호문을 작성한 막대기와 동일한 크기가 아니면 글자를 올바르게 읽을 수 없도록 만듦으로써 암호화를 시도하였다.

또 다른 한 가지 방법으로 시저의 암호(Julius Caesar cipher)라고 불리는 전치 암호화 방법이 있다. 이 방법에서는 전치암호 방식으로 알파벳 문자를 두 문자 건너

뛰고 세 번째 문자로 치환하는 방법을 사용하였다. 이 암호는 암호라는 말에 어울리는 최초의 암호방식이라고 말할 수 있지만 알고리즘의 보안성이 결여되고 알고리즘이 노출되면 누구나 해독이 가능하다는 단점을 가지고 있다.

12.1.2. 근대의 암호화 방법

17세기 근대 수학의 발전과 더불어 다양한 암호기술이 발전하기 시작하였으나 본격적인 근대 수학을 도입한 과학적인 근대 암호는 20세기 들어와서 발전하기 시작하였다.

비게네르(vigenere) 암호는 1583년경에 비게네르가 제창한 방법으로 암호키의 영어단어를 선택하여 평문을 숫자(00~25)로 바꾼 다음에 암호키 단어의 각 문자에 대응하는 아스키 숫자를 평문에 반복적으로 더함으로써 암호문을 얻는다. 이 방법은 아핀암호 등과 같이 평문의 각 문자에 일률적으로 대응하는 방법보다는 평문의 각 문자에 대해 불규칙적으로 대응하기 때문에 훨씬 안전하지만 암호키의 길이가 짧으면 이 암호문도 해독이 용이하다

12.1.3. 현대의 암호화 방법

1차 및 2차 세계대전이 종식되고 평화의 시기가 도래되었지만 미국과 소련으로 대별되는 냉전 시대로 말미암아 암호 기술에 대한 연구는 한층 가속화되었다. 현대 암호는 크게 대칭키 암호 방식과 공개키 암호 방식으로 구분된다.

대칭키 암호방식은 암호키와 복호키로 동일한 키를 사용하기 때문에 송신자와 수신자가 비밀 통신을 하기 전에 키를 사전 분배하여 보관하고 있어야 한다. 공개키 암호방식은 암호키와 복호키를 분리하여 암호키는 공개하고 복호키는 비밀리에 보관하도록 되어 있다. 이 방식은 송신자와 수신자에게 평문을 암호화하여 전송하려고 할 때에 수신자의 공개 암호키로 평문을 암호화하여 전송하면 수신자는 자신이 비밀리에 보관하고 있는 복호키로 암호문을 복호화한다. 공개키 암호방식은 가입자 사이에 암호 통신망 구축이 용이하다. 현대의 공개키 암호방식은 1970년대 이후 미국에서 개발되었다.

대칭키 암호방식으로 DES(Data Encryption Standard) 방식이 있다. 이 방식은 1977년 National Bureau of Standard and Technology와 IBM에서 개발한 암호화 알고리즘으로 글자 바꾸기식 전산암호법을 이용한다. 즉 다단계의 글자 바꾸기 과정을 거쳐서 암호문을 생성한다.

공개키 암호방식에는 RSA(Ron Rivest, Adi Shamir, Len Adelman) 방식과 PKI(Public Key Infrastructure) 방식이 있다. 창안자 3명의 머리글자를 딴 RSA는 최초의 공개키 암호 알고리즘으로 1978년 MIT에서 개발되었다. RSA는 인간과 컴퓨터가 계산하기 가장 어렵다고 하는 소인수분해 이론을 이용한 전산 암호법으로 공개키와 비밀키를 사용한다. 이때에 공개키는 대중에 공개되고 비밀키만 자신이 보관한다. 다른 사람이 공개키로 암호문을 송신하면 수신자는 이를 비밀키로 복호화해서 메시지를 볼 수 있다.

PKI는 송신자와 메시지의 합법성 등을 확인해야 하는 인증의 문제를 해결하기 위해 제안되었다. PKI는 공개키 암호 알고리즘에서 사용자의 공개키를 안전하게, 그리고 신뢰할 수 있게 인증하는 수단을 제공함으로써 공개키를 이용하여 인증체계를 구축하기 위한 전체 기반 구조의 역할을 담당한다.

12.2. 컴퓨터 보안 및 해킹

12.2.1. 컴퓨터 보안

컴퓨터 보안은 개인이나 기관이 사용하는 컴퓨터 안에 저장되어 있는 중요한 정보를 보호하는 행위를 말한다. 정보통신의 발달과 함께 인터넷을 통한 사이버테러의 수단도 나날이 고도화되고 있다. 사이버테러를 일으키는 해커들이 전 세계적으로 연결된 인터넷을 통하여 가장 흔히 사용하는 공격수단으로 해킹과 컴퓨터 바이러스, 인터넷 웜, 트로이목마 등을 포함하는 악성코드 등이 있다.

정보시스템이나 네트워크의 취약점을 이용하여 불법적으로 침입하거나 스팸메일, 과도한 Ping 정보의 열람 등으로 시스템 부하를 유발하여 정상적인 작동을 불가능하게 하는 분산 서비스 공격(DDOS: Distributed Denial Of Service) 등이 가장 기

본적인 공격 방법이다. 네트워크상에 떠도는 IP정보를 가로채는 스누핑(snuffing)이
나 다른 시스템으로 가장하여 그 시스템으로 향하는 정보를 읽어 들이는 스푸핑
(spoofing)과 같은 기법도 자주 이용되는 기술이다. 또한 특정 시스템에 침투한 후
커널을 수정하여 어떤 조건에 도달하면 시스템을 오동작 또는 불능상태로 만들어
버리는 논리폭탄(Logical bomb)과 같은 방식도 이용되고 있다.

악성코드는 일반적으로 제작자가 의도적으로 사용자에게 피해를 주고자 만든 모
든 악의의 목적을 가진 프로그램 및 매크로, 스크립트 등 실행 가능한 형태의 컴퓨
터바이러스, 인터넷 웜, 트로이목마 등 모든 유형을 포함하여 정의된다. 컴퓨터 바
이러스의 특징은 일단 제작, 전파된 것은 완전히 퇴치가 힘들기 때문에 감염 대상
이 되는 컴퓨터와 프로그램이 존재하는 한 계속될 것이며, E-mail 사용이 일반화되
면서 확산속도가 더욱 빨라지고 있다. E-mail을 통해 전파된 멜리사바이러스, CIH
바이러스, 러브바이러스 등은 국내 및 국외에서 개인 PC와 기업 및 정부기관의 컴
퓨터 시스템 등을 감염시켜서 막대한 경제적 손실을 끼쳤다.

이 외에도 특정한 조건이 만족되면 동작하는 기능이나 회로를 컴퓨터 칩(chip)의
일부분에 하드웨어적으로 삽입하는 Chipping, 개미보다 작은 크기의 로봇으로 적의
정보센터 등에 살포하여 컴퓨터의 하드웨어를 파괴하는 Nano machine, 출력전파를
발생시켜서 전자 장비들을 마비 또는 파괴하는 전자총(HERF Gun: High Energy
Radio Frequency Gun), 고출력 전자기파를 발생시키는 EMP 폭탄(Electro Magnetic
Pulse Bomb) 등도 사이버테러의 수단이 될 수 있는 기술들이다.

12.2.2. PKI와 인증 서비스

메시지나 데이터의 보호를 위해 등장한 대칭키 암호 알고리즘은 정보 보안에 크
게 기여하였다. 그러나 암호화와 복호화에 필요한 키(key)를 비밀스럽게 보관하고
교환해야 하는 문제가 심각해지자 공개키 암호 알고리즘이 등장하였다. 이 방식에
서는 두 개의 키를 생성하여 하나는 공개하고 다른 하나만 비밀스럽게 보관하는 방
법으로 대칭키 암호 알고리즘의 키 분배 문제를 해결하였다.

두 가지 암호방식의 처리 속도와 키 관리 및 분배 문제를 해결하기 위해 데이터
암호화에는 대칭키 암호 알고리즘을 적용하고 암호화에 사용된 대칭키에만 공개키

암호 알고리즘을 이용하여 키를 분배하는 방법이 일반적으로 사용되고 있다.

전자서명 기술을 효과적으로 이용하기 위해서는 공개키 암호방식이 필요하며, 공개키 암호방식을 이용한 인증 방법을 구현하기 위한 기술적, 제도적 기반을 공개키 기반 구조(PKI: Public Key Infrastructure)라고 한다. 공개키 기반 구조는 정보시스템 보안, 전자상거래, 안전한 통신 등의 여러 응용 분야에서 신원 확인이 용이하도록 하는 정책, 수단, 도구 등을 수립하고 제공하는 객체들의 네트워크 집합으로 볼 수 있다. 공개키 기반 구조에서는 거래 당사자의 신분을 증명해 주는 수단으로 인증서를 활용하고 있으며, 이를 관리하고 지원하기 위해서 국제 표준을 제공하여 운영하고 있다.

12.2.3. 해킹(hacking)

(1) 개념

해킹은 적법한 권한을 갖지 않고 다른 사람의 데이터 정보에 접근하여 이를 가져가거나 수정하는 것을 뜻한다. 정보통신기술의 발전과 범세계적인 서비스 기반이 확대됨에 따라 디지털화된 개인정보의 가공 및 활용이 용이해졌다. 정부나 민간단체로부터 정보주체의 어떠한 동의 없이 무한대로 수집, 축적, 처리, 가공, 이용하여 개인정보통합관리시스템이 구축되면서부터 개인정보 도용 및 유출에 따른 피해가 끊임없이 발생하고 있다. <표 12-1>은 개인정보의 유형을 나타낸다.

〈표 12-1〉 개인정보의 유형(참고문헌: 유비쿼터스 컴퓨팅, 김경준 저, 홍릉과학출판사)

구분	개인정보의 종류
일반정보	이름, 주민등록, 운전면허, 주소, 전화번호, e-mail
가족정보	가족의 이름, 출생, 집주소, 전화번호, 직업, 가족의 관계
교육정보	학력사항, 학적사항, 상벌사항
병역정보	군 소속, 계급, 주특기
동산/부동산정보	주택소유 여부, 토지, 자동차, 통장현황, 현금현황, 카드사용현황, 채권, 예술품
소득정보	현재봉급, 봉급경력, 보너스 및 수수료, 이자소득, 사업소득
기타 수익정보	보험, 가입현황, 회사의 판공비, 퇴직 여부
신용정보	할부, 대부현황, 신용카드, 근저당 설정 여부
의료정보	개인의 병력, 가족의 병력, 각종 질환 여부, 진료기록
신체정보	지문, 홍채, 키, DNA

(2) 해킹 기법

(가) 사용자 도용(impersonation)

가장 일반적인 해킹방법으로서 다른 일반 사용자의 **ID** 및 패스워드를 도용하는 방식이다. 스니핑(sniffing), 즉 네트워크상에서 오고가는 패킷을 가로채 그로부터 사용자 정보를 얻어 낸다. 피싱(fishing)도 이와 유사한 방법이다. 피싱은 인터넷을 통해 국내외 유명기관을 사칭하여 개인의 금융정보를 수집한 뒤 이를 악용하여 금전적인 이익을 노리는 인터넷 사기의 일종이다. 피싱 사기 수법 중의 하나는 금융기관이나 유명기업 등을 사칭한 홈페이지를 운영하면서 불특정 다수의 인터넷 사용자들에게 이메일을 발송하면 사용자가 메일에 링크되어 있는 홈페이지를 방문하여 개인 정보를 입력하게 되고 입력된 개인 정보를 유출하여 금융사기에 이용하는 것이다.

(나) 소프트웨어 보안 오류(S/W vulnerability)

소프트웨어 오류는 운영체제나 응용프로그램의 버그(bug)로 인한 취약점을 공격하는 불법행위이다. 이러한 불법 행위에는 관리자 권한을 불법으로 획득하거나 불법적인 자료 유출, 변조 및 접근, 시스템의 정상적인 동작 방해 등을 들 수 있다.

(다) 버퍼 오버플로우(buffer overflow)

버퍼 오버플로우는 스택의 지정된 공간에 지정된 양보다 더 많은 양의 데이터를 삽입하여 다른 영역까지 영향을 미치게 함으로써 오버플로 버그를 이용하여 불법으로 명령어를 실행하거나 권한을 획득하는 방법을 말한다. 버퍼 오버플로우는 어떤 특정한 크기의 값을 받기로 정해진 프로그램에 매우 큰 크기의 자료를 보낼 때에 일어나는 현상이다. 버퍼 크기를 넘치게 하는 데이터는 잘라서 버리도록 프로그램을 작성하면 이와 같은 해킹은 막을 수 있다.

(라) 구성 설정 오류(configuration vulnerability)

보안을 고려하지 않은 시스템상에서 구성이 취약한 점을 발견하고 공격하는 형태이다.

(마) 악성 프로그램

악성 프로그램의 유포는 특정의 시스템을 해킹한 후에 관련 악성 프로그램을 타

깃 시스템에 업로드(upload)하여 이 시스템에 연결되어 있는 사용자들로 하여금 악성 프로그램을 다운로드하도록 유도하는 방식으로 이루어진다. 악성 프로그램 유포는 아래와 같은 과정을 통해 이루어진다. <그림 12-1>은 악성프로그램 해킹 과정을 보여 준다.

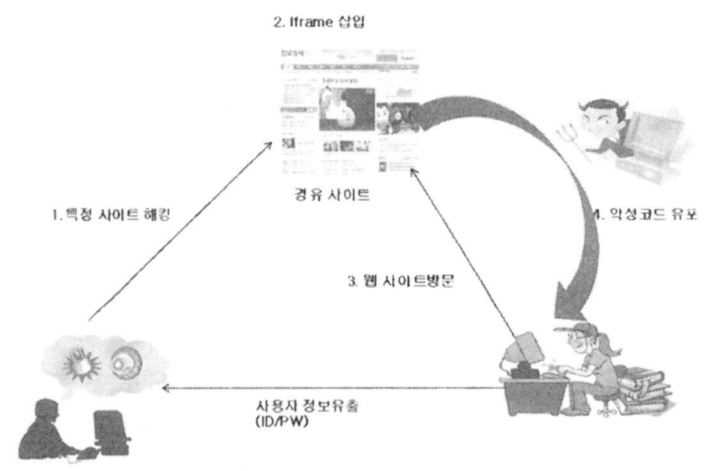

〈그림 12-1〉 악성프로그램 해킹 과정

① 공격자는 홈페이지에 존재하는 SQL Injection 취약점을 주로 이용하여 해킹을 수행한다.
② 해킹한 웹사이트의 초기 화면에 특정 iframe을 삽입하는데 해당 iframe은 사용자 PC를 감염시킬 수 있는 악성코드 유포 사이트로 접속을 유도한다.
③ 인터넷 사용자가 해킹당한 웹사이트에 방문한다.
④ 인터넷 사용자의 PC가 보안패치되지 않았을 경우 악성코드 유포 사이트로부터 트로이목마 프로그램 등에 감염된다.
⑤ 감염된 인터넷 사용자의 ID와 패스워드 등의 정보를 특정 주소로 유출시킨다.

(바) 분산 서비스 거부 공격(DDOS: Distributed Denial Of Service)

DDOS 공격은 사용자나 기관이 인터넷상에서 평소 이용하던 자원에 대한 서비스를 더 이상 받지 못하게 만드는 공격이다. DDOS 공격의 유형은 전자우편이 동작되지 않거나 네트워크 접속 및 서비스 등의 일시 정지, 웹사이트의 서비스 불능 등이다. DDOS 공격의 일반적인 형태는 아래와 같다.

① 버퍼 오버플로우 공격: 데이터 버퍼 용량보다 더 많은 양의 트래픽을 보내는
방법으로 프로그램 또는 시스템 버퍼 특성에 기반을 둔 공격이다.

② SYN 공격: TCP 클라이언트와 서버 사이에 세션 확립을 위한 패킷에는 메시
지 교환의 순서를 인식시키기 위한 SYN 필드가 포함된다. 공격자는 다수의
접속 요청을 매우 빠르게 보낸 다음, 상대의 응신에 답하지 않고 침묵한다. 이
공격은 첫 번째 패킷이 버퍼에 그냥 남아 있게 함으로써 다른 정당한 접속 요
구들이 더 이상 수용되지 못하게 만드는 것이다.

③ 눈물방울 공격: TCP/IP 통신에서는 송신 측에서 원래의 메시지를 작은 단위
의 패킷으로 나누어 송신하고 수신 측에서는 이를 다시 원래의 패킷으로 재
조립한다. 수신 측에서 재조립할 수 있도록 첫 번째 패킷의 시작으로부터의
오프셋을 인식한다. 그러나 공격자의 IP는 이를 혼란시킬 목적으로 두 번째
이후의 조각에 엉뚱한 오프셋 값을 집어넣는다. 만약 수신 측의 운영체계가
이러한 상황에 대처하지 못한다면 그 시스템은 결국 멈추게 되는 것이다.

④ 스머프 공격: 공격자는 수신 측 사이트로 IP 핑 요청을 보낸다. 핑 패킷은 수
신 측 사이트의 근거리 통신망 내에 있는 다수의 호스트들에게 보내어진다.
이 패킷은 또한 그 요청을 자신이 아닌 다른 사이트로부터 온 것처럼 위장함
으로써 표적이 된 다른 사이트가 DDOS 공격을 받게 된다. 그 결과 무고한
호스트로 엄청나게 많은 양의 핑 응답이 홍수처럼 밀려들게 된다.

⑤ 바이러스: 다양한 방법으로 네트워크 전반에 걸쳐 자신을 복제하는 컴퓨터 바
이러스 역시 일종의 DDOS 공격으로 볼 수 있으며, 대개 특정 시스템을 표적
으로 하지는 않지만 그중 불운한 시스템이 희생양이 될 수 있다.

⑥ 물리적 기반 공격: 광케이블을 절단하는 방법이다. 이런 종류의 공격은 트래
픽을 재빨리 다른 쪽으로 우회시킴으로써 증상을 완화시킬 수 있다.

12.3. 유비쿼터스 보안의 필요성

유비쿼터스 시대에는 보안의 적용 범위가 기존의 유무선 통신시스템보다 훨씬 더
넓어져서 다양하고 예측하기 힘든 공격자 및 공격 형태가 존재한다. 기존의 정보보호

서비스는 사람과 사람 간에 발생하는 데이터의 기밀성(Secrecy), 무결성(Integrity) 및 인증(Authentication), 부인방지(Non-repudiation)가 중요한 이슈였다면, 유비쿼터스 컴퓨팅 환경에서는 사람과 기계, 기계와 기계, 사물과 사물 간으로 그 대상이 확장된다. 그러므로 기존의 정보보호 서비스 외에 각 개체들이 상호작용함으로써 제기되는 새로운 보안 문제들이 발생할 수 있다. 이에 대한 대처방안으로 정보보호 기술에 관한 선행연구의 필요성이 증가되는 것이다.

유비쿼터스 환경 내에는 PDA, 가전제품, 의류품 등과 같은 정보기기(Appliance)들과 다양한 서비스 객체(Object)들로 구성되어 있다. 이러한 서비스 객체들은 5-Any(Anywhere, Anytime, Anyplace, Anydevice, Anynetwork) 특성을 만족시키면서 수행된다. <그림 12-2>는 유비쿼터스 보안의 필요성을 보여 주고 있다.

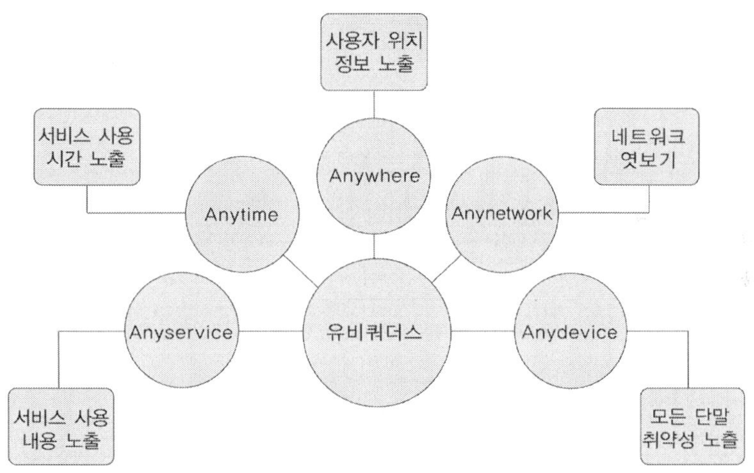

〈그림 12-2〉 유비쿼터스 보안의 필요성
(참고문헌: 유비쿼터스 개론, 양순옥 외 저, 한빛미디어)

유비쿼터스 환경에서 기존의 인증 시스템을 그대로 이용하기 위해서는 사람, 사물, 정보기기들을 모두 수용할 수 있는 새로운 인증도구를 만들어야 하며, 이러한 맥락에서 유비쿼터스 컴퓨팅 시대에서는 인증을 위해 규격화된 식별정보가 소형 칩에 내장되어 중요한 인증도구로 사용될 것이다. 서비스 객체의 정보 누출 방지를 위한 기밀성은 암호화를 적용함으로써 해결될 수 있다. 정보의 변조 및 파괴를 예방하고 방지하기 위한 무결성은 해시(Hash) 알고리즘을 적용함으로써 기술적인 목적을 달성할 수 있다.

부인방지 서비스는 일반적으로 전자서명(Digital Signature) 기술을 통해 이루어
진다. 유비쿼터스 환경에서는 위치정보가 부인방지 서비스에서의 핵심적인 실마리
를 제공할 수 있다. 따라서 기존의 메시지에 대한 전자서명의 개념이 확장되어, 위
치정보 서비스를 이용하여 정보기기의 위치정보가 포함된 전자서명 기술이 주요하
게 연구되고 있다.

12.4. 유비쿼터스 시대의 보안상 위협

유비쿼터스 시대에는 기존의 해커들로만 공격자의 범위가 한정되는 것이 아니라
보다 더 광범위한 범위에 걸쳐서 공격자들이 나타날 것이다. 유비쿼터스 시대에서
예상되는 보안상의 위협은 다음과 같다.

① 유비쿼터스 장치의 절도 및 분실: 장치가 분실되어 타인이 접근해서는 안 되
  는 정보에 접근 및 수신할 수 있으므로 기밀성이 침해받을 수 있다. 또한 유
  비쿼터스 장치 소유자는 장치에 저장된 MAC 주소와 WEP(Wired Equivalent
  Privacy) 키 등 인증정보를 소유할 수 있기 때문에 대상 네트워크에 대한 접
  근 권한이 유출될 수 있다.

② 신원정보 및 위치정보 노출: 유비쿼터스 환경에서 통신되는 메시지에 대한 기
  밀성은 메시지의 내용과 사용자 위치에 대한 비밀 유지방법을 통해 가능하다.
  유비쿼터스 환경에서는 도처에 존재하는 유비쿼터스 장비와 수시로 정보교환
  이 이루어지기 때문에 사용자 위치정보 노출은 심각하며 사생활 노출 문제로
  확대될 수 있다.

③ 불법 접근하는 비인증 접근점(Rogue Access Point): 공개키 인증서를 이용한
  인증방법은 인증을 위해 인증서버에 연결해야 한다. 만약 비인증 접근점(AP)
  이 무선환경에 기반을 둔다면 공격자는 접근점(AP)에 대한 인증 없이 네트워
  크 접근이 가능하게 되고 이를 통해 서비스 거부 공격의 거점이 될 수 있다.

④ IP 위장하기: IP 위장하기(Spoofing)는 승인받은 IP인 것처럼 시스템에 접근
  하려는 시도로 기밀성에 위배된다. 무선신호 환경에서는 어느 누구나 무선 접
  속이 가능하기 때문에 전송되는 정보가 암호화되지 않을 경우 공격자가 중요

정보를 가로챌 수 있다.

⑤ 서비스 거부 공격: 서비스 거부(Denial of Service) 공격은 주로 시스템에 과도한 부하를 일으켜서 정보 시스템의 사용을 방해하는 공격 방식이다. 유비쿼터스 환경에서는 수시로 망구조가 변경될 수 있기 때문에 임시로 구성된 사용자 노드들 간의 데이터 교환을 위해서 '멀티 홉 라우팅 프로토콜'을 사용하여 노드들은 인접한 노드의 패킷을 전송해 주어야 하는데 만일 노드들 중 하나가 협력을 거부할 경우 서비스거부 공격이 이루어질 수 있다.

⑥ 배터리 소진 공격: 공격자가 계속적으로 공격 대상 장치에게 데이터 전송 요청이나 연결요청 등을 보내 유비쿼터스 장치의 배터리를 방출시키는 공격 방식이다.

⑦ 신호방해 공격: 무선 시스템에 대한 고전적인 공격 방법으로, 방해 신호(Jamming) 등을 이용하여 무선통신 채널을 혼선시키는 것이다.

⑧ 패킷 엿보기: 패킷 엿보기(Packet Sniffing)는 통신망에 전송되는 패킷정보를 무단으로 읽어 보는 것으로 프레임 내용 캡처하기(Tcpdump), 위장하기(Snoop), 엿보기(Sniff) 등과 같은 네트워크 모니터링 툴을 사용하여 네트워크상의 패킷 내용을 분석해 정보를 알아내려고 한다. 유비쿼터스 네트워크에서는 무선 공간이 많으므로 유선보다 위험에 더 많이 노출되어 있다.

⑨ 트로이 목마형의 백도어: 트로이 목마(Trojan Horse)는 정상적인 기능을 하는 시스템으로 가장하여 프로그램 내에 숨어서 의도하지 않는 기능을 수행하는 백도어(Backdoor) 프로그램의 코드를 말한다. 프로그램이 실행되면 사용자도 모르게 백도어 프로그램이 설치되어 사용자의 합법적인 권한을 사용하여 시스템의 방어체제를 침해하고 접근이 허락되지 않는 정보를 획득한다.

12.5. 유비쿼터스 정보보호 기술

유비쿼터스 정보보호는 관리적 보안, 물리적 보안, 기술적 보안 등으로 구분된다. 관리적 관점에는 보안 조직, 출입 관리, 교육 훈련, 보안 정책 등이 있다. 보안 조직에는 시스템 운영자와 망 관리자, 사용자 등으로 나누어지며 보안 등급에 따라 시스템 사용의 차등을 부여하게 되고 비인가된 사용자는 크래커나 해커로 분류한다.

물리적 관점에서는 시스템 자원 보안, 응용 시스템 자원 보안, OS 보안, 인터넷 보안, 네트워크 보안 등이 있다. 기술적 관점에서의 보안은 크게 공통/기반 보안 기술과 네트워크/응용 보안 기술로 나누어진다. <표 12-2>는 유비쿼터스 정보보호 기술 분류를 나타낸다.

<표 12-2> 유비쿼터스 정보보호 기술 분류(참고문헌: 유비쿼터스 개론, 손병희 외 저, ITC)

항목	소분류	요소기술
공통/기반 보안 기술	암호/인증 기술	암호
		인증
		접근제어
	개인 정보보호 및 바이오 보안 기술, 해킹/바이러스/범죄 대응 기술	개인 정보 관리
		바이오 정보 관리(얼굴, 지문, 홍채 인식 등)
		해킹 및 웜/바이러스 방지
		디지털 포렌직
	보안관리 기술	위험 관리
		시험 및 평가
		통합 보안 관리
네트워크/응용 보안 기술	인프라 보호 기술	BcN 보안(IPv6 보안 포함)
		소프트인프라웨어 보안
		RFID/USN 보안
	디바이스 및 서비스보호 기술	이동통신서비스/기기 보안(Wibro 포함)
		지능형 로봇 서비스/기기 보안
		u-Home 서비스/기기 보안
		텔레매틱스 서비스/기기 보안
		광대역융합 서비스/기기 보안(IPTV 등)
		바이오 보안 응용(의료 정보보호 포함)
		디지털 콘텐츠 서비스 보안
		IT SoC 보안
		VoIP/MoIP 보안 ※ Molp: Multimedia over IP
		임베디드 SW 보안
		웹서비스 보안

12.6. RFID/USN 보안 기술

12.6.1. 개념

RFID/USN은 유비쿼터스 혁명의 총아로 각광받는 기반 인프라이다. USN은 모든 사물에 전자칩을 부착하고, 인터넷에 정보를 인식, 관리하는 네트워크이다. 또한 간단한 센싱 작업을 수행하는 초소형 디바이스를 일반 사물에 장착하고 무선 송수신 기능을 이용하여, 서로 간에 정보를 교환함으로써 전체 상황을 감시 및 제어하는 기능을 갖는다. RFID는 전자태그를 부착하고 무선통신 기술을 이용하여 사물의 정보를 확인하고, 주변 상황정보를 감지하는 센서기술 중의 하나이다.

이러한 RFID/USN 환경에서 보안공격 및 침해 대상은 컴퓨터에 저장된 정보 및 데이터, 통신 인프라 등뿐만 아니라 사물이나 신체 등 개인의 모든 정보들이 해당된다. RFID/USN 보안위협의 특성은 보안 위협 대상이 USN에서 운용되는 모든 장치들이 될 수 있으며, 정보가 단절되거나 잘못된 정보인식 등의 사고가 발생하면 시스템에 대한 신뢰를 보장할 수 없게 된다. 또한 사물에 이식된 전자태그와 판독기 사이의 정보가 누출됨으로써 전자태그에 저장된 정보와 소유자의 개인정보 노출 등 기밀성을 침해하는 위협이 크게 증가할 우려가 있다. RFID/USN 구성요소별 주요보안 취약점은 아래와 같다.

① RFID
- 태그정보의 위변조, 리더(reader)기 위장, 서비스 거부(DOS) 공격
- 제3자의 타인정보 유출
- 개인정보 보호 침해 및 신용정보 해킹

② USN
- 악의적인 공격자로부터의 태그정보 접근 시도
- 리더기의 도청
- 데이터에 대한 기밀성과 무결성의 위변조
- RFID/USN 노드 간의 상호 인증 오류

12.6.2. RFID 정보보호 방안

RFID 기술은 정보유출뿐만 아니라 RFID 태그에 대한 해킹 가능성도 제기되고 있다. 소매상들의 재고관리용으로 사용되는 저가 RFID의 내용물을 변경할 수 있는 소프트웨어 툴을 이용하여 해킹할 수 있다. 이러한 툴을 이용하면 해커나 도둑들이 휴대용 장비로 상품 태그에 담긴 내용을 마음대로 바꿀 수 있다. 예를 들어서 비싼 상품의 가격을 바꿔서 계산대를 통과하거나, 미성년자들이 술, 담배, 성인영화 등의 태그에 담긴 연령제한 내용을 변경하여 구매할 수 도 있을 것이다.

고기능 시스템의 경우에는 나름대로의 인증과 암호화 시스템을 탑재할 수 있지만 그 외의 태그는 어떠한 리더의 요구에도 응답하게 된다. 가장 보편적인 해결 방안으로는 태그와 리더가 주고받는 신호의 도청을 막는 방법이 있으며 구체적인 방안들은 아래와 같다.

① 킬 태그(Kill Tag): 태그를 설계할 때에 8비트의 비밀번호를 포함시켜서 태그가 이 비밀번호와 'Kill' 명령을 받을 경우에 태그가 비활성화되는 방식이다. '읽기/쓰기'로 설계된 태그의 경우에는 플래그(Flag) 비트를 이용하여 태그를 죽였다가 다시 살릴 수도 있다. 태그의 숫자가 많을 경우에는 8비트 비밀번호로는 부족하므로 128비트 이상의 암호를 사용해야 하지만 이 경우에는 태그에 상당한 부담이 된다. 태그마다 다른 암호를 사용한다면 이를 저장 및 관리하는 것도 문제가 된다.

② 패러데이 케이지(Faraday Cage): 무선 주파수가 침투하지 못하도록 금속성의 그물(Mesh)이나 박막(Foil)을 입히는 방식이다. 그러나 이 방법은 사용범위가 극히 제한적이며 생물인식의 태그에는 사용할 수 없다.

③ 방해 전파(Active Jamming): 리더기가 제품을 읽지 못하도록 방해신호를 보내는 물건을 소비자가 들고 다니는 방식이다. 이 방식은 불법적으로 이용될 소지가 많고 방해신호에 의해 다른 RFID 시스템이 손상될 위협도 있다.

④ 차단자 태그(Blocker Tag): RFID에 저장된 정보접근을 선택적으로 차단하는 보안기술이다. RFID 태그 위에 차단자 태그를 붙이는 형태로 RFID 리더를 혼란시켜서 태그의 데이터 송신을 무효화함으로써 RFID 데이터를 추적할 수 없게 만드는 기술이다.

상기의 방안들과 함께 RFID 정보보호 문제를 해결하기 위해서 사용자에게 정보 수집을 제어할 수 있는 권한을 부여할 수 있다. 즉 정보수집의 시작 및 종료를 사용자가 임의로 제어할 수 있도록 해야 한다. 사용자가 자신의 정보를 선택적으로 알리도록 하고, 필요하면 언제든지 기기를 빼거나 전원을 조정함으로써 사용자의 의사를 확인한 경우에만 센싱하도록 하는 구성이 필요하다. 정보 수집기에 의해 위치 검출이 수행될 경우에는 램프나 신호 등을 통해 사용자에게 무슨 목적으로 위치 검출이 시행되었는지를 알려 주는 방식도 고려해 보아야 한다.

12.7. 홈 네트워크 보안 기술

홈 네트워크는 홈 게이트웨이를 경계로 크게 외부망과 댁내 내부망으로 구분된다. 보안기술의 검토대상은 홈서버 · 홈게이트웨이 부문, 댁내 · 외부망 부문, 정보가전기기 부문 등으로 구분된다.

홈서버 · 홈게이트웨이는 인터넷망과 댁내망의 연결, 댁내망 정보기기들 사이의 인터페이스 접속 기능을 담당한다. 따라서 다양한 외부 네트워크로부터 콘텐츠 및 서비스를 안전하게 제공받기 위해서는 외부망으로부터의 해킹, 악성코드, 웜 및 바이러스, DOS, 유무선 통신 도청 및 감청 등 외부 보안공격들을 고려해야 한다. 또한 인증되지 않은 정보기기에 연결할 경우 보안 취약성이 있으므로, 외부 네트워크와 내부 정보 가전기기의 중간 매개체 역할을 담당하는 홈서버 · 홈게이트웨이는 보다 체계화된 보안 및 인증기술이 요구된다.

댁내 · 외부망은 특히 무선 구간에서 가정 밖의 불법 사용자의 개입으로 인해 전송 정보의 유출 및 위변조에 대해 보안 취약성이 존재하며 유선의 경우에도 마찬가지이다. 댁내 통신망은 무선 구간에서의 인증, 데이터 보호 등에서 취약성이 노출되며, 각 통신망에 구현된 보안 구조 또는 프레임워크에 접근 제어, 사용자/단말 인증 및 암호화 기능을 수용해야 한다.

정보 가전기기의 보안 취약점으로는 바이러스나 웜에 노출 위험이 있고, 통신 선로상의 데이터 및 기기의 손상 위험, 해킹 및 불법행위로 사생활 침해 위험 등이 있다.

유비쿼터스 홈 네트워크의 보안 요구사항은 아래와 같다.

① 정확성(Authenticity): 사용자나 단말들을 인식하는 데에 아주 중요한 요소로서 사용자 인증의 가장 간단한 방법은 ID와 비밀번호 사용, 2가지 이상의 요소(ClearText+Smart Card 등)를 이용하여 인증하는 방법, 개인 식별 번호와 카드를 동시에 일치시키는 방법, 토근을 이용하는 방법 등이 있다.

② 제한성(Access Control): 정확성의 연장에서 이루어지는 요소로 어떤 부분의 서비스를 위한 네트워크 접근 시도인지를 파악하여 접근에 제한을 두는 방법이다. 방화벽이 접근의 제한성을 두는 장비 중의 하나이다.

③ 무결성(Integrity): 원래의 데이터가 전송된 후에 어떻게 변경되었는지 등의 상태를 점검하는 것이다. 디지털 서명과 메시지의 정확성 확인 등은 이러한 데이터 무결성을 확인할 수 있는 기술이다.

④ 기밀성: 홈 게이트웨이를 통하여 전송되는 데이터가 인가되지 않은 사용자에게 노출되는 경우 그 내용이 알려지는 것을 방지하는 기술이다. 암호화 기술을 통하여 댁내·외 정보 및 데이터의 기밀성을 보장할 수 있다.

<표 12-3>은 홈 네트워크 구성 요소별 보안 요구사항을 나타낸다.

〈표 12-3〉홈 네트워크 구성 요소별 보안 요구사항

구성 요소	요구 보안 기능
홈서버·홈게이트웨이	• 사용자와 기기 간 인증 기능 • 접근제어 기능 • 무결성 및 기밀성(인증 및 제어 관련 정보) • 디바이스 보안 기능의 관리 • 보안 정책관리 기능 • 외부 보안 서비스 연동 기능 • 서비스 정보 댁내망 기밀성 • 가상 사설 통신망(Virtual Private Network: VPN) 기능(IPSec VPN) • 네트워크 침입탐지 기능(TCP wrappers) • 네트워크 침입차단 기능(Firewall) • 유해정보 차단 및 제공 콘텐츠 보호 기능 • 서비스 정보에 대한 기밀성
댁내·외 네트워크 디바이스	• 사용자 인증과 기기 간 인증 기능 • 접근제어 기능 • 무결성 및 기밀성(인증 및 제어관련 정보) • 가상 사설 통신망(VPN) 기능 • 서비스 정보에 대한 기밀성

12.8. 무선 LAN 보안 기술

12.8.1. 개념

무선 LAN은 분산된 기기들이 중앙 집중적이고 효율적인 관리 방법을 제공한다. 802.11b는 그 효용성과 달리 보안 측면에서는 많은 문제점이 있다. 무선 LAN 서비스 보안 요소에는 사용자 인증, 접근제어, 권한 인증, 데이터 기밀성, 데이터 무결성, 부인방지, 안전한 핸드오프 등이 있다.

무선 LAN 표준화의 대표적인 보안 표준으로 IEEE 802.11i와 IEEE 802.1X가 발표되었다. IEEE 802.11i는 무선 LAN의 MAC계층에서 무선 단말과 액세스 포인터 간의 장비 인증과 데이터에 대한 암호화를 담당하고 있다. IEEE 802.1X는 유선을 포함한 MAC 계층의 상위에서 사용자 인증 서비스 제공을 위한 프레임 워크 표준을 다룬다.

무선 LAN 보안 서비스를 제공하는 서비스 네트워크는 무선 단말, 액세스 포인트, 인증 서버 등으로 구성된다. 무선 단말기와 액세스 포인트 사이는 무선 접속구간이며, 유선망에 연결되어 타 네트워크와 연동하는 브리징(bridging) 기능을 수행하는 액세스 포인트와 사용자 단말에게 인증 서비스를 제공하는 인증 서버는 유선구간에 위치한다. 무선단말은 인증과 관련된 정보를 EAPOL(Extended Authentication Protocol Over LAN) 프레임 형태로 액세스 포인트에 전달하고 액세스 포인트는 이들 메시지들 중에 인증 서버로 전달해야 할 메시지는 AAA(Authentication, Authorization and Accounting) 메시지 형태로 변환하여 전달하고 인증과정을 수행한다. <그림 12-3>은 무선 LAN 보안 구조를 보여 준다.

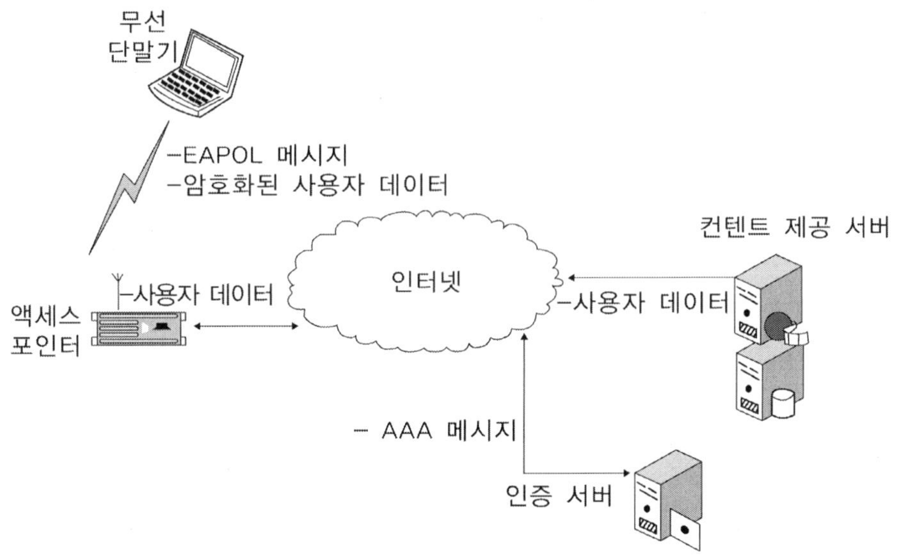

〈그림 12-3〉 무선 LAN 보안 구조(참고문헌: 유비쿼터스 컴퓨팅, 김경준 저, 홍릉과학출판사)

12.8.2. 무선 LAN 보안

IEEE 802.11 기반 무선 LAN 표준화의 초기과정에서 설계되었던 WEP(Wired Equivalent Privacy) 알고리즘의 취약점이 밝혀지면서 무선 LAN MAC(Medium Access Control) 계층 보안 기능 향상을 위하여 IEEE 802.11i의 표준화를 진행하였다. IEEE 802.11i 규격은 무선 LAN 사용자 보호를 위하여 사용자 인증방식, 키 교환 및 키 관리 방식, 향상된 무선구간 암호 알고리즘 등을 정의하고 있다. 무선LAN의 보안 요소는 아래와 같다.

(1) WEP(Wired Equivalent Privacy)

WEP는 AP와 클라이언트(client) 사이의 데이터 암호화를 위해 RC4 PRNG 암호화 알고리즘을 사용한다. RC4는 대칭형 키를 사용하며 가변 길이의 키를 사용한다. WEP는 WEP키(40비트 공유키)와 평문으로 전송되는 24비트 IV(Initialization Vector)키를 사용한다. IEEE 802.11 표준에서는 WEP키의 크기를 40비트로 명시하지만 많은 업체에서는 보안강화의 목적으로 128비트 WEP키를 사용하고 있다. 하나의 WEP키를 AP와 모든 클라이언트가 공유하기 때문에 동일한 AP를 사용하는 사람들끼리는 데이터 암호화의 의미가 없어진다. 한 번 사용된 WEP키는 수동으로 재입력하기 전까지는 유효하기 때문에 정기적으로 WEP키를 변경해야만 보안을 유지할 수 있다. 이것은 모든 클라이언트에게 WEP키를 분배하는 관리상의 번거로움을 낳으므로 무선 LAN 사용 기업에서는 추가적인 보안 솔루션을 사용하고 있다.

(2) SSID(Sub System IDentification)

SSID는 무선LAN에서 논리적인 분할을 수행하는 네트워크의 명칭으로 단순한 접속 제어기법을 제공한다. SSID 인증은 AP가 동일한 SSID를 가진 클라이언트만을 접속하는 방식이다. SSID는 일반적으로 보안 수준이 높지 않기 때문에 이것만으로 네트워크를 구성하는 것은 위험하다. 따라서 802.11b 표준은 WEP이라는 선택적 암호화 기법을 사용한다.

(3) MAC 주소 인증

MAC 주소(address) 인증은 AP에서 클라이언트의 MAC 주소를 인증하는 방식인데 MAC 주소는 spoofing에 취약하다. 또한 AP에 클라이언트의 MAC 어드레스를 일일이 수동으로 입력해야 하는 관리상의 문제와 AP에 등록되는 MAC 어드레스의 개수 제한 및 무선 LAN 카드 도난시의 문제로 인해 현실적으로 많이 사용되고 있지 않다.

인증방법으로는 인증서(certificate) 및 공유 시크릿(shared secret) 등 크게 두 가지를 들 수 있다. 무선 LAN 환경에서 단말이 인증을 받기 위해 PPP(Point-to-Point)를 사용한다. PPP 서버에 의해 수신된 신청응답 값은 '라디우스 액세스 리퀘스트(RADIUS access request)' 메시지 형태로 라디우스 서버 쪽으로 전송된다. 이때에 해커가 사용자 이름을 검색할 수는 있으나 802.1x 인증 프로토콜의 한 방법인 MD5의 순방향 해싱함수를 역산해야만 패스워드를 추출할 수 있도록 되어 있다. 그러나 MD5 순방향 해싱함수를 역산하는 작업은 방대한 전산자원이 요구되므로 대부분의 해커들은 이를 포기할 수밖에 없다.

(4) EAP(Extensible Authentication Protocol)

EAP는 점대점 통신 규약(PPP)에서 규정된 인증 방식으로 확장이 용이하도록 고안된 프로토콜이다. NAS(Network Access Server)와 단말 간에 PPP 연결 시 링크 설정 과정에서 NAS는 자신에게 연결된 인증 서버가 인증 프로토콜을 사용할 때마다 인증 프로토콜 종류를 명시하는 영역을 연결 제어 절차(LCP)에 규정해야 하는 문제점이 발생한다. 이러한 문제점을 해결하기 위하여 확장 가능 인증 프로토콜(EAP) 헤더에 인증 방식의 종류(TLS, OTP, Token Card 등)를 명시함으로써 NAS는 인증 방식에 상관없이 단순히 EAP만으로 확장이 용이해진다. RFC 2284에 규정되어 있으며, 스마트카드, Kerberos, 공개 키, 1회용 패스워드(OTP), 전송 계층 보안(TLS) 등의 사용이 가능해진다.

12.9. 웹 서비스 보안 기술

웹 서비스 보안 기술은 웹 서비스 기술 표준을 적용하여 다수의 응용들 간의 안전한 문서 전송, 인터넷 자원의 접근제어와 인가, 합법적 사용자 확인을 위한 인증 서비스 등을 제공하는 표준 보안 기술이다. 웹 서비스 보안 기술은 아래와 같이 구분된다.

① XML 정보보호 기술: XML 기반 서비스의 보안 기술로서 인증, 인가, 기밀성, 무결성, 부인 방지 등의 기능을 제공한다. 세부기술에는 XML 전자서명 및 암호화 기술, XML 기반 공개키 관리 기술, XML 기반 키 관리 기술, 보안정보 교환 기술 등이 있다.

② 웹 서비스 보안 프레임워크 기술: XML 정보보호 기술을 기반으로 웹 서비스에서 안전하게 정보를 교환하고 안전한 통합 비즈니스를 가능하게 한다. 통신 보안 기술, 보안정책 기술, 사생활 보호 기술, 보안세션 관리 기술, 신뢰 관리 기술 등이 있다.

③ 웹 서비스 응용보안 기술: 상기의 2가지 보안기술을 이용하여 차세대 인프라 및 서비스, 모바일/그리드/시멘틱 웹 서비스와 같은 환경에서 공통적인 보안 위험 요소를 해결할 수 있는 메커니즘과 함께 각 응용별로 특화된 보안 프로

파일들을 제공한다.

<표 12-4>는 웹 서비스의 세부 구성 요소 기술을 보여 준다.

〈표 12-4〉 웹 서비스의 세부 구성 요소 기술(참고문헌: 유비쿼터스 컴퓨팅 개론, 양순옥 외 저, 한빛미디어)

구분	요소 기술	내용
XML 전자서명 기술	XML 전자서명 기술	XML 문서에 대한 전자서명 생성 및 검증 기술
	XML 암호화 기술	XML 문서에 대한 암/복호화 기술
	XML 기반 키 관리 기술	XML 기반 키 관리 서비스 기술
	보안 정보교환 기술	서비스 요청 객체(사용자, 시스템, 서비스 등)에 대해서 인증/인가/속성 정보를 교환하기 위한 XML 프레임워크 기술
	XML 기반 접근 제어 기술	보안이 요구되는 자원에 대해 XML 기반의 접근제어 서비스를 제공하는 기술
웹 서비스 보안 프레임워크 기술	웹 서비스 메시지 보안 기술	SOAP(Simple Object Access Protocol) 기반의 안전한 웹 서비스 메시지 교환을 위한 기술
	웹 서비스 보안 정책 기술	웹 서비스 응용에 대한 보안정책의 생성과 교환을 위한 기술
	웹 서비스 보안 상호 연동 프로파일 기술	핵심 웹 서비스 보안 표준들의 상호 운용을 위한 프로파일 기술
	웹 서비스 사생활 보호 기술	개인의 사생활 선호도와 응용 정책 교환 기술
	웹 서비스 응용 간 통신키 관리 기술	웹 서비스 응용 간 보안 컨텍스트의 생성과 공유를 위한 기술
	웹 서비스 신뢰 관리 기술	상이한 보안체계에 속한 웹 서비스 응용들 간의 인증 및 인가를 가능하게 하는 기술

12.10. IPv6의 보안 기술

IPv6에서 보안 프로토콜로 사용되는 IPSec(IP Security Protocol)은 IPv4에서부터 가상 사설 통신망(VPN) 등에서 사용되어 왔다. IPSec 프로토콜은 보안 서비스를 제공하기 위해 인증 헤더(AH: Authentication Header)와 보안 페이로드 캡슐화(ESP: Encapsulation Security Payload) 등의 2가지를 제공하고 있다. IPSec의 구성 요소는 아래와 같이 크게 4가지로 정리된다.

① 보호 연관(SA: Security Association): 보안 서비스를 제공하기 위한 보안 프로토콜 각각에 알고리즘 식별자, 모드 키 등을 정의하고 관리하는 기능이 요구된다.

② 보안 프로토콜: IPSec 인증 헤더 프로토콜과 보안 페이로드 캡슐화 프로토콜

은 IP 계층에서 보안 서비스를 제공하기 위해 설계된 프로토콜이다.

③ 키 교환과 관리: 인증과 암호화에 필요한 암호 알고리즘의 키를 자동적으로 생성하고 분배하기 위한 것으로 IKE(Internet Key Exchange)에 의한 클라이언트와 서버가 보호 연관을 생성한다.

④ 암호화 알고리즘: 보안 프로토콜에서 제공되는 보안 서비스에 따라 암호 알고리즘이 결정된다. IP 패킷을 암호화하거나 MAC(Message Authentication Code) 값을 계산할 때에 사용된다.

인증 헤더(AH)와 보안 페이로드 캡슐화는 송신자와 수신자 간에 키, 인증 알고리즘, 암호 알고리즘, 그리고 이러한 알고리즘에 필요한 부가적인 파라미터 집합들에 대한 합의가 요구된다. 키, 인증 알고리즘 등 이들 각각을 보호속성이라고 하며 이러한 보호속성들의 집합을 보호연관이라고 한다. IPSec의 처리는 보호연관에 의해 결정되며 각 개체들은 이 연관들을 공유하고 있다고 가정한다.

인증은 송신자로부터 수신자에게 패킷이 송신될 때, 그 패킷이 확실히 송신자가 송신한 것이고, 도중에 제3자에 의해 변조된 것이 아님을 보증하기 위한 시스템이다. IPv6 규격에서는 이러한 인증을 위해 인증 헤더라고 하는 특별한 헤더가 이용된다. 이 헤더는 IPv6 헤더와 페이로드와의 사이에 삽입되도록 정해져 있다. 수신자 측의 시스템은 이 인증 헤더를 이용하여 그 데이터가 확실하게 송신자 측이 송신한 패킷이고, 동시에 도중에 변경된 것이 아님을 확인할 수 있다.

보안 페이로드 캡슐화는 IP 패킷의 비밀성과 무결성을 제공한다. 사용자의 요구에 따라 트랜스포트 계층 세그먼트를 암호화하거나 전체 IP 패킷에 대하여 암호화할 수 있다. TCP, UDP, ICMP(Internet Control Message Protocol) 등과 같은 트랜스포트 계층 세그먼트를 암호화할 경우 이를 트랜스포트 모드 보안 페이로드 캡슐화라고 하고, 전체 IP 패킷에 대해 암호화할 경우를 터널 모드 보안 페이로드 캡슐화라고 한다.

12.11. 생체인식 기술

생체인식이란 개인마다 평생 변하지 않으면서 모든 사람이 각기 다른 신체적·행동적 특징을 찾아 자동화된 수단으로 등록하여, 이후 제시한 정보와 패턴을 비교 검증하고 식별하는 것을 말한다. 생체 인식의 특징을 살펴보면 다음과 같다.

① 보편성: 모든 사람이 가지고 있는 특성을 이용한다.

② 유일성: 각 개인을 구분할 수 있는 고유한 특성을 이용한다.

③ 영속성: 영구적으로 변하지 않고 변경이 불가능하다.

<그림 12-4>는 생체 인식의 개념도를 보여 주고 있다.

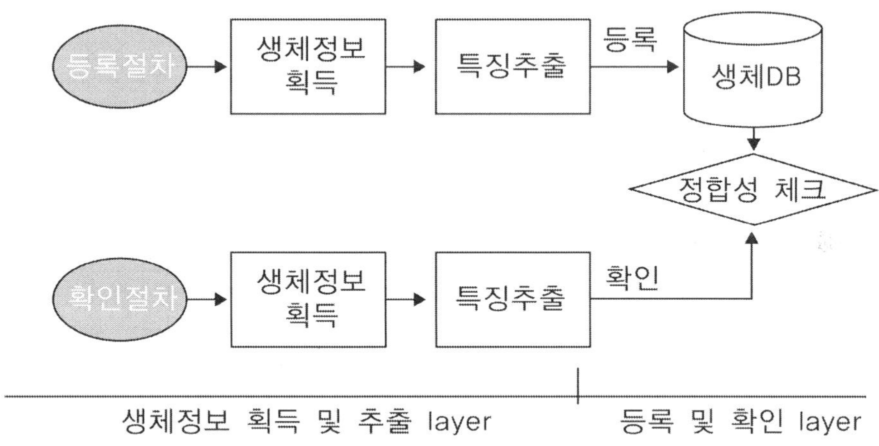

〈그림 12-4〉 생체 인식의 개념도(참고문헌: 유비쿼터스 개론, 손병희 외 저, ITC)

현재까지 연구된 생체인식 기술로는 안면 모양, 홍채, 망막, 정맥, 손 모양, 지문, DNA 등의 신체적 특성을 이용하는 방법과 서명, 음성, 걸음걸이 등의 행동학적 특성을 이용하는 방법 등이 있다. 생체인식 기술은 전 세계적으로 비접촉식 스마트카드에 생체정보를 탑재한 전자여권, 신원신분증, 국제운전면허증, 전자주민등록증 등의 국제통용 ID 카드 형태로 사용된다. 이러한 ID 카드는 출입국관리, 범죄수사, 군사 등의 주요시설 출입통제, 재택근무 등 정부(공공)기관 분야에서 널리 확산 보급되고 있다. 최근에는 유무선 유비쿼터스 정보통신 환경에서 인터넷 뱅킹, 이동통신, 원격의료, 홈 네트워크, 텔레매틱스, 로봇 등의 텔레바이오매트릭스(Telebiometrics)

민간 분야로 응용 분야가 확대되고 있는 추세이다.

어떠한 단일 생체 특징도 절대적으로 우수한 성능을 나타내지 않는다. 예를 들어서 성능이 우수한 홍채의 경우, 현재 기술로는 홍채영상을 획득하는 것이 다른 생체인식 기술인 얼굴, 지문 등과 비교하여 어려움이 많고 장비의 가격도 비싸다. 반면에 널리 사용되고 있는 지문과 얼굴 및 화자인식의 경우에는 그 성능이 만족할 만한 결과를 얻지 못하고 있다. 이에 대비하기 위해 다중 생체인식 기술(Multi-modal Biometrics)이 각광을 받을 것으로 예상한다. 다중 생체 인식기술이란 여러 생체인식 기술을 함께 사용하여 성능을 향상시키고, 신뢰도, 수용도 등을 높이는 기술을 말한다. 다중 생체인식 기술은 다음과 같이 분류된다.

① 다중 센서: 하나의 생체 특징을 여러 개의 다른 방식의 센서로 획득한다.
② 다중 생체 특징: 다수의 서로 다른 생체 정보를 사용한다. 예를 들어서 얼굴, 지문 및 음성을 함께 사용하여 생체인식을 수행한다.
③ 동일 생체특징의 다중 유닛: 하나의 생체 특징에 대해 여러 개의 특징 유닛을 사용한다. 예를 들어서 두 눈의 홍채, 양손으로부터 2개의 손 영상, 각 손가락으로부터 하나씩 10개의 지문 등이 해당된다.
④ 동일 생체특징을 여러 번 획득: 하나의 생체 특징을 하나의 센서로 여러 번 획득하여 사용한다.
⑤ 동일 입력 생체특징 신호에 대한 다중 표현과 매칭 알고리즘: 하나의 입력된 생체 특징 신호를 여러 가지 다른 방식으로 표현한 후에 다양한 매칭 알고리즘을 사용한다. 예를 들어서 하나의 지문 신호에 대해 여러 가지의 특징을 추출하고 여러 가지 매칭 방법을 사용하여 생체인식을 수행한다. 비용 측면에서 가장 효과적이다.

12.12. 디지털 저작권 관리 기술

디지털 콘텐츠는 원본과 복사본의 품질이 동일하고 콘텐츠에 대한 수정이나 복사가 간편할 뿐만 아니라 인터넷을 통해 전 세계 어디라도 짧은 시간 내에 전파될 수 있다. 이러한 특징은 디지털 콘텐츠 시장의 활성화와 같은 순기능을 제공하지만 다른 한편으로는 무분별한 불법복제의 원인이 되기도 한다. 디지털 콘텐츠의 불법복제에 따른 문제를 해결하고 저작권자의 권리를 보호하기 위해 제안된 기술이 디지털 저작권 관리(DRM: Digital Rights Management) 기술이다.

디지털 저작권 관리는 크게 2가지 형태로 구분할 수 있다. 하나는 콘텐츠를 정당한 권리를 가진 사용자에게만 안전하게 전송하고 허가된 사용 범위 내에서 사용자에게 제한하는 방법이다. 또 다른 하나는 불법 콘텐츠가 유포되었을 때 해당 콘텐츠의 저작권자가 누구인지를 증명하고 어떤 경로를 통해 불법 복제되고 유통되었는지를 추적하는 기능이다.

디지털 저작권 관리의 핵심기술에는 사용 규칙 제어 기술과 저작권 보호 기술로 구분된다.

12.12.1. 사용 규칙 제어 기술

사용자의 구매 형태에 따른 콘텐츠의 사용 횟수와 사용 기간, 콘텐츠 재배포, 수정 등을 제어하기 위해 콘텐츠 식별체계, 권리 표현, 메타 데이터 등의 기술이 요구된다.

① 콘텐츠 식별체계(Identification): 출판도서의 ISBN(International Standard Book Number)과 같은 디지털 콘텐츠의 식별체계로서 디지털 콘텐츠의 체계적인 관리 및 통제, 접근 이용 효율성을 위해 콘텐츠를 식별할 수 있는 체계 및 변환 시스템이다.

② 권리 표현 기술(Right Expression): 콘텐츠에 대한 권리 규칙을 설정하는 것으로 어느 사용자가 어떠한 권한과 어떠한 조건으로 콘텐츠를 이용할 수 있는지를 나타낸다. 권리 표현 기술의 사용 권한은 콘텐츠가 표현되고 이용되는 권리형태를 정의한 표현 사용 권한(Render Permission), 사용자 간에 권리의 교환을 정의한 교환 사용 권한(Transport Permission), 콘텐츠의 수출 및 변형의 권리를 정의한 유도 사용 권한(Derivative Permission) 등으로 구분된다.

③ 메타 데이터(Meta Data): 콘텐츠가 식별된 후에 저작권자 정보, 출판 날짜, 출판 장소, 콘텐츠 식별번호, 콘텐츠 제목 등과 같이 콘텐츠에 대한 요약 정보를 나타내는 메타 데이터가 필요하다.

12.12.2. 저작권 보호 기술

콘텐츠를 구매한 사용자가 자신이 가지고 있는 사용 규칙 범위 내에서만 콘텐츠를 사용하도록 사용을 제한하기 위해 암호화, 위변조 방지, 워터마킹 등의 기술이 요구된다.

① 암호화(Encryption): 암호기술은 특정키를 이용하여 디지털 콘텐츠를 암호화함으로써 해당키를 가진 사용자만이 디지털 콘텐츠를 복호화하여 열람할 수 있도록 하는 기술이다.

② 위변조 방지(Tamper-Proofing): 콘텐츠에 위변조가 가해졌을 때에 위변조 검출 시스템을 통하여 콘텐츠의 위변조를 감지하고 프로그램의 오작동을 방지하는 기술이다.

③ 워터마킹(Watermarking): 콘텐츠에 저작권 정보를 은닉하여 향후에 저작권 분쟁이 발생할 경우 저작권 확인 등을 위해서 사용될 수 있는 기술이다.

12.12.3. DRM 구성 요소

DRM의 구성요소로는 아래와 같은 것들이 있다.

① 패키저(Packager): 콘텐츠를 메타 데이터와 함께 배포 가능한 단위로 묶는 기능으로 보안 컨테이너로 포장된다.

② 보안 컨테이너(Secure Container): 원본을 안전하게 유통하기 위한 전자적 보안 장치이다.

③ 클리어링 하우스: 콘텐츠 배포 정책 및 라이선스의 발급을 관리한다.

④ 컨트롤러: 배포된 콘텐츠의 이용 권한을 통제한다.

<그림 12-5>는 DRM의 구성도를 보여 주고 있다.

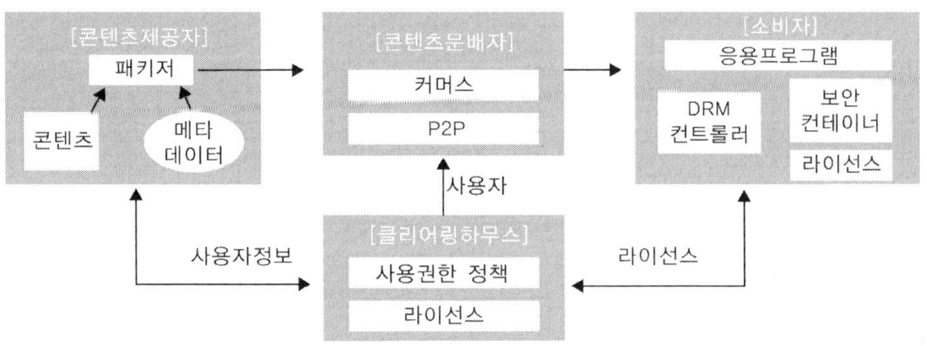

〈그림 12-5〉 DRM의 구성도

13. 유비쿼터스 응용 서비스

13.1. 개요

인류는 컴퓨터 기술과 정보통신 기술의 발달로 정보화혁명을 이루었다. 정보화혁명 시기에는 인간의 기억기능을 보완하기 위해 컴퓨터의 기억장치와 함께 데이터베이스를 활용하여 왔다. 또한 인간 사이의 통신에 있어서 공간제약을 극복해 주기 위해 다양한 멀티미디어 통신 서비스가 등장하게 되었다. 이와 같이 정보화혁명에서는 컴퓨터를 이용한 편리성 증진, 통신네트워크를 이용한 대화성 증진, 컴퓨터 게임 등과 같은 오락성 향상 등이 주를 이루어 왔다. 특히 인터넷의 발달로 세계 어느 곳에 있는 사람들과 여러 가지 정보를 서로 주고받을 수 있으며 다양한 데이터와 정보를 검색하여 정보활동에 커다란 편리성이 제공되었다. 인류는 제2의 정보화혁명이라고 불리는 유비쿼터스 시대를 맞이하고 있다.

유비쿼터스 컴퓨팅은 사람, 동물, 사물, 장소 등 어느 곳에든지 컴퓨터가 장착되고 이들이 네트워크로 연결됨으로써 언제, 어디서나, 누구든지, 어떠한 서비스든지 제공받을 수 있는 환경을 의미한다. 유비쿼터스 시대에는 컴퓨터가 부착된 사물들이 종전보다 지능화가 이루어지고 이렇게 지능화된 여러 개체들이 광대역화된 네트워크를 통해 서로 연결됨으로 종전의 서비스와 비교하여 편리성, 대화성, 오락성 등이 증대되게 된다. 또한 종전에는 서비스 구현이 어려웠던 안전성, 건강성, 쾌적성 등이 새로 등장하게 된다.

유비쿼터스 응용 서비스 목표는 아래와 같이 분류된다.

① 편리성: 가정, 직장, 사회 등에서 편리성 증진을 추구하는 서비스로서 정보가전, 원격검침, ITS(텔레매틱스), 온라인 쇼핑, u-러닝 등이 그 예이다.

② 대화성: 인간과 인간의 대화, 인간과 컴퓨터의 대화 등으로 멀티미디어 통신, 인터넷 검색, 컴퓨터 심리 치료 등이 여기에 속한다.

③ 오락성: 컴퓨터 게임, 컴퓨터 장난감, 오락 기능의 로봇 등이 있다.

④ 건강성: 통합 건강관리, 응급구조, 원격의료, 복지증진 등이 여기에 해당한다.

⑤ 안전성: 방범 및 안전 모니터링, 치안 및 보안 관리, 시설안전 및 재해방지 등이 여기에 해당한다.

⑥ 쾌적성: 대기오염 관리, 토양 오염 관리, 수질오염 관리 등과 같이 쾌적한 환경유지를 위한 서비스들이 여기에 해당한다.

유비쿼터스 응용 서비스는 인간의 삶의 질을 향상시키기 위한 목표, 즉 편리성, 대화성, 오락성, 건강성, 안전성, 쾌적성 등을 증진시키기 위한 요소들로 구성되며 이러한 요소들은 가정, 회사, 공공장소 등에서 제공될 것이다. 유비쿼터스 응용 서비스는 서비스가 제공되는 장소에 따라 가정, 회사, 공공장소 등으로 구분된다. 공공장소는 가정 및 회사가 아닌 나머지 전체 장소를 의미하며, 예를 들어 정부, 도시, 공원, 도서관, 버스정류장, 도로, 공공기관 등이 여기에 해당한다.

<그림 13-1>은 유비쿼터스 응용 서비스의 개념을 나타내고 있다.

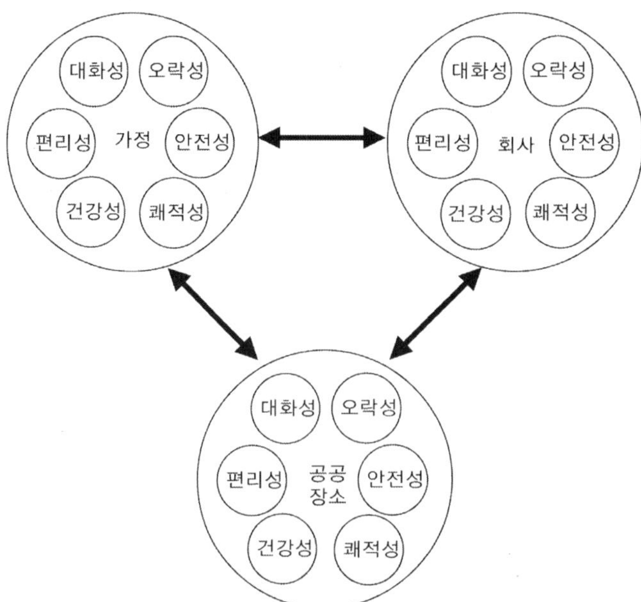

〈그림 13-1〉 유비쿼터스 응용 서비스의 개념

13.2. 가정의 유비쿼터스 응용 서비스

가정에서 제공되는 유비쿼터스 응용 서비스는 주로 홈 네트워크로부터 제공된다. 가정의 정보가전들이 홈 네트워크를 통해 연결되고 이들은 홈게이트웨이를 거쳐서 외부망과 접속됨으로써 다양한 서비스 창출이 가능해진다. 가정의 유비쿼터스 응용 서비스는 홈 네트워크를 통하지 않고서도 단독 장치 혹은 무선통신 서비스를 통해 가능하다. 가사 도우미 로봇은 단독 장치로서 가정살림의 보조역할을 담당할 수 있다. 가정에서 무선단말기기를 통한 정보통신 서비스, 인터넷 검색, 무선 방송 서비스, u-러닝 등도 가정의 유비쿼터스 응용 서비스에 해당한다.

13.2.1. 정보가전

정보가전은 가전기기에 컴퓨터 기능이 부착되어 지능화됨을 의미한다. 정보가전은 가전기기의 원래 기능뿐만 아니라 휴먼인터페이스 기능과 함께 네트워크 기능이 갖추어짐에 따라 인간의 편리성을 증진시켜준다.

컴퓨터를 제외하고 가장 먼저 네트워크에 연결된 가전제품은 텔레비전, 오디오 제품 등과 같은 AV제품이다. 텔레비전이나 오디오 제품이 인터넷에 연결되어 IP망을 통해 다양한 프로그램과 음악을 즐길 수 있다. 텔레비전과 오디오 시스템이 인터넷에 연결됨으로써 방송과 통신의 융합이 본격적으로 이루어지게 된다.

최근에는 AV기기뿐만 아니라 냉장고, 전자레인지 등 백색가전도 네트워크에 연결되도록 만들어지고 있다. '인터넷 냉장고'는 초기에 냉장고 앞면에 PC의 디스플레이를 부착하여 인터넷에 액세스가 가능하도록 하는 단순한 형태였다. 미래에는 냉장고 안의 내용물을 항상 스스로 체크하여 부족한 식료품을 파악하고, 이 데이터를 집주인의 단말기에 전송할 수 있는 기능을 가지게 된다. 집주인은 자신의 단말기를 확인하고 퇴근길에 상점에 들러서 부족한 식료품을 구입하기만 하면 된다. 더 나아가서는 인터넷 냉장고가 단골 식료품점에 인터넷을 통해 부족한 식료품을 주문할 수도 있을 것이다. 주문을 받은 식료품점 주인은 가게 단말기를 통해 주문내용을 확인하고 이들 식료품을 주문한 집에 배달함으로써 보다 커다란 편리성을 증진시킬 수 있게 된다.

'인터넷 전자레인지'는 식료품을 전자레인지 안에 집어넣기만 하면 스스로 식료품에 적합한 조리방법을 인터넷을 통해 검색하고, 필요한 경우에는 인터넷에서 자료를 다운로드하여 자동으로 조리해 주는 등 새로운 아이디어를 응용할 전망이다.

이 외에도 세탁기나 냉장고가 고장이 날 경우, 제품명이나 고장 상황을 인터넷을 통해 관리업체에 보내면 관리업체에서 상황에 맞는 부품을 가진 수리공을 해당 가정에 파견하는 방법으로 가전제품 수리 서비스를 제공할 수 있다. 또한 네트워크를 통해 정보가전의 소프트웨어를 업그레이드하는 일도 가능해질 것이다. 성능이 향상된 신제품이 나올 때에 이를 구매할 필요 없이 단지 업그레이드된 소프트웨어로 바꾸어 주기만 하면 정보가전의 성능이 진화해 나갈 수 있게 되는 것이다.

13.2.2. 인텔리전트 주택

주택 자체에 정보화를 도입한 것이 인텔리전트 주택의 모습이다. 1984년에 사카무라 겐에 의해 시작된 TRON 프로젝트에서는 1989년 홈오토메이션의 연구를 위해 '인텔리전트 주택'이라고 불리는 실험주택을 도쿄에 건설하였다. 인텔리전트 주택에서는 OA기기, 전화, AV기기뿐만 아니라 벽이나 문, 책상에까지 컴퓨터를 내장시킨 후 이들을 네트워크를 통해 연결시켰다. 이와 같은 인텔리전트 주택에서는 컴퓨터나 센서가 주택의 안팎에서 발생하는 여러 상황을 분석하여 인간 삶의 쾌적성을 증진시켜 준다. 예를 들어서 외부의 날씨 상황에 맞추어 창문을 자동적으로 열고 닫으며, 또한 공기 시스템과 협력하여 온도와 습도를 조절할 수 있도록 한다.

인텔리전트 주택의 예에는 아래와 같은 것들이 있다.

① 체중계·체지방계, 당뇨치 측정장치를 겸하는 건강화장실 시스템을 구비하고 측정 결과를 건강 데이터로 홈서버에 저장한다.

② 체온·혈압 등을 측정할 수 있고 네트워크를 통해 의사에게 원격진료를 받을 수 있다.

③ 가정 내 네트워크와 연결된 카메라 내장형 도어폰을 통해 어느 방에서든지 방문자를 확인할 수 있고, 집에 아무도 없을 때에는 휴대전화로 음성을 전송한다.

④ 센서가 내장된 움직이는 침대

⑤ 음성인식 기능을 가진 애완용 로봇과 간단한 회화 가능

⑥ 가정 내 전력소비량을 표시함으로써 전력의 관리, 저에너지를 실현해 주는 에
코 네트워크 단말기

13.2.3. 상애인과 노인을 위한 서비스

유비쿼터스 기술은 병에 걸렸거나 거동이 불편한 노인을 돌보기 위한 컴퓨터 환
경을 구축해 준다. 예를 들어서 신체가 자유롭지 못한 사람을 위해 음성 명령만으
로 자동적으로 높낮이가 조절되는 침대, 쾌적한 온도를 자동적으로 조절해 주는 공
기조절 시스템 등이 있다.

네트워크에 연결시킨 텔레비전 카메라 등을 이용하여 독신생활을 하는 노인, 침
상생활을 하는 노인의 건강 상태를 항상 모니터하여 혹시 몸의 상태에 이상이 발생
하면 바로 의료기관 등으로 이를 알리게 된다. 정신적인 측면에서는 독신생활을 하
는 노인끼리, 혹은 가족들 간의 커뮤니케이션을 도와주는 시스템 등도 생각해 볼
수 있다. 또한 시각장애인들을 위해 음성으로 정보를 전달해 주는 시스템이나 수화
를 대신해 음성합성에 의해 의사를 표시할 수 있는 시스템 등도 장애인의 삶의 질
을 높일 수 있을 것이다.

장애인을 특수하게 대우하는 듯한 느낌의 '배리어프리'라는 단어 대신에 '유니버
설 디자인'이라는 단어가 주로 사용되고 있다. 주변 모든 물건이나 건축물에 건설
최초 단계부터 누구라도 편리하게 사용할 수 있도록 디자인을 설계하자는 움직임이
다. 이러한 개념은 누구라도 사용하기 편한 주택이나 빌딩 건설에 일조할 것으로
예상한다.

13.2.4. 방범 서비스

유비쿼터스 컴퓨팅은 가정의 시큐리티 분야에서 활약할 것으로 기대된다. 예를
들어서 집에 도둑이 들었을 경우 센서가 이를 감지하여 자동적으로 통보, 격퇴해
준다거나, 화재가 일어날 상황이 발생하면 자동적으로 119로 연락하는 서비스가 예
상된다. 이런 분야에서 요구되는 기술은 센서 기술이다.

센서에는 온도 센서, 압력센서, 습도 센서, 움직임 센서, 빛 센서 등 여러 종류가

있다. 화재 발생을 센싱할 때에는 온도 센서가 활용되고 도둑이 집에 들어온 것을 감지할 때에는 움직임 센서가 필요하게 된다.

도둑이 집에 들어올 때에 센서로 이를 감지하여 경찰이나 경비업체에 통보해도 경찰이나 경비원이 현장에 도착하는 데에는 어느 정도 시간이 걸리기 때문에 도둑이 도망가 버릴 우려가 있다. 이러한 문제점을 해결하기 위해서는 도둑이 집으로 침투하지 못하도록 사전에 예방하는 방법과 함께 물리적으로 도둑을 포획하는 시스템 개발도 강구되어야 할 것이다.

13.2.5. 에너지 절약

유비쿼터스 컴퓨팅에 의한 저에너지 응용 서비스로는 방 안의 전기를 켜 둔 채 방을 비우는 것을 체크해 주거나, 에어컨 온도를 외부의 온도와 방 안에 있는 사람의 수에 연동하여 조절해 주는 방식이 있다. 컴퓨터가 세세한 부분까지 일일이 확인하여 ‘절전’을 해 주기 때문에 가정 경제에도 상당히 도움이 될 수 있다.

원래 전력공급은 특정한 전력회사만이 이를 맡아 왔다. 그러나 최근 들어서는 태양열 발전, 풍력발전 등 자연 에너지를 이용한 발전에서 연료전지에 의한 발전까지 자가발전이 증가하는 추세이다. 또한 미래에는 전력회사가 하나가 아니라 여러 전력회사들이 서로 경쟁을 통해 각 가정에 전력을 공급할 수도 있다. 이러한 주변상황을 고려하여 유비쿼터스 컴퓨팅에서는 그때그때 가장 저렴한 전력공급원을 선택하여 전력요금을 절약할 수 있도록 하는 시스템을 구현할 수 있다.

13.2.6. 가정 내 엔터테인먼트

유비쿼터스 시대에는 각 가정으로 연결되는 통신대역폭이 증대됨에 따라 품질 좋은 엔터테인먼트 서비스 제공이 가능해진다. 최근에 가정에 있는 텔레비전에서 인터넷에 접속하거나 양 방향 디지털 방송을 즐길 수 있게 되었다. PC에서도 텔레비전의 영상을 즐길 수 있을 정도로 우수한 성능의 PC가 출현하고 있다.

유비쿼터스를 통한 가정 내 엔터테인먼트의 키워드는 ‘온 디맨드’와 ‘인터랙티브’이다. 유비쿼터스 컴퓨팅이 진전되면 ‘온 디맨드’로 음악이나 영상을 즐길 수 있게 된다. 즉 홈서버에 영상이나 음악을 저장하여 편한 시간에 이를 꺼내 감상할 수 있게 된다.

'인터랙티브'는 '양 방향'을 의미한다. 지금까지는 일방적으로 시청하는 입장이었던 텔레비전 프로그램에도 양 방향 서비스가 가능해질 것이다. 예를 들어서 텔레비전의 리모컨을 통해 입력된 시청자의 앙케트 결과를 네트워크를 경유하여 수집하고, 다시 프로그램 내에서 방송을 한다든지 일반 가정의 영상을 텔레비전 방송국에 보내 프로그램으로 만드는 방식이 있다.

오늘날에도 네트워크 게임이 인기를 끌고 있는데 유비쿼터스 시대에는 보다 우수한 품질의 영상과 음악이 제공되는 다양한 온라인 게임들이 등장하게 될 것이다.

13.3. 회사의 유비쿼터스 응용 서비스

회사의 유비쿼터스 응용 서비스는 사무실이나 공장 등의 산업현장에서 제공되는 어플리케이션을 의미한다. PC가 등장하면서부터 사무자동화라는 단어가 탄생하게 되었다. 사무자동화는 더욱 발전하여 여러 가지 회사 관리업무 수행에 정보기술을 활용하는 데에까지 이르게 되었다. 회사업무관리 분야뿐만 아니라 공장 자동화 측면에서도 정보기술 활용이 확대되어 왔다. 유비쿼터스 기술은 사무실, 공장 등뿐만 아니라 산업시설, 창고, 물류, 군사시설, 공공시설 관리 등에 대한 편리성, 안전성, 쾌적성 등을 증진할 수 있게 되었다.

13.3.1. 사무실의 유비쿼터스화

정보화기술이 발달하면서 사무실에는 사무작업의 자동화 및 컴퓨터화가 진행되어 왔다. 예를 들어서 워드프로세서, 팩스, 복사기, PC 등장 등이 그러하다. 이러한 사무실 내의 컴퓨터 제어를 예전부터 OA(Office Automation)이라고 부르고 있다.

급속하게 보급된 PC는 OA의 핵심장치로 부상하였으나 인간이 사용하기에 편리한 기기는 아니다. 키보드만 보더라도 초보자에게는 종이와 연필처럼 마음 편하게 조작할 수 있는 입력장치가 아닌 것이다. 유비쿼터스 컴퓨팅 시대에는 조금 더 사용하기 편한, 즉 컴퓨터를 사용하고 있다는 인식조차 주지 않는 인터페이스를 가진 제품이 나올 것이다. 소프트웨어의 경우에도 컴퓨터상에 전자비서와 같은 영상 캐릭터를 실현시켜서 인간의 언어를 이해하고 지시에 따른 대응을 해 주게 될 것이다. 1980년대 애플사는 자사가 만든 유명한 프로모션 비디오인 '날리지 내비게이터'에서 '에이전트'라는 '가공인물'을 만들어 놓았다. 이 에이전트는 이용자를 대신하여 전화를 걸고 정보를 수집하고 분석하는 등 이용자를 위해 보이지 않는 곳에서 일을 해 준다. '날리지 내비게이터'는 전자비서와 동일한 개념이라고 말할 수 있다.

오피스 네트워크는 '정보기기의 통합화'와 '네트워크의 무선화'의 방향으로 진화해 나아갈 것이다. 정보기기의 통합화란 구체적으로 PC가 네트워크 기기로 사용할 수 있다거나 또는 PC에 휴대전화를 삽입해 충전하는 등의 발상이다. 예를 들어서 CTI(Computer Telephony Integration)라는 기술이 있는데 이것은 전화와 컴퓨터를 통합하는 기술이다. 이 기술을 사용하면 전화를 받기 전에 전화를 거는 사람의 프로필을 디스플레이 상에서 확인하여 무슨 이야기를 할지 미리 생각한 후 대응할 수 있게 된다.

네트워크의 무선화는 말 그대로 책상 밑이나 뒤편에 번잡스럽게 연결되어 있는 케이블을 없애 주는 기술로서 무선기술을 도입하는 것이다. PC의 LAN에서는 IEEE802.11b라는 규격의 무선LAN이 이미 보급되어 있고 전송속도도 11Mbps에 달한다. 또한 블루투스 기술을 사용하면 다양한 종류와 기능의 수많은 케이블을 무선화할 수 있다.

13.3.2. 빌딩의 유비쿼터스화

사무실에는 사무자동화를 위한 OA(Office Automation) 네트워크뿐만 아니라 사무실 자체가 포함된 건물 전체를 둘러싸고 있는 BA(Building Automation) 네트워크가 있다. BA는 공기조절이나 엘리베이터, 감시 카메라 등 빌딩의 설비를 자동제어하는 시스템을 말한다. 예를 들어서 컴퓨터를 이용하여 여러 대인 엘리베이터 중에 어떤 것을 어느 층에 서게 할 것인지를 제어한다. 또한 공기조절기 등도 사무실의 온도나 시간 등 주변 상황에 맞추어 자동적으로 운전이 가능해진다. 이러한 빌딩 설비는 관리실 등에서 집중적으로 관리되는 경우가 많으며 각 설비는 네트워크에 접속되어 있는데 이 네트워크를 '제어계 네트워크'라고 부른다.

최근에는 조명기기나 센서, 문 잠금장치, 창문의 블라인더 등 빌딩 내 각종 기기들이 제어계 네트워크에 접속되어 자동으로 제어하는 경우가 증가하고 있다. 사무실에서 사람이 모두 나가면 자동적으로 전등을 끄거나, 허가받지 않은 침입자를 발견하면 경보를 울리는 기능도 모두 BA의 제어계 네트워크를 통해 가능해진다.

유비쿼터스 시대에는 BA도 더욱 진화해 나간다. 현재는 엘리베이터를 이용할 때에 버튼을 누르지만 앞으로는 버튼을 누르는 대신에 '3층'이라고 명령만 내리면 자동으로 3층까지 올라가거나 내려가는 이른바 '스타트랙' 세계의 실현도 음성인식 기술이 더 진보하면 가능해진다. 또한 센서가 인간의 존재를 감지하여 온도나 습도를 자동적으로 컨트롤하는 기능도 구현될 것이다.

13.3.3. 공장의 유비쿼터스화

정보화가 시작되면서부터 공장에서는 이미 FA(Factory Automation)라는 개념 하에 네트워크 컴퓨팅을 이용하여 효율적인 생산 방식을 개발해 왔다. 오직 기계만 있고 사람이 아무도 없는 공장을 네트워크를 경유하여 사무실에서 감시하고 제어할 수 있는 데까지 이르렀다. 또한 공작기계를 컴퓨터로 제어하는 단계를 뛰어넘어서 공장 전체 라인관리, 재료 및 상품의 납입, 품질 체크, 반출까지 일련의 흐름을 컴퓨터를 이용해 관리하는 것도 이미 현장에서 사용되고 있다.

유비쿼터스 시대에서는 조명이나 공기조절 등 모든 전기제품이 네트워크화되어 쾌적한 산업현장으로 만들 수 있을 것이다. 또한 모든 기계가 전력선 네트워크로 연결되어 저에너지 서비스나 작업환경의 모니터링 또는 시큐리티 시스템 등에 유비쿼터스 기술이 이용될 것이다.

지금까지는 공장의 모든 공작기계가 중앙집중 관리시스템과 연결되어 제어를 받아 왔지만 기계의 지능화를 증진시킴으로써 앞으로는 기계와 기계가 네트워크를 통해 직접 통신을 수행해 분산환경에서 협조하면서 작업을 수행하게 될 것이다. 제조업의 생산라인은 산업로봇으로 대체될 것이며 또한 공장 관리업무도 컴퓨터 네트워크와 연결된 로봇이 수행할 수 있을 것으로 예상한다.

13.3.4. 모니터링 시스템

사람이 접근할 수 없는 장소, 예를 들어서 오염지역, 낭떠러지기, 수면 밑, 방사선 위험 지역 등의 환경상태를 모리터링할 때에 센서 네트워크가 활용될 수 있다. 사람 접근 위험 장소에 미리 센서를 부착하여 이들 센서로부터 모니터링된 측정 데이터를 네트워크를 통해 수집함으로써 사람의 개입 없이 각종 상태를 언제나 모니터링 할 수 있게 된다.

센서들끼리 무선 네트워크를 구성하고 이들 센서들 중에서 게이트웨이 역할을 담당하는 센서와 인프라네트워크 사이를 연결하면 세계 어느 곳의 센싱 데이터라도 다른 곳에서 센싱 데이터를 모니터링할 수 있게 된다.

주변 상태를 모니터링하는 센서들은 무선으로 연결되어 있기 때문에 전원 공급의 어려움이 발생한다. 센서들은 한번 전원을 공급받으면 가능한 오랫동안 전원을 유지시켜야 한다. 이를 위해서 센서가 동작할 때에만 전원을 사용하고 그렇지 않을 때에는 전원사용을 중지하는 방법 등으로 전원 절약 알고리즘들이 개발되어 오고 있다.

센서 네트워크에 로봇을 도입한다면 전원공급의 문제가 해결될 수 있을 것으로 보인다. 전원을 공급받은 로봇이 인간 접근 위험 지역 안으로 들어가서 각종 상태를 모니터링 한 후에 실시간으로 본부시스템에 측정 데이터를 송신하는 방식으로 모니터링 시스템을 구성할 수 있다.

13.3.5. 군사 시설 관리

군사활동 중에 제일 중요한 업무 중의 하나가 바로 경계업무이다. 경계업무는 인간의 오감을 통해 경계활동 주변에 나타나는 적의 출현을 감시하는 것이다. 경계지역이 넓고 광활한 경우에는 경계병 수를 늘려야 하고 그에 따른 자원소비량이 상상을 초월할 수도 있다.

유비쿼터스 시대에는 경계병 대신에 경계지역 곳곳에 센서를 장착하여 적의 움직임을 감시할 수 있을 것이다. 무선전파를 발사하여 반사하는 전파의 양을 분석함으로써 전방의 물체를 인식하는 방법이 있고 또 다른 센서들을 동원하여 물체의 움직임을 감시할 수 있다. 센서의 기능을 활용하여 적 출현이 감지되면 이러한 정보는 센서 네트워크를 거쳐서 유무선 네트워크를 통해 상황실로 전달되며 보다 상세한 모니터링이 요구될 경우에는 보다 정밀한 측정장치를 동원하여 전방의 상황을 예의 주시하게 된다.

센서는 고정적인 위치에서만 주변 상태를 센싱하는 것이 아니라 탱크나 전차와 같이 이동체 상에서도 적의 동태를 감시해야 할 필요성이 있다. 각각의 센서로부터 수신된 측정 데이터를 가지고 감시 시스템에서 소프트웨어적인 통합을 통하여 보다 면밀히 적 상황을 분석할 수 있을 것이다. 하드웨어 센서개발 기술 못지않게 상황을 인지할 수 있는 소프트웨어 기술 개발에도 심혈을 기울여야 할 필요성이 여기에 있다.

13.4. 공공장소의 유비쿼터스 응용 서비스

유비쿼터스 응용 서비스에는 인간 대 인간, 인간 대 사물, 사물 대 사물 등의 서비스로 구성되어 있다. 인간 대 인간 서비스는 기존 서비스와 크게 달라지지 않으나 인프라 대역폭의 확충으로 고품질의 멀티미디어 서비스가 가능해진다. 인간 대 사물 서비스는 휴먼인터페이스 기술 발달로 인해 인간이 서비스를 활용함에 있어서 편리성이 증진된다.

기존 서비스와 비교하여 유비쿼터스 응용 서비스의 가장 큰 차이점은 바로 사물 대 사물 서비스이다. 여기에서 사물은 컴퓨터 장착을 통하여 종전보다 지능화가 가능해졌다. 이러한 지능화는 센싱 기능의 추가로 구현된다. 각 센서는 주변상태를 모니터링한 후 유비쿼터스 서비스 중앙장치에 측정 데이터를 송신하고, 유비쿼터스 서비스 중앙장치에서는 이들 측정 데이터를 저장하고 분석하여 여러 가지 서비스를 창출한다.

유비쿼터스 응용 서비스는 모바일을 특징으로 한다. 기존의 무선단말과 비교하여 무선대역폭의 증가와 함께 다양한 새로운 기능으로 여러 가지 서비스가 출현하고 있다. 특히 스마트폰 등장으로 유비쿼터스 응용 서비스는 나날이 발전하고 있다. 본 장에서는 가정과 회사를 벗어난 공공장소 및 옥외에서 제공받을 수 있는 유비쿼터스 응용 서비스들로 u-의료, u-러닝, u-시티, 텔레매틱스, 위치기반 서비스 등을 설명한다.

13.4.1. u-의료 서비스

(1) u-의료 개념

u-의료는 정보통신과 보건의료를 연결하여 언제, 어디서나, 예방, 진단, 치료, 사후 관리 등의 보건의료 서비스를 제공하는 것을 말한다. 정보통신과 보건의료가 만나는 u-의료는 유비쿼터스 기술이 인간의 건강한 삶을 보장해 주는 서비스로서 가장 큰 혜택이며 편리한 이익이 된다.

u-의료에서는 의료기관 중심의 서비스에서 벗어나서 이용자 중심의 서비스로 발전되고, 질병의 치료 중심에서 질병의 예방 중심으로 변화되며, 나아가서 질병관리에서 건강관리(wellness)로 진화하고 있다. u-의료는 환자가 아니더라도 사전진단을 통해 질병 예방이 가능한 보건의료 서비스로서 생체신호 센싱 기술과 유무선 네트워크 기술을 기반으로 하여 환자, 병원, 의료정보 제공자 등이 유기적으로 연계되어 실시간으로 국민의 건강상태를 체크함으로써 삶의 질을 향상시킬 것이다.

u-의료의 등장 배경은 아래와 같다.

① 기술적 측면: 통신 기능이 장착된 RFID 칩의 등장, 생체신호 센싱 기술의 발달, 정보의 디지털화, 통신의 광대역화, 보건의료 기술의 급격한 발전으로 u-의료 서비스가 가능해졌다.

② 보건의료 공급자 측면: 질병의 양태가 다양하게 변화하고 새로운 질병이 속출함에 따라 보건의료 제공기관에서는 다양한 보건의료 정보의 통합과 신속한 진료시스템의 구축이 필요하게 되었다.

③ 보건의료 이용자 측면: 국민소득이 증가하고 사회 전반의 고령화가 진전되면서 건강한 삶에 대한 관심이 증가함에 따라 건강증진과 질병예방에 대한 지출이 증가하고 통신 네트워크를 통한 의료기관과의 연결을 통한 검진과 진료의 수요가 증대하게 되었다.

u-의료는 가장 효율적인 국민 보건복지 증진 방안이 될 것이다. IT 인프라를 통

해 보건의료 제공의 편리성 및 효율성이 증진될 뿐만 아니라 첨단 IT 기술을 이용한 대용량, 초고속 정보서비스를 제공할 수 있으며, IT 기술의 발전과 함께 이상적인 의료서비스 제공이 가능하게 된다. u-의료는 개인에게 연속적인 진료 서비스를 제공하고 기업과 산업에게 새로운 산업 기회를 제공함으로써 산업적 파급 효과가 매우 클 것으로 전망된다.

(2) u-의료 서비스 시스템 구성

u-의료 서비스 시스템은 생체신호의 센싱, 모니터링, 분석, 피드백 등의 과정으로 구성된다. 센싱 모듈은 대상자의 생체신호 및 주변 환경신호를 측정하여 측정 데이터를 모니터링 장치에 전송한다. 모니터링 장치는 각 센싱 모듈의 측정 신호를 취합하여 결과를 디스플레이할 수 있으며 이들 데이터를 네트워크를 통해 건강관리회사나 임상진료 지원 시스템으로 전송한다. 의료정보를 수신한 시스템에서는 정보를 저장 관리하면서 패턴을 분석하여 결과를 담당 주치의에게 제공하고, 주치의 최종 판단에 따라 이를 대상자에게 피드백하여 원격으로 건강관리 및 의료 서비스를 제공한다. <그림 13-2>는 u-의료 서비스 시스템의 흐름도를 나타낸다.

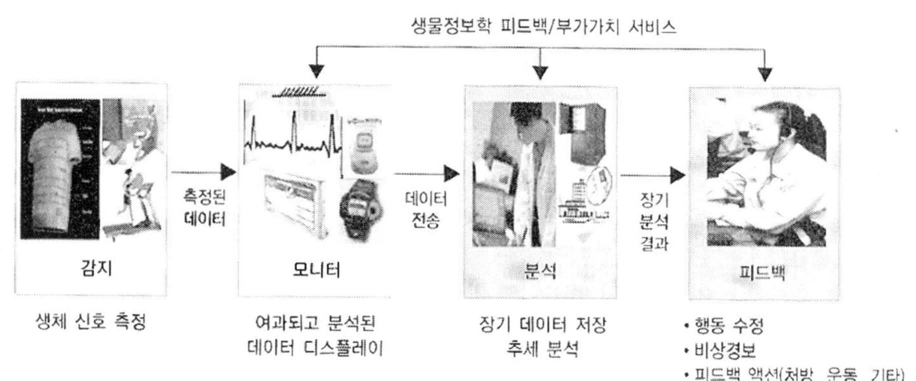

〈그림 13-2〉 u-의료 서비스 시스템의 흐름도
(참고문헌: 유비쿼터스 컴퓨팅 개론, 양순옥 외 저, 한빛미디어)

(3) u-의료 서비스 영역 및 유형

u-의료 서비스 영역은 크게 의료기관 내부, 의료기관과 의료기관과의 연결, 의료기관과 이용자의 연결 등으로 구분할 수 있다.

① 의료기관 내부: 처방 전달시스템, 병원정보 시스템, 전자 의무 기록, 의료영상 저장전송 시스템 등의 의료정보화 사업 위주로 진행되고 있으며 스마트카드, RFID를 이용하여 환자, 약품, 자산 관리 등의 영역으로 확대되고 있다.

② 의료기관과 타 의료기관 및 타 기관과의 연결: 병원과 병원, 병원과 약국, 병원과 보건소 등 종래의 의료기관 사이의 의료 정보교환 및 전송에 중점을 두고 있다. 의료기관과 보험기관 더 나아가서 정부 부처 사이에 여러 가지 정보를 교환할 수도 있지만 개인정보 보호 관리도 함께 고려해야 한다.

③ 의료기관과 이용자의 연결: IT-BT-NT 기술과 융합되어 원격지에서 유무선 네트워크 기술을 기반으로 새로운 형태의 개인 맞춤형 의료 서비스로 변화할 수 있다. 네트워크 기반의 u-의료 서비스는 광대역 통신망과 홈 네트워크의 고도화로 인하여 일반대상자, 고령자, 만성질환자 등에게 원격지에서 편리하게 개인의 사생활과 자율성이 보장되는 의료 서비스를 제공할 수 있게 된다.

u-의료 서비스는 통신(Communication), 맞춤서비스(Customization), 편리성(Convenience), 연결성(Connectivity), 융합성(Convergence)의 5C 기능을 추구한다. 이러한 5C의 u-의료 서비스가 성공적으로 제공되기 위해서는 정부부처, 통신사업자, 기기 제조자, 서비스 제공자 사이에 긴밀한 협조체제가 구축되어야 한다. <그림 13-3>은 u-의료 서비스의 구성요소를 나타낸다.

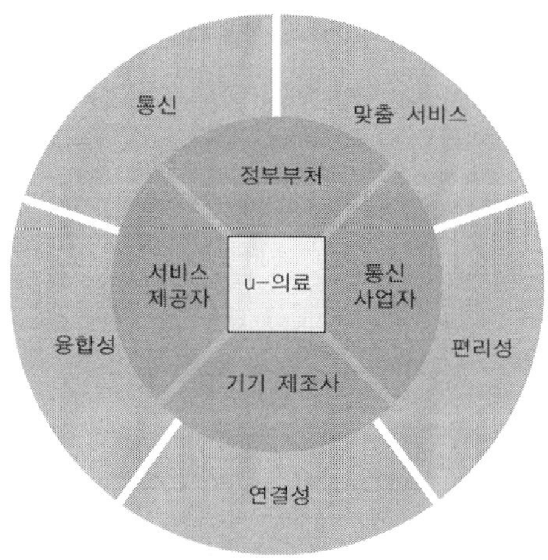

〈그림 13-3〉 u-의료 서비스의 구성요소

u-의료 서비스는 활용 영역에 따라 보건의료 기관 내부 정보화, 보건의료 기관과의 연결, 보건의료 기관과 이용자의 연결 등으로 구분된다. 활용 목적에 따라 예방과 건강증진, 진료와 사후 관리 등으로 나누어진다. u-의료 서비스에는 아래와 같은 것들이 있다.

① RFID 센서 응용의 자산관리 시스템: RFID 센서를 활용하여 병원이나 지원기관의 자산을 효율적으로 관리하는 서비스로서 의약품 등의 효율적인 재고관리를 통해 운영비용을 절감할 수 있다.

② 환자/대상자 정보 시스템: 입원환자 상태 및 병상정보 등의 병원정보 등을 유무선 단말기를 통해 제공하는 서비스이다.

③ 의료 텔레매틱스: 환자나 대상자의 생체신호 발생에 따라 모니터링 센터와 응급병원 등이 GPS와 연계하여 긴급출동 서비스를 제공한다.

④ 전자 처방전 서비스: 문서로 발행하는 전자 처방전을 휴대폰 인증이나 암호화를 사용하여 유무선 통신 서비스로 제공하는 서비스이며, 약국에서 이용자의 대기시간을 줄일 수 있다.

⑤ 모바일 건강관리 서비스: 휴대폰을 이용하여 혈압, 당뇨 측정치 등을 실시간으로 무선망을 통해 건강관리 센터에 전송하고 건강을 위한 정보 서비스를 제공받는다.

⑥ 예약관리 에이전트 시스템: 복수의 병원에서 이용자 본인의 가용시간에 맞추어 적정한 해당 병원 및 의사를 검색하여 예약해 주는 시스템이다.

⑦ 의료 스마트카드 서비스: 스마트카드를 통해 개인별 기본 의료정보를 저장하고 진료 등을 위한 예약, 수납, 처방기록 등의 저장이 가능하도록 하는 서비스이다.

⑧ 모바일 간호관리 서비스: 모바일 환경을 기반으로 간호관리를 효율적으로 지원하는 서비스이다.

⑨ 적외선 응급구호 서비스: 가정이나 실내에서 적외선 장치를 이용하여 사람의 움직임이 없을 경우 즉각적인 유무선 응급 신호를 통해 구호할 수 있는 서비스이다.

<표 13-1>은 u-의료 서비스 종류를 보여 준다.

〈표 13-1〉 u-의료 서비스 종류

서비스		내용
온라인 피트니스 서비스	개념	이용자의 트레이닝 목적, 운동 장소, 피트니스 기기의 종류, 하루 스케줄 등을 기초로 건강 상태나 생활 리듬에 맞춘 트레이닝 메뉴를 전문가가 작성해 트레이닝의 진척 관리나 어드바이스(advice)를 온라인상에서 제공하는 서비스
	특징	• 시간적인 제약이 많은 사람들을 위해 집에서도 원격으로 운동과 컨디션 관리를 할 수 있음. • 체계적으로 인터넷을 통해 추가적인 서비스 공급이 이루어짐에 따라 더 나은 서비스에 대한 욕구를 충족시킴.
게임 운동 기구 서비스	개념	네트워크망을 이용하여 게임과 운동을 동시에 즐길 수 있는 서비스
	특징	• 건강에 대한 관심의 증가와 더불어 게임을 즐기는 사람의 수 또한 젊은 층을 중심으로 증가하는 추세임. • 인터넷 네트워크의 새로운 사이버 공간에서 게임 및 음성 대화 기능을 이용하여 다른 사용자들과 함께 박진감 넘치는 운동을 할 수 있도록 함.
만성질환자 서비스	개념	유무선 네트워크를 통해 측정 정보를 건강센터로 전송하고 상태를 관리하는 종합 서비스
	특징	• 온도, 습도, 병실 내 밝기 등 환자와 가족 구성원의 병실 내 쾌적한 환경을 제공할 수 있는 센서 작동 • 병원에서 제공되는 서비스 이외에 효과적인 건강관리 서비스 및 지속적인 의료정보 제공이 요구됨.
개호 서비스	개념	저소득층 노인들의 신체에 전자팔찌나 전자태그를 부착하여 신체의 변화를 실시간으로 확인하여 비상시 집으로 출동하는 서비스
	특징	• 독거노인 등 저소득층 노령자를 대상으로 질환 및 건강악화 상황을 파악할 수 있는 시스템 • 국가 차원에서 RFID를 비롯한 각종 센서 이용 시범 사업을 수행하거나 논의되고 있어서 향후 공공복지 차원에서 적용 가능성 있음.
실버타운 관리 및 운영 서비스	개념	노인들을 대상으로 전용타운을 건설/임대하여 건물에 u-의료 기능을 부가한 IBS 개념을 도입한 서비스
	특징	• 아직까지 실버타운의 이용자는 고소득 계층으로서 다양한 부가서비스의 이용 가능성 또한 높은 것으로 판단 • 노령인구가 증가하고 핵가족화함에 따라 실버타운은 점차 증가할 전망임.
보건소의 프런트 오피스 (Front Office)화	개념	공공기관의 보건소를 환자접점에서 최일선 서비스 기관으로 자리매김하는 한편, 민간 의료기관과의 매개역할을 수행하는 공공 서비스 제공
	특징	• 환자와 의료기관을 연결시키면서 업무량 완화, 업무 수월성 제고 • 정부와 복지사업 기회 확대

13.4.2. u-러닝

(1) u-러닝 개념

e-러닝은 '전자적 수단, 정보통신 및 전파 방송 기술을 활용하여 이루어지는 학습'을 말한다. 좁은 의미의 e-러닝은 유무선 방송 통신망이나 인트라넷을 통하여 시간과 공간의 제약 없이 관련 지식과 정보에 접근하는 쌍방향 학습 또는 교육을 뜻한다.

u-러닝은 컴퓨터 없이도 언제 어디서나 인터넷에 접속할 수 있다는 뜻의 유비쿼터스(Ubiquitous)와 교육의 러닝(Learning)을 합한 신조어로서 유비쿼터스 시대의 교육을 말한다. u-러닝은 '유비쿼터스 학습 환경을 기반으로 학습자들이 시간, 장소, 환경 등에 구애 받지 않고 일상생활 속에서 원하는 학습을 할 수 있는 교육 형태'로서 학습자 중심의 지능적이고 종합적인 교육지원 체계를 가진다. 여기에서 학습자 중심의 교육이라 함은 획일적이지 않고 학습자 개인의 학습 요구에 따라 맞춤형 및 지능형 학습 구현을 의미한다. 예를 들어서 학습자가 미리 제공된 제한적인 목록 내에서 필요한 학습 내용을 검색하지 않아도 학습자의 요구에 따라 맞춤식 콘텐츠가 제공되는 것이다.

e-러닝은 인터넷에 기반을 둔 온라인 학습을 지칭하는 데 반해 u-러닝은 기존의 e-러닝에서 한 발 더 나아가 무선 인터넷이 가능한 곳에서 PDA, 태블릿(Tablet) PC, 스마트폰 등 모바일 기기들을 활용하여 시간적 및 공간적 제약을 받지 않고 맞춤형 학습 서비스를 제공받을 수 있다. <표 13-2>는 e-러닝과 u-러닝의 비교를 나타낸다.

〈표 13-2〉 e-러닝과 u-러닝의 비교

구분	e-러닝	u-러닝
기술	데스크톱 중심	모바일 기기 중심 초기: 태블릿 PC, PDA 후기: RFID, 센서 기술, 가상현실 기술
관계	인터넷을 통한 연결성이 중요	이동성·편리성 중심
학습 형태	단일 사용자 수준별 학습	개인별 맞춤형 학습
교육 목표	학습 내용의 신속한 전달과 수용	자기주도적 학습자 육성
인간상	학습형 인간상	자율적·창의적 인간상

(2) u-러닝의 장점

u-러닝의 장점은 아래와 같다.

① 교육비용 절감: 기본적으로 교육 경비를 줄일 수 있고, 기존 오프라인에 따른 시간을 절약하며 나아가서 교실, 교사 등을 위한 경비를 절약할 수 있다.

② 동시성: 동시에 무수히 많은 사람들에게 도달할 수 있으며, 조직에게는 신속한 변화의 즉시성도 제공해 줄 수 있다.

③ 맞춤형 서비스: 누구에게나 동일한 방식으로 콘텐츠를 제공할 수 있으며 또한 서로 다른 학습요구나 상이한 집단에 따라 맞춤형 프로그램을 구성해 줄 수도 있다.

④ 효용성: 구현되는 u-러닝은 즉각 갱신할 수 있으며 정보의 확장성과 장기적인 유용성을 제공해 준다.

⑤ 연중무휴 학습 가능: 언제, 어디서나 교육이 필요할 때에 학습할 수 있는 즉시 학습(Just-in-time)이 가능하다.

⑥ 보편성: 공통적인 인터넷 프로토콜과 브라우저를 이용하므로 웹 사용자는 거의 동일한 방식으로 동일한 자료를 활용할 수 있는 학습의 보편성을 제공한다.

⑦ 협력 가능성: 교육 프로그램이 종료된 뒤에도 온라인상의 커뮤니티를 통해 지식과 정보를 공유하는 학습 공동체를 형성할 수 있으며 이러한 조직을 통해 협력 학습이 가능해진다.

⑧ 저비용 고효율: u-러닝 솔루션의 뛰어난 확장성으로 인해 약간의 노력과 비용으로 교육훈련 인원을 확대해 나갈 수 있다.

(3) u-러닝의 핵심 기술

(가) 기반기술

u-러닝의 기반 기술은 일반적인 IT 및 시스템 기술로서 시멘틱 웹, 웹 서비스, 버전 관리 등이 있다.

① 시멘틱 웹: 사람뿐만 아니라 기계도 정보를 이해할 수 있도록 해 주는 기술로서 기계에도 정보를 인식하여 추론할 수 있도록 해 준다.

② 웹 서비스: 표준 웹을 제공한다.

③ 버전 관리: 프로그램 수정 파일을 관리하는 시스템으로 소스 코드 모듈을 유지하거나 문서 파일의 수정에 사용된다. 버전 관리 도구에는 CVS(Concurrent

Version Systems), Visual Source Safe, Subversion 등이 있다.

(나) 공통 기술

다양한 u-러닝 시스템에는 공통적으로 사용되는 기술이 있다. 이러한 기술에는 학습관리 시스템(LMS), 학습콘텐츠 관리 시스템(LCMS), 메타데이터 기술 등이 있다.

① 학습관리 시스템(LMS): u-러닝을 시행하는 곳에서는 필수적인 요소로서 기본적으로 웹 브라우저를 통해 동작하며 수강생 등록, 수강 신청, 학습과정 제공, 학습자 로그 추적, 테스트 기능 등을 갖추고 있다. 학습관리 시스템은 학습과정 개발 및 제공, 학습자 지원, 기간 업무와 연계 등 3가지로 분류된다.

② 학습콘텐츠 관리 시스템(LCMS): 콘텐츠 관리자와 학습자들의 학습 관리 과정을 한데 묶어 활용할 수 있도록 한 시스템으로서 콘텐츠의 생성, 전달, 재사용 등의 기술적 측면이 강조된 시스템이다.

③ 메타데이터 기술: 대량의 정보 속에서 검색하고자 하는 정보를 효율적으로 찾아내기 위해서 일정한 규칙에 따라 콘텐츠에 부여하는 데이터이다.

(다) 응용 기술

시뮬레이션 학습은 실제적으로 체험할 수 없는 상황을 모델링할 수 있으며, 능동적인 참여가 가능하고 즉각적인 피드백(feedback)이 가능하기 때문에 학습 효과가 크다. 예로서 비행 시뮬레이션이 있다.

13.4.3. u-시티

(1) 개념

u-시티는 협의의 개념으로 첨단 통신 인프라와 유비쿼터스 정보서비스를 도시 공간에 융합한 21세기형 신도시를 의미한다. 최근에는 지역특화, 지역균형발전 등으로 그 의미가 확대되어 기업도시, 혁신도시, 행정중심복합도시 등을 포함하는 광의적인 개념으로 사용되고 있다.

정부가 입법추진 중인 u-시티 건설지원법에서 "u-시티는 언제, 어디서나 u-서비스를 제공받을 수 있도록 u-기술을 도시공간에 구현함으로써 도시를 지능화하여 도시민의 삶의 질과 도시의 경쟁력을 향상시키는 도시"라고 정의하고 있다. u-시티에는 주거 공간, 업무용 빌딩, 학교, 공원 등 다양한 공간이 존재한다. 이러한 공간에는 유비쿼터스 기술이 내재된 지능화된 사물이 존재하게 되며, 시민들은 다양한 공간에서 다양한 기술을 활용하여 제공되는 새로운 개념의 유비쿼터스 서비스를 접하게 된다.

u-시티 구축을 통하여 u-교통이나 u-문화 · 관광 등 편리한 도시, u-방범 · 방재, u-시설관리 등 안전한 도시, u-환경 등 쾌적한 도시, u-보건복지 등 건강한 도시를 구현하여 도시민의 삶의 질을 향상시킬 수 있다. <그림 13-4>는 u-시티 개념도를 보여 준다.

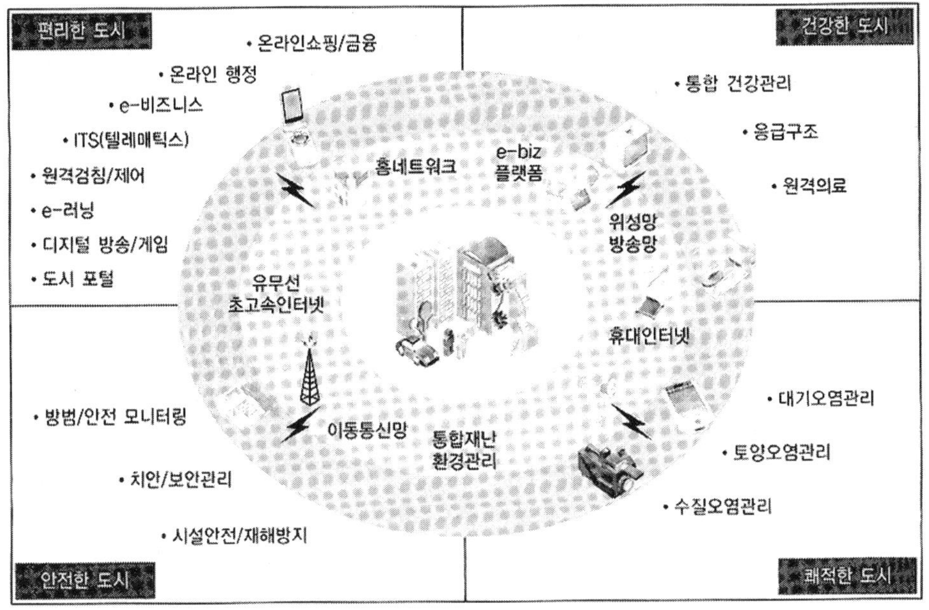

〈그림 13-4〉 u-시티 개념도(참고문헌: 유비쿼터스 컴퓨팅 개론, 양순옥 외 저, 한빛미디어)

u-시티가 구축되면 아래와 같은 장점이 있다.

① 정부/지방자치 단체 측면: 고도화된 통신 및 센서 인프라를 통해 도시 관리의 효율성을 증진시키고, 대민 서비스 향상과 비용을 절감할 수 있게 된다. 또한 최상의 공공 서비스 제공으로 지방자치단체의 위상제고 및 도시의 가치 상승 효과를 가져온다.

② 국민/가정 측면: 언제 어디서나 컴퓨터를 이용하여 초고속 네트워크에 접속함으로써 균일한 서비스를 이용할 수 있고, 이를 통하여 쾌적하고 안전한 생활

환경을 누릴 수 있으며, 편리한 서비스를 통한 주거환경의 우위로 자산가치의 상승 등 경제적 이득을 얻을 수 있다.

③ 기업 측면: 기업 환경에 적합한 초고속 정보통신 인프라를 제공받을 수 있으며 새로운 분야의 기업이 창출되는 등 산업이 활성화될 수 있다.

(2) u-시티의 특징

u-시티는 기존 도시에 비해 정보 중심으로 운영되며, 인구·교통·업무의 분산화를 통해 지역 균형 발전을 추구할 수 있다. 언제 어디서나 정보 접근이 용이하며, 기존 도시의 문제점인 환경오염 및 에너지 문제를 최소화할 수 있다. 첨단 정보기술을 바탕으로 효율적인 도시 관리가 가능하고, 생산자 중심의 제한된 시장구조를 지양하고 소비자 중심의 새로운 사업창출을 지향하게 된다. <그림 13-5>는 기존 도시와 u-시티의 비교를 보여 준다.

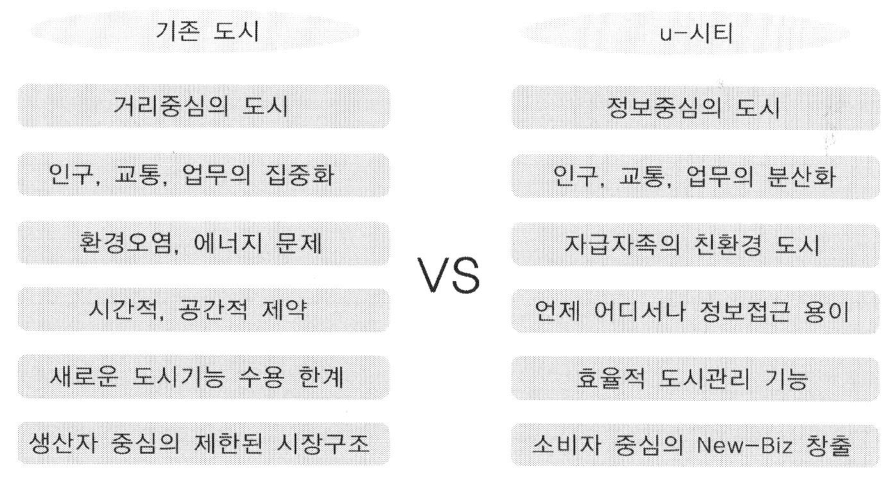

〈그림 13-5〉 기존 도시와 u-시티의 비교

(3) u-시티의 서비스 유형

u-시티가 제공하는 서비스는 서비스의 적용 범위에 따라 u-가정(u-Home), u-일(u-Work), u-교통(u-Traffic), u-의료(u-Health), u-환경(u-Environment), u-공공서비스(u-Public service), u-교육(u-Education) 등으로 구분할 수 있다. <표 13-3>은 u-

시티의 서비스 유형을 보여 준다.

<표 13-3> u-시티의 서비스 유형

구분	주요 내용
u-가정	원격 검침, 원격 제어, 원격 수리, 출입문 제어, 홈 네트워킹, IP-미디어
u-일	재택근무, 원격 회의, 무선 상거래
u-교통	교통상황, 교통사고 처리, 도로통합관리, 텔레매틱스
u-의료	의료 서비스, 원격 검진, 원격 의료/치료, 응급조치
u-환경	환경관리, 위생관리
u-공공서비스	전자정부, 방범, 재난관리
u-교육	e-러닝, 학교관리 시스템, 학원 등하교 관리시스템

(4) u-시티 서비스의 진화 방향

u-시티 서비스는 지능화, 융복합화, 도시 확대 등의 방향으로 진화해 나아갈 것이다. 첫째, u-시티 서비스의 지능화 수준은 b-시티(Broadband Networked City) 단계, s-시티(Sensor Networked City) 단계, a-시티(Autonomous City) 단계, h-시티(Humanoid City) 단계로 발전할 것이다.

b-시티 단계는 현재 우리가 살고 있는 시대로서 광대역 네트워크 기본 인프라가 구축되어 있는 시기이다. s-시티 단계는 USN 기술이 상용화하면서 기존에 구축된 유비쿼터스 센서 네트워크를 통한 커뮤니케이션이 활성화되어 상황인식이 가능한 시기이다. a-시티 단계는 유비쿼터스 인프라와 핵심기술들이 서로 융합되어 원하는 목적에 따라 자동으로 서비스가 생성되는 시기를 말한다. h-시티 단계는 사물 간, 사물과 인간 간의 커뮤니케이션 현상이 보편화되면서 대부분의 생활환경이 지능화되어 인간을 대신할 수 있는 장치가 구현되는 단계이다. 이 단계에서는 가정, 직장, 공공장소에 로봇이 등장하여 인간의 모든 생활 활동을 돕게 될 것이다. <그림 13-6>은 u-시티 서비스의 진화방향을 보여 준다.

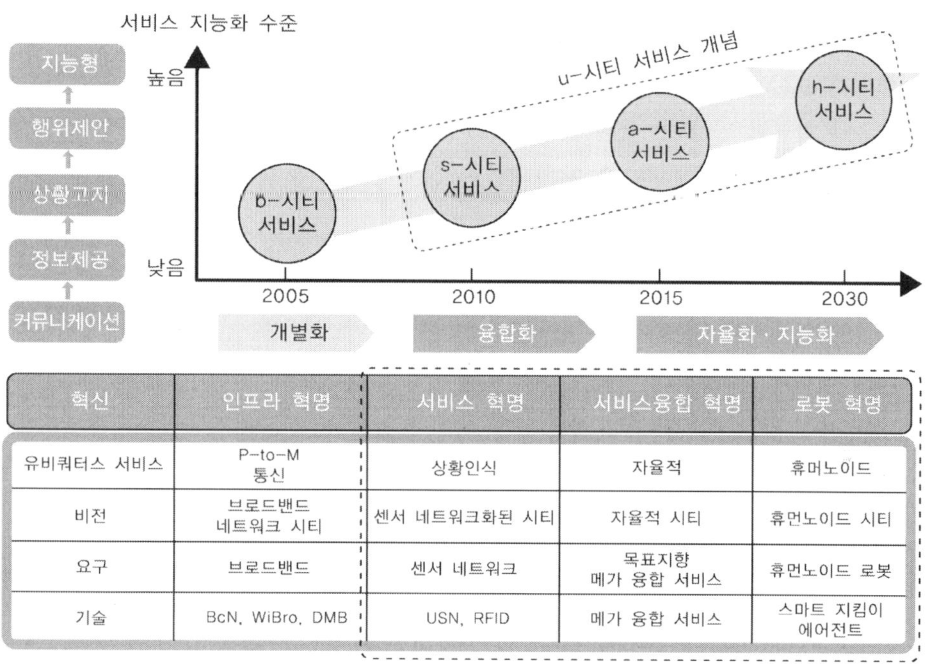

혁신	인프라 혁명	서비스 혁명	서비스융합 혁명	로봇 혁명
유비쿼터스 서비스	P-to-M 통신	상황인식	자율적	휴머노이드
비전	브로드밴드 네트워크 시티	센서 네트워크화된 시티	자율적 시티	휴먼노이드 시티
요구	브로드밴드	센서 네트워크	목표지향 메가 융합 서비스	휴먼노이드 로봇
기술	BcN, WiBro, DMB	USN, RFID	메가 융합 서비스	스마트 지킴이 에어전트

〈그림 13-6〉 u-시티 서비스의 진화방향(참고문헌: 유비쿼터스 컴퓨팅 개론, 양순옥 외 저, 한빛미디어)

둘째, 융복합화 측면의 u-서비스는 서비스와 서비스 사이의 수평적 통합과 도시를 구성하는 가정, 단지, 도시 단위의 수직적 통합이 가속화되어 유비쿼터스 기술기반을 바탕으로 공간적 융복합화 현상이 나타날 것이다.

셋째, 도시확대 측면에서는 u-시티가 처음에 신도시를 중심으로 구축되다가 점차 공간적으로 u-시티 외부로 확대될 것이다. 즉, 신도시의 u-서비스는 구도시로 확대되고 이것이 도시 외부로까지 확장하여 전국단위의 유비쿼터스화를 촉진시켜 나갈 것으로 전망된다.

13.4.4. 텔레매틱스 서비스

(1) 개념

텔레매틱스(Telematics)는 Telecommunication(통신)과 Informatics(정보과학)의 합성어이다. 단어의 뜻처럼 텔레매틱스는 무선통신망을 이용하여 차량 내 운전자에게 긴급구난, 경로안내, 교통정보 등의 안전하고 편리한 서비스를 제공할 뿐만 아니라 인터넷, 영화, 게임 등 즐거운 서비스도 함께 제공할 수 있다.

텔레매틱스는 무선통신과 GPS(Global Positioning System) 기술을 합성하여 차량사고나 도난감지, 교통 생활정보, 위치정보, 예약 및 상품 구입 등의 개인화된 서비스도 제공한다. 텔레매틱스 서비스에서는 자동차가 주행 중에 고장이 발생하면 무선통신으로 서비스센터에 연결하고, 운전석 앞의 컴퓨터 모니터를 통해 이메일을 받아 보거나 도로지도를 볼 수 있는 환경도 제공할 수 있다. 또한 뒤 좌석에 설치된 모니터를 통해 컴퓨터게임을 즐길 수 있고, 자동차에 내장된 컴퓨터는 자동차 주요 부품의 상태를 기록하고 언제든지 정비사에게 정확한 고장위치와 원인을 알려 줄 수 있다. <그림 13-7>은 텔레매틱스 서비스 개념을 나타낸다.

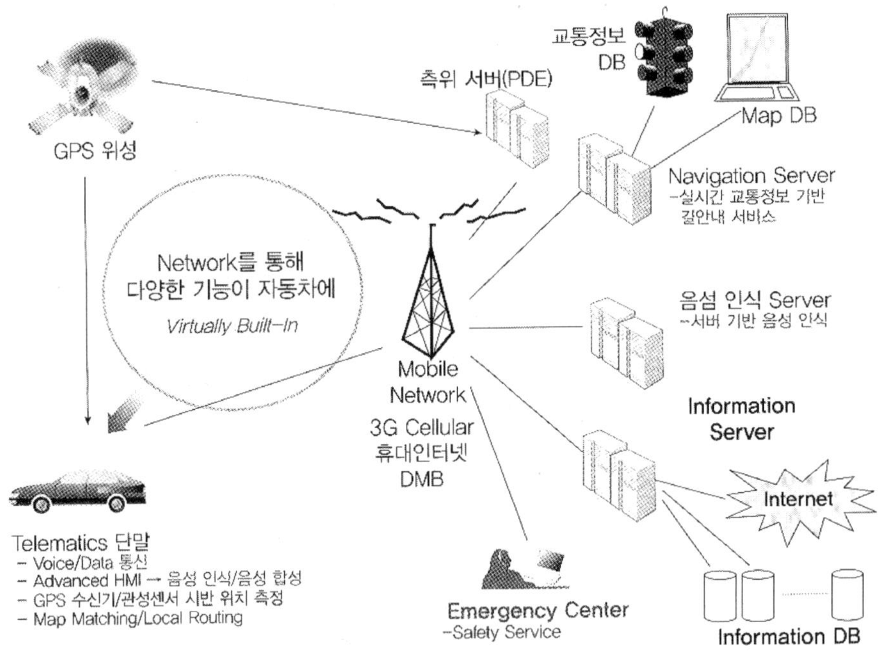

〈그림 13-7〉 텔레매틱스 서비스 개념

(2) 텔레매틱스 구성요소

텔레매틱스는 유무선 통신 및 방송망을 통해 차량을 사무실과 가정에 이어 제3의 정보생활공간으로 재구성하였다. 이동통신·방송망과 지능형 단말기를 통해 홈 네트워크, 사무자동화 등과 연계함으로써 가정과 사무실에 이어 다양한 유비쿼터스 서비스를 차량에서도 끊어짐 없이(seamless) 제공받을 수 있게 되었다. 제공하는 서비스에는 차량관리 서비스, 안전보안 서비스, 정보 및 콘텐츠 서비스, 의사소통 서비스, 상거래 서비스 등이 있다.

텔레매틱스 서비스에 ITS(Intelligent Transport System)를 접목시켜서 도로 및 교통관리, 교통정보 서비스 등을 제공할 수 있다. <그림 13-8>은 텔레매틱스의 구성요소를 나타낸다.

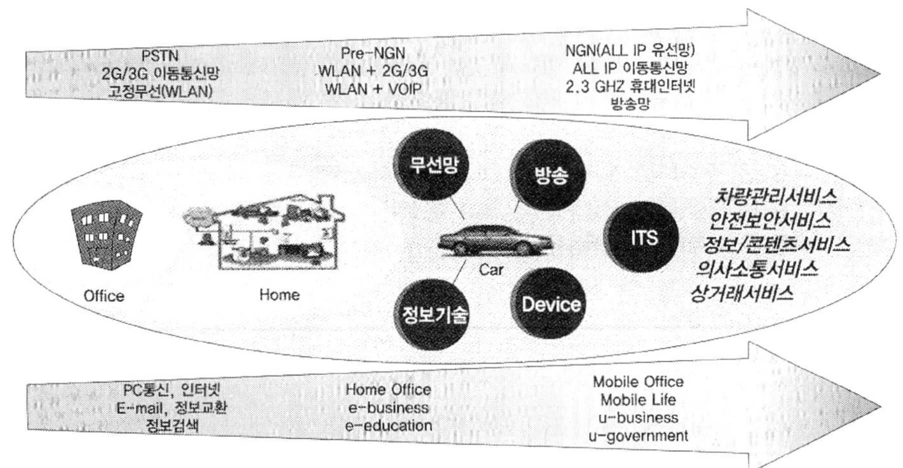

〈그림 13-8〉 텔레매틱스의 구성요소(참고문헌: 유비쿼터스 개론, 손병희 외 저, ITC)

(3) 텔레매틱스 산업

텔레매틱스 산업은 전기, 전자, 통신, 자동차 등을 비롯한 다양한 산업이 융합됨으로써 구현이 가능한 산업이다. 텔레매틱스 시스템을 성공적으로 구축하기 위해서는 센서, 단말기, 응용 서비스, 자동차 분야 등 다양한 산업이 균등하게 발전되어야 한다.

텔레매틱스는 응용분야 측면에서 서비스 산업, 단말기 산업, 자동차 산업 등의 3가지로 분류된다. 서비스 산업 분야는 정보제공 단말기를 이용하여 교통정보, 지리정보, 생활정보, 센터 운영, 시스템 통합 등에 관한 응용 서비스를 제공하는 분야를 말한다. 단말기 산업 분야는 정보제공을 위한 하드웨어와 소프트웨어로 구성되어 있다. 자동차 산업 분야는 텔레매틱스 산업을 주도할 뿐만 아니라 정보제공 서비스의 최종 수혜자이기 때문에 가장 중요한 역할을 담당하게 될 것이다. <표 13-4>는 텔레매틱스 산업분야를 보여 준다.

<표 13-4> 텔레매틱스 산업분야(참고문헌: 유비쿼터스 공학, 남상엽 외 저, 도서출판 상학당)

산업 분야	산업 분야별 구성
서비스 산업	교통 정보 지도 정보(POI) 생활 정보 서비스센터 운영 System Integration 이동 통신
단말기 산업	SW/솔루션 OS(WinCE, 기타 리얼타임 OS) HW/디바이스
자동차 산업	자동차

(4) 텔레매틱스 기술

텔레매틱스 기술은 인포테인먼트, 차세대 드라이빙, 차세대 안전, 컨버전스 등으로 분류된다. 인포테인먼트는 정보와 엔터테인먼트가 융합되어 사용자가 정보를 얻음과 동시에 오락까지 겸할 수 있는 기술이다. 차세대 드라이빙은 자동차 스스로 교통 정보에 따른 우회 경로를 제시하여 사용자에게 길을 안내하거나, 자동항법 기능으로 자동차 혼자 운전하여 사용자로 하여금 운전하는 수고를 덜 수 있도록 해주는 기술이다. 이뿐만 아니라 교통사고에 대비하는 안전 정보도 필수 요소이다. 졸음 방지 기능이나 방어 운전을 할 수 있는 적절한 정보를 제공하는 기술도 여기에 포함된다. <표 13-5>는 텔레매틱스 기술 분류를 나타내고 있다.

<표 13-5> 텔레매틱스 기술 분류

중분류	요소 기술
인포테인먼트	위치기반 서비스 기술, 상황 인식 기술
	측위 기술
	콘텐츠 기술
	DMB 연동 기술
	스트리밍 기술
차세대 드라이빙	핵심 콘텐츠(교통정보, 지도, GPS 등)
	운전부하 경감 기술
	실감내비게이션 기술
	운전정보 수집/관리 기술
차세대 안전	안전정보 서비스 응용 프로토콜
	안전주행 서비스 제공 플랫폼
	안전운전 지원 및 안내 기술

컨버전스	차량과 서버 간 통신(DSRC)
	차량 간 통신(DSRC)
	RFID/USN 융합 기술
	과금 및 정보 보호 기술
	이기종 단말 텔레매틱스 서비스 프레임워크 기술
	홈 네트워크, 보험, 물류 서버 연동 기술
	차량 정보 관리 기술

(5) 텔레매틱스 산업활성화를 위한 기술개발 과제

텔레매틱스 산업이 발전하기 위해서는 관련 기술의 개발 및 표준화가 선행되어야 한다. 현재 텔레매틱스 산업 발전의 장애 요인으로 작용하고 있는 기술 이슈는 크게 무선통신의 데이터 전송 속도 문제, 단말 플랫폼 표준화 문제, GPS의 정밀도 문제, 음성인식 기술 문제 등을 들 수 있다.

(가) 무선통신 전송속도 개선

현재의 이동전화 네트워크는 대용량 정보제공이 어렵고, 이용 요금이 고가이므로 텔레매틱스 사용자 기반 확대에 한계성이 노출되고 있다. 이에 대한 대처 방안으로 휴대인터넷의 활성을 들 수 있는데 휴대인터넷은 전송 속도가 빠른 반면, 주파수 라이선스 비용이 저렴하여 경제성을 갖추고 있는 것으로 평가되고 있다.

(나) 단말 플랫폼의 표준화

단말기 기종, 차종 및 텔레매틱스 서비스 제공자가 서로 다른 서비스 환경에서 특정 업체로부터 종속되지 않는 데이터 교환 및 호환성 확보를 위해서는 단말 플랫폼이 표준화되어야 한다. 단말 플랫폼 표준화는 다양한 텔레매틱스 관련 기기 간의 접속 표준 설정, 데이터 수신 및 처리, 음성인식 및 합성 등 단말기 운영에 필요하다.

(다) 차량 측위 기술의 정밀도 향상

이동 중인 차량의 위치를 측정하는 가장 보편적인 방법은 GPS를 이용하는 방법이며, GPS는 차량의 위치를 약 10m의 오차범위 내에서 찾아낼 수 있다. 차량 측위 정밀도를 향상시키기 위해서는 기존의 GPS의 오차를 줄이기 위한 현대화 작업 외에, DSRC(Dedicated Short Range Communication) 구축 방법, 무선통신 기지국을 활용하는 방법, GPS와 DR(Dead Reckoning) 항법 등을 동시에 활용하는 방법 등에 관한 연구개발이 지속적으로 진행되어야 한다.

(라) 음성인식 기술 개발

대부분의 텔레매틱스 단말기는 LCD를 통해 운전자에게 정보를 제공하고 있으나 이는 운전에 방해가 되므로 새로운 방법의 인터페이스 기술이 필요한데 유력한 방안으로 헤드업 디스플레이(Head-Up Display: HUD)와 음성인식 기술 등이 거론되고 있다. 이 중에서 음성인식 기술은 운전자의 운전 집중도 유지 면에서 궁극적인 대안으로 예상된다. 현재 기술 수준은 차량 잡음 등으로 인해 정확도가 크게 떨어지는 등 여전히 한계점을 가지고 있으므로 유연성과 정확성을 보강한 기술 개발이 필요로 한다.

(마) 디지털 저작권 관리(DRM) 기술 개발

디지털 기술의 발달과 보급으로 텔레매틱스용 콘텐츠의 디지털화가 급속히 이루어지고 있으며, 이를 지원하기 위한 디지털 콘텐츠의 유통 기술 개발 및 인프라 구축이 요구되고 있다. 디지털 기술과 정보통신 기술의 활용으로 일반 사용자들이 디지털 콘텐츠를 재가공, 생산, 유통시킬 수 있게 되어 저작권 문제를 야기할 것으로 예측되며 이를 처리하기 위한 저작권 보호 및 관리 기술이 필요하다.

13.4.5. 위치기반 서비스(LBS: Location Based Service)

(1) 개념

위치기반 서비스는 위치 확인기술을 이용하여 이용자의 위치를 파악하고 이와 관련된 어플리케이션을 부가한 서비스이다. 위치기반 서비스가 이동통신 부가서비스라는 기본 개념에서 GPS, GIS, ITS 등을 활용한 폭넓은 응용 산업으로의 발전 가능성이 높은 것으로 분석되며 DMB, RFID/USN 등의 기술발달과 유비쿼터스 컴퓨팅 환경의 조성으로 위치정보의 활용성은 더욱 다양화될 것으로 예상하고 있다.

위치기반 서비스는 양질의 위치정보, 즉 위치 정확도를 높이기 위한 다양한 측위 기술을 개발하고, 이동통신사의 위치획득서버들을 연계하여 위치를 획득, 저장, 관리, 위치정보 보호 등을 담당하는 개방형의 위치기반 서비스 플랫폼과 타 기술과의 융합에 의한 다양한 솔루션으로 나뉘어 개발되고 있다.

(2) 측위 기술

측위기술(LDT)은 모바일 단말의 위치를 측정하는 기술로서 네트워크(network-based) 방식, 단말기 기반(handset-based) 방식, 혼합(hybrid) 방식 등으로 구분된다. 네트워크 기반 방식은 통신망의 기지국 수신신호를 이용하는 방식으로서 위치 정확도가 통신망의 기지국 셀 크기와 측정방식에 따라 차이가 많으며 일반적으로 500m에서 수 km의 측정오차를 갖는다. 단말기 방식은 단말기에 GPS 수신기 등 신호 수신장치를 추가로 장착해야 하며, 네트워크 기반 방식에 비해 위치 정확도는 높으나 높은 빌딩이 많은 도심 지역, 산림 숲, 실내에서는 정확한 GPS 신호를 받지 못하기 때문에 위치를 결정하지 못하는 문제가 있다. 이 두 방식의 문제점을 해결하기 위해 이들 두 기술을 혼합하여 사용하는 혼합방식으로서 A-GPS와 DGPS 기술 등이 있다.

(가) Cell ID

Cell ID 기술은 가장 단순한 네트워크 기반의 위치 측정 기술로서 이용자가 현재 속해 있는 기지국의 서비스 셀 ID를 통해 이용자의 위치를 3초 이내에 파악하는 장점이 있지만 셀 반경의 크기가 크면 클수록 정확도가 낮아지는 단점이 있다.

(나) Enhanced Cell ID

주로 GSM 방식의 이동전화에서 사용되는 기술로서 Cell ID 방식에 기지국과 단말기 사이의 거리 정보를 추가하여 정확도를 개선한 방법이다. 거리 측정은 기지국이 단말기로 응답을 요청한 시각과 기지국이 단말기의 응답을 수신한 시각의 차이를 기반으로 하여 이루어진다.

(다) AOA(Angle of Arrival)

AOA 방식은 단말기의 신호를 수신한 3개의 기지국에서 신호 수신 각도의 차이를 이용하여 위치정보를 제공하는 기술이다. 이론상으로는 50~150m의 정확도를 보장하지만, 실제로는 150~200m의 정확도를 보장하는 것으로 알려져 있다.

(라) TOA(Time of Arrival)

TOA 방식은 단말기의 신호를 수신한 한 개의 기지국과 2개의 주변 기지국들 사이의 신호 도달 시간의 차이를 이용하여 위치정보를 획득하는 기술이다. 각 기지국에서는 신호도달 시간 값에 따른 원이 생기게 되고 이 원들의 교차점을 단말기의 위치로 추정하는 방식이다. <그림 13-9>는 TOA 개념도를 나타낸다.

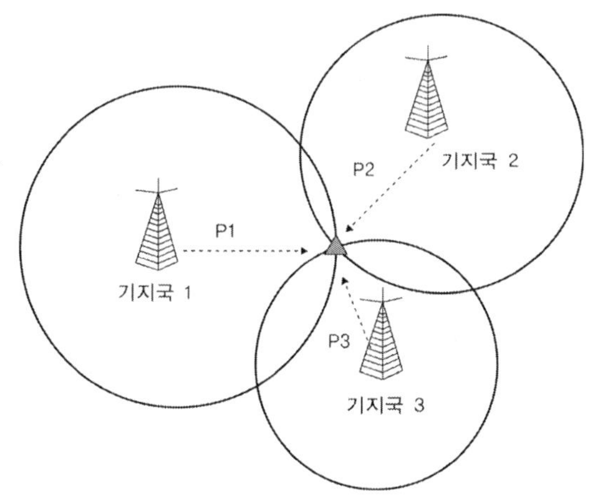

〈그림 13-9〉 TOA 개념도

(마) TDOA(Time Difference of Arrival)

TDOA 방식은 서비스 기지국 신호를 기준으로 인접 기지국들의 신호지연을 측정한다. 서비스 기지국 신호와 인접 기지국 신호의 신호 도달 시각차를 측정한 값으로 여러 개의 쌍곡선이 생기게 되고 이 쌍곡선들의 교점을 단말기의 위치로 추정하는 원리이다. <그림 13-10>은 TDOA의 개념도를 나타낸다.

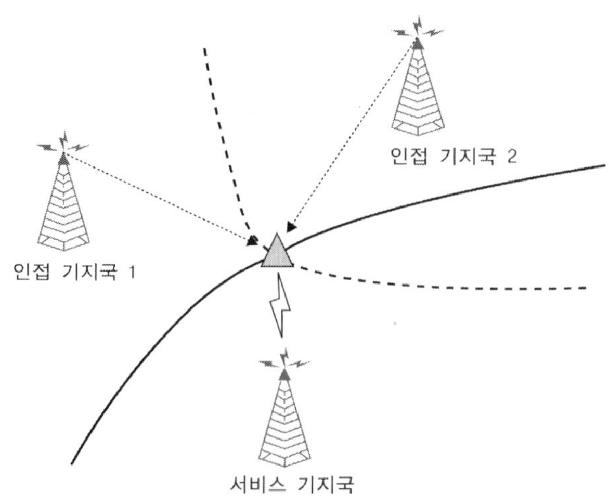

〈그림 13-10〉 TDOA의 개념도

(바) A-GPS(Assisted-GPS)

A-GPS는 인공위성에서 보내는 위치정보를 단말기 내의 내장된 칩이 읽어서 기지국에 알려 주는 방법이다. GPS 위성을 사용할 경우라도 도심지역이나 실내에서는 정확도와 사용성이 떨어지기 때문에 이러한 단점을 보완하기 위하여 기존의 네트워크 방식과 결합한 방식이다. 단말기로부터 GPS 위치정보를 전달받은 위치측위 시스템은 기지국에서 생성된 정보를 혼합하여 단말기 위치를 측정한다.

(사) DGPS(Differential GPS)

DGPS 방식은 기존의 GPS가 갖는 위성의 위치에 따른 오차를 보정하여 정확도를 높이기 위한 방식이다. 지상에 위치를 정확히 알고 있는 기준 수신기를 설치하고 이 수신기로부터 보정신호를 받아서 위성으로부터 수신된 위치신호의 오차를 조정하는 방식이다.

(아) E-OTD(Enhanced Observed Time Difference)

E-OTD 방식은 네트워크와 단말기 기반 측위 기술을 혼합한 기술이다. 2개 이상의 기지국에서 단말기로 전파를 보내 다시 이 전파가 되돌아오는 시간의 차이를 측정하는 방식으로 거리가 먼 교외나 거리가 짧은 도심이나 정확도의 편차가 크지 않다. GPS를 지원하는 단말기가 필요하며 약 75~150m의 위치 정확도를 제공한다.

(자) Galileo

유럽에서는 미국 GPS 위성에 대한 의존도를 탈피하기 위해 갈릴레오 프로젝트를 진행하였다. 갈릴레오 시스템은 미국의 GPS와 호환성을 가지고 있어서 GPS가 가진 음영지역 문제를 줄일 수 있을 것으로 기대된다. GPS 위성은 전 세계의 55%를 커버하는 데 반해 갈릴레오가 호환될 경우에는 96%까지 커버할 것으로 예상한다.

(차) 기타

RFID, 무선랜 등을 이용하여 실내에서의 측위를 측정하기 위한 많은 연구가 진행되고 있다.

(3) LBS 응용 서비스

LBS 응용 서비스는 크게 Information, Entertainment, Safe & Security, Tracking, Commerce 등의 분야로 나누어진다.

① Information: 주변정보 서비스, 도로상황 및 교통정보 서비스 등이 포함된다.

② Entertainment: 위치에 기반을 둔 운세 서비스와 미팅 서비스 등이 있다.

③ Safe & Security: 가족 간 또는 연인 간에 상대방의 위치를 파악하여 안전을 보장하는 서비스이다. 개인 사생활 침해와 같은 문제점을 줄여 가고 있는 상황이다.

④ Tracking: 사람, 차량, 물류 등을 추적할 수 있는 서비스이며 현재는 개인보다 기업을 대상으로 물류추적서비스, 렌터카나 화물의 위치를 추적하는 서비스로 발전하고 있다. 친구찾기 서비스 중의 '자동위치 찾기', '친구도착/이탈 알림', '분실폰 위치 확인', '애인안심서비스' 등의 서비스가 여기에 포함된다.

⑤ Commerce: 기존의 m-Commerce를 넘어서 위치에 기반을 둔 L-Commerce 개념이 확장, 도입될 전망이다. 특정 위치에 진입할 경우 위치기반의 광고를 볼 수 있거나 주변 상가 혹은 쇼핑몰 등에서 할인 쿠폰을 지원받는 개념의 서비스이다.

13.4.6. ITS(Intelligent Transportation System) 서비스

ITS는 사람, 도로, 차량으로 구성되는 기존의 도로교통체계에 정보, 통신, 전자 등 최신 첨단 기술을 접목시킨 지능형 교통체계를 일컬으며 교통관제, 교통정보, 차량 및 운영, 차량장치 개발 등 광범위한 분야를 총망라한다. <표 13-6>은 ITS 시스템 구성을 보여 준다.

〈표 13-6〉 ITS 시스템 구성

시스템	구성시스템
첨단교통관리시스템(ATMS)	1) 교통제어시스템(신호 및 고속도로관제) 2) 돌발상황관리시스템 3) 요금자동징수시스템(ETCS) 4) 중차량관리시스템(과적차량단속) 5) 자동단속시스템(교통법규위반차량)
첨단교통정보시스템(ATIS)	6) 교통정보센터(Traffic & Road Information Center) 7) 운전자정보시스템(En-route Driver Information System) 8) 최적경로안내시스템(Route Guidance System) 9) 여행서비스정보시스템(Traveller Service Information System) 10) 출발 전 교통안내시스템(Pre-Trip Traveller Guide System)

첨단대중교통시스템(APTS)	11) 대중교통정보시스템 12) 대중교통관리시스템
첨단화물운송시스템(CVO)	13) 전자통관시스템 14) 화물차량관리시스템 15) 위험물차량관리시스템 16) 차내안전시스템(On-Board Safety Monitoring System) 17) 노변자동검색시스템
첨단차량도로시스템(AVHS)	18) 첨단차량시스템 19) 첨단도로시스템

ITS는 교통에 관한 정보 수집, 관리, 제공 등과 함께 자동주행을 실시하며 다음과 같은 기능을 갖는다.

① 영상 검지기, 비콘(beacon), 초단파 검지기 등을 통해 속도, 밀도, 사고 등 교통정보를 수집한다.

② 교통관리 센터에서 이를 수집하여 정보관리 서버와 DB 서버를 이용해 교통정보를 관리한다.

③ 센터로부터의 교통정보는 인터넷, 자동응답장치 등을 통해 이용자에게 제공된다.

④ 신호 제어, 사고 관리, 위반 단속 등 교통관리 업무를 수행하며 향후에는 자동주행도 가능해진다.

13.4.7. 키오스크 단말기

모바일 단말기를 휴대하지 않고 거리에 나갈 경우에도 어디에서든지 컴퓨터를 사용할 수 있는 환경 제공이 필요하다. 거리에서 간단하게 이용 가능한 컴퓨터로는 키오스크 단말기가 있다. 키오스크 단말기는 지하철 역, 철도역, 쇼핑몰 등 사람이 많이 모이는 장소에 설치되어 있는 무인정보단말기를 말한다. 키오스크 단말기는 인터넷 접속은 물론 행정정보의 취득이나 전자신청 또는 주차위반 벌금을 지불하는 것도 가능하다.

키오스크를 이용하여 아래와 같은 서비스를 제공받을 수 있다.

① 지하철역까지의 교통기관: 도로교통정보, 버스 등의 시간표 및 운행상황, 노선 안내, 티켓의 구입 및 예약

② 문화시설·관광시설: 이벤트 스케줄, 숙박 안내 및 예약, 빈자리 여부 정보

③ 행정·공공기관: 각종 증명서 및 신청서 교부, 행정정보, 과징금 등의 납부,
공공시설 안내 및 예약
④ 편의점·쇼핑몰: 디지털 콘텐츠 다운로드, 세일 정보, 티켓 예약 및 판매, 쇼핑

참고문헌

『유비쿼터스 컴퓨팅 개론』, 양순옥 외 저, 한빛미디어, 2010.

『유비쿼터스 컴퓨팅, 개념 및 기술』, 김경준 저, 홍릉과학출판사, 2008.

『유비쿼터스 개론, 개념과 기술』, 손병희 외 저, ITC, 2009.

『유비쿼터스』, 김형훈 저, Ohm사, 2005.

『디지털 컨버전스를 위한 유비쿼터스 공학』, 남상엽 외 저, 도서출판 상학당, 2008.

『유비쿼터스 모바일 컴퓨팅』, 이근호 외 역, 진한도서, 2003.

『유비쿼터스 네트워크의 실현을 향하여』, 정보조사분석팀, 한국전자통신연구원 정보
　　　화기술연구소, 2002.

『유비쿼터스 IT혁명과 제3공간』, 하원규 외 저, 전자신문사, 2004.

『유비쿼터스 네트워크와 시장창조』, u-네트워크연구회 역, 전자신문사, 2003.

『유비쿼터스 네트워크와 신사회 시스템』, 박우경 외 역, 전자신문사, 2003.

『유비쿼터스 TRON과 만나다』, 여진경 역, 멀티정보사 NTT 출판, 2006.

『손에 잡히는 유비쿼터스』, 성호철 역, 전자신문사, 2008.

『차세대 광대역통합망의 이해』, 이정욱 저, 전자신문사, 2008.

『차세대 정보통신 세계』, 김충남 저, 전자신문사, 2004.

『4세대 이동통신』, 정우기 저, 복두출판사, 2010.

『차세대 네트워크 보안 기술』, 이만영 외 저, 생능출판사, 2004.

『훤히 보이는 지능형 로봇』, 이재연 외 저, 전자신문사, 2010.

『로봇공학개론』, 이장명 외 저, 도서출판 진영사, 2003.

『지능형 홈 네트워크 시스템』, 송면규 저, 도서출판 석학당, 2010.

『최신 RFID 기술』, 여준호 저, 홍릉과학출판사, 2008.

『음성언어정보처리』, 오영환 저, 홍릉과학출판사, 1998.

『나노 기술과 인간』, 현원복 저, 까치글방, 2005.

『임베디드 시스템』, 임광일 저, 한신대학교출판부, 2010.
『임베디드 컴퓨터 시스템』, 정환묵 편저, 내하출판사, 2006.
『개념으로 풀어본 정보통신세계』, 차동완 저, 영지문화사, 2002.
『컴퓨터 구조』, 오창환 저, 서울사이버대학교 출판사, 2006.
『데이터베이스 기초』, 오창환 저, 서울사이버대학교 출판사, 2008.
『데이터통신』, 오창환 저, 한국학술정보(주), 2010.
『인간과 컴퓨터 이해』, 오창환 저, 한국학술정보(주), 2011.
『컴퓨터 운영체제론』, 엄영익 외 저, 생능출판사, 2006.
『세상을 바꾸는 IT 100선』, 오창환, 서울사이버대학교 출판사, 2008.
『ZigBee 개발 핸드북』, 오창환 외 역, 홍릉과학출판사, 2009.
『사람과 컴퓨터』, 이인식 저, 도서출판 까치, 1992.
『로봇, 인간을 꿈꾸다』, 이종호 저, 문화유람, 2007.

색인

오창환

고려대학교 전자공학 학사
고려대학교 공학대학원 석사
일본 오사카 대학교 정보공학 박사
한국전자통신연구원 책임연구원
광주과학기술원 연구교수
(주) 네트리 대표이사
현) 전기연감 집필위원
　　서울사이버대학교 컴퓨터정보통신학과 교수

『컴퓨터 구조』(2006)
『데이터베이스 기초』(2008)
『세상을 바꾸는 IT 100선』(2008)
『ZigBee 개발 핸드북』,(2009, 공역)
『데이터통신』(2010)
『인간과 컴퓨터 이해』(2011)

"Priority Control ATM for Switching Systems", IEICE Trans. on Communications, Oh C. H., Murata M., and Miyahara

"Circuit Emulation Technique in ATM Networks", IEICE Trans. on Communications, Oh C. H., Murata M., and Miyahara

"Performance Enhancement of Mobile IP by Reducing Out-of-Sequence Packets Using Priority Scheduling," IEICE Trans. on Communications, Lee D. W., Hwang G. Y., Oh C. H.

유비쿼터스 이해

초 판 인 쇄 | 2012년 2월 28일
초 판 발 행 | 2012년 2월 28일

지 은 이 | 오창환
펴 낸 이 | 채종준
펴 낸 곳 | 한국학술정보㈜
주　　소 | 경기도 파주시 문발동 파주출판문화정보산업단지 513-5
전　　화 | 031) 908-3181(대표)
팩　　스 | 031) 908-3189
홈 페 이 지 | http://ebook.kstudy.com
E - m a i l | 출판사업부 publish@kstudy.com
등　　록 | 제일산-115호(2000. 6. 19)

ISBN　　978-89-268-3047-5 93560 (Paper Book)
　　　　978-89-268-3048-2 98560 (e-Book)